中低温煤焦油结构与反应

尚建选　李　冬　杨占彪　李稳宏　崔楼伟　著

科学出版社

北京

内 容 简 介

本书对中低温煤焦油的组成、结构、性质及在多种加工过程中的反应机理进行系统介绍。首先，对中低温煤焦油的组成、性质、特征及分离分析方法等前沿研究进行论述。其次，详细地分析中低温煤焦油的多种反应机理，如加氢反应、重整反应、热聚合反应等，并详细说明这些反应在实际生产中的应用。最后，对中低温煤焦油加工利用方面的前沿技术进行介绍，展示不同发展方向。

本书可供煤化工领域，特别是从事煤焦油加工研究的科研工作者及一线从业人员阅读，也可供高等院校煤化工相关专业师生参考。

图书在版编目（CIP）数据

中低温煤焦油结构与反应 / 尚建选等著.—北京:科学出版社,2024.5
ISBN 978-7-03-076813-1

Ⅰ.①中… Ⅱ.①尚… Ⅲ.①煤焦油–加工 Ⅳ.①TQ522.63

中国国家版本馆 CIP 数据核字(2023)第 205730 号

责任编辑：祝　洁　罗　瑶 / 责任校对：崔向琳
责任印制：徐晓晨 / 封面设计：陈　敬

科学出版社 出版
北京东黄城根北街 16 号
邮政编码：100717
http://www.sciencep.com

涿州市殷润文化传播有限公司印刷
科学出版社发行　各地新华书店经销

*

2024 年 5 月第　一　版　开本：720×1000　1/16
2024 年 5 月第一次印刷　印张：24 3/4
字数：499 000

定价：320.00 元
（如有印装质量问题，我社负责调换）

序

我国正在深入推进能源革命，加强煤炭清洁高效利用，加快规划建设新型能源体系，确保能源安全。我国能源的资源禀赋特征决定了煤炭清洁高效利用是保证能源安全和清洁低碳转型的必然选择。鉴于低阶煤在我国煤炭储量、产量中占比均超过一半，实现其清洁高效转化利用，是对煤炭清洁高效利用的最大贡献。以热解为龙头的低阶煤分质利用技术，已得到业界的广泛认同，被认为是最具潜力的煤炭清洁高效低碳利用技术之一，产业发展前景广阔。

低阶煤中低温热解所产出的煤焦油，富含环烷烃和芳环化合物，是一种重要的战略资源，由于以往对其组成和反应特征认识不够，高端利用加工技术开发滞后，中低温煤焦油仅被加工成普通汽油、柴油调和组分使用，未能发挥其资源结构特点优势。在此背景下，陕西煤业化工集团有限责任公司尚建选总工程师和西北大学李冬教授团队，以中低温煤焦油的绿色、低碳、高效转化为主攻方向，提出了中低温煤焦油的分级分质利用新思路，以期进一步延伸产业链和价值链。围绕这一方向，团队经过近二十年的科学研究和技术开发，在中低温煤焦油的组成和反应特征方面，收获了许多弥足珍贵的认知和见解，并在此基础上进行了成功的工程实践，得到了行业和市场的广泛认可。

2006 年以来，尚建选、李冬、杨占彪、李稳宏、崔楼伟、马宝岐等团队骨干对中低温煤焦油的组成、加氢反应、重整反应、热聚合反应等进行了系统研究，全程参与了中低温煤焦油分级分质利用技术的研究开发和工程实践。团队相关专家学者在大量研究和论证的基础上撰写此书，凝聚了作者的智慧和努力，成果来之不易，体现了作者的系统思维和创新思想。

该团队采用分析表征新手段和计算机分子模拟结合的方法，系统解构了中低温煤焦油及其沥青质重组分的分子结构、缔合体结构、聚集体结构等超分子结构特点，并在此基础上对其预处理过程、加氢过程、重整过程、热聚合过程等典型转化反应路径过程的动力学、热力学和转化机理等方面进行了全面研究，提出了"中低温煤焦油–预处理技术–催化级配技术–全馏分加氢技术–沥青制备炭素材料技术"的分级分质利用技术思路，开展了与其配套的工艺、催化剂、关键设备仿真和过程模拟等大量理论和实验工作。由此凝练成的专著具有很强的理论性、指导性和可操作性，为中低温煤焦油的分级分质利用提供了很好的借鉴。

　　这既是一部有着较高学术价值的专业论著，也是低阶煤清洁高效转化利用，特别是煤焦油加工行业生产和管理人员的实用参考书，其出版必将对中低温煤焦油的多元化、高端化、低碳化利用产生重要的促进作用。我深信此书提出的新思路、新技术、新工艺，一定能为中低温煤焦油加工转化的技术迭代和产业升级提供帮助，这也正是尚建选等作者撰写此书和笔者为此书作序的初衷。

中国工程院院士　谢克昌

2023 年 12 月

前　　言

近 30 年来，我国对低阶煤加工利用的实践过程中，已经形成了以"低阶煤—热解—中低温煤焦油—加氢—燃料油—化学品"为代表的新型煤炭分级分质利用技术。该技术的发展推动了煤炭和煤焦油资源的多元化、高端化、低碳化分级分质利用进程，对缓解我国原油资源不足，特别是环烷基原油资源不足具有重要意义。

本书相关内容源于 2006 年以来的中低温煤焦油轻质化技术研究工作，包括中低温煤焦油全馏分加氢制备燃料油技术、中低温煤焦油分离提质预处理技术、中低温煤焦油加氢催化剂及其级配技术、中低温煤焦油加氢石脑油深度开发技术、中低温煤焦油沥青质超分子体系构建与其分离转化技术、中低温煤焦油中间相机理与制备针状焦技术。这些研究成果为本书的撰写积累了大量的素材，奠定了良好的基础。本书以中低温煤焦油的组成、加氢反应、重整反应、热聚合反应等过程的系统研究为基础，总结了团队近 20 年来在煤焦油深加工领域的科研成果，形成一套关于煤焦油结构及特定结构影响其反应行为的完整性论述。

本书从中低温煤焦油的性质结构及反应特点、反应机理及数学模型、分析手段及模拟方法等三个基本层面入手，揭示了中低温煤焦油及其沥青质重组分的分子结构、缔合体结构、聚集体结构等超分子结构特点，对煤焦油的预处理、加氢、催化、裂解、热聚合等多种反应中的反应路径与原理进行了较为全面的阐释，从工艺、催化剂、关键设备仿真、过程模拟，以及动力学、热力学、转化机理等方面进行了研究和探索。全书共 7 章，其中，第 1 章由尚建选、李冬撰写；第 2 章由崔楼伟、马宝岐撰写；第 3 章由朱永红、崔楼伟、李冬、尚建选撰写；第 4 章由牛梦龙、崔楼伟、刘姣姣、李稳宏、李冬、尚建选撰写；第 5 章由刘姣姣、朱永红、杨占彪、尚建选撰写；第 6 章由尚建选、杜崇鹏、刘姣姣撰写；第 7 章由尚建选、崔楼伟、杨占彪撰写。全书由尚建选、李冬制订提纲、修改并定稿，由崔楼伟、马宝岐、牛梦龙负责统稿。在撰写过程中，何婷、敬思怡、王红艳、姚何丹、雷甲玺、王思婕、寇恬、田佳勇、邵龙斌、许木兰、那志超、王冲、何增智等对全书的整理提供了帮助，在此表示感谢！

基于本书研究成果开发的"煤焦油全馏分加氢生产清洁燃料技术"实现了12 万 $t \cdot a^{-1}$(后期扩能至 16.8 万 $t \cdot a^{-1}$)的产业示范，鉴定结果为国内领先，世界首创；开发的"煤焦油全馏分加氢制环烷基油技术"，建成全球首套 50 万 $t \cdot a^{-1}$ 示范工程，已平稳运行三年，鉴定结果为整体达到国际领先水平；产出煤焦油基航天煤油、高闪点和大比重喷气燃料、超低凝军用柴油及超高压变压器油等5大类13种特种油品;所产航天煤油于2020年12月成功完成了火箭发动机整机热试车,具有比冲高、传热性好和抗结焦性能强等优势。本书研究成果的工业化转化,为我国中低温煤焦油分质利用提供了重要的理论支撑和一定的科学指导,对于缓解我国石油资源紧张和我国环烷基原油资源严重不足具有重要现实意义。

在15项国家级项目,如国家自然科学基金项目"中低温煤焦油沥青质超分子体系探索(21978237)""基于动力学模型的中低温煤焦油加氢反应器模拟及其沥青质加氢转化机理(21646009)""基于动力学模型的煤焦油加氢精制催化剂级配研究及氢耗的分类计算(21206136)",以及33项省部级项目对研究团队的支持下,团队发表相关论文150余篇,申请专利100余件,授权专利60余件,拥有工业化成果3项。正是因为这些项目的支持和产业化的探索,本书才得以出版,在此诚挚表示感谢!希望本书的出版能够为我国煤焦油加工技术的发展尽绵薄之力。

由于作者水平及能力有限,书中难免存在疏漏与不足之处,敬请各位读者不吝指正。

目　　录

序

前言

第1章　绪论 ……………………………………………………………………… 1

　1.1　中低温煤焦油及其产能产量 ……………………………………………… 1

　　　1.1.1　基本范畴 …………………………………………………………… 1

　　　1.1.2　产能产量 …………………………………………………………… 1

　1.2　中低温煤焦油的组成与反应特征 ………………………………………… 2

　1.3　中低温煤焦油的加工技术 ………………………………………………… 3

　　　1.3.1　燃料型加工技术 …………………………………………………… 3

　　　1.3.2　化工型加工技术 …………………………………………………… 4

　　　1.3.3　燃化型加工技术 …………………………………………………… 4

　1.4　中低温煤焦油的发展前景 ………………………………………………… 6

　参考文献 ………………………………………………………………………… 7

第2章　中低温煤焦油性质和特征 …………………………………………… 8

　2.1　基本组成 …………………………………………………………………… 8

　2.2　研究方法概述 …………………………………………………………… 10

　　　2.2.1　分析方法 ………………………………………………………… 10

　　　2.2.2　分离方法 ………………………………………………………… 11

　　　2.2.3　硫的富集方法 …………………………………………………… 15

　　　2.2.4　氮的富集方法 …………………………………………………… 16

　　　2.2.5　沥青质的分离方法 ……………………………………………… 16

　2.3　中低温煤焦油组成分析 ………………………………………………… 21

　　　2.3.1　组分分析 ………………………………………………………… 22

　　　2.3.2　杂质组成 ………………………………………………………… 25

　2.4　中低温煤焦油杂原子特征 ……………………………………………… 28

　　　2.4.1　杂原子分布特征 ………………………………………………… 28

　　　2.4.2　杂原子结构特征 ………………………………………………… 41

　参考文献 ……………………………………………………………………… 45

第3章　煤基石脑油 …………………………………………………………… 47

　3.1　煤基石脑油组成 ………………………………………………………… 47

3.2　煤基石脑油的分离 ·· 48
　　3.2.1　萃取剂筛选 ·· 48
　　3.2.2　萃取剂评价 ·· 51
　　3.2.3　液液萃取相平衡机理 ·· 60
3.3　煤基石脑油催化重整 ·· 69
　　3.3.1　催化重整反应原理 ·· 69
　　3.3.2　催化重整反应过程 ·· 72
　　3.3.3　催化重整反应动力学 ·· 84
参考文献 ·· 100
第4章　中低温煤焦油轻组分反应 ·· 103
4.1　催化剂的作用 ·· 103
　　4.1.1　改性方法 ·· 103
　　4.1.2　主要活性 ·· 104
　　4.1.3　反应效果 ·· 105
4.2　反应因素的影响 ·· 106
　　4.2.1　脱氧反应 ·· 106
　　4.2.2　饱和反应 ·· 108
　　4.2.3　脱烷基化反应 ·· 110
　　4.2.4　开环反应 ·· 112
4.3　不同工艺的反应历程 ·· 114
　　4.3.1　脱酚对煤焦油加氢的影响 ·· 114
　　4.3.2　加氢精制与加氢裂化的工艺组合 ·································· 116
　　4.3.3　产物化学组成 ·· 117
　　4.3.4　产物分布及性质 ·· 119
4.4　两集总反应动力学 ·· 120
　　4.4.1　加氢脱杂原子动力学 ·· 121
　　4.4.2　加氢轻质化动力学 ·· 126
4.5　多集总反应动力学 ·· 128
　　4.5.1　模型建立 ·· 128
　　4.5.2　数据拟合 ·· 131
　　4.5.3　数据应用 ·· 134
4.6　加氢反应过程模拟及工业化预测 ······································ 135
　　4.6.1　加氢反应过程模拟 ·· 135
　　4.6.2　工业化预测 ·· 158
参考文献 ·· 172

第5章　中低温煤焦油重组分反应 ·················· 176

　5.1　煤沥青重组分基本性质 ·················· 176

　5.2　沥青质加氢转化 ·················· 182

　　5.2.1　反应条件对沥青质加氢转化性影响 ·················· 182

　　5.2.2　反应条件对沥青质分子组成影响 ·················· 186

　　5.2.3　沥青质加氢转化质谱分析 ·················· 203

　5.3　沥青质亚组分加氢转化 ·················· 208

　　5.3.1　沥青质亚组分杂原子化合物加氢转化规律 ·················· 208

　　5.3.2　沥青质亚组分加氢杂原子分布特征 ·················· 209

　　5.3.3　沥青质亚组分孤岛和群岛结构加氢演变机制 ·················· 211

　5.4　沥青质加氢转化动力学 ·················· 212

　　5.4.1　沥青质加氢转化动力学模型 ·················· 213

　　5.4.2　沥青质加氢转化动力学模拟与应用 ·················· 218

　5.5　煤沥青热转化过程 ·················· 225

　　5.5.1　煤沥青热转化过程及机理 ·················· 225

　　5.5.2　煤沥青各亚组分热转化过程 ·················· 226

　　5.5.3　煤沥青各亚组分调配热转化反应 ·················· 231

　5.6　中低温煤焦油制备针状焦工艺 ·················· 245

　　5.6.1　中低温煤焦油与煤柴共炭化制备针状焦 ·················· 245

　　5.6.2　中低温煤焦油与高温沥青共炭化制备针状焦 ·················· 257

　参考文献 ·················· 265

第6章　中低温煤焦油分质利用 ·················· 270

　6.1　煤焦油中杂质脱除及预处理技术 ·················· 271

　　6.1.1　煤焦油中杂质的危害 ·················· 271

　　6.1.2　煤焦油中水的脱除方法 ·················· 273

　　6.1.3　煤焦油中固体不溶物的脱除方法 ·················· 279

　　6.1.4　预处理技术 ·················· 284

　6.2　电脱盐技术 ·················· 296

　　6.2.1　盐类的赋存形式与特征 ·················· 297

　　6.2.2　工艺药剂的筛选和优化 ·················· 298

　　6.2.3　电脱盐技术优化 ·················· 301

　　6.2.4　电脱盐技术应用 ·················· 304

　6.3　预处理耦合技术开发与装备模拟 ·················· 309

　　6.3.1　热过滤-复合酸精制耦合技术 ·················· 309

　　6.3.2　热过滤-相转移耦合技术 ·················· 313

　　　　6.3.3　关键设备的设计与模拟 ································· 319
　　6.4　中低温煤焦油制备特种燃料 ······························· 327
　　　　6.4.1　富环状烃馏分生产航空煤油 ························· 328
　　　　6.4.2　加氢生产大比重喷气燃料 ··························· 329
　　　　6.4.3　制备航空煤油联产清洁燃料 ························· 332
　　6.5　中低温煤焦油制备针状焦 ································· 334
　　　　6.5.1　沥青改性制备针状焦 ······························· 334
　　　　6.5.2　精制沥青原料制备煤系针状焦 ····················· 336
　　　　6.5.3　三级串联精制原料制备针状焦 ····················· 337
　　　　6.5.4　洗油、蒽油及沥青组分复合调配原料制备针状焦 ··· 339
　　　　6.5.5　沥青复合萃取改质制备针状焦 ····················· 340
　　　　6.5.6　沥青四阶变温精制一步法制备针状焦 ············· 342
　　　　6.5.7　中低温煤焦油制备负极材料 ······················· 343
　　6.6　中低温煤焦油加氢制备基础油 ··························· 345
　　　　6.6.1　加氢制备柴油 ····································· 345
　　　　6.6.2　加氢制备燃料油和润滑油基础油 ··················· 347
　　　　6.6.3　精制高辛烷值汽油、航空煤油和环烷基基础油 ······ 350
　　　　6.6.4　加氢制备环烷基变压器油基础油 ··················· 352
　　　　6.6.5　加氢产物制备白油 ······························· 354
　　　　6.6.6　加氢制备中间相沥青和油品 ······················· 355
　　　　6.6.7　加氢制备低凝柴油和液体石蜡 ····················· 357
　　6.7　中低温煤焦油制备中间相炭微球 ························· 359
　　参考文献 ··· 362
第7章　反应与转化技术的工业化实践 ····························· 365
　　7.1　中低温煤焦油全馏分加氢制备汽柴油 ····················· 366
　　　　7.1.1　工业化背景和实施历程 ··························· 366
　　　　7.1.2　技术路线和特点 ································· 367
　　　　7.1.3　操作单元物料平衡分析 ··························· 371
　　　　7.1.4　技术水平和推广前景 ··························· 373
　　7.2　中低温煤焦油全馏分加氢制备环烷基特种油品 ··········· 375
　　　　7.2.1　工业化背景和实施历程 ··························· 375
　　　　7.2.2　技术路线和特点 ································· 376
　　　　7.2.3　工艺流程 ····································· 377
　　　　7.2.4　技术水平和推广前景 ··························· 383
　　参考文献 ··· 385

第1章　绪　　论

1.1　中低温煤焦油及其产能产量

1.1.1　基本范畴

中低温煤焦油(medium and low temperature coal tar，MLCT)是低阶煤(褐煤、长焰煤、不黏煤、弱黏煤)在600～800℃热解的产物(同时生成半焦和煤气)[1]。陕西省地方标准《中低温煤焦油》(DB 61/T 995—2015)关于中低温煤焦油的技术要求与实验方法如表1.1所示。

表 1.1　中低温煤焦油的技术要求与实验方法

项目	技术要求		实验方法
	一级	二级	
密度 ρ_{20}/(g·cm^{-3})	≤1.0300	1.0301～1.0700	GB/T 2281
w(水分)/%	≤2.00	2.01～4.00	GB/T 2288
w(灰分)/%	≤0.15	0.16～0.20	GB/T 2295
黏度 E_{80}	≤3.00	4.00	GB/T 24209
w(机械杂质)/%	≤0.55	0.56～2.00	GB/T 511
w(残碳)/%	≤8.0	8.1～10.0	SH/T 0170
w[甲苯不溶物(无水基)]/%	≤1.0		GB/T 2292

注：w(i)表示i的质量分数。

1.1.2　产能产量

我国煤化工产业的规模、产量及产品品种(煤基甲醇、天然气、燃料油、兰炭、乙二醇、烯烃、乙醇、芳烃等)均位居世界前列。低阶煤热解制兰炭(半焦)是煤化工产品重要的组成之一。2022年，我国兰炭总产能约为1.36亿t·a^{-1}，主要分布在陕西榆林(产能6700万t·a^{-1})、新疆(产能5200万t·a^{-1})、河北唐山(产能600万t·a^{-1})、内蒙古鄂尔多斯(产能600万t·a^{-1})、宁夏(产能500万t·a^{-1})。2022年，我国兰炭产量约为9980万t，同时副产的中低温煤焦油总产量为900万t。兰炭产业是我国煤化工清洁分质利用的"龙头"与核心。在我国一系列产业政策的支持与引导下，随着兰炭产业升级、高质量、绿色发展及产品市场的不断拓展，预计到2025年和2030年，兰炭产能将依次达到1.5亿t·a^{-1}和2.0亿t·a^{-1}，其相应的中低温煤焦油产量将达到

1100 万 t·a⁻¹ 和 1300 万 t·a⁻¹，可进一步促进中低温煤焦油加工行业的发展[2]。

1.2　中低温煤焦油的组成与反应特征

中低温煤焦油是煤炭在 600～800℃条件下热解得到的液态产品，其相对密度一般略大于 1.0g·cm⁻³，馏程为 200～580℃。相对于高温煤焦油，中低温煤焦油是一种密度较小、芳构化和缩合程度较低、杂原子质量分数相对较低的煤基油品。其特点在于随着热解温度升高，焦油中不稳定含氧基团发生二次裂解反应，不稳定脂肪烃的裂解使氢原子质量分数下降，碳原子质量分数增大。

中低温煤焦油可分为烃类化合物、杂原子化合物、水分、固体不溶物等组分。烃类化合物中的饱和分主要包括正构烷烃、异构烷烃和环烷烃；芳香分主要包括萘类、茚类、联苯、蒽类、菲类、芴类及其他烃的衍生物等。

杂原子化合物以含硫化合物、含氮化合物和含氧化合物为主。相对于石油基重质油，中低温煤焦油中硫原子质量分数很低，一般在 0.5%以下，主要包括噻吩、苯并噻吩、甲基苯并噻吩、二甲基苯并噻吩、三甲基苯并噻吩及二苯并噻吩等。中低温煤焦油各馏分油中，含氮杂原子化合物种类繁多，氮原子质量分数约为 1%。中低温煤焦油中氧原子的质量分数为 7%～8%，各个馏分段油的含氧量均较高，且种类众多。含氧化合物主要以酚类化合物、酮类化合物、羧酸类化合物、呋喃及其衍生物的形式存在，且多与 N、S 等杂原子共存于大分子结构中。

在低阶煤中低温热解过程中，部分细小的煤粉或焦粉颗粒，以及部分无机物等会进入煤焦油产品中，以固体杂质的形式存在。从组成来看，该类固体均是固体大颗粒物质和复杂的有机物、无机物的混合体，无机组分以金属无机矿物盐类化合物为主，有机组分主要为 C、O、S、N 元素组成的有机复杂化合物，S 元素主要以硫酸盐化合物的形式存在，N 元素主要以吡啶、吡咯和氮氧化合物的形式存在。

中低温煤焦油主要通过加氢来完成油品的脱硫、脱氮、脱氧及油品轻质化，加氢反应机理与石油加氢过程机理较为相似，但是其反应过程又有自身的特点。例如，中低温煤焦油中的杂环含氧化合物虽然所占比例较小，但是却最难脱除，在不同的反应压力下，酚类化合物的加氢脱氧转化率均高于杂环含氧化合物。反应压力的提高和空速的降低对中低温煤焦油的加氢饱和反应有积极作用，但反应温度的提高却对加氢饱和反应有着一定的抑制，并且这种抑制作用随着温度的提高呈线性增长。从动力学方面分析，中低温煤焦油加氢产品饱和分的反应速率远大于饱和分裂化成轻质油气的速率，并且高于重组分裂化为芳香分的速率，柴油馏分的生成速率大于汽油馏分，更远远大于汽油、柴油馏分裂化成气体的反应速率。

中低温煤焦油沥青质加氢反应也有自身的特点和规律。反应温度升高，更有利于加氢裂化、热裂解和缩合焦化反应进行，且 O、N 和 S 的脱除率呈线性增加,对低反应活性杂原子化合物(如吡啶和吡咯)脱除的影响比高反应活性杂原子化合物(如烷基硫和羧基化合物)脱除更大。随着反应压力的增加,沥青质转化为胶质、胶质转化为饱和分和芳香分的速率增加。在较高的压力下,胶质和芳香分的生成速率远小于其转化成芳香分和饱和分轻质化反应速率。从动力学方面分析,中低温煤焦油沥青质加氢表观动力学行为在较长的反应时间内基本符合一级反应特征。升高温度和降低压力都会减小催化剂的效率因子,内扩散是该反应的速率控制步骤。该反应整体的效率因子偏低,一方面,沥青质分子大,内扩散过程中阻力较大,难以在催化剂孔道内壁的活性中心发生反应;另一方面,沥青质加氢反应放热量较大,导致催化剂颗粒表面与内壁反应温度不同,则催化剂颗粒表面与内壁反应速率不同,反应效率因子偏低。

有别于传统石油沥青,中低温煤焦油沥青具有芳核(又称“芳香核”)小、侧链短、芳香度大、杂原子含量高等特点。相对于热聚合时间,热聚合温度对中间相物理性质、光学结构、分子结构的转化影响较显著,且沥青中正庚烷可溶物(HS)、正庚烷不溶–甲苯可溶物(HI-TS)、甲苯不溶–喹啉可溶物(TI-QS)及喹啉不溶物(QI)等不同族组分对热聚合温度的敏感程度也存在较大差异。随着热聚合温度的升高,HS 的炭化产物中间相质量分数先快速增加后逐渐稳定,由短支链稠环芳烃构成的 HI-TS,中间相质量分数增加的敏感温度范围为 420~440℃,含有较多杂原子的 QI 具有较高的热反应活性,炭化产物中间相质量分数明显高于其他两个组分。同时,随着恒温时间延长,不同族组分炭化产物中间相质量分数均逐渐增加,且其变化率逐渐变小,恒温 8h 是中间相结构发生明显变化的分界点,适当延长恒温时间有利于中间相的充分生长。低质量分数的 QI 有利于炭化产物中间相的生长。QI 质量分数的增加有利于提高炭化产物的收率,但当其质量分数过大时,将影响炭化产物中间相结构和质量分数。适宜含量的 TI-QS 是中间相形成的关键,独有的短侧链芳香化合物结构,侧链中—CH_2—和—CH_3 的断裂形成稳定的自由基,不同缩合程度的稠环芳烃通过—CH_2—相互堆叠及穿插,有利于中间相形成规整的微晶结构和纤维状各向异性光学结构。

1.3 中低温煤焦油的加工技术

2022 年,我国以中低温煤焦油为原料生产原料油和化工产品的规模约为 800 万 $t \cdot a^{-1}$,相关生产企业为 20 家。我国中低温煤焦油加氢已实现工业化生产,处于实验阶段的技术主要有燃料型加工技术、化工型加工技术和燃化型加工技术[3]。

1.3.1 燃料型加工技术

以中低温煤焦油为原料,加氢生产石脑油、汽油馏分、柴油馏分等产品,是我国的主流技术，并已制定相应的技术质量行业标准《煤基氢化油》(HG/T 5146—2017)，其典型的技术主要有如下三类。

(1) 轻馏分技术[4]：中低温煤焦油经蒸馏后，将分离处理低于 370℃的馏分进行固定床加氢生产汽柴油馏分产品，其副产的高于 370℃的沥青质供外售。神木市鑫义能源化工有限公司于 2015 年建成的装置规模为 20 万 t·a⁻¹，其液相产品收率为 73%。

(2) 宽馏分技术：甘肃宏汇能源化工有限公司于 2018 年建成的 50 万 t·a⁻¹ 工业装置，采用的是湖南长岭石化科技开发有限公司开发的宽馏分煤焦油加氢技术[5]。该技术是先将中低温煤焦油蒸馏分离为低于 370℃的馏分，再将高于 370℃的馏分采用萃取(抽提)、蒸馏的方法分离出残渣，然后与低于 370℃馏分合并后再进行固定床加氢制备燃料油，其液相产品收率为 85%。

(3) 全馏分技术[4,6]：神木富油能源科技有限公司于 2012 年投产的 12 万 t·a⁻¹ (2018 年扩建为 16.8 万 t·a⁻¹)全馏分煤焦油加氢生产燃料油装置[7]，采用电脱盐净化处理后的煤焦油进行固定床加氢，其液相产品收率达 96%以上。陕西延长石油集团安源化工有限公司于 2015 年建成的 50 万 t·a⁻¹ 生产装置，将煤焦油经悬浮床加氢后再经固定床加氢生产燃料油，其液相产品收率为 85%。新疆信汇峡清洁能源有限公司于 2019 年建成的 60 万 t·a⁻¹ 生产装置，将煤焦油经沸腾床加氢之后再经固定床加氢生产燃料油，其液相产品收率为 93%。

1.3.2　化工型加工技术

为了实现中低温煤焦油加工产品的精细化、高端化和高附加值化，陕西煤业化工集团有限责任公司尚建选总工程师和西北大学化工学院李冬教授科研团队对其进行了一系列研究，并取得了良好的成果，其部分成果已实现了工业化应用。中低温煤焦油化工型加工技术路线如图 1.1 所示。

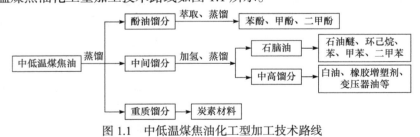

图 1.1　中低温煤焦油化工型加工技术路线

1.3.3　燃化型加工技术

为了促进中低温煤焦油加工产业的不断降耗增效，采用燃料型–化工型一体化技术是其实现高质量发展的主要方向之一[8]。陕西煤业化工集团神木天元化工有限公司于 2010 年建成的 50 万 t·a⁻¹ 生产装置，先将中低温煤焦油蒸馏分离出的酚油制成苯酚、甲酚、二甲酚等有机化工产品，随后将煤焦油经延迟焦化产出石油焦后，再将其轻质化产物进行固定床加氢制备燃料油，多年生产实践表明该技术具有良好的综合效益。陕西精益化工有限公司于 2019 年建成的 50 万 t·a⁻¹ 生产装置，将中低温煤焦油加氢生产燃料过程中产生的石脑油进一步加工，生产苯、甲苯、二甲苯等。神木富油能源科技有限公司于 2021 年建成 50 万 t·a⁻¹ 煤焦油全馏分加氢生产环烷基特种油品成套工业化装置，该装置燃化型加工技术路线如图 1.2 所示。

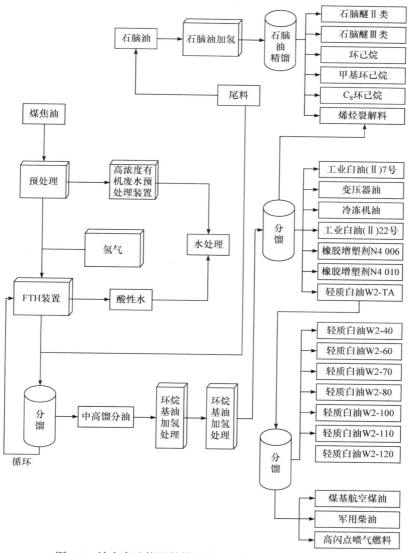

图 1.2 神木富油能源科技有限公司燃化型加工技术路线

FTH-煤焦油全馏分加氢多产中间馏分油成套工业化技术

1.4 中低温煤焦油的发展前景

近年来，我国在中低温煤焦油加工利用方面取得了一定的进步，在产业规模、技术能力、装备水平等方面已位居世界前列。但是，针对中低温煤焦油富含芳烃、环烷烃的结构特征，在制取化工原料、特种燃料及精细化学品方面的开发探索程度还不够，未能最大程度实现中低温煤焦油的高附加值、多元化利用。未来在中低温煤焦油加工利用方面应重点解决以上问题。我国煤焦油加氢产业正处在推进供给侧结构性改革、实现高质量发展的攻关期，如何突破瓶颈、提升水平、迈向新的发展阶段，将成为产业发展的关键[8]。

中低温煤焦油中含有大量的酚类化合物，主要包括低级酚(苯酚、甲酚和二甲酚等)、$C_3 \sim C_4$ 烷基苯酚及茚酚类等。大量酚类物质的存在，导致中低温煤焦油的油品安定性和稳定性较差。酚类化合物可作为塑料、黏结剂、杀虫剂、消毒剂等高附加值下游日化产品的重要原料，但由于中低温煤焦油中高附加值化合物分布分散且质量分数低，给分离带来较大困难。因此，需不断发展更加高效的分离手段来提取中低温煤焦油中的酚类、多环芳烃等高附加值化学品，实现中低温煤焦油的精细化利用。

煤基石脑油由于富含单环芳烃和环烷烃，其密度高于传统石脑油，辛烷值较低，不适宜作汽油的调和组分。鉴于煤基石脑油的单环特性，将其加工成为苯–甲苯–二甲苯(BTX)等原料则具有较高的原子经济性。此外，煤基石脑油的氮质量分数极低，硫质量分数也相对较低，将其定向加工转化为高端环烷基溶剂油或者单体化学产品，也具有极高的经济价值。

中低温煤焦油中间馏分富含 2~4 环芳烃，对其进行加氢精制、加氢裂化、加氢异构等定向转化深加工处理后，根据馏分不同，可得到多种高附加值的特种功能产品，如航空煤油、火箭煤油、军用特种燃料、变压器油、工业白油、冷冻机油及橡胶油等特种环烷基油品。此类产品具有大比重、高能量密度、高热安定性、低凝点等独特优势。通过中低温煤焦油全馏分加氢技术生产环烷基特种油品的原料来源自主丰富，将有效解决我国原料来源供给"卡脖子"风险。

中低温煤焦油重质组分一般为玻璃状黑色固体，其沸点高、分子量大、杂原子质量分数高，其中已发现 5000 多种三环及三环以上的芳香族烃类、杂环化合物以及少量高分子炭素物质。该组分的利用有两个方向，其一是通过全馏分加氢进行轻质化，使其转化为中间馏分再进行加工利用；其二是制备炭素材料，如中间相炭微球、中间相沥青、改质沥青、针状焦等产品。

装置大型化能实现运行成本低、经济效益高。装置大型化的优点主要体现在：①能集中加工难于处理的重质沥青、含量较少的高附加值产品；②降低操作费用和能耗，易于实现自动化控制，提高产品收率和质量，提高劳动效率；③节约占地，可有效降低"三废"处理与综合利用的建设投资、综合成本，有利于环境保护。由于煤焦油原料分布分散、产量较小，现有的加氢装置规模普遍偏小。根据国内外石油炼制工业经验推算，当煤焦油加氢规模由 25 万 $t \cdot a^{-1}$ 增加到 50 万 $t \cdot a^{-1}$ 时，规模增加了 1 倍，投资仅增加了 70%，单位产量生产运行费用降低 10% 左右，劳动生产率提高 20% 以上，占地面积和材料消耗也随之减少。

随着云计算、人工智能等新一代信息技术的发展，以预测控制、智能控制等为核心的先进控制技术在流程行业得到了成功应用。煤焦油加氢作为典型的流程行业，其特点是管道式流体输送，生产连续性强，流程比较规范。促进新一代信息技术与煤焦油加氢技术的融合，推动智能化工厂的建设，将为加氢行业注入新动力。煤焦油加氢装置智能化的重点在于加工方案、过程管控、产品调节、供应链衔接等煤焦油全过程的在线模拟与优化，也应关注基于分子炼油技术的智能化。

参 考 文 献

[1] 沈东, 姚峻峰, 鲁晓峰, 等. 中低温煤焦油加氢技术进展及应用分析[J]. 煤化工, 2020, 48(2): 48-52.

[2] 周秋成, 席引尚, 马宝岐. 我国煤焦油加氢产业发展现状与展望[J]. 煤化工, 2020, 48(3): 3-8, 49.

[3] 赵鹏程, 姚婷, 杨宏伟, 等. 煤焦油的加工工艺及研究现状[J]. 广州化工, 2013, 41(1): 26-29.

[4] 亢玉红, 李健, 闫龙, 等. 中低温煤焦油加氢技术进展[J]. 应用化工, 2016, 45(1): 159-165.

[5] 国内最大宽馏分煤焦油精制装置建成投产[J]. 能源化工, 2018, 39(3): 30.

[6] 朱元宝, 吴道洪, 高金森, 等. 中低温煤焦油全馏分加氢处理研究[J]. 石化技术与应用, 2016, 34(6): 452-455.

[7] 陕西煤业化工集团全球首套煤焦油加氢装置实现工业化[J]. 石油化工应用, 2013, 32(3): 85.

[8] 尚建选. 科技创新驱动煤炭绿色高效转型升级[J]. 中国煤炭工业, 2016, 353(7): 22-24.

第2章 中低温煤焦油性质和特征

煤焦油是煤在干馏和气化过程中得到的液态产品。按照热解温度的不同，分为低温煤焦油、中低温煤焦油、中温煤焦油和高温煤焦油。中低温煤焦油是基础化工原料的重要来源，经加工处理后可得到汽油、柴油等清洁燃料油品，酚类、环烷烃和芳烃等化工产品，白油、环烷基油、航空煤油、火箭燃料等特种油品和特种燃料，以及中间相炭微球、针状焦和锂电负极材料等高端碳材料。中低温煤焦油分质利用一直是煤炭资源清洁转化的重要途径。本章通过新的分离和分析方法，从不同角度揭示中低温煤焦油的基本性质、组成及杂原子等产物性质和特征。

2.1 基 本 组 成

中低温煤焦油是指煤炭在 600～800℃热解温度下得到的焦油产物。相对于干馏温度在 1000℃左右得到的高温煤焦油，中低温煤焦油是一种密度较轻、芳构化和缩合程度较低，杂原子质量分数相对较低的煤基油品，主要产自我国陕西、山西、内蒙古和新疆等中低程度变质煤储量丰富的地区。表 2.1 为煤炭、煤焦油、石油、汽油和天然气等不同形式能源产品的元素分析，表 2.2 为不同产地中低温煤焦油一般性质对比。

表 2.1 不同形式能源产品的元素分析

能源产品	元素质量分数/%					氢碳原子比
	C	H	O	S	N	
无烟煤	93.7	2.4	2.4	0.6	0.9	0.31
中挥发分烟煤	88.4	5.0	4.1	0.8	1.7	0.67
高挥发分烟煤	80.3	5.5	11.1	1.2	1.9	0.82
褐煤	72.7	4.2	21.3	0.6	1.2	0.87
高温煤焦油	91.3	4.8	2.4	0.5	1.1	0.75
褐煤低温焦油	80.3	9.3	9.3	0.3	0.7	1.38
烟煤低温焦油	81.4	9.3	8.2	0.2	0.8	1.37
大庆石油	85.9	13.7	0.1	0.1	0.2	1.92

续表

能源产品	元素质量分数/%					氢碳原子比
	C	H	O	S	N	
汽油	86.0	14.0	—	*	—	2.00
天然气	75.0	25.0	—	—	—	4.00
中低温煤焦油	82.8	8.3	7.8	0.3	1.0	1.20

注：* 汽油中 S 浓度为 $100\mu g \cdot g^{-1}$；表中数据经修约处理。

表 2.2　不同产地中低温煤焦油的一般性质对比

项目	中低温煤焦油		
	陕西榆林	山西大同	内蒙古鄂尔多斯
w(水分)/%	2.10	2.30	3.60
w(灰分)/%	0.08	0.08	0.11
密度/$(g \cdot cm^{-3})$	1.06	1.05	1.17
黏度/$(mm^2 \cdot s^{-1})$	10.78	8.96	12.82
w(残炭)/%	7.29	7.07	7.82

　　由表 2.1 和表 2.2 可知，中低温煤焦油和高温煤焦油的常规物性及元素组成有明显差别，中低温煤焦油中的氢碳原子比和氢元素质量分数均比高温煤焦油高，而碳元素的质量分数比高温煤焦油低。其原因在于随着热解温度升高，煤焦油中不稳定含氧基团发生二次裂解反应，不稳定脂肪烃的裂解使氢元素质量分数下降，碳元素质量分数增大，焦油氢碳原子比随热解温度上升而下降。表 2.3 为不同煤焦油的性质对比。

表 2.3　不同煤焦油的性质对比

样品	馏出温度/℃					w(饱和分)/%	w(芳香分)/%	w(胶质)/%	w(沥青质)/%
	IBP	10%	30%/50%	70%/90%	FBP				
中低温煤焦油	208	252	341/382	433/498	542	16.89	38.36	25.17	17.52
高温煤焦油	235	288	350/398	452/534	556	2.69	27.33	35.27	37.46

注：IBP-初馏点，FBP-终馏点。10%～90%分别表示煤焦油蒸馏出 10%～90%体积分数物质。

　　由表 2.3 可知，中低温煤焦油馏出点温度都比高温煤焦油稍低，这是因为随着热解温度降低，中低温煤焦油没有充分进行二次热分解和芳构化，其稠环芳烃质量分数比高温煤焦油低得多，同时也使中低温煤焦油中的轻组分较高温煤焦油更丰富，而高温煤焦油中沥青质和胶质的重质组分更多。

煤焦油原料中一定量的杂原子会对其后续加工产生极为不利的影响，如铁、钙、钠、镁等金属杂原子，硫、氮、氧等非金属杂原子，虽然杂原子含量相对较低，但对煤焦油加工利用过程和产品质量产生很大的不利影响，带来更多技术困难。

2.2　研究方法概述

2.2.1　分析方法

(1) 元素分析。

采用元素分析仪对样品中碳、氢、氮元素含量进行测定，氧元素含量用差减法计算。

(2) 分子量测定。

采用凝胶色谱仪对样品的分子量进行测定，以四氢呋喃(THF)为流动相，流速为 $1\text{mL} \cdot \text{min}^{-1}$，聚苯乙烯(PS)为标准样品。

(3) 傅里叶变换红外光谱分析。

采用傅里叶变换红外光谱仪对样品进行检测。测试条件：温度为 25℃左右，仪器的分辨率为 0.4cm^{-1}，在 $500\sim4000\text{cm}^{-1}$ 进行红外光谱扫描，波数精度 0.01cm^{-1}，扫描 10 次。

(4) 核磁共振分析。

采用超导核磁共振仪对样品进行检测，样品溶剂为二甲基亚砜-d6(DMSO-d6)，内标物采用四甲基硅烷(TMS)。

(5) X 射线光电子能谱分析。

采用光电子能谱仪对原料进行 X 射线光电子能谱(X-ray photoelectron spectroscopy，XPS)表征。以 Mg Kα作为激发源，分析室压力小于 $5.1\times10^{-8}\text{Pa}$，以 Al2p(74.4eV)谱峰为内标，对荷电效应引起的谱峰移动用 C1s 的结合能(284.5eV)校正。

(6) X 射线衍射。

采用 X 射线衍射仪进行分析。分析条件为 Cu 靶 Kα射线(波长 $\lambda=0.15406\text{nm}$)，扫描范围为 $0°\sim65°$，电压 35kV，管电流 25mA，扫描速度 10°/min。

(7) 扫描电子显微术。

采用扫描电子显微术(scanning electron microscopy，SEM)对样品的表面结构进行扫描分析，在测试之前对样品进行喷金处理。

(8) 气相色谱–质谱法。

气相色谱–质谱法(gas chromatography-mass spectrometry，GC-MS)检测中，原料经脱水脱渣处理后，用二硫化碳(CS_2)超声溶解于 2mL 色谱进样瓶中，具体条件如下：质荷比扫描范围 50～550；EI 源能量 70eV，四极杆温度 150℃，离子源温度 230℃；选用 HP-5MS 型色谱柱，柱长 30m，内径为 0.25mm；进样口温度为 300℃；以高纯氦气作为载气，流量为 1mL·min^{-1}，分流比为 50∶1。色谱柱升温程序为初始温度 50℃，保持 5min；以 3℃·min^{-1} 的速率升温至 290℃，保持 5min，共计 90min。

(9) 傅里叶变换离子回旋共振质谱法。

利用傅里叶变换离子回旋共振质谱(FT-ICR MS)设备，连接大气压光电离(APPI)源，对煤焦油原料进行高分辨率质谱检测。FT-ICR MS 检测条件：磁场强度 7.0T；APPI 电离模式；采样频率 1s。APPI 源的测试条件如下：采用正离子模式；N_2 作为干燥气和雾化气使用；干燥气的温度为 200℃，流速为 4.0L·min^{-1}；雾化气流速为 1.0L·min^{-1}；离子源温度为 400℃；分子量检测范围为 200～1200。

(10) 全二维气相色谱–飞行时间质谱联用。

全二维气相色谱–飞行时间质谱联用(GC-GC/TOF-MS)技术中，使用气相色谱和配备固态热调制器的 EI-0610 飞行时间质谱仪组成全二维 GC-GC/TOF-MS 系统进行检测。检测条件如下：一维柱为 HP-5MS 色谱柱(30m×0.25mm×0.1μm)，二维柱为 DB-17MS 色谱柱(1.4m×0.25mm×0.15μm)。载气为氦气，恒定流速为 1.2mL·min^{-1}。一维柱初始温度为 50℃，保持 3min，以 7℃·min^{-1} 速率升高到 320℃，保持 5min。传输线和离子源的温度分别设置为 280℃和 230℃。电子轰击电离源(EI)的电子能量为 70eV，检测器电压为–1850V。数据处理的扫描频率为 100Hz，调制周期为 8s。

(11) 紫外–可见吸收光谱分析。

采用紫外–可见分光光度计对样品进行光谱扫描。溶剂为二氯甲烷，样品浓度为 0.05mg·mL^{-1}，检测范围为 300～700nm，谱宽为 1nm，慢速扫描。

2.2.2　分离方法

1. 馏分分离方法

本书采用减压馏程实验装置将中低温煤焦油根据不同馏程切割为轻馏分、中间馏分、软沥青及重质沥青 4 种馏分段。

2. 四组分分离方法

1) 沥青质的分离

以煤焦油、甲苯、正庚烷为原料，采用超声萃取、索氏萃取和加热回流的方法，根据图 2.1 的实验流程进行分离。结果见表 2.4 和图 2.2。

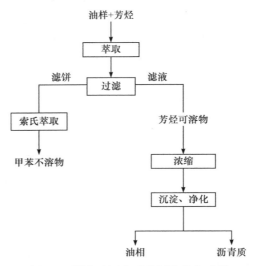

图 2.1　煤焦油沥青质的沉淀分离过程

表 2.4　不同萃取方法对沥青质沉淀量(质量分数)的影响　　　(单位：%)

萃取方法	时间					
	1h	2h	3h	4h	5h	6h
超声萃取	18.14	20.11	22.46	25.36	25.51	25.69
索氏萃取	17.13	18.37	21.63	22.23	22.45	22.56
加热回流	16.52	17.63	18.23	19.17	19.35	19.46

由图 2.2 可知，随着萃取时间的延长，这三种分离方法获得的沥青质沉淀量有相同的趋势：沥青质沉淀量都呈现先增大到一定时间后又平缓的趋势。萃取时间相同时，利用超声萃取分离的沥青质沉淀量高于另外两种方法。

2) 芳香分、饱和分和胶质的分离

根据 1)所获得的沥青质分离条件，将煤焦油中沥青质进行分离，分离得到的正戊烷可溶物倒入层析柱，再利用不同溶剂冲洗层析柱，依次获得饱和分洗脱液、芳香分洗脱液和胶质洗脱液，分离操作过程列在图 2.3 中，具体操作步骤如下：

(1) 打开恒温水浴锅，升高温度至 50℃，并保持恒温。

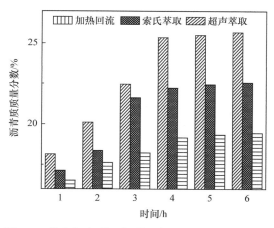

图 2.2　萃取方法对沥青质沉淀量(质量分数)的影响

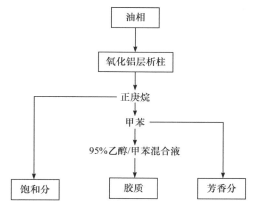

图 2.3　煤焦油重馏分中油相柱层析分离

　　(2) 将活化后的氧化铝紧密、均匀地装到层析柱中，再使用正庚烷溶剂润湿层析柱。

　　(3) 将获得的烷烃可溶物倒入层析柱，依次加入正庚烷、甲苯、体积比为 1∶1 的 95%乙醇与甲苯的混合溶液冲洗层析柱，分别洗脱出 1#饱和分洗脱液、1#芳香分洗脱液和 1#胶质洗脱液。

　　(4) 将步骤(3)中洗脱液中的溶剂蒸发脱除，在温度为80℃下真空干燥直至质量恒定。然后对各组分的收率进行计算，各组分收率为样品的最终恒重质量与原样质量的比值。

　　用正己烷、正庚烷代替正戊烷作烷烃溶剂分别得到正己烷可溶物和正庚烷可溶物，重复上述实验，经过吸附柱进行洗脱后能够得到其相对应的饱和分、芳香分及胶质组分，并分别标记为 2#、3#。

3. 族组分分离方法

将中低温煤焦油沥青经充分粉碎后依次加入过量正庚烷、甲苯、喹啉溶剂，在 80℃恒温条件下搅拌 1h、静置沉降 3h，分离得到上层溶液，然后分离出溶剂，经烘干后分别得到正庚烷可溶物(HS)、正庚烷不溶–甲苯可溶物(HI-TS)、甲苯不溶–喹啉可溶物(TI-QS)组分。在喹啉萃取时得到的不溶物经烘干后得到喹啉不溶物(QI)组分。

4. 酸碱组分分离方法

采用酸碱中和–柱层析法对<360℃馏分中的含氮化合物进行分类、富集，得到碱氮和非碱氮化合物，具体流程见图2.4。

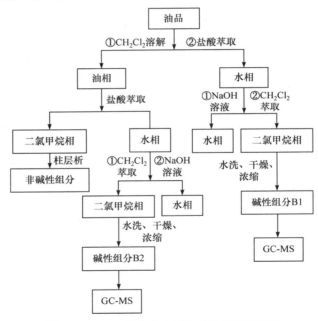

图 2.4   <360℃馏分中含氮化合物的富集流程

含氮化合物的富集步骤如下：

① 取<360℃中低温煤焦油馏分 100g，用适量二氯甲烷溶解，得到深棕色溶液。②在 35℃下，用一定量 1mol·L^{-1} 的盐酸溶液，磁力搅拌条件下萃取深棕色溶液，萃取 3 次，分离二氯甲烷相和水相。③采用质量分数为 10%的氢氧化钠溶液中和步骤②中得到的水相，调节至 pH=12；再用一定量二氯甲烷在 35℃条件下，反萃取该中和液 3 次，分离二氯甲烷相和水相，将二氯甲烷相水洗去盐，用无水 Na$_2$SO$_4$ 去水并加热浓缩，得到少量红黑色碱性组分 B1。④在 35℃条件下，用一定量 3mol·L^{-1} 的盐酸溶液，磁力搅拌条件下萃取步骤②中二氯甲烷相 3

次，分离二氯甲烷相和水相。⑤配制 20%(质量分数)的氢氧化钠溶液，调节步骤④中水相至 pH=12，在 35℃条件下，用一定量二氯甲烷反萃取该中和液 3 次，分离二氯甲烷相和水相，将二氯甲烷相水洗去盐，无水 Na_2SO_4 去水并加热浓缩，得到少量橘红色碱性组分 B2。⑥采用柱层析法富集步骤④中二氯甲烷相的非碱性组分，取经过 120℃条件下活化 5h 的硅胶，装柱高度约 60cm，上下塞少量脱脂棉。加入 100mL 石油醚润洗硅胶，加入 20g 用适量石油醚溶解的油样。依次用 20mL 石油醚、150mL 石油醚/苯(体积比 9∶1)、200mL 正己烷/二氯甲烷(体积比 7∶13)冲洗硅胶柱，分别得到饱和分、芳香分、非碱性组分、胶质，采用旋转蒸发仪蒸发去除非碱性组分中的正己烷和二氯甲烷。

按此步骤，进行两组萃取实验，第一组实验分别采用 $2mol \cdot L^{-1}$、$4mol \cdot L^{-1}$ 的盐酸对<360℃馏分中的氮化合物进行萃取，用质量分数为 20%、30%的氢氧化钠溶液对水相进行中和，得到相应的碱性组分 B1 和非碱性组分；第二组实验分别采用 $3mol \cdot L^{-1}$、$5mol \cdot L^{-1}$ 的盐酸对<360℃馏分中的氮化合物进行萃取，用质量分数为 30%、40%的氢氧化钠溶液对水相进行中和，得到相应的碱性组分 B2 和非碱性组分。采用 $xmol \cdot L^{-1}$ 盐酸初次提取<360℃馏分中的碱性组分 B1 分别命名为 Jx 组分，在此基础上采用 $ymol \cdot L^{-1}$ 盐酸提取剩余<360℃馏分中的碱性组分 B2，再通过柱层析法富集馏分中的非碱性组分。

2.2.3　硫的富集方法

煤焦油中杂原子 S 的含量较低，一般仅占煤焦油总量的 0.1%～0.5%，其结构类型多样，以脂肪类硫、噻吩类硫及砜类硫为主，且噻吩类硫含量最多，此类含硫化合物也最难被脱除。煤焦油中含硫化合物含量较低，检测时易受其他化合物的干扰，受现有分析手段的限制，需先对其进行分离富集，再进行表征。油品中含硫化合物富集方法主要包括：氧化还原法[1]、液相色谱法[2]和甲基衍生化法[3]。

液相色谱法主要包括液固吸附色谱法和配位交换色谱法。液固吸附色谱法根据样品中不同组分的极性不同分离出含硫化合物，常用的吸附剂为 100～200 目的 Al_2O_3 和 SiO_2，然后选择合理的硫选择性检测器进行表征。杨勇[4]采用溶剂萃取法和色谱柱层析相结合的方法对煤焦油进行族组成分离，采用 GC-MS、GC-AED(原子发射检测器)、XPS 等手段有效检测并定性各组分中的含硫化合物，得到了煤基液体产品的组成及含硫化合物的形态分布。配位色谱法则根据许多阴离子和中性分子等配位体具有失电子的能力，将硫醚类、醇类、氨类等与 Cu^{2+}、Ni^{2+}、Co^{2+}、Fe^{2+}、Fe^{3+}、pd^{2+}、Zn^{2+}等阳离子配位。

不同类型含硫化合物与阳离子的配位能力不同，表现在层析柱上为保留时间不同，该方法研究最早且最多的为 Masaharu 等[5-7]，主要以含硫化合物与 $CuCl_2$、$AgNO_3$、$PdCl_2$ 配位来分离脂肪族硫醚和多环含硫化合物。我国多位学者[8-10]采用 PdC$_2$/硅胶配位交换色谱法对渣油或原油进行富集，均能有效鉴定出各种含硫化合物。但是该方法也存在一些显著的问题，如硫醚回收率低、配位金属容易脱附且对于硫含量较少的油品很难使用该方法有效富集。

2.2.4　氮的富集方法

1. 酸碱抽提法

酸碱抽提法是一种传统而有效的提取油品中氮化合物的方法，多采用盐酸、硫酸等无机酸和草酸、乙酸等有机酸将油品中氮化合物(主要是碱氮化合物)提取出来，再利用碱性溶液(如氢氧化钠溶液)中和酸，进而提取出氮化合物。

2. 固相萃取法

固相萃取法在原油中氮化合物和其他杂原子化合物的快速分离和比较详细的表征中发挥重要的作用，通常采用硅胶和碱性氧化铝作吸附剂，其对极性氮杂原子化合物的吸附力较强，采用不同极性的溶剂对不同极性的化合物进行冲洗，最终得到含氮化合物。

3. 离子交换色谱法

离子交换色谱法是指溶液中带电荷离子与固定相中的离子进行交换，是一种应用较广泛的分离方法。离子交换色谱的固定相为带有交换离子活性基团的离子交换树脂，一般分为阴离子交换树脂、阳离子交换树脂两类，分别可以和溶液中的阴离子、阳离子进行交换。该方法的机理非常复杂，主要应用于石油精制中。

2.2.5　沥青质的分离方法

1. 沥青质纯化分离

1) 沥青质纯化分离方法

研究发现，《石油沥青四组分测定法》(NB/SH/T 0509—2010)不适合直接移植应用于中低温煤焦油分离。按照《石油沥青四组分测定法》获得的中低温煤焦油四组分收率(以质量分数计)约小于 80%，有约 20%的中低温煤焦油组分难以进行有效分离和收集，大量的芳香分和胶质易在氧化铝吸附柱上形成不可逆吸附。其原因是中低温煤焦油中含 O 和含 N 的强极性官能团与氧化铝粉末表面形成强烈的氢键作用。中低温煤焦油沥青经正庚烷萃取后会获得大量残留在沥青质中的沥青烯(约占 25%)，这部分沥青烯属于芳香分和胶质。因此，通过《石油沥青四组分测定法》分离制备的中低温煤焦油沥青质并不是严格意义的"纯"沥青质混合物。这两种因素都将给中低温煤焦油的四组分数据分析准确性和完整性带来严重的偏差。朱永红等通过优化分离流程、增加多处关键处理步骤和革新复合溶剂体系开发了一种全面改进的新型中低温煤焦油四组分标准分离方法[10,11]，四组分具体分离流程如图 2.5 所示。

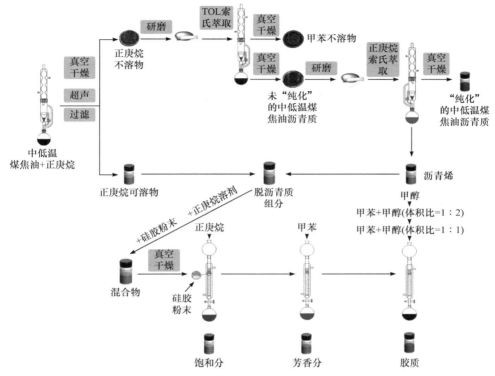

图 2.5 改进的中低温煤焦油四组分分离流程

TOL-甲苯

取 3g 中低温煤焦油分散于 150mL 正庚烷溶剂中，索氏回流 2h，超声处理，过滤后得到正庚烷不溶物和正庚烷可溶物。将正庚烷不溶物真空干燥后充分研磨，加入 150mL 甲苯，索氏萃取。萃取得到的固、液相通过真空干燥获得甲苯不溶物和甲苯可溶物，甲苯可溶物即《石油沥青四组分测定法》所定义的沥青质(在此将其定义为未"纯化"的中低温煤焦油沥青质)，充分研磨后用 200mL 正庚烷进行索氏萃取，真空干燥后可获得"纯化"的中低温煤焦油沥青质(后文统一用"沥青质"表示)和沥青烯。将上述步骤第一次过滤得到的正庚烷可溶物和沥青烯混合后得到脱沥青质组分(脱沥青油)。脱沥青油和硅胶粉末在正庚烷溶剂中搅拌 2h，真空干燥得到二者混合物。在玻璃柱下方填充活化硅胶粉末，脱沥青油和硅胶粉末混合物填充至吸附柱顶部。依次用 90mL 正庚烷和 110mL 甲苯试剂脱出饱和分和芳香分，最后依次用 150mL 甲苯+甲醇(体积比=1∶1)、50mL 甲苯+甲醇(体积比=1∶2)和 50mL 甲醇洗脱出胶质。

2) 沥青质纯化分离优势

中低温煤焦油四组分分离方法的四组分总收率远远高于《石油沥青四组分测定法》。上述两种分离方法对中低温煤焦油和减压渣油进行四组分分离的实验条件和结果见表2.5和表2.6。

表 2.5　不同分离方法对中低温煤焦油和减压渣油进行四组分分离的实验条件

项目	吸附柱	加入次序	洗脱剂	用量/mL
《石油沥青四组分测定法》(NB/SH/T 0509—2010)	氧化铝粉末	1	正庚烷	80
		2	甲苯	80
		3	甲苯+乙醇(体积比=1∶1)	40
		4	甲苯	40
		5	乙醇	40
中低温煤焦油四组分分离方法	硅胶粉末	1	正庚烷	90
		2	甲苯	110
		3	甲苯+甲醇(体积比=1∶1)	150
		4	甲苯+甲醇(体积比=1∶2)	50
		5	甲醇	50

表 2.6　不同分离方法对中低温煤焦油和减压渣油进行四组分分离的结果

项目	《石油沥青四组分测定法》		中低温煤焦油四组分分离方法	
	中低温煤焦油	减压渣油	中低温煤焦油	减压渣油
w(饱和分)/%	17.46	17.82	17.47	18.22
w(芳香分)/%	27.16	38.08	36.81	37.89
w(胶质)/%	20.05	29.13	32.74	29.76
w(沥青质)/%	13.87	13.35	11.09	12.58
收率/%	78.54	98.38	98.11	98.45

相较于《石油沥青四组分测定法》，中低温煤焦油四组分分离方法的改进点主要包括以下六个方面。

(1) 两段沥青质提取组合工艺。确保获得了"纯"沥青质，且将沥青烯组分加入正庚烷可溶物中，保证了饱和分、芳香分和胶质的"全"组成属性。

(2) 中间分离物经多次研磨处理。促进了沥青质萃取分离过程的均匀分散，最大程度避免了沥青质分子聚集或包裹作用等引起的分离误差。

(3) 两段硅胶吸附洗脱工艺。采用硅胶粉末对沥青烯和正庚烷可溶物进行充分分散，减少分子间聚集作用，有利于实现饱和分、芳香分和胶质的精确分离。

(4) 硅胶吸附柱代替传统氧化铝吸附柱。在保证分离效果的同时获得了理想的四组分收率。

(5) 基于硅胶吸附柱，通过大量实验探索，确定了更合理的中低温煤焦油四组分分离复合萃取剂体系。中低温煤焦油分子中杂原子 O 和硅胶粉末 SiO$_2$ 之间的氢键作用可被强极性溶剂甲醇破坏，而在其他低极性或非极性溶剂中保持稳定[2]。

(6) 实现放大化处理，将样品质量从《石油沥青四组分测定法》的 0.5g 提高到中低温煤焦油四组分分离方法的 3.0g，有助于后续样品的全面检测和分析，最大限度地减小实验操作引起的数据误差。

2. 沥青质亚组分分离

FT-ICR MS 分析过程中，不同化合物电离能力的差异(基质效应)可能会影响复杂混合物的分析。FT-ICR MS 能优先观察到电离效率较高的化合物，且在一定程度上会影响电离效率较差化合物的检测。沥青质作为中低温煤焦油中组成和结构多样性最高、极性特征最明显，以及潜在纳米聚集倾向最严重的组分，其检测过程受到的影响程度较大。萃取分馏是解决质谱类分析中选择性电离问题的一种有效方法[3]。本章基于此目的开发了中低温煤焦油沥青质亚组分多级萃取分离(C-ASES)方法。

1) 沥青质亚组分多级萃取分离

(1) 固定相和萃取剂选定。

中低温煤焦油中极性组分含量高，存在大量含氧化合物，导致中低温煤焦油沥青质在氧化铝吸附柱上发生不可逆吸附，降低萃取率。C-ASES 方法证明中低温煤焦油重组分分离更适合采用硅胶吸附柱。Chacón-Patiño 等报道了硅胶分离石油沥青质的两个优点[4,5]：一个是硅胶的吸附机制，氢键作用和离子相互作用为沥青质分子内的极性官能团与硅胶之间提供足够的吸附保留能力，不会形成不可逆的永久吸附。另一个是低温下沥青质在 SiO$_2$ 表面的氧化作用较弱，对组分分馏只有轻微影响[6]。SiO$_2$ 表面的氧化作用需要 150℃ 以上的高活化温度，而本实验中萃取温度低于 50℃。极性化合物中含 O 或含 N 基团在氢键相互作用中起着重要作用，中低温煤焦油沥青质中 O 和 N 元素含量明显高于石油沥青质，因此硅胶是中低温煤焦油沥青质亚组分分离的更优选择。

Masaharu[7]采用两个系列溶剂选择性分离石油沥青质亚组分。第一个系列由丙酮和乙腈溶剂组成，选择性提取分子量较低的沥青质及共沉淀出的残留沥青烯组分——沥青质混合物中最容易电离的物种[8,9]；第二个系列由正庚烷、甲苯和四氢呋喃/甲醇溶剂组成，根据分子结构和极性进一步分离剩余沥青质组分。相比于石油沥青质，中低温煤焦油沥青质由更小的芳核构成，在丙酮中具有极高的溶解选择性，也就是说中低温煤焦油沥青质会大量溶解于丙酮溶剂，易从硅胶中脱附。在此充分考虑中低温煤焦油沥青质溶解特征，采用具有芳香性和极性梯度的系列溶剂，包括正庚烷、正庚烷+甲苯(体积比=1∶1)、甲苯、甲苯+四氢呋喃(体积比=3∶1)、甲苯+四氢呋喃(体积比=1∶1)、四氢呋喃和四氢呋喃+甲醇(体积比=1∶1)，对中低温煤焦油沥青质亚组分分离提取。

(2) 沥青质亚组分分离方法。

取 50mg 的中低温煤焦油沥青质溶解于 2000mL 二氯甲烷中，加入 10g 硅胶粉末充分混合，120℃干燥 10h，均匀分散吸附于硅胶粉末上。真空下搅拌混合物使二氯甲烷完全蒸发。采用索氏萃取法萃取吸附于硅胶上的中低温煤焦油沥青质，依次使用正庚烷、正庚烷+甲苯(体积比=1∶1)、甲苯、甲苯+四氢呋喃(体积比=3∶1)、甲苯+四氢呋喃(体积比=1∶1)、四氢呋喃和四氢呋喃+甲醇(体积比=1∶1)溶剂，获得 E1～E7 亚组分。中低温煤焦油沥青质亚组分分离方法见图 2.6。

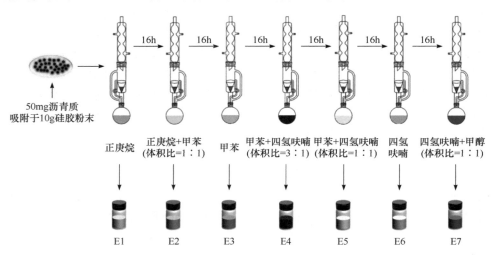

图 2.6　中低温煤焦油沥青质亚组分分离方法

2) 沥青质亚组分沉淀分离

朱永红[10]设计了沥青质亚组分多级沉淀分离实验，具体步骤如下：称量 100mg 沥青质，加入 30mL 甲苯溶解，再按照正庚烷+甲苯体积比为 1∶9 加入正庚烷，恒温 60℃，超声辅助溶解 30min，静置 5h，取混合溶液进行离心操作，转速为 3000r·min^{-1}，时长 20min，上清液转移到新的离心管中待用。底部沉淀物进行真空干燥，干燥温度范围为 105～110℃，时间为 6h，最后得到中低温煤焦油沥青质 P1。将上述新离心管中上清液分别按照正庚烷+甲苯体积比为 3：7、6：4、9：1 重新配制混合溶液,重复上述步骤得到中低温煤焦油沥青质 P2、P3 和 P4。当正庚烷+甲苯体积比>9：1 时,离心管底部无沉淀物,剩余沥青质完全溶解于正庚烷+甲苯溶液,P4 上清液经真空干燥后得到 P5。中低温煤焦油沥青质亚组分沉淀分离流程如图 2.7 所示。

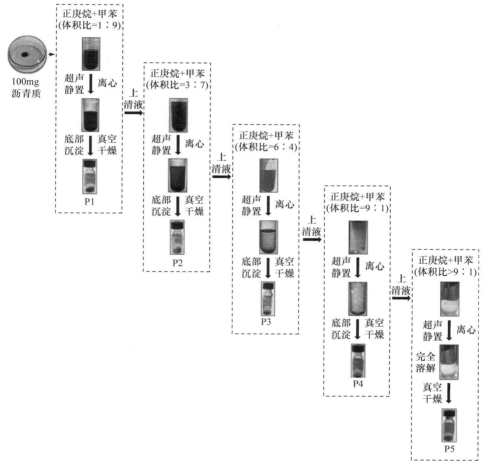

图 2.7 中低温煤焦油沥青质亚组分沉淀分离流程

2.3 中低温煤焦油组成分析

要探明中低温煤焦油的反应特征及机理,对其物质组成及分子结构的把控是潜在条件。众所周知,中低温煤焦油组成特征复杂、多样,含量近半的重质组分结构更加复杂，组合更加多样，但在众多学者的不断努力下，通过科学的检测方法以及分析手段，对中低温煤焦油中的组成特征已经有了较为明晰的认知。

2.3.1　组分分析

按照煤焦油各组分在不同溶剂中的溶解度不同，能够将煤焦油分离为饱和分、芳香分、胶质和沥青质这四个组分。四组分的组成、分布和性质将直接影响煤焦油深加工的难易程度和下游产品的产率与质量，同时也是影响煤焦油深加工技术路线选择的主要依据。目前为止，使用较多的煤焦油四组分分析方法是柱色谱的方法，以被活化过的氧化铝为柱色谱法的吸附柱，根据不同溶剂中煤焦油的溶解度不同，将煤焦油烷烃可溶物中的不同组分进行冲洗脱附，获得煤焦油的不同组分。中低温煤焦油族组分分离结果见表2.7。

表 2.7　中低温煤焦油族组分分离结果

组分	饱和分	芳香分	胶质	沥青质
质量分数/%	16.89	38.36	25.17	17.52

由表 2.7 可知，得到的各组分中芳香分质量分数最大，胶质次之，饱和分的质量分数最低。饱和分和芳香分的总质量分数为 55.25%，在煤焦油中所占比重较大。沥青质和胶质的总质量分数为 42.69%，在煤焦油中所占比重较小。

1. 化学组成分析

中低温煤焦油的四组分分子量的测定结果和元素分析结果见表2.8。

表 2.8　中低温煤焦油四组分元素分析和分子量

组分	元素质量分数/%					氢碳原子比	数均分子量
	C	H	S	N	O		
饱和分	86.53	13.33	0.03	0.05	0.06	1.849	223(VPO)
芳香分	89.94	9.01	0.32	0.41	0.32	1.202	241
胶质	86.72	7.28	0.58	1.53	3.89	1.007	302
沥青质	81.98	6.76	0.67	2.02	8.57	0.990	481

注：VPO-蒸气压渗透法。

由表 2.8 可知，饱和分和芳香分主要是由碳和氢两种元素组成的，饱和分中硫、氮、氧等杂原子质量分数极小，其他三组分的杂原子质量分数表现为芳香分组分的最少，胶质次之，沥青质最多，说明中低温煤焦油中各类杂原子主要存在于芳烃结构中。中低温煤焦油胶质和沥青质中的氧原子质量分数相对较高，这一结果能够说明中低温煤焦油胶质和沥青质中的含氧化合物相对较多。中低温煤焦油的四个组分当中硫、氮[12]杂原子的质量分数相对较低，尤其是硫。

氢碳原子比是表征煤焦油分子结构的重要指标，得到的各组分氢碳原子比中饱和分最大，芳香分和胶质次之，沥青质最小。这一结果说明煤焦油中这四个组分的不饱和度是依次增大的，高氢碳原子比的烷烃基团的质量分数是降低的，环状结构和芳香环(又称"芳环")结构的质量分数是依次增大的。

2. 四组分组成分析

四组分的氢-1 核磁共振波谱法(^{1}H nuclear magnetic resonance spectroscopy, ^{1}H-NMR)谱图见图 2.8。计算获得的中低温煤焦油的四组分中不同的氢原子类型及摩尔分数列在表 2.9 中。按照元素组成、^{1}H-NMR 和平均分子量等数据，得到各个组分的平均分子结构参数的计算结果分别列在表 2.10 中。H_α 含量为与芳香碳直接相连的 H 占所有类型氢的摩尔分数，其他类型氢含量以此类推。

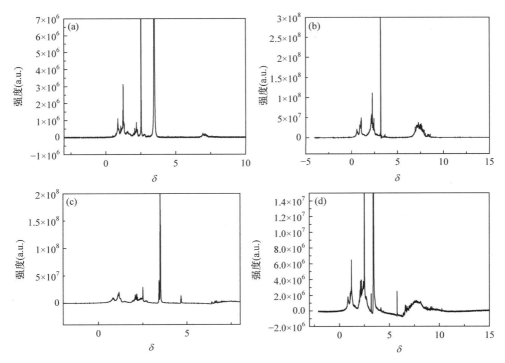

图 2.8　煤焦油四组分 ^{1}H-NMR 谱图
(a) 饱和分；(b) 芳香分；(c) 胶质；(d) 沥青质
δ-化学位移

表 2.9 煤焦油族组分中氢原子类型及氢含量

族组分	氢含量			
	H_{ar}	H_α	H_β	H_γ
饱和分	0.0401	0.0817	0.6577	0.2205
芳香分	0.3098	0.2916	0.3371	0.0615
胶质	0.2616	0.3371	0.3629	0.0384
沥青质	0.2979	0.3328	0.2975	0.0718

注：本章的化学位移采用量纲为 1 的 δ 表示，其定义为 $\delta = (v_x - v_s)/v_s$，其中，v_s 为核磁共振波谱仪的原始位移，v_x 为不同种类氢测量的位移。H_{ar}、H_α、H_β 和 H_γ 如下：

① H_{ar}-芳香氢（δ 为 $6.0\times10^{-6}\sim9.0\times10^{-6}$）。

② H_α-与芳环的 α-碳原子相连的氢原子（δ 为 $2.0\times10^{-6}\sim4.0\times10^{-6}$）。

③ H_β-与芳环的 β-碳原子相连以及 β 位更远的亚甲基、次甲基上的氢原子，烷烃亚甲基、次甲基上的氢原子（δ 为 $1.0\times10^{-6}\sim2.0\times10^{-6}$）。

④ H_γ-与芳环的 γ-碳原子相连以及 γ 位更远的甲基上的氢原子，烷烃甲基上的氢原子（δ 为 $5.0\times10^{-7}\sim1.0\times10^{-6}$）。

表 2.10 煤焦油各组分平均分子结构参数

参数	饱和分	芳香分	胶质	沥青质
芳香度	0.1808	0.5975	0.6343	0.6646
芳环系周边氢取代率	0.5046	0.3200	0.3918	0.3584
缩合指数	0.8277	0.9164	0.6836	0.6910
碳氢原子比	0.5410	0.8320	0.9920	1.0110
总氢数	29.7300	21.7100	21.9900	32.5200
总碳数	16.0800	18.0600	21.8200	32.8600
芳环总碳数	2.9100	10.7900	13.8400	21.8400
脂肪碳数	13.1700	7.2700	7.9800	11.0200
芳环系 α-碳原子数	1.2100	3.1700	3.7100	5.4100
芳环系外围碳原子数	2.4000	9.9000	9.4600	15.1000
芳环系内碳原子数	0.5100	0.8900	4.3800	6.9300
芳环数	1.2560	1.4450	3.1900	4.4150
总环数	0.7600	2.8100	4.9050	6.6800
环烷环数	−0.4960	1.3650	1.7150	2.2650
平均烷基侧链碳原子数	11.7500	2.3700	2.1900	2.0804

3. 四组分结构分析

通过 ¹H-NMR 分析得到了中低温煤焦油的分子组成特征以及结构参数，本部分为了进一步探究四组分组成，对四组分进行 GC-MS 分析，得到各组分总离子流色谱图。

1）饱和分 GC-MS 分析

图 2.9 为饱和分总离子流色谱图。如图 2.9 所示，利用 GC-MS 检测到饱和分的主要烃类化合物约为 25 种，将饱和分的各成分进行归类分析，得到各成分的质量分数分别为烷烃 56.89%，其中正构烷烃 31.55%，异构烷烃 24.11%，环烷烃 1.23%。

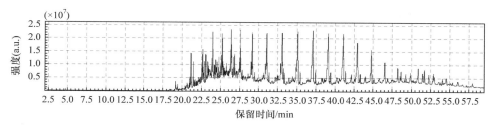

图 2.9　饱和分总离子流色谱图

2）芳香分 GC-MS 分析

图 2.10 为芳香分总离子流色谱图。如图 2.10 所示，利用 GC-MS 检测到芳香分的主要化合物约为 45 种，将芳香分的各成分进行归类分析，得到各成分的质量分数如下：二环芳烃 33.45%，其中萘类 27.15%，茚类 0.37%，联苯 5.51%，甘菊环 0.42%；三环芳烃 39.07%，其中蒽类 10.14%，菲类 14.67%，苊烯类 1.78%，芴类 12.48%；烃的衍生物 15.78%。胶质、沥青质这两种重质组成，由于结构复杂，GC-MS 难以检测出其组成。

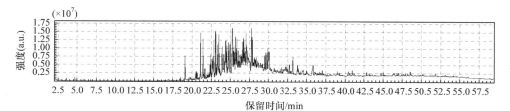

图 2.10　芳香分总离子流色谱图

2.3.2　杂质组成

中低温煤焦油可分为烃类化合物、含杂原子烃类化合物，以及水分、固体不溶物等杂质(煤炭本身热解过程中不可避免的)，组成及结构的复杂程度主要体现在含杂原子烃类化合物，本节初步对中低温煤焦油中含杂原子的烃类化合物组成进行介绍。

1. 水的存在形式

中低温煤焦油中的水主要以三种形式存在：一是悬浮水，水在油中呈悬浮状态，这种水可采用加热沉降方法分离除去；二是乳化水，即在煤焦油加工过程中，由于剧烈搅动以及煤焦油本身乳化剂效应，形成油包水(W/O)或水包油(O/W)型乳化液，必须用特殊的脱水方法进行脱除；三是溶解水，水以分子状态存在于有机化合物分子之间，呈均相状态，一般很难脱除。

2. 固体不溶物的存在形式

在低阶煤中低温热解过程中，部分细小的煤粉或焦粉颗粒，以及部分无机物等会进入煤焦油产品中，以固体杂质的形式存在，这些固体杂质将会极大地影响煤焦油后续加工和利用。其中，喹啉不溶物(QI)和甲苯不溶物(TI)含量，是煤焦油下游加工和利用的主要指标。

QI 是中低温煤焦油中不溶于喹啉溶剂的组分。其中，有机 QI 占 95%以上，以稠环大分子芳烃化合物为主，呈微米级的细小颗粒，表面性质活泼，容易被煤焦油中油质部分包裹。无机 QI 主要由煤气夹带的焦炉炭化室耐火砖粉末、焦化产物、回收管道被腐蚀的 Fe_2O_3 碎屑及煤中的灰分颗粒等物质构成，其粒度在 10μm 左右，与有机 QI 一起以悬浮物或胶体的形态稳定地存在于煤焦油中，很难用自由沉降的办法除去。

TI 是中低温煤焦油中不溶于甲苯溶剂的组分，可分为无机组分和有机组分两部分。无机组分以金属无机矿物盐类化合物为主，有机组分主要为 C、O、S、N 元素组成的有机复杂化合物，其中 C、O 元素主要以酚类、醚类结构存在，S 元素主要以硫酸盐化合物的类型存在，还有一定量亚硫酸盐和噻吩类物质，N 元素主要以吡啶、吡咯和氮氧化合物存在。QI 和 TI 均是固体大颗粒物质和复杂的有机物、无机物的混合体，转化时可参与生成焦炭网格，从而严重影响煤焦油的加氢过程。

3. 金属杂质的分类与研究

煤焦油中的金属杂质[13,14]主要是 Fe、Ca、Na、Mg、Al 等的化合物，中低温煤焦油的杂质以 Fe、Ca 为主，主要来自原料煤。在炼焦过程中，由于附着及气流夹带等，部分细小的煤粉、碳粉、焦粉、无机物等固体杂质会进入煤焦油，增加金属杂质含量。此外，部分 Fe、Zn、Al 杂质可能来源于煤焦油对储运设备和加工装置的腐蚀。在煤焦油的生产过程中，一般采用稀氨水对粗煤气进行喷淋冷却，分离出的煤焦油通常含有 1%～2%(质量分数)稀氨水及铵盐。稀氨水、铵盐在经过加热后转化为 H_3O^+、NH_4^+、OH^-等，推动电化学腐蚀，与设备表面的

Fe、Zn 等反应生成可溶性化合物，导致煤焦油金属杂质的质量分数升高。

中低温煤焦油与原油和减压渣油在组分、组成上存在相似性，故可借鉴原油中金属化合物的分类方法将其分为三类：第一类是金属无机盐，主要包括金属氯化盐、金属碳酸盐、金属硫酸盐等；第二类是金属有机盐，主要以非水溶性(油溶性)有机金属化合物存在；第三类是高分子配合物，此类金属元素组成复杂且很难被脱除，如卟啉与非卟啉金属盐。煤焦油中金属杂原子形态分布各异、含量较低，不宜直接分析，故研究者一般先采用不同的分离、富集方法将煤焦油处理，然后分别对各个组分进行具体表征分析。

煤焦油中铁的存在形态主要包括水溶性铁和油溶性铁。水溶性铁主要以无机铁的形态存在，如氯化铁、硫酸铁等；油溶性铁主要以石油酸铁和络合铁的形态存在。煤焦油中的铁主要来源于煤，还有部分来源于煤热解过程中所接触的管道、储罐、设备，以及加工过程中环烷酸与一些腐蚀性组分反应产生的杂质铁。

煤焦油中金属杂质的赋存形态较为复杂，与原油差异较大。通常，煤焦油中的金属杂质主要以三种形态存在：①以煤粉、焦粉、黏土、氧化物、不溶性无机物等形态悬浮在煤焦油中的固体杂质类；②以脂肪酸盐、酚盐及金属螯合物形式分散在煤焦油中的油溶性金属化合物；③以钠盐、钾盐、氯化物、硫酸盐等形式分散在煤焦油乳化水中的水溶性金属盐类。王磊等[15]研究发现甲苯不溶物中的 Fe 能与含有硫、氮、氧等杂原子的稠环芳烃类物质相结合。

本书作者课题组采用四组分法研究了中低温煤焦油中金属的分布及形态，结果发现该类焦油中的金属主要是 Fe 和 Ca，其主要存在于甲苯不溶物和沥青质中。这些金属化合物不仅以无机物的形式存在，而且以卟啉和非卟啉高分子螯合物、酚盐和环烷酸盐等石油酸盐的形式存在。

4. 非金属杂质组成

所有类型煤焦油中都含有相当数量的杂原子，一般而言，主要的非金属杂原子为硫、氮、氧等。

(1) 含硫化合物：相对于石油基重质油，中低温煤焦油中硫的质量分数很低，一般在 0.5%以下。倪洪星[16]基于甲基化法分离出中低温煤焦油中的含硫化合物，采用气相色谱和硫化学发光检测(GC-SCD)、FT-ICR MS 对其进行检测分析。GC-SCD 作为目前较为有效的硫化物检测器，主要检测噻吩、苯并噻吩、甲基苯并噻吩、二甲基苯并噻吩、三甲基苯并噻吩及二苯并噻吩的单体化合物。中低温煤焦油组成比较复杂，气相色谱(GC)分离度有限，且其他含硫化合物单体的含量差异导致绝大部分含硫化合物的出峰特征难以辨识，进而无法识别其单体，中低温煤焦油中短侧链高缩合的噻吩类物质占大多数。

(2) 含氮化合物：中低温煤焦油各馏分油中，含氮杂原子类型化合物多种多样，氮原子质量分数约为 1%。由于含氮化合物结构复杂，通常需用柱色谱、液液萃取等方法分离富集后再进行定性定量分析。GC-MS 是分析中低温煤焦油轻馏分的有效手段，可以提供分子量 500 以下的化合物组成和结构信息，但无法分析中低温煤焦油中存在的强极性、高沸点化合物。近年来，高分辨质谱技术快速发展，如电喷雾电离技术，为复杂混合物的分子组成分析提供了理想的质谱电离方法，高分辨质谱的超高质量分辨率和质量精度可以在焦油分子量范围内鉴定所有化合物的分子组成。

(3) 含氧化合物：中低温煤焦油中的含氧量(质量分数)约为 7%，各个馏分段油的含氧量均较高，且含氧化合物的种类非常多。在中低温煤焦油的轻馏分中，含氧化合物主要以酚类化合物、酮类化合物、少量的羧酸类化合物、呋喃及其衍生物的单体形式存在；但在其重馏分中，含氧化合物则多以多个酚羟基

(—OH)、醇羟基(—OH)、醚键(C—O—C)及羰基$\left(—\overset{\overset{\displaystyle O}{\|}}{C}—\right)$等形式存在于复杂的分子结构中，且多与 N、S 等杂原子共存于大分子结构中。

2.4　中低温煤焦油杂原子特征

杂原子化合物的存在会对煤焦油后续深加工造成较大危害，主要体现在对深加工工艺、单元设备、产品质量和环境保护等方面造成一定影响，本章只针对中低温煤焦油中含量较高、危害较大的 Fe、Ca 金属杂原子和 S、N、O 非金属杂原子的化合物特征进行研究。

2.4.1　杂原子分布特征

1. 金属杂原子分布规律

1) 馏分油中 Fe、Ca 的分布规律

本小节采用减压馏程试验器对中低温煤焦油进行减压蒸馏，在真空度为 0.09MPa 的条件下，不同温度提取出不同的馏分段，并测定各馏分段中金属 Fe、Ca 的质量浓度，从而探究中低温煤焦油各馏分中金属 Fe、Ca 的分布规律(表 2.11、图 2.11)。

表 2.11　中低温煤焦油各馏分中 Fe、Ca 的分布

馏分段/℃	各段馏分收率/%	质量浓度/(mg·L^{-1})		质量分数/%	
		Fe	Ca	Fe	Ca
200~240	9.34	1.29	1.03	0.19	0.13
240~280	15.16	2.12	3.05	0.50	0.64

续表

馏分段/℃	各段馏分收率/%	质量浓度/(mg·L⁻¹)		质量分数/%	
		Fe	Ca	Fe	Ca
280～320	11.13	6.50	8.23	1.13	1.26
320～360	15.55	10.66	15.67	2.60	3.37
360～400	10.94	68.31	81.31	11.73	12.29

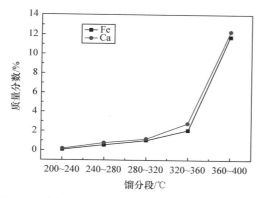

图 2.11　中低温煤焦油各馏分中 Fe、Ca 的分布规律

由表 2.11 可知，随着温度的升高，中低温煤焦油各馏分段中金属 Fe、Ca 原子质量分数依次增大。另外，从煤焦油中 Fe、Ca 原子的分布规律图(图 2.11)可以更直观地看出，360℃前，煤焦油各馏分段中金属 Fe、Ca 原子质量分数随温度的升高缓慢增加，当温度高于 360℃时，馏分段中金属 Fe、Ca 原子质量分数急剧增大，其中 360～400℃馏分段中金属 Fe、Ca 原子质量分数分别高达 11.73%和 12.29%。上述结果说明：95%左右的金属 Fe、Ca 原子富存于>360℃的煤焦油重组分中，而<360℃馏分油仅含很少的金属原子。

2) 四组分中 Fe、Ca 的分布规律

中低温煤焦油组成复杂，主要组分可划分为芳烃、酚类、杂环氮化合物、杂环硫化合物、杂环氧化合物及复杂的高分子环烷烃。基于这种情况，采用柱层析法将中低温煤焦油分成四个组分，即饱和分、芳香分、胶质和沥青质。然后对各组分中金属杂原子的含量进行测定，探究金属 Fe、Ca 在中低温煤焦油中的分布规律。从前文分析中可知，金属杂原子主要存在于中低温煤焦油重组分中，四组分的质量分数不同，各组分中不同金属的含量也存在较大差异。图 2.12 为柱层析法分离中低温煤焦油四组分的实物对照图，从图 2.12 中可以明显看出，饱和分、芳香分、胶质、沥青质的颜色依次加深。其中，分析结果见表 2.12。

饱和分　　　芳香分　　　胶质　　　沥青质

图 2.12　柱层析法四组分实物对照

表 2.12　中低温煤焦油四组分中金属 Fe、Ca 的含量

分离方法	组分	质量分数/%	Fe		Ca	
			浓度/(μg·g⁻¹)	质量分数/%	浓度/(μg·g⁻¹)	质量分数/%
柱层析	饱和分	23.45	3.59	1.32	5.39	1.78
	芳香分	20.26	22.32	7.10	29.84	8.32
	胶质	16.15	27.53	6.98	32.39	7.23
	沥青质	28.42	152.01	67.80	165.18	64.84

由表 2.12 可知，柱层析法分离得到饱和分、芳香分、胶质和沥青质四个组分，质量分数分别为 23.45%、20.26%、16.15%、28.42%，各组分中 Fe 和 Ca 的浓度分别为 $3.59\mu g\cdot g^{-1}$、$22.32\mu g\cdot g^{-1}$、$27.53\mu g\cdot g^{-1}$、$152.01\mu g\cdot g^{-1}$ 和 $5.39\mu g\cdot g^{-1}$、$29.84\mu g\cdot g^{-1}$、$32.39\mu g\cdot g^{-1}$、$165.18g\cdot g^{-1}$。分离得到的胶质中，Fe 的质量分数为 6.98%，Ca 的质量分数为 7.23%；沥青质中 Fe 的质量分数为 67.80%，Ca 的质量分数为 64.84%。也就是说，煤焦油中 65% 左右的 Fe、Ca 赋存在正庚烷沥青质中。

3) 中低温煤焦油中不同类型 Fe、Ca 的分布规律

中低温煤焦油中的金属杂原子存在形式复杂多样，将其按类型区分有助于更深层次认识其组成规律，采用甲苯溶解、水溶解和石油醚萃取可将中低温煤焦油中的金属杂原子归为不同的类型，表 2.13 为中低温煤焦油中类型 Fe 和 Ca 的含量。

表 2.13　中低温煤焦油中类型 Fe 和 Ca 的含量

金属类型	Fe		Ca	
	浓度/(μg·g⁻¹)	质量分数/%	浓度/(μg·g⁻¹)	质量分数/%
甲苯不溶性	542.18	33.10	714.34	38.38
水溶性	0.52	0.33	8.26	10.53

续表

金属类型		Fe		Ca	
		浓度/($\mu g \cdot g^{-1}$)	质量分数/%	浓度/($\mu g \cdot g^{-1}$)	质量分数/%
油溶性	卟啉	22.72	39.56	36.99	51.09
	非卟啉	15.51	27.01		

由表 2.13 可知，中低温煤焦油中甲苯不溶性 Fe 和 Ca 含量较高，质量分数分别为 33.10%和 38.38%，浓度高达 542.18$\mu g \cdot g^{-1}$ 和 714.34$\mu g \cdot g^{-1}$；水溶性 Fe、Ca 的浓度分别为 0.52$\mu g \cdot g^{-1}$、8.26$\mu g \cdot g^{-1}$，质量分数分别为 0.33%、10.53%，其中 Fe 含量极低，说明中低温煤焦油中以水溶性无机盐存在的 Fe 非常少，但以水溶性无机盐存在的 Ca 相对较多。值得关注的是，中低温煤焦油中的金属主要以油溶性 Fe、Ca 存在，浓度分别为 38.23$\mu g \cdot g^{-1}$、36.99$\mu g \cdot g^{-1}$，质量分数分别为 66.57%、51.09%。另外，在油溶性 Fe 中，卟啉 Fe 和非卟啉 Fe 的质量分数分别为 39.56%、27.01%。

2. 非金属杂原子分布规律

中低温煤焦油中 S、N、O 杂原子的存在，给煤焦油加工利用和油品储运等环节均造成相当大的影响，但其分布规律、赋存形态等尚不清晰，还需针对性深入研究，继而选择合理的预处理方法进行脱除。

1) 硫原子化合物分布规律

由于现实分析手段限制和工业应用实际需求，本节以 360℃为馏分节点，对中低温煤焦油分为轻重组分分别进行研究，深入分析非金属杂原子的分布规律。采用减压蒸馏仪器将中低温煤焦油大致切割为<360℃和>360℃两个轻重馏分，其馏分收率及硫含量如表 2.14 所示。

表 2.14　中低温煤焦油馏分收率及硫含量

项目	<360℃馏分	>360℃馏分
馏分收率/%	58.8	41.2
硫浓度/($\mu g \cdot g^{-1}$)	2251.5	5463.9
硫质量分数/%	35.9	64.1

由表 2.14 可知，从煤焦油馏分分布情况来看，中低温煤焦油<360℃馏分占全部馏分的 58.8%，说明了中低温煤焦油轻组分较多，从硫浓度及硫的质量分数

来看，煤焦油中的硫主要集中在>360℃馏分中，硫质量分数为 64.1%，即随着沸点的增加，馏分中的硫含量呈上升趋势。

（1）硫在<360℃中低温煤焦油组分中的分布。

中低温煤焦油<360℃馏分较轻，可采用 GC-MS 对其进行含硫杂原子化合物分析，在合适的精确度范围内得到相应化合物，检测得到的总离子流色谱图如图 2.13 所示。

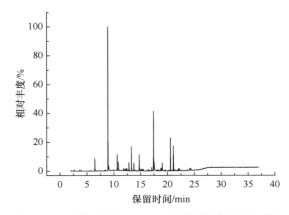

图 2.13　中低温煤焦油<360℃馏分的总离子流色谱图

通过计算机检索与数据库对比，检测出多种物质，采用面积归一化法计算各组分质量分数，并选取前 100 种物质中含硫杂原子化合物进行分类，结果如表 2.15 所示。

表 2.15　中低温煤焦油<360℃馏分中含硫化合物及其质量分数

保留时间/min	化合物	质量分数/%
6.082	三甲基硅烷基甲基硫醚	0.05614
9.057	苯并噻吩	1.17019
9.717	苯并噻唑	0.08269
10.797	3-甲基苯并噻吩	0.07335
17.078	二苯并噻吩	1.07656
18.53	1-甲基二苯并噻吩	0.09870
20.926	亚苯基[1, 9-*bc*]噻吩	0.23994
23.547	苯并[*b*]萘并[2,1-*d*]噻吩	0.09870

由表 2.15 可知，得到的中低温煤焦油<360℃馏分中含硫杂原子化合物信息很少。在质量分数占比前 100 种物质中，总共检测出 8 种含硫杂原子化合物，即

含硫杂原子化合物在中低温煤焦油<360℃馏分中占比较小，包括苯并噻吩、二苯并噻吩、1-甲基二苯并噻吩、3-甲基苯并噻吩、苯并[b]萘并[2,1-d]噻吩、苯并噻唑等含硫杂原子化合物，且以苯并噻吩、二苯并噻吩为主，质量分数约占检测到的含硫杂原子化合物的 40.40%。

(2) 硫在>360℃中低温煤焦油组分中的分布。

中低温煤焦油>360℃馏分相对较重，分子量较大，选用大气压化学电离(APCI)结合 FT-ICR MS 的方法直接对中低温煤焦油>360℃馏分组分进行分子水平分析，从而得到中低温煤焦油>360℃馏分中含硫杂原子化合物的赋存形态。中低温煤焦油>360℃馏分的 APCI FT-ICR MS 图如图 2.14 所示。

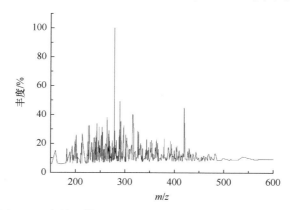

图 2.14　中低温煤焦油>360℃馏分的 APCI FT-ICR MS 图

m/z-质荷比

由图 2.14 可知，中低温煤焦油>360℃馏分中检测到的含硫杂原子化合物主要分布在 m/z 为 220～350，赋存形态过于复杂，后面将进一步分析。

2) 氮原子化合物分布规律

同硫原子分类原因，本节以 360℃为节点，将中低温煤焦油分为轻重组分分别进行研究，深入分析非金属杂原子的分布规律。用减压蒸馏仪器将中低温煤焦油大致切割为<360℃和>360℃两个馏分，其馏分中的氮含量如表 2.16 所示。

表 2.16　中低温煤焦油馏分中的氮含量

项目	碱氮质量分数/%	非碱氮质量分数/%	总氮质量浓度/(mg·L⁻¹)
<360℃馏分	65.12	34.88	7186.77
>360℃馏分	69.71	30.29	9251.89

由表 2.16 可知，从中低温煤焦油馏分分布情况来看，中低温煤焦油<360℃

馏分中碱氮质量分数为 65.12%，非碱氮质量分数为 34.88%；中低温煤焦油>360℃馏分中碱氮质量分数为 69.71%，非碱氮质量分数为 30.29%，说明了中低温煤焦油碱氮含量占大多数，并且从氮含量及分布状况来看，随着沸点的增加，馏分中的碱氮含量上升，非碱氮含量下降，并且总氮含量增多。

(1) 氮在<360℃中低温煤焦油组分中的分布。

中低温煤焦油及其<360℃馏分中总氮、碱氮及非碱氮含量如表 2.17 所示。

表 2.17　中低温煤焦油及<360℃馏分中的氮含量

名称	总氮质量浓度 /(mg·L⁻¹)	碱氮质量浓度 /(mg·L⁻¹)	碱氮质量分数 /%	非碱氮质量浓度 /(mg·L⁻¹)	非碱氮质量分数/%
中低温煤焦油	8240.60	5582.97	67.75	2657.63	32.25
<360℃馏分	7186.77	4679.70	65.12	2507.07	34.88

中低温煤焦油<360℃馏分中氮质量约占煤焦油总氮的 42.7%，中低温煤焦油中碱氮和非碱氮质量分别约占总氮的 67.75%和 32.25%，<360℃馏分碱氮质量分别约占总氮的 65.12%和 34.88%，馏分与中低温煤焦油中碱氮和非碱氮的含量比例差距不大，说明中低温煤焦油及<360℃馏分中大部分的含氮化合物显碱性。

(2) 氮在>360℃中低温煤焦油组分中的分布。

中低温煤焦油及其>360℃馏分中总氮含量及碱氮含量如表 2.18 所示。

表 2.18　中低温煤焦油及>360℃馏分中的氮含量

名称	总氮质量浓度 /(mg·L⁻¹)	碱氮质量浓度 /(mg·L⁻¹)	碱氮质量分数/%	非碱氮质量浓度 /(mg·L⁻¹)	非碱氮质量分数/%
中低温煤焦油	8240.60	5582.97	67.75	2657.63	32.25
>360℃馏分	9251.89	6449.78	69.71	2802.11	30.29

3) 单一型杂原子化合物

单一型的杂原子化合物指只含单一氧、氮、硫杂原子的化合物，其中含氧化合物的相对丰度最大、组成最为复杂。

(1) O_1、O_2类化合物。

中低温煤焦油中的 O_1 和 O_2 类化合物的碳数(CNs)、等价双键数(DBE)及相对丰度分布情况如图 2.15 所示。

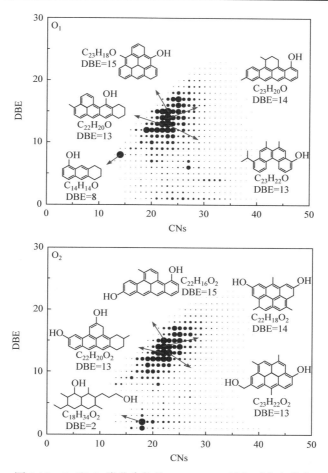

图 2.15　O$_1$ 和 O$_2$ 类化合物的 CNs、DBE 及相对丰度分布

圆点面积表示相对丰度，图 2.16～图 2.19 同

　　氧原子与碳原子之间常见的键合方式，如 C—O、C═O 等并不会改变体系的缩合程度，即不会改变 DBE 值的大小，因此研究含氧化合物的存在形式可在烃类化合物的基础上添加油品中常见的含氧官能团，如酚羟基、羧基和醚键等。由图 2.15 可知，O$_1$ 类化合物较广泛，碳数最高可达 44，含量主要集中于碳数为 19～27、DBE 值为 12～17。由于仅能电离羟基，O$_1$ 类化合物多为附有单取代酚的 4～5 个芳环结构的化合物。此外，在 DBE=8 时 C$_{14}$H$_{14}$O 的含量较高，推测其可能是萘环并环烷环结构的单取代酚类物质，也可以归类为部分饱和的蒽酚/菲酚类化合物，如四氢蒽酚/菲酚类。O$_2$ 类化合物的碳数最高为 43，其主要集中于碳数为 20～25、DBE 值为 12～17，整体与 O$_1$ 类化合物类似，较大可能以二元酚的形式存在。DBE 值为 1～2 时，饱和十氢萘环的二取代酚类化合物也占有一定比例。

(2) O$_3$～O$_6$ 类化合物。

中低温煤焦油中的 O$_3$～O$_6$ 类化合物的 CNs、DBE 及相对丰度分布情况如图 2.16 所示。

由图 2.16 可知，高氧原子数目化合物的分布规律大相径庭。其中，O$_3$ 类化合物与 O$_1$、O$_2$ 类相似，即多分布于碳数为 19～24、DBE 值为 13～16，而低 DBE 值的饱和芳环结构的物质也占有一定权重。结合 GC-MS 的鉴别结果来看，三元酚是这类物质的主要存在形式，同时也有羧酸类物质存在的可能性。

其余三种高氧原子数目化合物的分布规律与低氧原子数目的截然不同，除了煤焦油原料内部的原因外，与测样条件息息相关。煤焦油中羟基基团分子内与分子间的缔合作用，使得样品只有在极低进样浓度的情况下方可消除缔合作用的干扰，但电离后离子的浓度极低，影响检测下限。O$_4$ 类较为集中地分布于较低 DBE 值的化合物中，尤其是 DBE 值为 3 时，推测这一部分物质较大可能是全饱

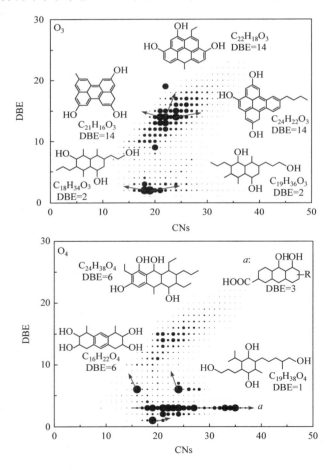

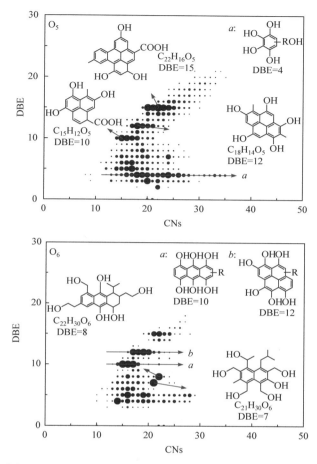

图 2.16　$O_3 \sim O_6$ 类化合物的 CNs、DBE 及相对丰度分布

和的蒽/菲类化合物，且碳数分布范围也很广，最多含有 35 个碳原子，为多取代基、长支链的化合物。此外，DBE 值为 6 时有两种化合物的相对含量较高，较大概率是含有四取代酚羟基的八氢蒽/菲类化合物。O_5 类的分布较为分散，分布于碳数为 15～26、DBE 值为 2～15，集中分散在 DBE 值为 4、10、12、15 处。其中，DBE 为 4 对应苯环类化合物，DBE 为 10 对应蒽/菲类化合物，DBE 为 12 和 15 分别对应迫位缩合的四环及五环类化合物。O_6 类的化合物在 DBE 值为 4、10、12 时整体相对含量较高，此外，DBE 值为 7、分子式为 $C_{21}H_{30}O_6$ 和 DBE 为 8、分子式为 $C_{22}H_{30}O_6$ 的化合物含量也较高。

（3）N_1、N_2 类化合物。

煤焦油中的 N_1 和 N_2 类化合物的 CNs、DBE 及相对丰度分布情况如图 2.17 所示。

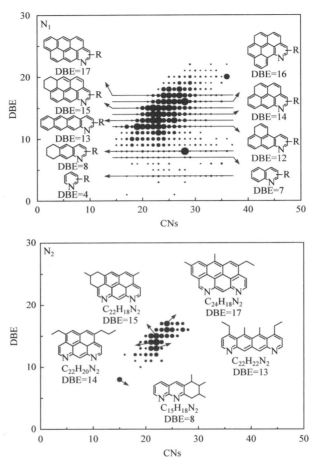

图 2.17　N₁ 和 N₂ 类化合物的 CNs、DBE 及相对丰度分布

　　煤焦油中的含氮基团主要包括吡啶、吡咯、苯胺、酰胺等[17,18]，本部分以其中含量最多的六元芳环结构的吡啶化合物展开。由图 2.17 可知，N₁ 类化合物的分布较为均匀，其多分布于碳数为 19～28、DBE 值为 12～17，以 3～5 个芳环并吡啶的结构为主，其 DBE 值的不同反映出渺位缩合和迫位缩合的程度不同，如 DBE 值为 13 时可能为渺位缩合的芳环结构，DBE 值为 14 便是迫位缩合结构。N₁ 类化合物中含量最多的一种出现在 DBE=8 处，其分子式为 $C_{28}H_{43}N$，主体结构较大可能为喹啉并环己烷。N₂ 类的化合物相比 N₁ 类就相形见绌了，不仅鉴别出的化合物数量少，分布范围也更窄。N₂ 类化合物多分布于碳数为 21～25、DBE 值为 13～17，其结构较大可能是 4～6 个芳环的结构，其中两个芳环中嵌入了氮原子，形成了吡啶结构。此外，在 DBE 值为 8 处有一分子式为 $C_{15}H_{18}N_2$ 的化合物，推测其主体结构较大可能为两个吡啶相连再与一个

环烷环相连。

4) 复合型杂原子化合物

复合型的杂原子化合物指氧、氮、硫原子之间耦合存在的化合物，以下具体介绍复合型杂原子化合物。

(1) NO 复合型化合物。

中低温煤焦油中的 N_1O_1、N_1O_2、N_2O_1 和 N_2O_2 类化合物的 CNs、DBE 及相对丰度分布情况如图 2.18 所示。

图 2.18 展示了四种类型的 NO 复合型化合物，氮原子、氧原子分别与氢原子形成的氢键是煤焦油缔合的主要作用力。整体来看，NO 型多集中于高分子量、高缩合程度的物质中，即碳数在 20 以上，DBE 值在 15 左右。N_1O_1 类作为四种类型中相对丰度最高的类别，其化合物主要分布在碳数为 20～25、DBE 值为 12～16，多为 5～6 个芳环结构，含有吡啶、苯酚或醇类结构。其余较多分布在

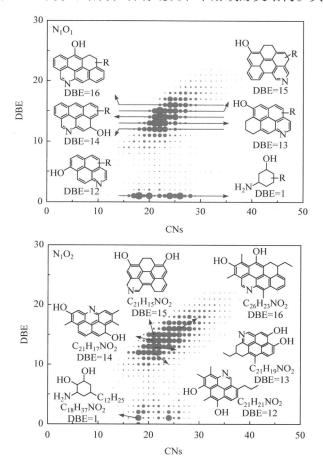

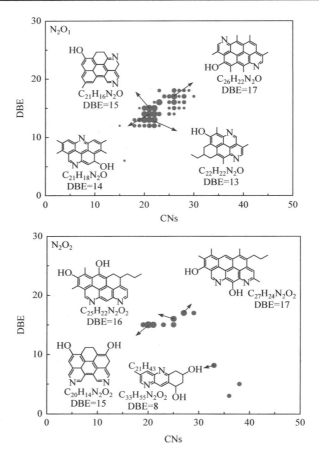

图 2.18 NO 复合型化合物的 CNs、DBE 及相对丰度分布

DBE 值为 1 处，推测这一部分为氨基环己醇类化合物。其他三种类型可在 N_1O_1 的基础上通过增加吡啶结构与酚类或醇类结构来推测。N_1O_2 类作为相对丰度仅次于 N_1O_1 类的类别，主要分布在碳数 18～26、低 DBE 值(1～4)及高 DBE 值 (12～17)。低 DBE 值为 1 处有一含量较多的化合物，其分子式为 $C_{18}H_{37}NO_2$，推测结构为二氨基环己醇，侧链含十二烷基。在碳数为 21 处，出现该系列含量最高的四个化合物，从 DBE 值为 12 的 $C_{21}H_{21}NO_2$，DBE 值逐个递增 1，氢原子数目逐个递减 2 来变化。两个氮原子的 N_2O_1 类与 N_2O_2 类的相对丰度较低，尤其是 N_2O_2 类。其中，N_2O_1 类集中分布在碳数为 18～28、DBE 值为 12～16，其他区域几乎没有鉴别到此类物质。

(2) OS 复合型化合物。

中低温煤焦油中的 O_1S_1 类和 O_2S_1 类化合物 CNs、DBE 及相对丰度分布情况如图 2.19 所示。

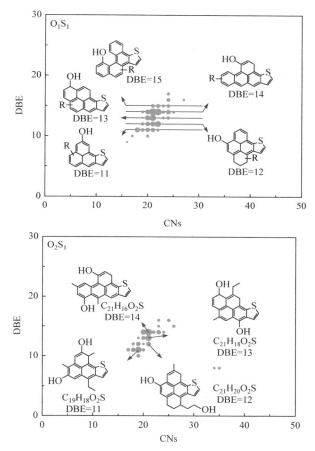

图 2.19 OS 复合型化合物的 CNs、DBE 及相对丰度分布

图 2.19 中展示了 O_1S_1 型在 DBE 为 11～15 的可能构型，包括含有噻吩环的迫位缩合三环芳烃，以及在此基础上逐步增加环烷环、芳环等结构形成的含有噻吩环的迫位缩合四环芳烃。O_2S_1 型化合物的构型可在 O_1S_1 型基础上增加一个酚羟基或醇羟基的形式来实现。这一类型主要分布在碳数为 18～25、DBE 值为 11～15。相对丰度最大的是 DBE 值为 14，分子式为 $C_{21}H_{16}O_2S$ 的化合物，其结构可能是以苯并蒽并噻吩为主体，侧链含 2 个酚羟基与 2 个甲基。

2.4.2 杂原子结构特征

中低温煤焦油中杂原子化合物可分为金属杂原子化合物及非金属杂原子化合物，金属杂原子以 Fe、Ca 为主，非金属杂原子以 S、N、O 为主。其中，煤焦油中 S 杂原子的含量相对较低，一般仅占煤焦油总量的 0.1%～0.5%，其结构类型多样，煤焦油中的含硫有机化合物以芳环结构的噻吩类化合物为主，辅以砜、硫醇、硫醚等类型。从硫含量及分布状况来看，煤焦油中的硫主要集中在>360℃馏分中，占总硫质量的 64.1%，以 SO_yN_z、$S_2O_xN_y$ 类化合物为主，其结构以砜、亚砜、噻吩、苯并噻吩等一个或多个为母体与不同数量氧原子、氮原子结合。中低温煤焦油<360℃馏分中含硫杂原子化合物占比较小，包括苯并噻吩、二苯并噻吩、1-甲基苯并噻吩、3-甲基苯并噻吩、苯并萘并噻吩和苯并噻唑等含硫杂原子化合物类型，以苯并噻吩和二苯并噻吩化合物为主。

1. 金属杂原子结构特征

金属杂原子的存在会导致催化剂失活、堵塞加氢反应器、腐蚀管道及换热设备；研究煤焦油中金属杂原子的结构特征可以为后续煤焦油杂原子的脱除提供科学的理论依据。为充分认识煤焦油中金属杂原子复杂的赋存形态，本小节采用甲苯抽提、水洗、盐酸萃取等方法将煤焦油中的金属杂质分为甲苯不溶性、水溶性、有机盐类和螯合类四种类型。

研究发现中低温煤焦油中各种类型 Fe 和 Ca 化合物含量规律如下：Fe 含量呈现甲苯不溶性>有机盐类>螯合类>水溶性的分布规律；Ca 含量呈现甲苯不溶性>螯合类>有机盐类>水溶性的分布规律。二者均为甲苯不溶性金属杂质最多，水溶性金属杂质最少。具体表现为甲苯不溶性 Fe、Ca 浓度分别为 43.06μg·g⁻¹、20.53μg·g⁻¹，分别占 Fe、Ca 总量的 57.33%、69.38%。基于此推测，中低温煤焦油中固体颗粒类无机金属杂质的含量高于油溶性金属杂质。水溶性 Fe、Ca 浓度分别为 2.16μg·g⁻¹、0.72μg·g⁻¹，分别占 Fe、Ca 总量的 2.88%、2.43%。这些水溶性金属杂质可能主要是金属氯化物、硫酸盐等水溶性金属盐类[15,19]，存在于煤焦油夹带的乳化水中。

(1) 甲苯不溶物的分析：中温煤焦油中甲苯不溶物的傅里叶变换红外光谱仪(Fourier transform infrared spectrometer，FTIR)谱图见图 2.20。

由图 2.20 可知，图中 3630cm⁻¹ 附近的吸收峰归属于 O—H 的伸缩振动，1610cm⁻¹ 附近的吸收峰归属于C═O 的伸缩振动，1124cm⁻¹ 附近的吸收峰归属于C—O 的伸缩振动，1020cm⁻¹ 附近的吸收峰归属于 Si—O 或 Si—O—Si 的伸缩振动，2902.85cm⁻¹ 和 2974.13cm⁻¹ 附近的吸收峰是—CH₃、—CH₂—、—HC—的伸缩振动峰，1405cm⁻¹ 附近的吸收峰归属于芳烃 C═C 的伸缩振动，由于芳环平面分子的超共轭效应，使得该峰向低波数方向移动。874～650cm⁻¹ 处的吸收峰归属于有机硅化合物中 Si—C 的伸缩振动。以上结果表明，甲苯不溶物中含有羧酸类、酚类、芳环类有机化合物，这些化合物的极性均很强，均可能与金属Fe、Ca 元素结合。

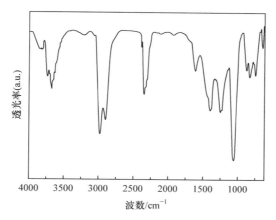

图 2.20　中温煤焦油甲苯不溶物的 FTIR 谱图

(2) 金属卟啉组分的分析：中温煤焦油中金属卟啉的化学结构见图 2.21，中温煤焦油中金属卟啉组分的 FTIR 谱图见图 2.22。

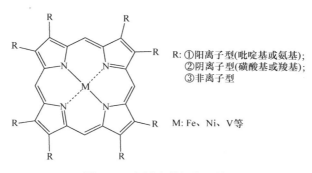

R: ①阳离子型(吡啶基或氨基);
　　②阴离子型(磺酸基或羧基);
　　③非离子型

M: Fe、Ni、V等

图 2.21　金属卟啉的化学结构

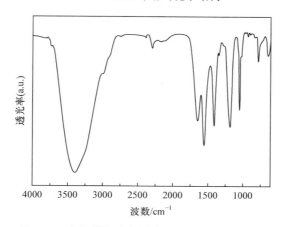

图 2.22　中温煤焦油金属卟啉组分的 FTIR 谱图

由图 2.22 可知，图中 1645cm⁻¹ 附近的吸收峰归属于 C═C 的伸缩振动，3350cm⁻¹ 附近的吸收峰归属于 N—H 的伸缩振动，1000cm⁻¹ 附近的吸收峰归属于 C—N 的伸缩振动，1509cm⁻¹ 和 1420cm⁻¹ 附近的吸收峰归属于芳烃 C═C 的伸缩振动，1500cm⁻¹ 附近的特征峰由于芳环平面分子的超共轭效应向低波数方向移动。卟啉、金属卟啉和金属非卟啉结构见图 2.23。

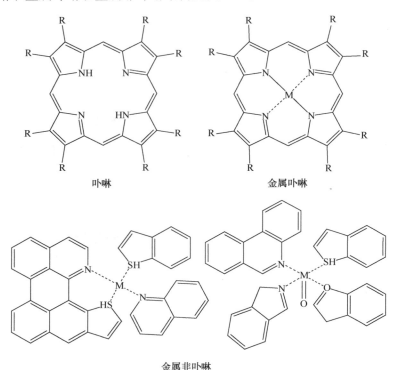

卟啉　　　　　　　　　　　　　　金属卟啉

金属非卟啉

图 2.23　卟啉、金属卟啉和金属非卟啉结构示意图

M-金属原子

2. 非金属杂原子结构特征

中低温煤焦油样品含氮化合物结构特征由气相色谱(7890B)和配备固态热调制器(SSM1810)的 EI-0610 飞行时间质谱仪组成的全二维 GC-GC/TOF-MS 系统进行检测。利用 GC-GC/TOF-MS，根据化合物沸点和极性分别通过一维色谱柱(非极性)和二维色谱柱(极性)对 MLCT 中含氮化合物(NCs)和含氧化合物(OCs)进行分离鉴定，实验结果见图 2.24。

经过 GC-GC/TOF-MS 分析可发现 MLCT 中 NCs 和 OCs 的详细组分分布。MLCT 中共鉴定出 80 种 NCs，MLCT 中 NCs 以喹啉类(质量分数 3.21%)、咔唑类(质量分数 3.63%)、吡啶类(质量分数 2.56%)和吖啶类(质量分数 1.13%)为主，

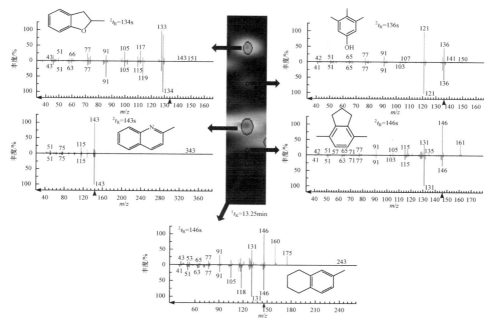

图 2.24　相同一维时间(^1t_R=13.25min)、不同二维时间(^2t_R)化合物分离与鉴定

并含有少量的胺类(质量分数 0.68%)、腈类(质量分数 0.84%)和吲哚类(质量分数 0.59%)。咔唑和苯并咔唑类区域的二维点阵放大图可以看出 MLCT 中咔唑类(C)、苯并咔唑类(BC)、烷基咔唑类(C_1-C 至 C_3-C)和烷基苯并咔唑类(C_1-BC 和 C_2-BC)的分布。二维谱图中的 NCs 呈现出明显的"瓦片效应",这大大提高了化合物识别的可靠性。可以发现,MLCT 中的喹啉类(Q)包括 C_1、C_2 和 C_4 烷基喹啉(C_1-Q、C_2-Q 和 C_4-Q)、苯并喹啉(BQ)、萘喹啉(NQ)和苯基喹啉(PQ)。MLCT 中主要的吡啶类化合物是苯基吡啶和苯基–烷基吡啶类。

　　MLCT 中共鉴定出 71 种 OCs。MLCT 中主要的 OCs 是苯酚类(质量分数 14.15%),另外,还有相对较少的萘酚类(质量分数 1.49%)、呋喃类(质量分数 1.43%)、酮类(质量分数 0.77%)和其他 OCs(质量分数 0.93%)。从 MLCT 中初步鉴定出 40 种苯酚类、6 种萘酚类化合物和 6 种苯并呋喃类化合物。MLCT 中主要的酮类为烯基酮、烷基酮和环烷酮。实际上,酮也是 MLCT 中一种主要的 OCs。然而,由于检测过程中 MLCT 中复杂基质的干扰,酮类化合物的鉴别并不理想。此外,在 MLCT 中还发现少量吲哚醇、萘醇、甲氧基喹啉和羟基二苯胺等物质。

参 考 文 献

[1] CHERYLYN W, MASATOMO L, RAYMOND N C, et al. Determination of sulfur heterocycles in coal liquids and shale

oils[J]. Analytical Chemistry, 1981, 53(3): 400-407.

[2] 朱根权, 夏道宏, 阙国和. 重质馏分油中硫化物分离富集方法的研究进展[J]. 石油大学学报(自然科学版), 2000, 24(3): 112-115.

[3] WANG M, ZHAO S Q, CHUNG K H, et al. Approach for selective separation of thiophenic and sulfidic sulfur compounds from petroleum by methylation/demethylation[J]. Analytical Chemistry, 2015, 87(2): 1083-1088.

[4] 杨勇. 煤制液体产品的组成及含硫化合物分析[D]. 上海: 华东理工大学, 2014.

[5] MASAHARU N, ROBERT M C, MILTON L L, et al. Isolation of sulphur heterocycles from petroleum- and coal-derived materials by ligand exchange chromatography[J]. Fuel, 1986, 65(2): 270-273.

[6] MASAHARU N, MILTON L L, RAYMOND N C. Sulphur heterocycles in coal-derived products: Relation between structure and abundance[J]. Fuel, 1986, 65(3): 390-396.

[7] MASAHARU N. Aromatic sulfur compounds other than condensed thiophenes in fossil fuels: Enrichment and identification[J]. Energy & Fuels, 1988, 2(2): 214-219.

[8] 鄢小琳, 史权, 徐春明, 等. 俄罗斯减压馏分油中硫化物的分离富集及结构鉴定[J]. 石油大学学报(自然科学版), 2004, 28(5): 108-112.

[9] 曾小岚, 刘君, 刘建华, 等. 原油中芳香硫化合物形态分布的研究[J]. 分析化学, 2006, 34(11): 1546-1550.

[10] 朱永红. 中低温煤焦油沥青质分离、转化和分子模拟[D]. 西安: 西北大学, 2022.

[11] MARTHA L C-P, STEVEN M R, RYAN P R. Advances in asphaltene petroleomics. Part 1: Asphaltenes are composed of abundant island and archipelago structural motifs[J]. Energy Fuels, 2017, 31(12): 13509-13518.

[12] 张月琴. 直馏柴油和焦化柴油中含氮化合物类型分布[J]. 石油炼制与化工, 2013, 44(1): 41-45.

[13] 次东辉, 王锐, 崔鑫, 等. 煤焦油中金属元素的危害及脱除技术[J]. 煤化工, 2016, 44(5): 29-32.

[14] 张佩甫. 原油中金属杂质的危害及脱除方法[J]. 石油化工腐蚀与防护, 1996, 13(1): 9-13.

[15] 王磊, 李冬, 黄江流, 等. 中温煤焦油中类型 Fe 的分布特征[J]. 石油化工, 2016, 45(8): 932-935.

[16] 倪洪星. 低阶煤及其液化产物的分子组成分析[D]. 青岛: 中国石油大学, 2016.

[17] BRIKER Y, RING Z, IACCHELLI A, et al. Miniaturized method for separation and quantification of nitrogen species in petroleum distillates[J]. Fuel, 2003, 82(13): 1621-1631.

[18] PAUL B, ALAN A H, ERNEST P. Investigation of nitrogen compounds in coal tar products. 1. Unfractionated materials[J]. Fuel, 1983, 62(1): 11-19.

[19] 逯承承. 中温煤焦油中 Fe 和 Ca 分布规律的研究[J]. 石油化工, 2017, 46(8): 1028-1033.

第 3 章 煤基石脑油

相比石油基石脑油，煤基石脑油中环烷烃更多，质量分数 70% 以上，而烷烃质量分数则远远低于石油基石脑油，刚达到 20%。另外，煤基石脑油芳烃潜含量接近 75%，远远高于石油基石脑油。因此，煤基石脑油是非常优质的萃取分离制溶剂油或重整制芳烃原料。

3.1　煤基石脑油组成

煤基石脑油是煤直接液化或煤焦油加氢等现代煤化工技术的轻质油产物，加氢精制以后是优质的催化重整制芳烃原料[1]，其基本性质见表 3.1，馏程分布见表 3.2，详细组分质量分数见表 3.3。

表 3.1　原料基本性质

密度(20℃)/ (g·mL^{-1})	芳烃潜含量/%	c(S)/ (μg·g^{-1})	c(N)/ (μg·g^{-1})	w(P)/%	w(N)/%	w(A)/%	w(O)/%	平均分子量
0.773	74.35	<0.5	<0.5	20.68	73.12	5.34	0.86	106

注：c(i)表示 i 的浓度；P、O、N、A 分别表示烷烃、烯烃、环烷烃、芳烃。

表 3.2　原料馏程分布

馏程	IBP	石脑油蒸出物的体积分数					FBP
		10%	30%	50%	70%	90%	
馏出温度/℃	75	99	107	117	130	151	160

表 3.3　原料组分与质量分数

保留时间/min	质量分数/%	分子式	化合物	分子量
11.82	0.85	C$_5$H$_{12}$	异戊烷	72
16.72	1.32	C$_6$H$_{14}$	甲基戊烷	86
18.32	0.82	C$_6$H$_{14}$	正己烷	86
20.99	0.95	C$_6$H$_{12}$	甲基环戊烷	84
23.54	0.88	C$_6$H$_6$	苯	78
24.73	14.05	C$_6$H$_{12}$	环己烷	84

续表

保留时间/min	质量分数/%	分子式	化合物	分子量
26.62	0.68	C_7H_{14}	二甲基环戊烷	98
29.57	0.91	C_7H_{16}	正庚烷	100
32.42	25.78	C_7H_{14}	甲基环己烷	98
33.63	0.98	C_8H_{16}	三甲基环戊烷	112
36.42	1.59	C_7H_8	甲苯	92
39.51	10.89	C_8H_{16}	二甲基环己烷	112
42.49	4.50	C_8H_{18}	正辛烷	114
45.25	1.49	C_9H_{20}	二甲基庚烷	128
45.95	8.93	C_8H_{16}	乙基环己烷	112
47.82	0.79	C_8H_{10}	乙苯	106
48.19	1.91	C_9H_{18}	C_9环烷烃(1)	126
52.23	5.64	C_9H_{20}	正壬烷	128
52.47	1.83	C_9H_{18}	三甲基环己烷	126
54.32	4.82	C_9H_{18}	C_9环烷烃(2)	126
54.62	0.58	$C_{10}H_{22}$	二甲基辛烷	142
55.69	0.91	$C_{10}H_{22}$	C_{10}链烷烃	142
56.82	1.44	C_9H_{12}	正丙苯	120
58.88	0.92	$C_{10}H_{22}$	甲基壬烷	142
60.07	1.52	$C_{10}H_{20}$	C_{10}环烷烃	140
60.84	0.24	C_9H_{12}	三甲基苯	120
62.82	1.22	$C_{10}H_{22}$	正癸烷	142
其他	3.56	—	—	—

由表 3.3 可知，煤基石脑油原料中环烷烃主要是环己烷(14.05%)、甲基环己烷(25.78%)、二甲基环己烷(10.89%)、乙基环己烷(8.93%)和 C_9 环烷烃(6.73%)等，这些环烷烃在催化重整过程中绝大部分被快速转化成了 C_6～C_9 芳烃。

3.2　煤基石脑油的分离

3.2.1　萃取剂筛选

为了选择最优萃取剂，课题组前期探究了 6 种萃取剂对煤基石脑油脱芳效果的影响。通过实验室自制平衡釜进行芳烃分离实验，用气相色谱仪对脱芳萃余相中的各主要芳烃组分进行分析,确定出优化工艺条件为萃取温度 45℃,剂油比(体积比)为 1.7∶1,萃取搅拌时间 5min,保温分相 10min。在自制平衡釜中,通过测定上述优化工艺条件下,单一萃取剂二甲基亚砜(DMSO)、N,N-二甲基甲酰胺(DMF)、环丁砜(SUL)、N-甲酰吗啉(NFM)、N-甲基吡咯烷酮(NMP)和糠醛与煤基石脑油芳烃体系进行单级萃取的液液相平衡数据,探究了各萃取剂对原料中不同碳数芳烃的溶解性及其对不同碳数芳烃的选择性,并研究其芳烃脱除率和脱芳油收率。采用糠醛溶剂进行芳烃抽提过程中产生严重的空气污染,且效果相对较差,因此将此溶剂排除,只考察了 5 种萃取剂的脱芳效果。

　　单一萃取剂对不同碳数芳烃的溶解性与选择性是相互制约的,故将溶解性和选择性作为考察适合萃取剂的综合性指标。研究发现,萃取剂对石脑油中总芳烃的溶解性顺序由大到小为 DMSO> DMF> NMP> SUL> NFM,DMSO、DMF 与 NMP 对于不同碳数芳烃的溶解性能完全优于 SUL 和 NFM,其中总芳烃分配系数在溶剂 DMSO 中最大,DMF 次之;C_6、C_7 芳烃分配系数与总芳烃分配系数相近;萃取剂中 C_6 芳烃的溶解性优于 C_7 芳烃,C_8 芳烃的溶解性最差;萃取剂 DMF 中 C_8 芳烃的溶解性与其他萃取剂的规律不同,其溶解性优于 C_6、C_7 芳烃的溶解性。萃取剂对总芳烃选择性顺序由大到小为 SUL> DMSO> DMF> NFM> NMP,萃取剂 SUL 对芳烃的选择性高,其次较为突出的是萃取剂 DMSO 和 DMF,其中 SUL 与 DMSO 对 C_6 芳烃的选择性优于 C_7 芳烃,C_8 芳烃选择性最差;DMF 对 C_8 芳烃的选择性优于 C_6、C_7 芳烃。

　　表 3.4 为不同萃取剂脱芳后萃余相中主要芳烃组分的质量分数。研究发现,萃取剂对于芳烃脱除能力的大小排序为 DMSO> SUL> DMF> NFM> NMP。其中,各萃取剂对于各芳烃组分的脱除效果均有所差异,萃取剂 SUL 对于苯的脱除效果相对较好,能将煤基石脑油中的苯质量分数从原料的 0.523%降低到 0.135%;萃取剂 SUL 可将煤基石脑油中芳烃质量最多的甲苯,从 2.388%降低到 0.775%,可见 SUL 对于甲苯的选择性好;原料中芳烃乙苯质量分数达 0.501%,通过萃取剂的脱芳过程发现,使用萃取剂 NFM 效果较好,可将乙苯质量分数降低到 0.261%;萃取剂 DMF 对于邻二甲苯、间二甲苯及对二甲苯的脱除效果好,可将二甲苯质量分数从 1.918%降低到 0.473%,故萃取剂 DMF 对于二甲苯的选择性好。

表 3.4　不同萃取剂脱芳萃余相中主要芳烃组分质量分数　　　　(单位:%)

主要芳烃组分	DMSO	DMF	SUL	NFM	NMP
苯	0.154	0.177	0.135	0.183	0.194
甲苯	0.878	1.187	0.775	1.475	1.211
乙苯	0.270	0.369	0.388	0.261	0.421
邻二甲苯	0.180	0.085	0.205	0.184	0.616

续表

主要芳烃组分	DMSO	DMF	SUL	NFM	NMP
间二甲苯	0.062	0.034	0.054	0.036	0.062
对二甲苯	0.361	0.354	0.459	0.520	0.632
总芳烃	1.914	2.206	2.046	2.959	3.436

表 3.5 为萃取剂脱芳后萃余相中主要环烷烃组分的质量分数。从萃余相中环烷烃质量分数可以分析出各环烷烃组分在萃取剂中溶解性的大小。萃取剂在环烷烃的溶解性小，说明萃取剂对芳烃的选择性强。根据煤基石脑油原料的 PONA 软件分析，其中所含总环烷烃为 79.227%，分别为环己烷 17.216%、甲基环己烷 38.868%、二甲基环己烷 16.093%、乙基环己烷 7.050%。根据各萃取剂对环己烷的溶解性看，萃取剂 NFM 与 NMP 对应的萃余相中环己烷为 14%左右，比原料中环己烷有所下降，说明萃取相中两种萃取剂不仅溶解了部分芳烃，而且溶解了较多的环己烷，同时降低了脱芳油的收率；萃取剂 DMSO 与 DMF 对于环己烷的溶解性次之；萃取剂 SUL 对环己烷的溶解性较差，即 SUL 对芳烃的选择性更好。根据萃余相中所含甲基环己烷的质量分数与原料中的对比得知，萃取剂 SUL 与 DMSO 对于甲基环己烷的溶解性差，即对于芳烃的选择性更好；当萃取剂为 NFM 时，对应的萃余相中的二甲基环己烷质量较高，即 NFM 对于二甲基环己烷的溶解性差，相对芳烃的选择性较更好。从萃余相中乙基环己烷质量分数分析，萃取剂 NMP 与 SUL 对于芳烃的选择性较更好。从萃余相中总环烷烃的质量分析，萃取剂 NFM 与 SUL 对于环烷烃的溶解性差，即其对于芳烃的选择性较好。综上所述，根据总环烷烃的质量及萃余相中质量居多的甲基环己烷为研究对象，萃取剂 SUL 对于环烷烃的溶解性较差，其对芳烃的选择性更好。

表 3.5　不同萃取剂脱芳萃余相中主要环烷烃组分质量分数　　　（单位：%）

主要环烷烃组分	DMSO	DMF	SUL	NFM	NMP
环己烷	16.50	16.04	17.01	14.91	14.31
甲基环己烷	39.14	37.47	41.15	38.30	38.22
二甲基环己烷	18.31	17.16	16.11	21.05	15.10
乙基环己烷	6.84	6.68	7.32	6.83	7.55
总环烷烃	86.18	83.94	88.61	89.22	87.64

表 3.6 为不同萃取剂对芳烃脱除率及脱芳油收率的影响。研究发现，萃取剂 DMSO 的芳烃脱除率最高，达到 66.54%，SUL 次之，达 64.23%；SUL 的脱芳油收率较高达 87.50%，DMSO 的脱芳油收率达 82.50%。根据上述分析得知，

DMSO 对于芳烃的溶解性高，但是选择性相对 SUL 而言较差，萃取剂 SUL 萃取脱芳的芳烃脱除率低于 DMSO，但脱芳油收率相对较高。再加上两者萃取剂分子中均含有 S=O 基团，这是一个共轭双键极性基团，氧原子上的孤对电子能与正电荷结合，而烷基的推电子基团性质，使 S=O 基团氧原子上的电子云密度较大，趋于形成一种正负电荷分离的构型，促使偶极矩增加，极性增大。因此，溶剂 DMSO 和 SUL 趋向与芳烃组分分子中的正电荷结合而进入有机相，达到萃取效果。综上所述，从溶解性、选择性、芳烃脱除率及脱芳油收率综合考察，优选出 SUL 与 DMSO 为主萃取剂。

表 3.6　不同萃取剂对芳烃脱除率及脱芳油收率的影响　　　　（单位：%）

萃取剂	芳烃脱除率	脱芳油收率
DMSO	66.54	82.50
DMF	61.43	47.00
SUL	64.23	87.50
NFM	48.27	69.00
NMP	39.93	41.00

注：脱芳油收率即萃余油质量收率，因为萃取又称抽提，所以脱芳油收率又称抽余油质量收率。

3.2.2　萃取剂评价

1. 间歇式液液萃取性能评价

1) 萃取参数的确定

在操作温度 30℃、萃取搅拌时间 3min、保温分相 20min 的工艺条件下，分别调整剂油比为 0.5∶1、1∶1、1.5∶1、2∶1、2.5∶1，使用复合萃取剂 V(DMSO)∶V(DMF)=9∶1(V 为体积)对原料油进行单级液液萃取，考察剂油比对脱芳效果的影响，随着剂油比的增加，芳烃脱除率先增加而后基本保持不变，萃余油质量收率逐渐降低直至趋于平缓。剂油比小于 1.5∶1 时，随着剂油比的增大，芳烃脱除率增大，萃余油质量收率减小，说明在此范围内，剂油比的增大可以提高溶剂对烃类的溶解度；当剂油比处于 1.5∶1 时，芳烃脱除率达到最大；当剂油比大于 1.5∶1 时，芳烃脱除率和萃余油质量收率均变化不大，说明烃类的溶解已经达到饱和。因此，从经济性上考虑，在保证芳烃脱除率和萃余油质量收率的同时尽可能降低剂油比，选择 1.5∶1 为最佳剂油比。

在剂油比 1.5∶1、萃取搅拌时间 3min、保温分相 20min 的工艺条件下，使用复合萃取剂 V(DMSO)∶V(DMF)=9∶1 对原料油进行单级液液萃取，考察萃取温度对脱芳效果的影响，随着温度的升高，溶剂油收率降低，芳烃脱除率先增加后略微降低直至趋于平缓。温度在 20~40℃，随着萃取温度的升高，芳烃脱除率逐渐增大，萃余油质量收率逐渐减小；当萃取温度达到 40℃时，芳烃脱除率达到最大；当萃取温度高于 40℃时，芳烃脱除率趋于平缓，萃余油质量收率开始急剧下降。这是因为低温时，芳烃在萃取剂中溶解度较小，萃取效果不明显，温度升高有利于烃类物质在萃取剂中的溶解，温度越高，溶解性越强，但过高的温度时芳烃选择性降低[2]，因此适宜的萃取温度是 40℃。

在操作温度 40℃，剂油比 1.5：1、保温分相 20min 的工艺条件下，分别调整萃取时间为 3min、4min、5min、6min、7min，使用复合萃取剂 V(DMSO)：V(DMF)=9：1 对原料油进行单级液液萃取，考察萃取时间对脱芳效果的影响，随着萃取时间的增加，芳烃脱除率先增大后基本不变，萃余油质量收率先降低后基本不变。当萃取时间小于 5min，芳烃脱除率逐渐增大，萃余油质量收率逐渐减小；萃取时间等于 5min 时，芳烃脱除率达到最大；当萃取时间达到 5min 后，芳烃脱除率和萃余油质量收率基本不变，即液液两相达到平衡，故选择萃取时间为 5min。

在萃取温度 40℃，剂油比 1.5：1、萃取搅拌时间 5min 的工艺条件下，分别调整保温分相时间为 3min、5min、10min、15min、20min，使用复合萃取剂 V(DMSO)：V(DMF)=9：1 对原料油进行单级液液萃取，考察保温分相时间对脱芳效果的影响，随着保温分相时间的增加，芳烃脱除率先增加后趋于平缓，萃余油质量收率略微下降直至趋于平缓。当保温分相时间小于 10min，芳烃脱除率逐渐增大，萃余油质量收率下降；当保温分相时间等于 10min 时，芳烃脱除率达到最大；当保温分相时间大于 10min，液液两相趋于平衡，芳烃脱除率和萃余油质量收率基本不变。故选择最佳保温分相时间为 10min。

2) 萃取参数的优化

在单因素实验的基础上，选择保温分相时间 10min，萃取温度 30～40℃，剂油比 1：1～2：1，萃取时间 4～6min，选用复合萃取剂 V(DMSO)：V(DMF)=9：1 对原料油进行 3 级液液萃取。根据 Box-Benhnken 的中心组合实验原理进行设计[3]，响应面分析实验因素与水平见表 3.7。

表 3.7　响应面分析实验因素与水平[4]

编码值	剂油比	萃取温度/℃	萃取时间/min
	X_1	X_2	X_3
−1	1.0：1	30	4
0	1.5：1	40	5
1	2.0：1	50	6

响应面实验设计方案和结果及方差分析分别见表3.8、表3.9，表3.8中第1～12 号实验为析因实验，第 13～17 号实验为中心实验。用 RSM 软件对所得实验

数据进行回归分析，回归方程的方差分析结果见表 3.9。经 RSM 软件对各因素回归拟合后，得到煤基石脑油芳烃抽提芳烃脱除率的回归方程，见式(3.1)。

$$Y = -146.73325 + 75.19800x_1 + 4.11758x_2 + 30.64625x_3 - 0.022500x_1x_2$$
$$- 0.15500x_1x_3 - 0.10100x_2x_3 - 21.72600x_1^2 - 0.039840x_2^2 - 2.44400x_3^2 \quad (3.1)$$

表 3.8　实验方案及结果分析[4]

实验次数	X_1	X_2	X_3	芳烃脱除率/%
1	-1	-1	0	70.25
2	1	-1	0	78.39
3	-1	1	0	78.12
4	1	1	0	85.81
5	-1	0	-1	73.34
6	1	0	-1	82.27
7	-1	0	1	77.25
8	1	0	1	85.87
9	0	-1	-1	74.12
10	0	1	-1	84.16
11	0	-1	1	80.12
12	0	1	1	86.12
13	0	0	0	87.33
14	0	0	0	87.46
15	0	0	0	87.52
16	0	0	0	87.67
17	0	0	0	87.81

表 3.9　回归方程的方差分析结果[4]

项目	平方和	自由度	均方和	F	显著性水平
模型	534.52	9	59.39	687.74	< 0.0001
X_1	139.28	1	139.28	1612.80	< 0.0001
X_2	122.70	1	122.70	1420.79	< 0.0001
X_3	29.92	1	29.92	346.41	< 0.0001
X_1X_2	0.051	1	0.051	0.59	0.4689
X_1X_3	0.024	1	0.024	0.28	0.6142
X_2X_3	4.08	1	4.08	47.25	0.0002
X_1^2	124.22	1	124.22	1438.38	< 0.0001
X_2^2	66.83	1	66.83	773.88	< 0.0001
X_3^2	25.15	1	25.15	291.23	< 0.0001
失拟项	0.47	3	0.16	4.46	0.0913
误差	0.14	4	0.035	——	——
残差	0.60	7	0.086	——	——
总离差	535.13	16	——	——	——

从表 3.9 可以看出，用上述回归方程描述各因素与响应值之间的关系时，其因变量和全体自变量之间的线性关系显著(相关系数为 0.9989)，模型的显著性水平远远小于 0.05，此时 Qyadratic 回归方差方程是高度显著的，说明该模型可用于指导实验设计。从表 3.9 还可看出，各因素对芳烃脱除率影响的大小顺序为剂油比>萃取温度>萃取时间。萃取温度、剂油比和萃取时间对芳烃脱除率的响应曲面图见图 3.1。

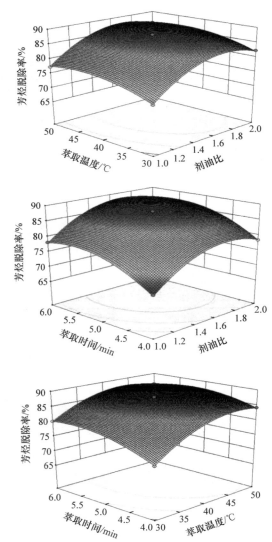

图 3.1　萃取温度、剂油比、萃取时间对芳烃脱除率的响应曲面图[4]

由图 3.1 可知，剂油比对芳烃脱除率的影响最为显著，其次是萃取温度，最后是萃取时间。利用响应面优化软件 Design-Expert 中的优化功能，选择剂油比、萃取温度、萃取时间的约束条件下，以芳烃脱除率最大为优化目标，对回归模型进行优化求解得：剂油比 1.7，萃取温度 45℃，萃取时间 5.3min，保温分相时间 10min，预期的芳烃脱除率可达 89.51%，溶剂油收率为 73.33%。

为检验响应面法所得结果的可靠性，以响应面分析曲面拟合的最佳条件为操作条件，进行 3 组重复实验。实验结果表明，在该条件下，原料中芳烃质量分数由原来的 12.36%降低到了 1.30%，芳烃脱除率 89.51%±0.03%，萃余油质量收率为 73.33%±0.03%，与预测值吻合较好，同时也证明了响应面分析设计的可靠性，可用于指导实验方案。实验得到的脱芳油经恩氏蒸馏切割得到 120#溶剂油。120#溶剂油的气相色谱图如图 3.2 所示，结合 PONA 分析软件，可以得到芳烃的质量分数为 1.28%，得到了合格的 120#溶剂油[5]。

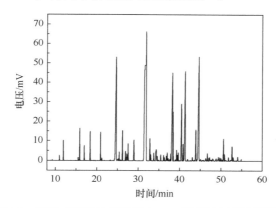

图 3.2 间歇式芳烃抽提装置上 120#溶剂油气相色谱图[4]

2. 连续式液液萃取性能评价

1) 实验装置和流程

实验设备为自制的连续式液液芳烃抽提中试装置。整个装置流程自动化程度高，数据精确度高，温度控制安全可靠并能长周期稳定运行，整体性能及各种指标不低于国内外同类装置水平。其中，抽提塔空塔体积为 3800mL，塔高为 2850mm，填料层高度可调节(400mm、800mm、1200mm、1600mm)，抽提塔温度范围为 50～200℃，抽提塔最高操作压力为 1.0MPa。原料泵和溶剂泵进料流量均为 300～1500mL·h⁻¹。装置框架采用 C 型内曲成材喷塑工艺，部分管线测定管线外部温度，其他所有测温点均直接测定介质温度，如萃取塔的进料温度为管线内介质的温度，各储罐温度为储罐内溶剂或油品的温度等。手动控制温度、压力、进料流量及萃取塔界面。

本套系统采用多段式填料萃取塔，便于反应器的经常拆卸和工艺的变化。多段塔是定制的，填料层高度可分为 400mm、800mm、1200mm、1600mm，且是多段加热方式，在每个加热区温度是独立控制的。加热区有八个热电偶，四个热电偶用于控制。本装置为溶剂液液萃取过程，根据相似相溶原理，轻组分原料油经过泵计量后，在一定温度下从抽提塔下部进入抽提塔，重组分萃取剂经过泵计量后从抽提塔上部进入抽提塔，轻组分原料油和重组分萃取剂在塔内通过填料进行分布接触，实现逆流接触萃取。原料油中的芳烃溶解到萃取剂中，萃取相由抽提塔的下部压出进入富溶剂罐，萃余相从塔顶进入抽余油罐。

2) 工艺条件对煤基石脑油脱芳效果的影响

按照上述工艺流程，选用复合萃取剂 $V(DMSO)$ ： $V(DMF)$=9 ： 1 在不同工艺条件下对煤基石脑油原料进行液液抽提脱芳实验，探究不同工艺条件对脱芳效果的影响。其中，萃取相由抽提塔的下部压出进入富溶剂罐，萃余相从塔顶进入抽余油罐，计算抽余油质量收率，并取抽余油罐的样品进行气相色谱分析。

(1) 填料层高度的影响。

在抽提温度 45℃、剂油比 2 ： 1，抽提压力 0.4MPa，进料流量 800mL · h⁻¹(其中原料油进料流量为 200mL · h⁻¹，溶剂进料流量为 600mL · h⁻¹)的工艺条件下，使用上述复合萃取剂 $V(DMSO)$ ： $V(DMF)$=9 ： 1，考察不同填料层高度(400mm、800mm、1200mm、1600mm)对煤基石脑油液液抽提脱芳效果的影响，结果见图 3.3。

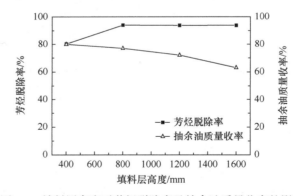

图 3.3 填料层高度对芳烃脱除率及抽余油质量收率的影响

由图 3.3 可知，随着填料层高度的增加，芳烃脱除率先增大后基本保持不变，抽余油质量收率先缓慢下降而后急剧下降。填料层高度增加到 800mm 时，芳烃脱除率达最大；继续增大填料层高度，芳烃脱除率基本不变，抽余油质量收率下降，当填料层高度大于 1200mm 时，抽余油质量收率急剧下降。这是因为随着填料层高度的增加，两股物流在抽提塔内逆流接触时间增加，传质效果好，芳烃脱除率增加；随填料层高度继续增加，芳烃脱除率基本不变，且溶剂在萃取芳烃的同时也溶解了一部分环烷烃，塔顶抽余油质量收率有所下降。综合考虑，在保证芳烃脱除率的前提下尽可能提高抽余油质量收率，因此选择填料层高度为800mm。

（2）抽提温度的影响。

在填料层高度 800mm、剂油比 2∶1，抽提压力 0.4MPa，进料流量 800mL·h^{-1}(其中原料油进料流量为 200mL·h^{-1}，溶剂进料流量为 600mL·h^{-1})的工艺条件下，使用上述复合萃取剂 V(DMSO)∶V(DMF)=9∶1，考察抽提温度对煤基石脑油液液抽提脱芳效果的影响，结果见图 3.4。

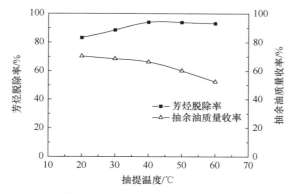

图 3.4　抽提温度对芳烃脱除率及抽余油质量收率的影响

抽提温度对芳烃抽提过程的影响是较为重要的。从图 3.4 可以看出，随着抽提温度的升高，芳烃脱除率先升高后趋于平缓，而抽余油质量收率先缓慢下降后急剧下降。抽提温度小于 40℃时，芳烃脱除率逐渐增大，抽余油质量收率缓慢降低，在此温度范围内，随着抽提温度的升高，溶解度增大，但选择性不高，芳烃脱除率虽然增大，但塔顶的非芳烃质量却相对减少，从而导致抽余油质量收率降低。当抽提温度为 40℃时，芳烃脱除率达到最大；当抽提温度超过 40℃，芳烃脱除率趋于平缓，而抽余油质量收率急剧下降，说明当抽提温度大于 40℃时，芳烃的溶解已达饱和，但仍会溶解大量的非芳烃。综上，在保证芳烃脱除率的前提下尽可能提高抽余油质量收率，因此最终选择抽提温度为 40℃。

（3）压力的影响。

在抽提温度 40℃、填料层高度 800mm、剂油比 2∶1，进料流量 800mL·h^{-1}(其中原料油进料流量为 200mL·h^{-1}，溶剂进料流量为 600mL·h^{-1})的工艺条件下，使用上述复合萃取剂 V(DMSO)∶V(DMF)=9∶1，考察不同抽提压力(0.08MPa、0.16MPa、0.24MPa、0.32MPa、0.40MPa)对煤基石脑油液液抽提脱芳效果的影响，结果见图 3.5。

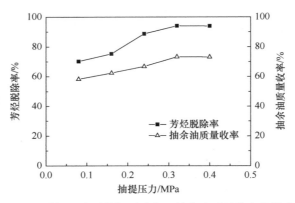

图 3.5　抽提压力对芳烃脱除率及抽余油质量收率的影响

　　一般来讲，压力本身对液液抽提并没有显著的影响，但是在操作温度下必须保证抽提塔内所有化合物均为液态，不产生气泡。由图 3.5 可以看出，随着抽提压力的增大，芳烃脱除率和抽余油质量收率均先增大后基本不变。其原因是抽提塔的抽提操作是在一定的温度下进行的，如果是常压，部分轻组分就会气化，产生鼓泡现象，抽提塔内将发生混相，影响液液抽提操作，降低传质速率，芳烃脱除率和抽余油质量收率均偏低；当抽提压力达到 0.32MPa，芳烃脱除率和抽余油质量收率最大，再继续增大抽提压力，芳烃脱除率和抽余油质量收率基本没有变化，但抽提压力过高使设备负荷增大，生产成本增大。因此，在保证液体进料及抽提塔界面稳定的情况下应尽量使抽提压力最低。综合考虑，此处选择抽提压力为 0.32MPa。

　　(4) 剂油比的影响。

　　在抽提温度 40℃、填料层高度 800mm、抽提压力 0.32MPa，进料流量 800mL·h⁻¹(其中原料油进料流量为 200mL·h⁻¹，溶剂进料流量为 600mL·h⁻¹)的工艺条件下，使用上述复合萃取剂 V(DMSO)：V(DMF)=9：1，考察不同剂油比(1：1、2：1、3：1、4：1、5：1)对煤基石脑油液液抽提脱芳效果的影响，结果见图 3.6。

　　要达到分离芳烃和非芳烃的目的，必须重视抽提溶剂的选择性[6]。在抽余油中，希望芳烃浓度小；相反，在抽出液中，希望芳烃浓度大。从图 3.6 可以看出，随着剂油比的增加，芳烃脱除率先增大后基本保持不变，抽余油质量收率逐渐减小后急剧下降。当剂油比小于 3：1 时，随着剂油比的增大，芳烃脱除率增大而抽余油质量收率缓慢下降；当剂油比为 3：1 时，芳烃脱除率达到最大；继续增加剂油比，芳烃脱除率的增加已经很小了，而抽余油质量收率急剧减小。一方面，从萃取理论上讲，溶剂比增大，增大了抽取相和抽余相的比例，即增加溶剂对烃类的溶解度，提高芳烃脱除率，但是会降低抽余油质量收率；另一方面，

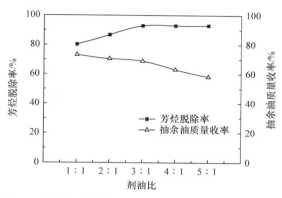

图 3.6　剂油比对芳烃脱除率及抽余油质量收率的影响

抽提塔内萃取操作靠两相逆流接触来完成，增大剂油比，特别是增大作为分散相的溶剂流量，会增大两相接触面积，从而提高传质速率。但溶剂比过大，芳烃脱除率已基本不变，反而使抽余油质量收率下降幅度更大，还会增加设备费用和操作费用。因此，在保证芳烃脱除率的前提下尽可能提高抽余油质量收率，经综合考虑，选择在剂油比为 3∶1 的条件下进行操作，对装置的长周期平稳运行是有利的。

(5) 进料流量的影响。

在抽提温度 40℃、填料层高度 800mm、抽提压力 0.4MPa、剂油比 3∶1 的工艺条件下，使用上述复合萃取剂 V(DMSO)∶V(DMF)=9∶1，考察不同进料流量对煤基石脑油液液抽提脱芳效果的影响，结果见图 3.7。

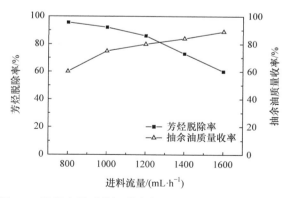

图 3.7　进料流量对芳烃脱除率和抽余油质量收率的影响

由图 3.7 可知，随着进料流量的增大，芳烃脱除率先缓慢下降，后急剧下降，抽余油质量收率逐渐增大。其原因是进料流量大，两相逆流接触时间太短，来不及传质，芳烃脱除率低，抽余油质量收率高，但品质不达标；进料流量小，两相接触时间过长，溶剂溶解度较大，溶解芳烃的同时也溶解了一部分环烷烃，虽然芳烃脱除率增高，但抽余油质量收率偏低。综合考虑，选择进料流量为 1200mL·h^{-1}。

3.2.3　液液萃取相平衡机理

选用 SUL 与 DMSO 为主萃取剂，分别以溶剂 NFM、DMF、NMP 进行复合萃取剂的多角度性能考察。很多文献研究单纯化学品的分离，但是对于煤基石脑油背景下为制备溶剂油品进行芳烃与环烷烃的分离的研究极少。根据煤基石脑油的特性及芳烃与非芳烃分离的难易程度，在石脑油组分中极性/非极性化合物共存的条件下，芳烃化合物的分离过程可以抽象简化为甲苯(TOL)和甲基环己烷(MCYC$_6$)的分离，其中 TOL 模拟低芳烃组分，MCYC$_6$ 模拟非芳烃组分。以 TOL 与 MCYC$_6$ 为模拟油，以 SUL 与 DMSO 为主萃取剂分别进行复合萃取剂的复配，研究其液液相平衡规律。根据液液相平衡法测定各复合萃取剂与煤基石脑油抽提体系的相平衡数据，比较各复合萃取剂对于芳烃的抽提性能，从而选出抽提效果较好的复合萃取剂。

1. 液液萃取相平衡计算

1) 相对校正因子的测定

分别测定 NFM、DMF、DMSO、SUL、NMP 的相对校正因子。①通过内标法计算相对校正因子，内标物为正丁醇。首先配制一定质量的待测物，之后加入正丁醇(待测物的质量记为 m_i，内标物正丁醇的质量记为 m_s)，最后混合至无分层现象。依次配制三组待测物进行实验，取平均值。②检测气相色谱数据，在气相色谱仪中进样 8 次，取中间 6 组数据并计算出平均值，得到每组中各组分的校正因子。③分别计算出甲苯、甲基环己烷及上述萃取剂的相对校正因子[7]。以 DMSO+10%DMF(体积分数)复合萃取剂为例。测定相对校正因子的三组样品中各组分的质量如表 3.10 所示。

表 3.10　三组样品中的各组分质量　　　　　　　(单位：g)

分组	甲苯	甲基环己烷	DMSO	DMF	正丁醇
第一组	0.7482	0.5321	0.6846	0.0731	0.5673
第二组	0.7248	0.5453	0.7436	0.0871	0.5824
第三组	0.7381	0.5684	0.8213	0.0880	0.5472

通过气相色谱仪测定上述三种样品的液液相平衡数据，并记录每一组中各组分对应的峰面积，再经过面积归一法计算甲苯、甲基环己烷、DMSO 和 DMF 对于内标物正丁醇质量的相对校正因子，如表 3.11 所示。

表 3.11　甲苯、甲基环己烷、DMSO、DMF 质量的相对校正因子

分组	甲苯	甲基环己烷	DMSO	DMF
第一组	0.6748	0.6583	1.8356	2.0751
第二组	0.6573	0.6491	1.7456	2.1584
第三组	0.6642	0.6562	1.8672	2.0643
平均值	0.6654	0.6545	1.8161	2.0993

综上所述，各物质质量的相对校正因子的测定情况如下：甲苯为 0.6654、甲基环己烷为 0.6545、DMSO 为 1.8161 及 DMF 为 2.0993。

2) 平衡时间的测定

平衡时间是指体系中相对应的萃余相与萃取相分别达到均匀混合，且两相的浓度不再发生变化时所需要的时间[8,9]。此处，当芳烃组分甲苯在两相中的质量分数不发生改变时，该体系被认为已经达到平衡状态。平衡时间的测定有助于对一个相对稳定的混合均匀体系的研究，为后续液液相平衡数据测定奠定了基础。

测定的具体步骤如下：

(1) 配样，V(甲苯)：V(甲基环己烷)=1：4。

(2) 取样。

萃余相空玻璃瓶质量 m_{01}，萃取相空玻璃瓶质量 m_{02}。称取上层物质于质量为 m_{01} 的玻璃瓶中，萃余相总质量为 m_{11}，之后向其加入内标物，将加入内标物正丁醇后萃余相的质量记为 m_{21}。同理，将下层物质放入质量为 m_{02} 的空玻璃瓶中，记萃取相质量为 m_{12}，向其中加入适量的正丁醇，此时质量记为 m_{22}。每隔一段时间，重复上述实验，并记录相应的实验数据。

(3) 气相色谱测样。

用进样器取上述对应液体进行检测，并记录数据，每组实验进样 5 次。

以主萃取剂 DMSO 和复合萃取剂 DMSO+10%DMF(体积分数)为例。向比色管中放入 45℃的恒温水浴中，取 DMSO(5mL)、甲苯(2mL)及甲基环己烷(8mL)加入比色管中。四元体系中向比色管中加入 DMSO(4.5mL)、DMF(0.5mL)、甲苯(2mL)及甲基环己烷(8mL)。测定上述样品在 45℃的平衡时间，并以其平衡时间作为参考标准。

(4) 计算。

将下层作为研究对象，样品瓶中的正丁醇的质量分数由式(3.2)计算所得：

$$\frac{m_s}{m} = \frac{m_{22} - m_{12}}{m_{22} - m_{02}} \times 100\% \tag{3.2}$$

式中，m_{02} 为萃取相空玻璃瓶的质量；m_{12} 为抽取下层样品后玻璃瓶的总质量；m_{22} 为下层样品中再加入内标物正丁醇后玻璃瓶的总质量。

3) 平衡数据的测定

(1) 配制样品：在比色管配制不同比例的复合溶剂及一定比例甲基环己烷和甲苯的混合样品，V(溶剂)与 V(甲苯+甲基环己烷)为 10mL 与 20mL；

(2) 在恒温水浴锅中将温度保持在 45℃ 即可，超过测定的平衡时间使其完全达到平衡状态；

(3) 取样：分别取萃余相和萃取相中的待测样品，再加入适量的正丁醇，摇均匀后进行气相色谱的检测，每一相的数据测量 3 次，求取平均值；

(4) 质量称量：分别称量两相中样品的质量；

(5) 进样：采用微量注射器，每次进样 2μL；

(6) 采集数据：由色谱工作站自动进行峰面积数据采集；

(7) 计算质量分数：计算萃余相和萃取相中各组分的质量分数；

(8) 得到液液相平衡数据；

(9) 用同样的方法测定 45℃ 下，符合萃取剂 DMSO+DMF 时，{甲基环己烷-甲苯-(DMSO+DMF)}四元体系的液液相平衡数据，以 V(DMSO)∶V(DMF)=9∶1 为例。

4) 平衡数据的经验模型关联

很多学者通过建立热力学模型来关联和预测液液相平衡数据，对其进行深入考察和研究，其中主要是活度系数法和状态方程法[10,11]。通常运用活度系数法来计算液液相平衡数据，一般采用经验模型和半理论半经验模型来关联液液相平衡数据。半理论半经验模型是通过理论公式推导新的数学关系式，其中有 Wilson 方程、NRTL 方程、UNIFAC 方程和 UNIQUAC 方程等[10]，而经验模型是有关实际过程的一个数据关联机理，根据实际相关数据的归纳与分析，得出该过程中各参数与变量相关联的数学关系式，主要有 Othmer-Tobias 方程[12,13]、Bancroft 方程[14]、Hand 方程[15]等。课题组前期采用经验模型 Othmer-Tobias 方程和 Hand 方程对得到的三元体系{甲基环己烷-甲苯-主萃取剂}和拟三元体系{甲基环己烷-甲苯-复合萃取剂}进行关联和预测。

Othmer-Tobias 方程可以用于三元体系及拟三元体系液液相平衡数据的关联过程，方程如下：

$$\ln\left(\frac{1-x_3^\alpha}{x_3^\alpha}\right)=a+b\ln\left(\frac{1-x_1^\beta}{x_1^\beta}\right) \tag{3.3}$$

式中，x_3^α 为萃取相中萃取剂的质量分数；x_1^β 为萃余相中甲基环己烷的质量分数。令 $Y=\ln\left[\left(1-x_3^\alpha\right)/x_3^\alpha\right]$，$X=\ln\left[\left(1-x_1^\beta\right)/x_1^\beta\right]$，则式(3.3)为 $Y=a+bX$。将

$X = \ln\left[\left(1 - x_1^\beta\right)\big/x_1^\beta\right]$ 作为横坐标，将 $Y = \ln\left[\left(1 - x_3^\alpha\right)\big/x_3^\alpha\right]$ 作为纵坐标，绘制其对应的关联线性图。Hand 方程如下：

$$\lg\frac{x_2^\alpha}{x_3^\alpha} = A\lg\frac{x_2^\beta}{x_1^\beta} + B \tag{3.4}$$

式中，x_2^α、x_3^α 分别为萃取相中的甲苯、萃取剂的质量分数；x_2^β、x_1^β 分别为萃余相中甲苯、甲基环己烷的质量分数。

2. 液液萃取相平衡体系

1) {甲基环己烷–甲苯–SUL 型复合萃取剂}液液相平衡体系的研究

以溶剂 SUL 为主萃取剂，分别以 DMF、DMSO、NFM 及 NMP 为辅萃取剂，研究复合萃取剂对{甲基环己烷–甲苯}体系中芳烃的萃取效果。分别测定萃取温度 45℃，剂油比(体积比)1：2，萃取搅拌时间 20min，保温分相 1.2h 条件下 {MCYC$_6$-TOL-SUL}、{MCYC$_6$-TOL-(SUL+DMSO)}、{MCYC$_6$-TOL-(SUL+NMP)} 和{MCYC$_6$-TOL-(SUL+DMF)}和{MCYC$_6$-TOL-(SUL+NFM)}体系的液液相平衡数据。其中，TOL 在 MCYC$_6$ 中的体积分数为 25%，辅萃取剂在 SUL 中的体积分数分别为 10%、30%和 50%，此处以辅萃取剂在 SUL 中的体积分数为 10%为例进行液液相平衡的研究，从而初步筛选合适的 SUL 型复合萃取剂。

(1) 平衡时间。

在 45℃的恒温下，测定三元体系{甲基环己烷–甲苯–SUL}的平衡时间，并根据测定出的液液相平衡数据，计算得出相应时间下萃取相与萃余相中甲基环己烷的质量分数，其计算结果见表 3.12。

表 3.12　平衡时间测定过程中两相甲基环己烷质量分数　(单位：%)

测定时间	萃取相	萃余相
0h	0.7234	0.0310
0.2h	0.7195	0.0364
0.4h	0.6904	0.0327
0.6h	0.6847	0.0251
0.8h	0.6831	0.0233
1.0h	0.6793	0.0221
1.2h	0.6789	0.0216
1.4h	0.6781	0.0197

从表 3.12 可以看出，在平衡时间 1.0h 之后，甲基环己烷在萃余相和萃取相中的质量分数基本保持不变，此时体系被认为已经达到液液相平衡状态。在 1.0h

后，萃余相与萃取相中甲苯的质量分数也基本保持不变，此时，该体系被认为达到稳定的平衡状态。为了确保体系混合均匀，将 SUL 溶剂相对应的三元体系及复合萃取剂相关的四元体系的平衡时间定为 1.2h。

(2) 液液相平衡数据。

测定{甲基环己烷–甲苯–SUL}的三元体系及拟三元体系{甲基环己烷–甲苯–SUL 型复合萃取剂}在温度为 45℃，剂油比[复合溶剂与(甲基环己烷+甲苯)体积比]为 1∶2 的液液相平衡数据，其中甲苯在甲基环己烷中的体积分数为 25%，实验结果见表 3.13。

表 3.13　{甲基环己烷–甲苯–SUL 型复合萃取剂}体系的液液萃取平衡数据

体系	萃取相			萃余相		
	x_1^α /%	x_2^α /%	x_3^α /%	x_1^β /%	x_2^β /%	x_3^β /%
{MCYC$_6$-TOL-SUL}	0.1088	0.0018	0.8894	0.9286	0.0083	0.0631
	0.1226	0.0200	0.8574	0.9127	0.0310	0.0563
	0.1411	0.0555	0.8034	0.8845	0.0537	0.0618
	0.1649	0.0782	0.7569	0.7997	0.1054	0.0949
	0.2148	0.1172	0.668	0.7226	0.1286	0.1488
	0.2796	0.1505	0.5699	0.6381	0.1546	0.2073
{MCYC$_6$-TOL-(SUL+DMSO)}	0.0683	0.0021	0.9296	0.936	0.0073	0.0567
	0.0789	0.0407	0.8804	0.9142	0.0437	0.0421
	0.0928	0.0697	0.8375	0.8665	0.0701	0.0634
	0.1277	0.1221	0.7502	0.8025	0.1121	0.0854
	0.1766	0.1562	0.6672	0.7055	0.1583	0.1362
	0.2629	0.1804	0.5567	0.5926	0.1988	0.2086
{MCYC$_6$-TOL-(SUL+NMP)}	0.0439	0.0000	0.9561	0.9661	0.0000	0.0339
	0.0521	0.0583	0.8896	0.8887	0.0592	0.0521
	0.0621	0.1084	0.8295	0.8244	0.0943	0.0813
	0.0968	0.1673	0.7359	0.7457	0.1542	0.1001
	0.1636	0.2124	0.624	0.6506	0.2163	0.1331
	0.2435	0.2361	0.5204	0.5386	0.2572	0.2042
{MCYC$_6$-TOL-(SUL+DMF)}	0.0624	0.0000	0.9376	0.9452	0.0000	0.0548
	0.0713	0.0421	0.8866	0.9313	0.0215	0.0472
	0.0740	0.0973	0.8287	0.8603	0.0681	0.0716
	0.1155	0.1369	0.7476	0.7885	0.1274	0.0841
	0.1388	0.1932	0.6680	0.6964	0.1867	0.1169
	0.2472	0.2112	0.5416	0.5663	0.2269	0.2068

体系	萃取相			萃余相		
	x_1^{α} /%	x_2^{α} /%	x_3^{α} /%	x_1^{β} /%	x_2^{β} /%	x_3^{β} /%
{MCYC$_6$-TOL-(SUL+NFM)}	0.1289	0.0019	0.8692	0.9423	0.0043	0.0534
	0.1327	0.0100	0.8573	0.9258	0.0210	0.0632
	0.1511	0.0155	0.8334	0.8887	0.0437	0.0676
	0.1749	0.0382	0.7869	0.8197	0.0854	0.0949
	0.2348	0.0772	0.6880	0.7526	0.0986	0.1488
	0.2896	0.1005	0.6099	0.6681	0.1246	0.2073

注：x_i^{α} 和 x_i^{β} 分别为萃取相和萃余相中物质 i 的质量分数，%，i=1 为甲基环己烷，i=2 为甲苯，i=3 为 SUL 型复合萃取剂。

　　相比单一萃取剂 SUL 的萃取效果，复合萃取剂(SUL+NMP)、(SUL+DMF)、(SUL+DMSO)三者分离 MCYC$_6$ 与 TOL 中扩大两相区的范围较大，减小了 MCYC$_6$ 与 TOL 的互溶度，加强了分离效果。分离 MCYC$_6$ 与 TOL 的萃取剂按照分离效果优劣排序为 (SUL+NMP)>(SUL+DMF)>(SUL+DMSO)>SUL>(SUL+NFM)。分离 MCYC$_6$ 与 TOL 的结果分析，确定出煤基石脑油脱除芳烃的 SUL 型复合萃取剂，其中复合萃取剂(SUL+NMP)为萃取脱芳的最优萃取剂。

　　(3) {甲基环己烷–甲苯–SUL 型复合萃取剂}拟三元体系相平衡实验数据的可靠性分析。

　　在温度为 45℃下，依据上述所测三元体系{甲基环己烷–甲苯–SUL}和拟三元体系{甲基环己烷–甲苯–SUL 型复合萃取剂}的液液相平衡数据，并运用 Othmer-Tobias 方程和 Hand 方程对实验数据进行关联，其关联结果见表 3.14。

表 3.14　{甲基环己烷–甲苯–SUL 型复合萃取剂}体系 Othmer-Tobias 方程关联结果

SUL 型复合萃取剂	a	b	R^2
SUL	0.1360	0.8337	0.9783
(SUL+DMSO)	−0.2058	1.0116	0.9872
(SUL+NMP)	0.0133	0.9566	0.9922
(SUL+DMF)	0.0854	0.9093	0.9775
(SUL+NFM)	−0.0697	0.6923	0.9569

注：a、b 为式(3.3)所示 Othmer-Tobias 方程的系数，R^2 为相关系数。

　　从表 3.14 可以看出，运用 Othmer-Tobias 方程对三元体系{甲基环己烷–甲苯–SUL}和拟三元体系{甲基环己烷–甲苯–SUL 型复合萃取剂}的液液相平衡数据关联的相关系数均在 0.95 以上，即方程 Othmer-Tobias 可以很好地运用于实验数据的关联，也表明该过程测定的实验数据具有较好的效果和一致性。Hand 方程对于三元体系{甲基环己烷–甲苯–SUL}和拟三元体系{甲基环己烷–甲苯–SUL 型复合萃取剂}的关联结果见表 3.15。

表 3.15　{甲基环己烷–甲苯–SUL 型复合萃取剂}体系 Hand 方程关联结果

SUL 型复合萃取剂	A	B	R^2
SUL	1.4234	0.3547	0.9705
(SUL+DMSO)	0.1833	0.9760	0.9872
(SUL+NMP)	0.9696	−0.0059	0.9912
(SUL+DMF)	0.7336	−0.1277	0.9979
(SUL+NFM)	1.1387	−0.0649	0.9669

注：A、B 为式(3.4)所示 Hand 方程的系数，R^2 为相关系数。

表 3.15 的关联结果显示，各萃取剂的相互关联性效果均好，相关系数范围为 0.9669～0.9979，均趋近于 1。复合萃取剂(SUL+DMF)对应的相关系数最大，达 0.9979，得到了很好的拟合曲线，即 Hand 方程也很适合对于上述液液相平衡数据的关联。

2) {甲基环己烷–甲苯–DMSO 型复合萃取剂}液液相平衡体系的研究

本实验以 DMSO 为主萃取剂，分别以 DMF、SUL、NFM 及 NMP 溶剂为辅萃取剂，研究复合萃取剂对于{甲基环己烷–甲苯}中芳烃的萃取效果。分别测定萃取温度 45℃，剂油比 1∶2，萃取搅拌时间 20min，保温分相 1.2h 条件下{MCYC$_6$-TOL-DMSO}、{MCYC$_6$-TOL-(DMSO+SUL)}、{MCYC$_6$-TOL-(DMSO+NMP)}、{MCYC$_6$-TOL-(DMSO+DMF)}和{MCYC$_6$-TOL-(DMSO+NFM)}体系的液液相平衡数据。其中，TOL 在 MCYC$_6$ 中的体积分数为 25%，辅萃取剂在 DMSO 中的体积分数分别为 10%、30%和 50%，此处以辅萃取剂在 DMSO 中的体积分数为 10%为例进行其液液相平衡的研究，从而初步筛选合适的DMSO 型复合萃取剂。

(1) 平衡时间。

在 45℃的恒温下，测定三元体系{甲基环己烷–甲苯–DMSO}的平衡时间，并根据测出的液液相平衡数据，计算得出相应时间下萃取相与萃余相中甲基环己烷的质量分数，其计算结果见表 3.16。

表 3.16　平衡时间测定过程中两相甲基环己烷的质量分数　　　　(单位：%)

测定时间	萃余相	萃取相
0.0h	0.6446	0.0436
0.2h	0.6221	0.0357
0.4h	0.6169	0.0271

续表

测定时间	萃余相	萃取相
0.6h	0.6095	0.0224
0.8h	0.6058	0.0214
1.0h	0.6073	0.0207
1.2h	0.6065	0.0201
1.4h	0.6042	0.0196

从表 3.16 可以看出，在平衡时间 0.8h 之后，萃余相和萃取相中甲基环己烷的质量分数基本保持不变，因此该体系被认为达到液液相平衡状态。为了更加直观地观察实验数据趋势，将上述数据用曲线图表示两相中的甲苯的质量分数随时间变化。三元体系{甲基环己烷–甲苯–DMSO}中萃余相和萃取相中的甲苯的质量分数也在 0.8h 后一直趋于平稳，此时该体系达到了相平衡稳定状态。为了让体系所有组分达到混合均匀的过程，将该体系的平衡时间定为 1.0h。

(2) 液液相平衡数据。

测定{甲基环己烷–甲苯–DMSO}的三元体系及{甲基环己烷–甲苯–DMSO 型复合萃取剂}四元体系在温度为 45℃，剂油比[复合溶剂与(甲基环己烷+甲苯)体积比]为 1∶2 时的液液相平衡数据，其中甲苯在甲基环己烷中的体积分数为 25%，实验结果见表 3.17。

表 3.17　{甲基环己烷–甲苯–DMSO 型复合萃取剂}体系的液液萃取平衡数据

体系	萃取相			萃余相		
	x_1^α /%	x_2^α /%	x_3^α /%	x_1^β /%	x_2^β /%	x_3^β /%
{MCYC$_6$-TOL-DMSO}	0.1183	0.0021	0.8796	0.9358	0.0075	0.0567
	0.1289	0.0107	0.8604	0.9145	0.0434	0.0421
	0.1528	0.0197	0.8275	0.8567	0.0901	0.0532
	0.1677	0.0521	0.7802	0.7924	0.1223	0.0853
	0.2266	0.0962	0.6772	0.7056	0.1484	0.1460
	0.2829	0.1204	0.5967	0.6228	0.1687	0.2085
{MCYC$_6$-TOL-(DMSO+SUL)}	0.1026	0.0000	0.8974	0.9603	0.0052	0.0345
	0.1192	0.0126	0.8682	0.9046	0.0590	0.0364
	0.1462	0.0337	0.8201	0.8483	0.1039	0.0478
	0.1646	0.0681	0.7673	0.7781	0.1374	0.0845
	0.2157	0.1154	0.6689	0.6758	0.1764	0.1478
	0.2786	0.1357	0.5857	0.6092	0.1844	0.2064

体系	萃取相			萃余相		
	x_1^α /%	x_2^α /%	x_3^α /%	x_1^β /%	x_2^β /%	x_3^β /%
{MCYC$_6$-TOL-(DMSO+NMP)}	0.1289	0.0019	0.8692	0.9286	0.0083	0.0631
	0.1327	0.010	0.8573	0.9127	0.0310	0.0563
	0.1511	0.0155	0.8334	0.8645	0.0737	0.0618
	0.1749	0.0382	0.7869	0.7997	0.1054	0.0949
	0.2348	0.0772	0.6880	0.7226	0.1286	0.1488
	0.2896	0.1005	0.6099	0.6381	0.1546	0.2073
{MCYC$_6$-TOL-(DMSO+DMF)}	0.0571	0.0000	0.9429	0.9763	0.0011	0.0226
	0.0847	0.0605	0.8548	0.9213	0.0351	0.0436
	0.1122	0.0912	0.7966	0.8909	0.0534	0.0557
	0.1445	0.1275	0.7280	0.8074	0.1256	0.0670
	0.2014	0.1946	0.6040	0.6941	0.1858	0.1201
	0.2514	0.2235	0.5251	0.5545	0.2481	0.1974
{MCYC$_6$-TOL-(DMSO+NFM)}	0.1189	0.0015	0.8796	0.9123	0.0043	0.0834
	0.1227	0.0070	0.8703	0.8658	0.0210	0.1132
	0.1411	0.0145	0.8444	0.8587	0.0637	0.0776
	0.1649	0.0372	0.7979	0.7897	0.0954	0.1149
	0.2248	0.0752	0.7000	0.7126	0.1186	0.1688
	0.2696	0.0945	0.6359	0.6281	0.1446	0.2273

注：x_i^α 和 x_i^β 分别为萃取相和萃余相中物质 i 的质量分数，%，$i=1$ 为甲基环己烷，$i=2$ 为甲苯，$i=3$ 为 DMSO 型复合萃取剂。

复合萃取剂(DMSO+DMF)分离 MCYC$_6$ 与 TOL 的效果最佳，扩大两相区的范围最大，减小了 MCYC$_6$ 与 TOL 的互溶度从而加强两者的分离效果。除此之外，考虑到 DMF 中 C$_8$ 芳烃的溶解性及选择性均优于 DMSO，在 DMF 分子羰基形成的电子云基团中，C=O 的富电子基团容易与芳烃正电荷结合。综上所述，复合萃取剂(DMSO+DMF)更适合萃取低芳原料油。

(3) {甲基环己烷–甲苯–DMSO 型复合萃取剂}拟三元体系相平衡实验数据的可靠性分析。

采用液液相平衡数据关联的经验模型 Othmer-Tobias 方程和 Hand 方程对 45℃条件下得到的三元体系{甲基环己烷–甲苯–DMSO}和拟三元体系{甲基环己烷–甲苯–DMSO 型复合萃取剂}进行关联和预测。运用 Othmer-Tobias 方程进行关联，关联结果见表 3.18。

表 3.18　**{甲基环己烷–甲苯–DMSO 型复合萃取剂}体系 Othmer-Tobias 方程关联结果**

DMSO 型复合萃取剂	a	b	R^2
DMSO	−0.1419	0.7247	0.9665
(DMSO+SUL)	−0.2359	0.6671	0.9478
(DMSO+NMP)	−0.1409	0.7231	0.9591
(DMSO+DMF)	0.1564	0.7803	0.9940
(DMSO+NFM)	−0.1519	0.8499	0.9598

注：a、b 为式(3.3)所示 Othmer-Tobias 方程的系数，R^2 为相关系数。

表 3.18 方程关联结果显示，各萃取剂对应的相关系数均在 0.94 以上，效果很好。因此，将方程 Othmer-Tobias 运用于该实验数据的关联能达到很好的关联效果，同时说明该部分数据具有一定的参考性和可靠性。另外一种比较常见的关联方法是 Hand 方程，用 Hand 方程对三元体系及拟三元体系液液相平衡数据进行关联，其关联结果见表 3.19。

表 3.19　**{甲基环己烷–甲苯–DMSO 型复合萃取剂}体系 Hand 方程关联结果**

DMSO 型复合萃取剂	A	B	R^2
DMSO	1.2432	−0.1409	0.9455
(DMSO+SUL)	1.8147	0.2997	0.9985
(DMSO+NMP)	1.2711	−0.1157	0.9532
(DMSO+DMF)	0.711	−0.1206	0.9808
(DMSO+NFM)	1.1329	−0.2276	0.9571

注：A、B 为式(3.4)所示 Hand 方程的系数，R^2 为相关系数。

表 3.19 关联结果显示，各萃取剂对应的相关系数最大值达 0.9985，范围为 0.9455～0.9985，均趋近于 1，得到了很好的拟合曲线，即 Hand 方程也很适合对于上述相平衡数据的关联。

3.3　煤基石脑油催化重整

3.3.1　催化重整反应原理

催化重整反应是一个十分复杂的过程，为了得到煤基石脑油重整过程化学反应规律，必须对其反应原理进行研究。本书采用目前工业上广泛使用的双功能贵金属重整催化剂，在一定温度和压力等条件下进行煤基石脑油催化重整实验研究。根据双功能重整催化剂反应机理[16]，煤基石脑油催化过程发生的主要化学反应为六元环烷烃脱氢芳构化、五元环烷烃异构化生成六元环烷烃、烷烃脱氢环化、烷烃异构化、烷烃与环烷烃加氢裂化和芳烃氢解反应。下面详细介绍各类化学反应。

1) 六元环烷烃脱氢芳构化反应

以 1，2-二甲基环己烷脱氢生成 1，2-二甲基苯为例，其反应见式(3.5)。六元环烷烃脱氢芳构化反应是强吸热反应，反应速率非常快，伴随大量氢气生成，是整个重整过程的核心反应。此类反应随着碳原子数增加，反应平衡常数越大，反应速率也越大。低压、高温和低氢油物质的量比对该反应有利。

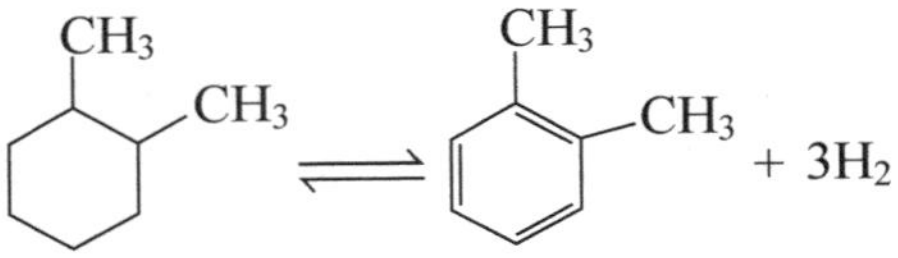

$$\text{(3.5)}$$

2) 五元环烷烃异构化生成六元环烷烃反应

以乙基环戊烷异构脱氢生成甲基环己烷为例的反应方程式见式(3.6)。石脑油原料中除六元环烷烃外还有一定数量的五元环烷烃。由双功能催化反应机理可知，重整过程中烷烃环化时先异构化成五元环烷烃，然后才异构化生成六元环烷烃，因此这类强吸热反应对整个重整过程具有关键作用。碳数增加对该反应有利，低压、高温和低氢油物质的量比同样有利于反应进行。

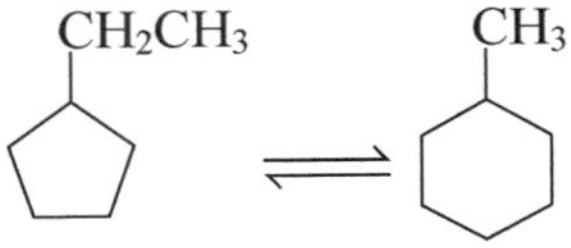

$$\text{(3.6)}$$

3) 烷烃脱氢环化反应

以正辛烷脱氢环化生成乙苯为例的反应方程式见式(3.7)。烷烃脱氢环化反应速率很慢，随着催化重整工艺发展、催化剂改进和反应苛刻度提高，此类反应在重整中的作用越来越重要。因为该反应吸热，而且伴随氢气生成，所以高温、低压及分子碳数增加都有利于反应进行。

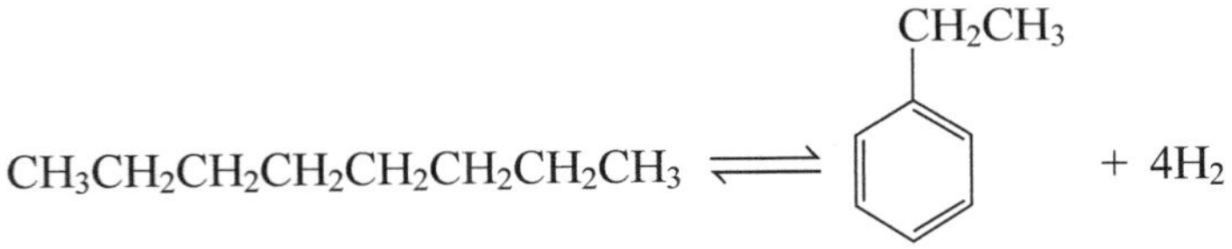

$$CH_3CH_2CH_2CH_2CH_2CH_2CH_2CH_3 \Longleftrightarrow \quad + 4H_2 \qquad \text{(3.7)}$$

4) 烷烃异构化反应

正己烷异构化反应为例的反应方程式见式(3.8)。此类反应是轻度放热的可逆反应，反应速率很快，温度和压力对其影响较小。另外，异构烷烃具有较高的辛烷值，通过提高重整反应烷烃异构化程度可以增加重整液体产物辛烷值。

$$CH_3CH_2CH_2CH_2CH_2CH_3 \rightleftharpoons CH_3\overset{\overset{\displaystyle CH_3}{\displaystyle |}}{C}HCH_2CH_2CH_3 \qquad (3.8)$$

5) 烷烃与环烷烃加氢裂化和芳烃氢解反应

以己烷加氢裂化反应为例的反应方程式见式(3.9)。烷烃与环烷烃加氢裂化是大分子发生碳碳键断裂生成较小分子的放热反应，造成液体收率下降，氢气纯度和氢气产率降低，是重整过程发生的副反应。以乙苯氢解反应为例的反应方程式见式(3.10)。芳烃氢解反应主要为带支链芳烃加氢脱烷基后生成轻质芳烃和 C_1、C_2 等轻烃小分子，属于放热反应。与加氢裂化反应一样，重整过程中并不希望发生此类反应。

$$C_6H_{14}+H_2 \longrightarrow 2C_3H_8 \qquad (3.9)$$

$$+ H_2 \longrightarrow + CH_4 \qquad (3.10)$$

上述化学反应中反应速率最快的是六元环烷烃脱氢芳构化反应，烷烃与环烷烃加氢裂化和芳烃氢解反应较难发生。单从热力学角度考虑，由于重整过程中脱氢反应属于分子数增加的反应，而烷烃异构化、烷烃与环烷烃加氢裂化与芳烃氢解反应属于分子数不变的反应，因此低压有利于重整反应进行。另外，重整过程中脱氢反应都属于强吸热反应，烷烃与环烷烃加氢裂化和芳烃氢解反应属于放热反应，因此提高温度促进重整正反应进行。单从动力学角度考虑，高压有利于烷烃与环烷烃加氢裂化和芳烃氢解反应，不利于重整正反应进行；温度提高则加快了所有重整反应速率。综上所述，将各类重整反应热力学和动力学特性进行了对比[17,18]，见表 3.20。

表 3.20　各类重整反应热力学和动力学特性比较

重整反应类型	热效应	反应速率	动力学		热力学		液体收率	备注
			压力	温度	压力	温度		
六元环烷烃脱氢芳构化	强吸热	很快	−	+	−	+	稍减	产 H_2
五元环烷烃异构化生成六元环烷烃	强吸热	快	−	+	−	+	稍减	产 H_2
烷烃脱氢环化	强吸热	慢	−	+	−	+	减	产 H_2
烷烃异构化	微放热	快	+	+	无	−	稍增	不产 H_2
烷烃与环烷烃加氢裂化和芳烃氢解	放热	很慢	++	++	无	−	显著降	耗 H_2

注：+、++和−分别表示温度或压力升高时反应速率和平衡转化率提高、大幅提高和减少。

3.3.2　催化重整反应过程

1. 催化重整工艺流程

绝热固定床重整装置由气体进料部分、液体进料部分、反应部分、产物收集部分和氢气循环部分组成。具体的工艺流程如下：原料罐内预处理后的精制石脑油用氮气压至柱塞泵，由泵抽送到混合罐与循环氢气混合后进入反应器。在各个反应器内预热后，反应物料在设定的压力和空速等条件下由上到下依次经过各绝热反应器催化剂床层进行反应。第三反应器反应产物进入产物收集系统后经冷却器冷却再进入油气分离器，分离器底部分离后的液相经过振动式液位计和液位调节阀联锁控制后进入产品罐中保存，油气分离器顶部分离出的富氢气体进入分液罐后，通过压力调节阀稳定前后压，一部分经过湿式气表计量后放空或取样分析，另一部分通过干燥罐干燥脱水后，循环回增压机前缓冲罐中与新氢气混合循环使用。其中，取样工作是在一定工艺条件下，实验平稳运行 2h 后，连续取平行样三次，每次取样间隔 2h。对于样品之间分析指标误差超过 5%的样品，需进行重新取样。

研究所用重整催化剂为工业铂铼双金属催化剂 Pt-Re/γ-Al_2O_3，其主要物化性质见表 3.21。第一～三反应器内重整催化剂装填量分别为 80mL、80mL 和 120mL。

表 3.21　催化剂主要物化性质

项目	参数
外观	圆柱条
公称直径/mm	1.2～1.6
孔体积/(mL · g^{-1})	0.45～0.55
比表面积/(m^2 · g^{-1})	≥180
3～8mm 长度所占比例/%	≥80
压碎强度/(N · cm^{-1})	≥100
$w(Pt)$/%	0.25±0.01
$w(Re)$/%	0.25±0.02
$w(Cl)$/%	1.3±0.3
$c(Si)$/(μg · g^{-1})	<200
$c(Fe)$/(μg · g^{-1})	<120
$c(Na)$/(μg · g^{-1})	<50

2. 工艺参数影响

对于煤基石脑油半再生催化重整制芳烃工艺，反应温度、压力和进料液时空速(LHSV)等工艺参数对重整产品质量、芳烃收率 Y 及催化剂失活速率等有很大影响，这些工艺参数的选择和调整取决于原料性质及产品要求等因素。本节主要采用单因素法，选择芳烃收率(Y_A)、C_5 及以上碳链液体收率($Y_{C_{5+}}$)、苯收率(Y_B)、甲苯收率(Y_T)、二甲苯收率(Y_X)及苯–甲苯–二甲苯(BTX)总收率(Y_{BTX})为分析目标，讨论了工艺参数对煤基石脑油重整结果的影响。各液体产物收率计算公式如下：

$$Y_A = w_A \cdot Y_{C_{5+}} \tag{3.11}$$

$$Y_B = w_B \cdot Y_{C_{5+}} \tag{3.12}$$

$$Y_T = w_T \cdot Y_{C_{5+}} \tag{3.13}$$

$$Y_X = w_X \cdot Y_{C_{5+}} \tag{3.14}$$

$$Y_{BTX} = w_{BTX} \cdot Y_{C_{5+}} \tag{3.15}$$

其中，w_A、w_B、w_T、w_X 和 w_{BTX} 分别为芳烃(A)、苯(B)、甲苯(T)、二甲苯(X)及苯–甲苯–二甲苯(BTX)在液体产物中的质量分数。

1) 反应温度影响

在重整装置实际操作中，针对进料特点和芳烃收率目标等要求，确定合适的反应温度非常重要。高温促进环烷烃脱氢芳构化反应进行，但同时会对产物液体收率造成影响，也对催化剂抗积炭能力提出了更高要求。重整反应以吸热为主，各个反应器内化学反应情况不一样，温降也不一样，反应器内存在不同的温度梯度，因此无法用某点温度来描述实际反应温度。反应温度通常可以用加权平均入口温度(WAIT)来表示。WAIT 计算式如下：

$$\text{WAIT} = C_1 T_{\lambda 1} + C_2 T_{\lambda 2} + C_3 T_{\lambda 3} \tag{3.16}$$

其中，C_1、C_2 和 C_3 分别为第一～三反应器内催化剂量占系统总催化剂量质量分数；$T_{\lambda 1}$、$T_{\lambda 2}$ 和 $T_{\lambda 3}$ 分别为第一、第二和第三反应器入口温度。

在单因素实验中，考虑到石脑油重整过程前两个反应器中温降大的特点，实验操作中控制前两个反应器和第三反应器入口温度之间有一定梯度，但相差不是很大，前两个反应器入口温度略高于第三反应器。选取反应压力(P)1.2MPa、液时空速 $2h^{-1}$ 和氢油体积比 $600:1$，研究了不同 WAIT(469℃、486℃、500℃、518℃、530℃)对煤基石脑油半再生催化重整 Y_A、$Y_{C_{5+}}$、Y_B、Y_T、Y_X 及 Y_{BTX} 的影响。图 3.8 为 WAIT 对煤基石脑油半再生催化重整 Y_A 和 $Y_{C_{5+}}$ 的影响。

由图 3.8 可知，在开始阶段，Y_A 随着 WAIT 升高而增加，大约到 500℃后，Y_A 增幅变缓；当 WAIT 超过 520℃后，Y_A 出现一定的降幅。环烷烃脱氢反应是强吸热反应，升高 WAIT 对其有促进作用，但是在重整反应后期主要发生烷烃脱氢

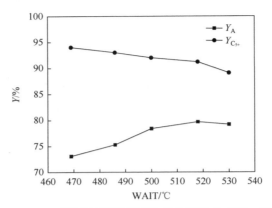

图 3.8　WAIT 对煤基石脑油半再生催化重整 Y_A 和 $Y_{C_{5+}}$ 的影响

环化反应和加氢裂化反应，前者是吸热反应，后者是放热反应。在较低 WAIT 范围内(小于 520℃)，热力学对二者的影响较大，但是当 WAIT 达到 520℃以上，甚至大于 530℃时，从反应动力学角度考虑，烷烃脱氢环化反应速率已达到其极限值，而烷烃加氢裂化速率加快，生成更多的小分子，最终导致生成芳烃的选择性降低[18]。相比于石油基石脑油，煤基石脑油组分更复杂。在过高 WAIT 下，环烷烃在脱氢反应过程中容易生成多环芳烃，多环芳烃是积炭的前身，一旦生成将牢固地停留在催化剂表面，进一步加剧催化剂的结焦失活。

$Y_{C_{5+}}$ 随 WAIT 升高而单调缓慢降低，在 520℃后降幅显著变大。这是因为煤基石脑油环烷烃质量很大，脱氢反应尽管是吸热反应但反应速率极快，只要反应温度达到其活化温度，对反应速率已无较大影响。随着 WAIT 升高，加氢裂化反应加剧，因而在宏观上表现为 WAIT 升高，$Y_{C_{5+}}$ 降低。相比于石油基石脑油重整，煤基石脑油重整过程 $Y_{C_{5+}}$ 更高(前者 $Y_{C_{5+}}$ 一般小于 90%[19])，这是因为煤基石脑油中烷烃质量较石油基石脑油多，且以环烷烃为主，加氢裂化反应速率要远低于前者，进而保证了更高 $Y_{C_{5+}}$。

图 3.9 为 WAIT 对煤基石脑油半再生催化重整 Y_B、Y_T、Y_X 及 Y_{BTX} 的影响。由图 3.9 可知，当 WAIT 在 470~518℃，Y_{BTX} 随着 WAIT 升高而直线上升。WAIT 大于 518℃后，Y_{BTX} 基本保持不变，这与 Y_A 随 WAIT 变化整体趋势比较接近。在实验 WAIT 范围内，Y_B 随 WAIT 升高而单调上升，上升速度比较均匀，Y_B 与 WAIT 近似成一次函数关系。Y_T 在 WAIT 小于 518℃时随 WAIT 升高而上升，其中在 WAIT 为 485~518℃时上升速度较快，说明该 WAIT 区间对 Y_T 影响较大。当 WAIT 超过 518℃后，Y_T 不再上升，甚至出现轻微下降。Y_X 随 WAIT 变化趋势与 Y_T 非常相似，唯一的不同是 Y_X 对 WAIT 最敏感区间大约在 500~518℃，在此区间随着 WAIT 升高，Y_X 上升速度明显很快。当 WAIT 超过 518℃后，Y_X 同样趋

于稳定并伴随很小降幅。Y_T 与 Y_X 在过高 WAIT 下的降幅可能是反应后期芳烃氢解、烷烃与环烷烃加氢裂化反应加剧造成的。

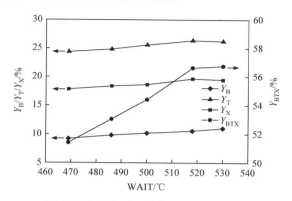

图 3.9 WAIT 对煤基石脑油半再生催化重整 Y_B、Y_T、Y_X 及 Y_{BTX} 的影响

2) 反应压力影响

反应压力对重整产品产率和催化剂稳定性等具有很大的影响。由前述重整反应原理可知，重整过程以脱氢反应为主。低压促进环烷烃脱氢芳构化反应进行，可以获得较高 Y_A，但反应压力过低会导致催化剂积炭速率大大增加，缩短装置操作周期。在单因素实验中，选取 WAIT 为 500℃、LHSV 为 2h^{-1} 和氢油体积比为 600∶1，在压力(P)为 1.0～1.8MPa 条件下，研究了不同 P(1.0MPa、1.2MPa、1.4MPa、1.6MPa 和 1.8MPa)对煤基石脑油半再生催化重整 Y_A、$Y_{C_{5+}}$、Y_B、Y_T、Y_X 及 Y_{BTX} 的影响。图 3.10 为 P 对煤基石脑油半再生催化重整 Y_A 和 $Y_{C_{5+}}$ 的影响。

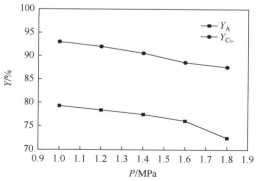

图 3.10 P 对煤基石脑油半再生催化重整 Y_A 和 $Y_{C_{5+}}$ 的影响

由图 3.10 可知，随着 P 升高，重整产物 Y_A 降低，且降幅缓慢变大。Y_A 降低是因为催化重整过程以气体产物总物质的量增加反应为主，提高 P 抑制重整目标产物生成，而降幅缓慢变大则可能是因为煤基石脑油催化重整反应以环烷烃脱氢

芳构化为主，适当提高 P，对其影响不大。但当 P 超过 1.6MPa 以后，由于 P 对环烷烃脱氢芳构化反应和烷烃脱氢环化反应影响变大，P 继续提高 Y_A 明显下降。氢气的双重效应研究也表明[20,21]，P 在较低范围内，氢气对催化剂表面上深度脱氢生成积炭前身物有限制作用，而 P 在较高范围内，则通过氢气吸附减少烷烃脱氢环化反应所需的中间物浓度，在一定程度上对烷烃脱氢环化反应有抑制作用。因此，仅从提高 Y_A 的角度考虑，P 越低越好，但是 P 过低会提高催化剂的积炭速率，加快催化剂失活。在工业实际操作中，限制于设备设计条件，大幅度调节 P 的可能性不大。

$Y_{C_{5+}}$ 整体变化趋势为随着 P 升高而降低，在 P 超过 1.6MPa 后，降幅有一定程度的减小。这主要可能是随着 P 升高，重整催化剂氢解选择性变强，烷烃与环烷烃加氢裂化反应加剧，$Y_{C_{5+}}$ 减小。当 P 超过 1.6MPa 后，$Y_{C_{5+}}$ 减小趋势变缓，则可能是催化剂氢解活性减小和裂化反应影响降低的原因。有研究表明[20,21]，对于等铂铼比重整催化剂，在 P 小于 1.5MPa 时，催化剂的氢解选择性随着 P 增大上升比较明显，但在 P 大于 1.5MPa 以后，随着 P 增大，重整催化剂氢解选择性变化很小，趋于稳定。

图 3.11 为 P 对煤基石脑油半再生催化重整 Y_B、Y_T、Y_X 及 Y_{BTX} 的影响。由图 3.11 可知，随着 P 增大，Y_{BTX} 不断减小，且降速越来越大，说明高压对 Y_{BTX} 的影响较大。在实验 P 范围内，Y_B 与 Y_T 随着 P 增大匀速缓慢减小，二者对 Y_{BTX} 整体的下降速度影响并不大。当 P 在 1.0～1.4MPa，随着 P 增大 Y_X 缓慢减小；当 P 大于 1.4MPa 以后，Y_X 快速减小，这也造成 Y_{BTX} 在压力较高时降速加快。

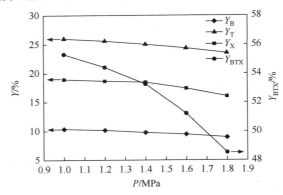

图 3.11　P 对煤基石脑油半再生催化重整 Y_B、Y_T、Y_X 及 Y_{BTX} 的影响

3) 液时空速影响

重整进料 LHSV 大小反映了装置的处理量和运行负荷。确定合适 LHSV 时，要同时考虑裂化和脱氢反应两个方面。高 LHSV 条件下，反应苛刻度低，需要适当提高反应温度以获得理想 Y_A。低 LHSV 条件下，物料在反应器内长时间停留

会造成加氢裂化加剧，需要降低反应温度以保证稳定的 $Y_{C_{5+}}$。针对煤基石脑油环烷烃质量多，环烷烃脱氢芳构化反应速率快，在高 LHSV 下也能接近平衡的特点，在 WAIT 为 500℃、P 为 1.2MPa 和氢油体积比为 600∶1 条件下，选择比较大的 LHSV 范围(1～5h^{-1})，利用单因素实验研究了不同 LHSV(1h^{-1}、2h^{-1}、3h^{-1}、4h^{-1}、5h^{-1})对煤基石脑油半再生催化重整 Y_A、$Y_{C_{5+}}$、Y_B、Y_T、Y_X 及 Y_{BTX} 的影响。

图 3.12 为 LHSV 对煤基石脑油半再生催化重整 Y_A 和 $Y_{C_{5+}}$ 的影响。

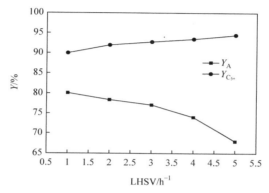

图 3.12　LHSV 对煤基石脑油半再生催化重整 Y_A 和 $Y_{C_{5+}}$ 的影响

由图 3.12 可知，重整产品 Y_A 随着 LHSV 的提高而降低，在 LHSV 为 1～3h^{-1}，Y_A 随着 LHSV 升高虽然出现了降幅，但幅度较小，仍旧能够达到 77%左右。但当 LHSV 达到 5h^{-1} 时，Y_A 只有大约 67%。这说明相比于石油基石脑油半再生重整 (LHSV 一般为 1～2h^{-1})[20,22,23]，煤基石脑油重整可以在更高 LHSV(大约 3h^{-1})下进行，这能够在很大程度上提高装置处理量。但如果 LHSV 过高(>5h^{-1})，催化剂负荷加重，烷烃脱氢环化反应不彻底，烷烃转化率自然就比较低，Y_A 并不理想。

$Y_{C_{5+}}$ 随 LHSV 增加而增加，当 LHSV 小于 2h^{-1} 时，$Y_{C_{5+}}$ 随 LHSV 增大上升较快；当 LHSV 大于 2h^{-1} 后，$Y_{C_{5+}}$ 随 LHSV 增大缓慢上升。LHSV 增大造成反应物在催化剂表面停留时间减少，对于反应速率较慢的烷烃与环烷烃加氢裂化和芳烃氢解反应等影响较大，因此 $Y_{C_{5+}}$ 随之增加[24]。图 3.13 为 LHSV 对煤基石脑油半再生催化重整 Y_B、Y_T、Y_X 及 Y_{BTX} 的影响。

由图 3.13 可知，在实验 LHSV 范围内，Y_{BTX} 随着 LHSV 增大而减小，当 LHSV 小于 3h^{-1} 时，Y_{BTX} 降低速度较小；当 LHSV 大于 3h^{-1} 时，Y_{BTX} 降低速度迅速变大，由 53%快速减小到 47%。Y_{BTX} 随 LHSV 增大整体变化趋势与 Y_A 基本相同。Y_B 随 LHSV 增大的变化规律与 Y_{BTX} 非常接近，LHSV 大约为 3h^{-1} 也是其降低速度快慢分界点。Y_T 和 Y_X 随着 LHSV 增大的变化规律基本相同，但与 Y_B 不一样。当 LHSV 小于 4h^{-1} 时，LHSV 对 Y_T 和 Y_X 影响不大，二者随 LHSV 缓慢减

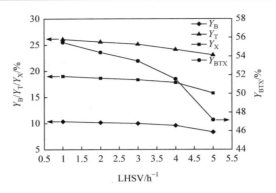

图 3.13　LHSV 对煤基石脑油半再生催化重整 Y_B、Y_T、Y_X 及 Y_{BTX} 的影响

小。但当 LHSV 大于 $4h^{-1}$ 后，Y_T 和 Y_X 快速减小。这说明高 LHSV 对 Y_B 影响更大，对 Y_T 和 Y_X 影响相对更小。为了进一步研究 LHSV 对煤基石脑油半再生重整过程的影响，本部分还进行了不同 LHSV 在不同 WAIT 条件下重整实验研究，其中 P 和氢油体积比与单因素实验相同，所得结果如图 3.14 所示。

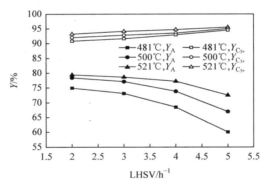

图 3.14　不同 LHSV 和不同 WAIT 对煤基石脑油半再生催化重整 Y_A 和 $Y_{C_{5+}}$ 的影响

由图 3.14 可知，在同一 WAIT(481℃、500℃或 521℃)下，Y_A 都随着 LHSV 的增大而降低，且降幅越来越大，而在同一 LHSV($2h^{-1}$、$3h^{-1}$、$4h^{-1}$ 或 $5h^{-1}$)下，Y_A 随 WAIT 升高而升高，这与先前得到的结论基本一致。从不同 WAIT 下，Y_A 随 LHSV 变化趋势发现，WAIT 越低，LHSV 对 Y_A 的影响越大，即 Y_A 随 LHSV 增加而降低的幅度越大。LHSV 增加，反应苛刻度下降，而适当提高反应温度有利于环烷烃脱氢芳构化反应进行，在一定程度上弥补了因 LHSV 增加而降低反应苛刻度的影响。因此，在煤基石脑油重整工业生产中可以采用适当高的 LHSV，配合一定程度的温升，这样既可以实现较高的 Y_A，同时增大重整装置的处理量。$Y_{C_{5+}}$ 在同一 WAIT 下随着 LHSV 变化规律也与先前结论一致，即 $Y_{C_{5+}}$ 随 LHSV 增大而提高。从图 3.14 中不同 WAIT 下 $Y_{C_{5+}}$ 随 LHSV 的变化趋势发现，当 LHSV

大于 $3h^{-1}$ 后，WAIT 越低，$Y_{C_{5+}}$ 随 LHSV 增加而增加的幅度越大。当 WAIT 为 521℃时，$Y_{C_{5+}}$ 随 LHSV 增加而增加的趋势较平缓。这可能是由于当 WAIT 为 481℃和500℃时，烷烃加氢裂化反应程度较弱，LHSV 增加对轻烷烃等小分子生成量影响不大，$Y_{C_{5+}}$ 随 LHSV 增加而快速提高；当 WAIT 为 521℃时，烷烃与环烷烃加氢裂化反应程度相应提高，导致 $Y_{C_{5+}}$ 随 LHSV 增加而提高的趋势变缓。

根据上述实验研究结果与分析，考虑到工业生产中需要保持半再生重整装置的长周期操作和低成本运行，可以初步筛选出 500～520℃是煤基石脑油半再生催化重整合适的 WAIT。一方面，在该 WAIT 区间内可以获得较高 Y_{BTX}、Y_A 和 $Y_{C_{5+}}$；另一方面，该 WAIT 区间对 Y_T 和 Y_X 影响较大，需要进一步优化研究确定出合适的WAIT。根据 P 对煤基石脑油半再生催化重整 Y_A 和 $Y_{C_{5+}}$ 的影响可知，当 P 在 1.0～1.6MPa 时，Y_A 和 $Y_{C_{5+}}$ 整体较高且降幅不大。虽然 P 大于 1.4MPa 以后，P 增大对 Y_X 影响较大。但考虑到 P 在 1.4～1.6MPa，P 对 Y_A 影响不大及重整催化剂积炭速率随 P 降低快速提高，P 过低会影响催化剂稳定性，从而缩短装置操作周期，因此初步筛选出合适的 P 区间为 1.2～1.6MPa。由上述实验结果与分析可知，LHSV 大于 $3h^{-1}$ 后对 Y_A、$Y_{C_{5+}}$、Y_B、Y_T、Y_X 和 Y_{BTX} 的影响较大，会造成以上绝大多数收率指标大幅度减小。另外，考虑到石脑油催化重整工业生产中，装置处理量确定以后，不同 LHSV 条件下需要装填的贵金属重整催化剂量也不同，认为 $2～3h^{-1}$ 是比较合适的 LHSV。在该 LHSV 区间内，煤基石脑油重整可以实现较高的 Y_A、$Y_{C_{5+}}$、Y_B、Y_T、Y_X 和 Y_{BTX}，同时也达到增大重整装置处理量和提高经济效益目的。综上所述，筛选出煤基石脑油半再生催化重整合适的工艺参数区间，其中 WAIT 为 500～520℃，P 为 1.2～1.6MPa，LHSV 为 $2～3h^{-1}$。

3. 工艺参数优化

在上述合适操作区间筛选过程中，不仅考虑了 Y_A、Y_{C_5} 和 Y_{BTX} 等多个重整收率指标，而且兼顾了工业反应装置长期平稳运行目标和整套工艺经济效益。在此基础上，本部分以 Y_A 作为目标产物，采用响应面分析法对煤基石脑油催化重整过程工艺参数进一步优化和分析，并对预测值进行了验证。

1) 响应面分析实验设计

在响应面分析实验操作条件区间确定时，P 与 LHSV 依然选择上述优选区间，但对 WAIT 区间有所调整。由前文分析可知，虽然 WAIT 从 520℃上升到 530℃，Y_A 等出现了一定降幅，但是 Y_A 随着 WAIT 上升其确切的下降拐点可能是 520℃左右，也可能在 525℃左右。为了更全面地考虑 WAIT 对 Y_A 的影响，响应面分析实验中选择 WAIT 区间为 505～525℃。另外，响应面实验操作中保持三个反应器进口温度接近相等。综上所述，选择 WAIT 为 505～525℃，P 为 1.2～1.6MPa，LHSV 为 2～3h⁻¹，氢油体积比为 600：1，根据 Box-Benhnken 中心组合实验原理进行响应面实验设计，实验因素与水平设计见表 3.22。响应面实验设计方案见表 3.23。

表 3.22　实验因素水平编码

编码值	WAIT/℃	P/MPa	LHSV/h⁻¹
	X_1	X_2	X_3
−1	505	1.2	2
0	515	1.4	2.5
1	525	1.6	3

表 3.23　响应面实验设计方案

实验编号	X_1/℃	X_2/MPa	X_3/h⁻¹	Y_A/%
1	505	1.2	2.5	77.82
2	525	1.2	2.5	78.91
3	505	1.6	2.5	76.98
4	525	1.6	2.5	77.52
5	505	1.4	2.0	77.85
6	525	1.4	2.0	78.89
7	505	1.4	3.0	76.75
8	525	1.4	3.0	77.56
9	515	1.2	2.0	79.59
10	515	1.6	2.0	78.89
11	515	1.2	3.0	79.01
12	515	1.6	3.0	77.35
13	515	1.4	2.5	79.61
14	515	1.4	2.5	79.71
15	515	1.4	2.5	79.66
16	515	1.4	2.5	79.67
17	515	1.4	2.5	79.65

2) 响应面优化结果与分析

用 RSM 软件对表 3.23 中所得数据进行回归分析，得到反映 Y_A 和工艺参数之间关系的回归方程见式(3.17)，回归模型方差分析结果见表 3.24。

$$Y_A = -3756.4175 + 14.5885X_1 + 70.2125X_2 + 18.0950X_3$$
$$- 0.06875X_1X_2 - 0.01150X_1X_3 - 2.40000X_2X_3$$
$$- 0.01400 \times 10^{-3}X_1^2 - 11.31250X_2^2 - 1.99000X_3^2 \tag{3.17}$$

表 3.24 回归模型方差分析

方差来源	平方和	自由度	均方和	F	显著性水平
模型	18.00	9	2.00	551.81	<0.001
X_1	1.51	1	1.51	417.60	<0.001
X_2	2.63	1	2.63	726.49	<0.001
X_3	2.59	1	2.59	713.86	<0.001
X_1X_2	0.08	1	0.08	20.86	0.003
X_1X_3	0.01	1	0.01	3.65	0.098
X_2X_3	0.23	1	0.23	63.56	<0.001
X_1^2	8.25	1	8.25	2276.59	<0.001
X_2^2	0.86	1	0.86	237.83	<0.001
X_3^2	1.04	1	1.04	287.48	<0.001
残差	0.025	7	3.625×10^{-3}	—	—
失拟误差	0.02	3	6.725×10^{-3}	5.17	0.0731
纯误差	5.2×10^{-3}	4	1.300×10^{-3}	—	—
总离差	18.03	16	—	—	—

由表 3.24 可知，用上述回归方程式(3.17)描述各因素与响应值 Y_A 之间关系时，相关系数经计算为 0.9983，说明因变量和全体自变量之间线性关系显著。模型的显著性水平小于 0.05，失拟误差较小且失拟不显著，也证明回归方差模型高度显著，可用该回归方程分析和预测各因素对 Y_A 的影响。从表中 F 可以看出，在响应面实验操作条件区间内，WAIT、P 和 LHSV 对 Y_A 的影响大小依次为 $P >$ LHSV > WAIT。P 和 LHSV 交互作用最显著，WAIT 和 P 交互作用显著性次之，WAIT 和 LHSV 交互作用显著性最低。对回归方程式(3.17)取 $\partial Y_A / \partial X = 0$，可以获得煤基石脑油半再生催化重整实验最优化工艺条件如下：WAIT 为 516℃，P 为 1.4MPa，LHSV 为 2.3h^{-1}，Y_A 预测值为 79.81%。

3) 回归模型验证

为检验响应面法所得结果可靠性，对上述优化结果进行实验验证。采用所得最优化工艺参数，即 WAIT 为 516℃、P 为 1.4MPa 及 LHSV 为 2.3h^{-1}，在氢油体积比为 600∶1 条件下进行 5 组重复实验(实验编号 1～5)。

实验值与预测值绝对误差和与相对误差都小于 0.3%，说明实验的重复性非常好，响应面法得到的回归模型可靠，响应面分析设计合理。需要指出的是，虽然通过单因素法确定出了煤基石脑油重整合适工艺参数区间，并以单因素实验结果作为实验设计基础，利用响应面法得到了最优工艺参数组合，但是重整工业化生产与实验研究存在一定的区别。例如，在重整工业生产中，考虑到生产成本和装置设计指标等因素，WAIT 一般并不会设置很高。另外，从单因素实验分析可知，在 LHSV 达到 $3h^{-1}$ 时，煤基石脑油重整仍能够保持理想的 Y_A 和 $Y_{C_{5+}}$。因此，对于煤基石脑油半再生催化重整工业化生产，WAIT 可以在上述最优条件基础上适当降低一些，LHSV 可以尝试更高一点，这样既降低了成本和装置要求，又对生产指标影响不大，还可以提高装置的处理量和生产经济效益。

4. 产品分析

为了对煤基石脑油半再生催化重整产物分布与特点进行详细分析，本部分在上述优化工艺条件下进行了实验研究，并且在重整反应过程物料平衡计算基础上，对重整产物进行了详细分析。进行物料平衡计算具体操作条件见表 3.25，物料平衡计算结果如表 3.26 所示。

表 3.25　操作条件

项目	条件
第一反应器入口温度/℃	516
第二反应器入口温度/℃	517
第三反应器入口温度/℃	515
反应压力/MPa	1.4
液时空速/h^{-1}	2.3
氢油体积比	600 : 1

表 3.26　煤基石脑油半再生催化重整物料平衡

进料			出料			
项目	总量/(g·h^{-1})	质量分数/%	项目		总量/(g·h^{-1})	质量分数/%
			液体产物		601.79	92.68
				纯氢气	27.99	4.31
			气体产物	C_1	2.02	
				C_2	2.96	
石脑油	649.32	100		C_3	3.48	2.52
				C_4	3.39	
				C_5	4.51	
			损失		3.18	0.49
合计	649.32	100	合计		649.32	100.00

在上述操作条件(表 3.25)下，煤基石脑油半再生催化重整液体产物基本性质、馏程分布和气体产物摩尔分数分别如表 3.27、表 3.28 和表 3.29 所示。重整液体产物的详细组成与质量分数见表 3.30。

表 3.27 重整液体产物基本性质

密度(20℃)/(g·mL^{-1})	$w(P)$/%	$w(N)$/%	$w(A)$/%	$w(O)$/%	RON
0.831	9.14	3.31	85.78	1.77	109.44

注：P、N、A、O 分别表示烷烃、环烷烃、芳烃、烯烃；RON 表示重整产品辛烷值，采用 Gorana[25]报道的关联式进行计算。

表 3.28 重整液体产物馏程分布

馏程	IBP	10%	30%	50%	70%	90%	FBP
馏出温度/℃	71	101	114	125	137	157	179

注：x%(x=10，30，50，70，90)表示重整液体产物蒸馏出 x%(体积分数)物质时的馏出温度。

表 3.29 气体产物摩尔分数

组分	氢气	甲烷	乙烷	丙烷	丁烷	戊烷
摩尔分数/%	96.64	1.26	0.91	0.55	0.31	0.33

表 3.30 重整液体产物组成与质量分数

保留时间/min	质量分数/%	分子式	化合物名称	分子量
10.87	1.69	C_5H_{12}	异戊烷	72
11.86	0.79	C_5H_{12}	正戊烷	72
15.67	0.27	C_5H_{10}	环戊烷	70
16.07	0.82	C_6H_{14}	甲基戊烷	86
21.49	2.09	C_6H_{12}	甲基环戊烷	84
24.17	12.21	C_6H_6	苯	78
26.08	0.98	C_7H_{16}	二甲基戊烷	100
28.64	0.93	C_8H_{18}	三甲基戊烷	114
32.41	0.66	C_7H_{14}	甲基环己烷	98
33.98	0.90	C_8H_{18}	二甲基己烷	114
37.08	28.01	C_7H_8	甲苯	92
39.12	0.66	C_8H_{18}	甲基庚烷	114
42.22	0.75	C_8H_{18}	正辛烷	114
48.15	8.55	C_8H_{10}	乙苯	106
49.39	15.37	C_8H_{10}	对二甲苯、间二甲苯	106

续表

保留时间/min	质量分数/%	分子式	化合物名称	分子量
51.62	4.72	C_8H_{10}	邻二甲苯	106
55.07	0.79	C_9H_{12}	异丙苯	120
58.27	2.47	C_9H_{12}	正丙苯	120
59.07	4.91	C_9H_{12}	间甲乙苯	120
59.27	1.62	C_9H_{12}	对甲乙苯	120
60.86	0.73	C_9H_{12}	1，3，5-三甲基苯	120
62.38	3.74	C_9H_{12}	1，2，4-三甲基苯	120
66.39	2.09	C_9H_{12}	1，2，3-三甲基苯	120
其他	4.25	—	—	—

由表 3.27~表 3.29 可知，在表 3.25 所示操作条件下，煤基石脑油半再生催化重整 $Y_{C_{5+}}$ 达到了 92.68%，其中液体产物中芳烃质量分数能够达到 85.78%。结合重整原料的芳潜值(74.35%)，可以计算得到芳烃转化率为 106.93%。在优化工艺条件下，纯氢气产率达到了 4.31%，C_1~C_5 气体产率只有 2.52%，循环氢气纯度高达 96.64%。这表明煤基石脑油催化重整过程中裂化反应很少，裂化气生成量较少。相比于传统石油基石脑油重整，煤基石脑油重整纯氢气产率和氢气纯度更高[20]。

另外，重整液体产物中烷烃和环烷烃的残余质量分数分别达到了 9.14%和 3.31%，液体产物中烯烃质量分数达到了 1.77%。根据催化重整反应机理[17]，烯烃主要是反应过程中的中间产物。这说明在优化工艺条件下虽然可以获得理想的 Y_A 和氢气产率等，但重整反应进行得并不够彻底。考虑到本节研究中半再生重整实验只使用了三管串联固定床反应器，如果采用工业上普遍使用的四管串联固定床反应器，烷烃与环烷烃转化率一定会更高，中间产物质量也会降低，Y_A 和氢气产率等重整指标也会在一定程度上提高。

由表 3.30 中 PONA 软件分析结果可知，重整液体产物中主要芳烃组分为苯、甲苯、二甲苯、乙苯、甲乙苯、丙苯和三甲苯。其中，BTX 质量分数接近 60%、C_9 芳烃质量分数超过了 16%。相比于传统石油基石脑油重整，煤基石脑油重整可以获得更高 Y_{BTX}，尤其是 Y_B 和 Y_T 远远高于前者，Y_X 也能达到 20%左右，重芳烃收率则低于前者[23,26,27]。BTX 中，Y_T 最高，Y_X 次之，Y_B 最低，三者收率近似关系为 $Y_B : Y_T : Y_X = 1 : 3 : 2$。

3.3.3 催化重整反应动力学

集总反应动力学模型开发对优化重整工业装置操作条件、预测产物组成，以及指导重整反应器设计等具有重要意义和巨大经济价值。在前期实验基础上，开展了十七集总煤基石脑油半再生催化重整反应动力学模拟研究。

1. 催化重整反应网络

根据集总动力学理论、催化重整反应机理和煤基石脑油特点，针对煤基石脑油重整装置实际需要，本研究在进行集总划分和反应网络建立时作了以下假设和简化。

(1) 假设每个集总组分中只含碳、氢元素。

(2) 根据经典双功能重整催化剂反应机理[16]，重整过程进行的化学反应主要是环烷烃(脱氢)芳构化、烷烃脱氢环化和加氢裂化、芳烃氢解反应等。重整反应历程表明环烷烃芳构化与环烷烃异构化反应速率非常快，环烷烃芳构化是反应主要控制步骤，所以此处将五元与六元环烷烃归纳成环烷烃集总。另外，正构烷烃异构化反应速率较快，接近于反应平衡控制[28]，因此将正构烷烃与异构烷烃合并为一个集总，集总组成与物性按平衡组成计算。通过上述处理，降低了进料分析要求，简化了计算难度。

(3) 芳环十分稳定，故只考虑芳烃侧链氢解，即只考虑脱烷基反应，而忽略芳环开环反应。对于多侧链芳烃，每步氢解反应过程只考虑单一侧链发生氢解，生成的小分子烷烃主要是 C_1 和 C_2 烷烃[29]。以 C_8 芳烃(A_8)为例，其氢解脱烷基反应网络见图 3.15[30]。

(4) 环烷烃开环裂化反应比芳构化反应速率慢很多，因此不考虑环烷烃裂化反应。

(5) 烷烃加氢裂化过程以处于分子链中间位的 C—C 键断裂为主。重整产物中 C_{10} 以上组分非常少，因而大分子烷烃发生加氢裂化反应生成 C_6 及以上烷烃分子的概率很小[31]。

(6) 由前文分析可知，产物中 C_5 及以下组分含量非常小，对重整反应影响较小，因此将其归类为一个集总组分 C_{5-}。

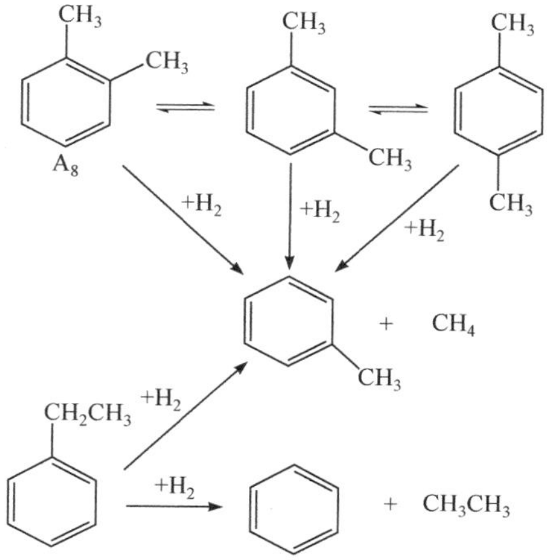

图 3.15 C_8 芳烃氢解脱烷基反应网络

(7) 裂化产物(C_{5-})分子本身已很小，不再继续发生裂化反应。

(8) 考虑到催化重整反应可以副产大量氢气，为了对氢气产率进行预测，在此将氢气作为一个单独集总。

(9) 将烷烃异构化和脱氢环化、环烷烃芳构化反应看作可逆反应，将烷烃加氢裂化和芳烃氢解看作不可逆反应。

(10) 集总理论要求将反应性差别大的组分分别集总[32]，因此本集总动力学模型按碳原子数对烷烃、环烷烃和芳烃分别进行划分。

综上所述，此处所提出的煤基石脑油催化重整反应集总动力学模型将反应物料划分为十七个集总组分，包括五个芳烃集总、五个环烷烃集总、六个烷烃集总和氢气集总。

(1) 芳烃集总：A_6(C_6 芳烃)、A_7(C_7 芳烃)、A_8(C_8 芳烃)、A_9(C_9 芳烃)、A_{10+}(C_{10} 及以上芳烃)；

(2) 环烷烃集总：N_6(C_6 环烷烃)、N_7(C_7 环烷烃)、N_8(C_8 环烷烃)、N_9(C_9 环烷烃)、N_{10+}(C_{10} 及以上环烷烃)；

(3) 烷烃集总：C_{5-}(C_5 及以下烷烃)、P_6(C_6 烷烃)、P_7(C_7 烷烃)、P_8(C_8 烷烃)、P_9(C_9 烷烃)、P_{10+}(C_{10} 及以上烷烃)。

(4) 氢气集总：H_2。

由此得到各集总组分之间相互转化集总反应网络见图 3.16。为使集总反应网络直观清晰，图 3.16 中反应网络并没有显示氢气集总。

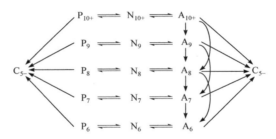

图 3.16　十七集总催化重整反应网络

该反应网络包含 22 个重整化学反应，即 5 个烷烃脱氢环化反应、5 个环烷烃芳构化反应、7 个芳烃脱烷基化反应(芳烃氢解反应)和 5 个烷烃加氢裂化反应，如表 3.31 所示。

表 3.31　十七集总动力学反应网络重整反应

重整化学反应类别	化学反应	反应速率常数
烷烃脱氢环化反应	$P_6 \rightleftharpoons N_6 + H_2$	k_1
	$P_7 \rightleftharpoons N_7 + H_2$	k_2
	$P_8 \rightleftharpoons N_8 + H_2$	k_3
	$P_9 \rightleftharpoons N_9 + H_2$	k_4
	$P_{10+} \rightleftharpoons N_{10+} + H_2$	k_5

重整化学反应类别	化学反应	反应速率常数
环烷烃芳构化反应	$N_6 \rightleftharpoons A_6 + 3H_2$	k_6
	$N_7 \rightleftharpoons A_7 + 3H_2$	k_7
	$N_8 \rightleftharpoons A_8 + 3H_2$	k_8
	$N_9 \rightleftharpoons A_9 + 3H_2$	k_9
	$N_{10+} \rightleftharpoons A_{10+} + 3H_2$	k_{10}
芳烃脱烷基化反应 (芳烃氢解反应)	$A_7 + H_2 \longrightarrow A_6 + C_{5-}$	k_{11}
	$A_8 + H_2 \longrightarrow A_7 + C_{5-}$	k_{12}
	$A_8 + H_2 \longrightarrow A_6 + C_{5-}$	k_{13}
	$A_9 + H_2 \longrightarrow A_8 + C_{5-}$	k_{14}
	$A_9 + H_2 \longrightarrow A_7 + C_{5-}$	k_{15}
	$A_{10+} + H_2 \longrightarrow A_9 + C_{5-}$	k_{16}
	$A_{10+} + H_2 \longrightarrow A_8 + C_{5-}$	k_{17}
烷烃加氢裂化反应	$P_6 + H_2 \longrightarrow 2C_{5-}$	k_{18}
	$P_7 + H_2 \longrightarrow 2C_{5-}$	k_{19}
	$P_8 + H_2 \longrightarrow 2C_{5-}$	k_{20}
	$P_9 + H_2 \longrightarrow 2C_{5-}$	k_{21}
	$P_{10+} + H_2 \rightarrow 2C_{5-}$	k_{22}

2. 催化重整反应模型

1) 反应动力学方程

催化重整反应为复杂非均相化学反应,以非均相反应环境为基础,建立合适的反应动力学模型难度很大。众多相关研究发现[17,33-35],忽略非均相影响,动力学模型计算结果误差可以满足工业误差要求。各重整反应相对于烃组分呈简单一级反应,且与氢分压呈指数关系。实验中氢油物质的量比较大,重整轴向反应器内轴向氢分压变化很小。因此,将重整反应体系视为拟一级均相反应体系,反应器为绝热反应器。

基于上述假设,对于均相不可逆反应,见式(3.18),其反应速率方程可以表示为式(3.19):

$$a_1 A + a_2 B \longrightarrow a_3 C \tag{3.18}$$

$$r = k c_A^{a_1} \cdot c_B^{a_2} \tag{3.19}$$

对于均相可逆反应，见式(3.20)，其反应速率方程可以表示为式(3.21)和式(3.22)：

$$a_1 A + a_2 B \underset{k_-}{\overset{k_+}{\rightleftharpoons}} a_3 C \tag{3.20}$$

$$r = r_+ - r_- \tag{3.21}$$

$$r = k_+ c_A^{a_1} \cdot c_B^{a_2} - k_- c_C^{a_3} \tag{3.22}$$

式中，k_+和k_-分别表示正向反应速率常数和逆向反应速率常数；a_1、a_2和a_3分别表示各组分化学计量数；c_A、c_B和c_C分别表示组分 A、B 和 C 的摩尔浓度；r_+和r_-为正向反应速率和逆向反应速率。

本模型中，假设各组分为理想溶液或理想气体，用可逆反应平衡常数 K_{ep} 来表示k_+和k_-。其中，可逆反应平衡常数是一个只与反应温度和自由能有关的热力学参数，与反应速率和反应总压力无关，则有

$$K_{ep} = \frac{k_+}{k_-} \tag{3.23}$$

整理式(3.22)和式(3.23)，可得

$$r = k_+ \left(c_A^{a_1} \cdot c_B^{a_2} - \frac{c_C^{a_3}}{K_{ep}} \right) \tag{3.24}$$

重整反应器进料流量 F 与组分 j 摩尔浓度 c_j 的关系如下：

$$F = \frac{Y_j}{c_j} \tag{3.25}$$

由接触时间 t 的定义得[35]

$$t = \frac{V_c}{F} \tag{3.26}$$

式中，V_c 为催化剂堆体积。

重整进料在反应温度下为气相状态，经常用某一化学组分摩尔流量 Y 对反应接触时间 t 的变化率表示某一组分反应速率。另外，此处将催化重整反应看作单分子反应。因此，对于可逆反应，得到烷烃脱氢环化和环烷烃芳构化反应速率方程分别见式(3.27)和式(3.28)：

$$r_i = \frac{dY_P}{dt} = k_i \left(Y_P - \frac{Y_N}{K_{epi}} \right), \quad i = 1 \sim 5 \tag{3.27}$$

$$r_i = \frac{\mathrm{d}Y_N}{\mathrm{d}t} = k_i\left(Y_N - \frac{Y_A}{K_{epi}}\right), \quad i = 6 \sim 10 \tag{3.28}$$

对于不可逆反应，整理得到芳烃氢解和烷烃加氢裂化反应速率方程分别见式(3.29)和式(3.30)：

$$r_i = \frac{\mathrm{d}Y_A}{\mathrm{d}t} = k_i \cdot Y_A, \quad i = 11 \sim 17 \tag{3.29}$$

$$r_i = \frac{\mathrm{d}Y_P}{\mathrm{d}t} = k_i \cdot Y_P, \quad i = 18 \sim 22 \tag{3.30}$$

式中，r_i 为第 i 个化学反应的反应速率，$i(1\sim22)$ 为化学反应编号；k_i 为第 i 个化学反应的正向反应速率常数；K_{epi} 为第 i 个化学反应的可逆反应平衡常数。

对于煤基石脑油催化重整反应，反应速率常数受多方面因素影响，如反应压力、反应温度、催化剂活性及反应物浓度等。本动力学模型采用阿伦尼乌斯(Arrhenius)定律描述反应速率常数与温度关系，并认为反应速率常数与压力成指数关系。在此基础上，提出宏观反应速率常数修正方程，见式(3.31)，修正方程累积了反应温度，反应压力和催化剂活性的影响[34,36]：

$$k_i = k_{0i} \cdot \exp(-E_i / RT) \cdot P_H^{b_i} \cdot \varphi_i \tag{3.31}$$

式中，k_{0i} 为频率因子；E_i 为反应活化能；b_i 为压力指数；P_H 为氢分压；φ_i 为催化剂活性因子。

因为重整反应中各组分会参加很多种反应，所以某一组分总反应速率(消耗或生成速率)是其参加所有化学反应速率之和[19]。则某一组分 j 的总反应速率见式(3.32)：

$$r_j = \frac{\mathrm{d}Y_j}{\mathrm{d}t} = \frac{\mathrm{d}Y_j}{\mathrm{d}\left(\dfrac{V_c}{F}\right)} = \sum_{i=1}^{n}\left(\alpha_{i,j} \cdot r_{i,j}\right) \tag{3.32}$$

式中，r_j 为组分 j 的总反应速率；$r_{i,j}$ 为第 i 个反应中组分 j 的反应速率；n 为组分 j 参与的化学反应总数；$\alpha_{i,j}$ 为第 i 个反应中组分 j 的化学计量数，当组分 j 为生成物时，$\alpha_{i,j}>0$，当组分 j 为反应物时，$\alpha_{i,j}<0$。

氢气参与了本集总动力学模型中所有的反应，以氢气为例，其总反应速率可表示为

$$r_{H_2} = \frac{\mathrm{d}Y_{H_2}}{\mathrm{d}t} = \frac{\mathrm{d}Y_j}{\mathrm{d}\left(\dfrac{V_c}{F}\right)} = \sum_{i=1}^{5} r_{i,H_2} + 3\sum_{i=6}^{10} r_{i,H_2} - \sum_{i=11}^{22} r_{i,H_2} \tag{3.33}$$

将方程(3.27)~方程(3.30)转化为反应速率方程组，并考虑总反应速率方程中每个集总组分所涉及重整反应加合形式，得到所有集总组分的总反应速率矩阵表达式为

$$\frac{\mathrm{d}\boldsymbol{Y}}{\mathrm{d}t} = \frac{\mathrm{d}\boldsymbol{Y}}{\mathrm{d}\left(\dfrac{V_{\mathrm{c}}}{F}\right)} = \boldsymbol{\alpha} \cdot \boldsymbol{K} \cdot \boldsymbol{Y} \tag{3.34}$$

式中，化学反应总反应速率矩阵可写为

$$\boldsymbol{r} = \boldsymbol{K} \cdot \boldsymbol{Y} \tag{3.35}$$

式中，$\boldsymbol{K}$ 是包含所有重整反应的反应速率常数矩阵；$\boldsymbol{\alpha}$ 为所有集总组分所涉及反应的化学计量数矩阵。

$\boldsymbol{Y}$ 为各集总组分摩尔流量向量(包含氢气)，具体如下：

$$\boldsymbol{Y} = \left[Y_{\mathrm{C}_{5-}} - Y_{\mathrm{P}_6} Y_{\mathrm{P}_7} Y_{\mathrm{P}_8} Y_{\mathrm{P}_9} Y_{\mathrm{P}_{10+}} + Y_{\mathrm{N}_6} Y_{\mathrm{N}_7} Y_{\mathrm{N}_8} Y_{\mathrm{N}_9} Y_{\mathrm{N}_{10+}} + Y_{\mathrm{A}_6} Y_{\mathrm{A}_7} Y_{\mathrm{A}_8} Y_{\mathrm{A}_9} Y_{\mathrm{A}_{10+}} + Y_{\mathrm{H}_2} \right]^{\mathrm{T}} \tag{3.36}$$

2) 重整反应器数学模型

半再生重整反应器包括固定床轴向反应器和固定床径向反应器。本部分使用的是三个串联的固定床轴向反应器，反应物在轴向反应器内的流动、压力分布和温度分布非常复杂，因此必须对模型方程进行简化。在正常重整操作条件下，轴向反应器内流体的径向扩散可以忽略。对模型方程进行简化的过程中，作出了如下假设[18,34,36]：

(1) 视固定床轴向反应器为理想绝热反应器；

(2) 重整轴向反应器内垂直于物料流向床层截面上的温度、浓度分布均匀；

(3) 视反应物为平推流，忽略流体流动方向返混；

(4) 重整催化剂在反应器床层内分布均匀，催化剂性质在床层任意截面始终一致。

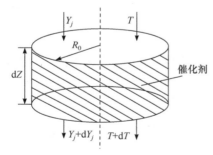

图 3.17　轴向反应器微元体示意图

垂直于轴向反应器轴线处取一床层圆筒微元体，见图 3.17。设轴向反应器催化剂床层总高度是 Z_0，床层半径是 R_0，微元体厚度为 $\mathrm{d}Z$。反应物料组分 j 在温度为 T 的条件下，以摩尔分率流量 Y_j 流入微元体；流出微元体的 j 组分摩尔分率流量为 $Y_j+\mathrm{d}Y_j$，温度为 $T+\mathrm{d}T$。

对该微元体进行物料衡算，微元体积 $\mathrm{d}V$ 为

$$\mathrm{d}V = \pi R_0^2 \cdot \mathrm{d}Z \tag{3.37}$$

将公式(3.37)代入公式(3.30)，得到组分 j 流经微元体的生成量为

$$\mathrm{d}Y_j = \mathrm{d}\left(\frac{V_{\mathrm{c}}}{F}\right) \cdot r_j = \frac{\pi R_0^2 \cdot \mathrm{d}Z}{F} \cdot \sum_{i=1}^{n}\left(\alpha_{i,j} \cdot r_{i,j}\right) \tag{3.38}$$

由 LHSV 的物理意义可知：

$$LHSV = \frac{F}{V_c} \quad (3.39)$$

将公式(3.39)代入公式(3.38)得

$$\frac{\mathrm{d}Y_j}{\mathrm{d}Z} = \frac{\pi R_0^2}{LHSV \cdot V_c} \cdot \sum_{i=1}^{n} \left(\alpha_{i,j} \cdot r_{i,j} \right) \quad (3.40)$$

对该微元体进行热量衡算，微元体内反应组分温度变化为

$$\mathrm{d}T = \frac{\mathrm{d}Q}{\sum_{j=1}^{17} \left(C_{p,j} \cdot Y_j \right)} \quad (3.41)$$

$$\mathrm{d}Q = \sum_{i=1}^{22} \left[r_i \cdot \mathrm{d} \left(\frac{V_c}{F} \right) \cdot (-\Delta H_i) \right] = \frac{\pi R_0^2 \cdot \mathrm{d}Z}{LHSV \cdot V_c} \sum_{i=1}^{22} \left[r_i \cdot (-\Delta H_i) \right] \quad (3.42)$$

其中，$\mathrm{d}Q$ 为该微元体内总的反应热；$C_{p,j}$ 为组分 j 的等压热容；ΔH_i 代表第 i 个重整反应的反应热。

将公式(3.42)代入公式(3.41)得

$$\frac{\mathrm{d}T}{\mathrm{d}Z} = \frac{\pi R_0^2}{LHSV \cdot V_c} \cdot \frac{\sum_{i=1}^{22} \left[r_i \cdot (-\Delta H_i) \right]}{\sum_{j=1}^{17} \left(C_{p,j} \cdot Y_j \right)} \quad (3.43)$$

综合公式(3.40)和公式(3.43)，得到重整固定床轴向反应器模型方程组具体形式如下：

$$\begin{cases} \dfrac{\mathrm{d}Y_1}{\mathrm{d}Z} = \dfrac{\pi R_0^2}{LHSV \cdot V_c} \cdot \sum_{i=1}^{22} \left(\alpha_{i,1} \cdot r_{i,1} \right) \\[3mm] \dfrac{\mathrm{d}Y_2}{\mathrm{d}Z} = \dfrac{\pi R_0^2}{LHSV \cdot V_c} \cdot \sum_{i=1}^{22} \left(\alpha_{i,2} \cdot r_{i,2} \right) \\[3mm] \dfrac{\mathrm{d}Y_{17}}{\mathrm{d}Z} = \dfrac{\pi R_0^2}{LHSV \cdot V_c} \cdot \sum_{i=1}^{22} \left(\alpha_{i,17} \cdot r_{i,17} \right) \\[3mm] \dfrac{\mathrm{d}T}{\mathrm{d}Z} = \dfrac{\pi R_0^2}{LHSV \cdot V_c} \cdot \dfrac{\sum_{i=1}^{22} \left[r_i \cdot (-\Delta H_i) \right]}{\sum_{j=1}^{17} \left(C_{p,j} \cdot Y_j \right)} \end{cases} \quad (3.44)$$

其矩阵表达式如下：

$$\begin{cases} \dfrac{\mathrm{d}\boldsymbol{Y}}{\mathrm{d}Z} = \dfrac{\pi R_0^2}{\mathrm{LHSV}\cdot V_{\mathrm{c}}}\cdot \boldsymbol{\alpha}\cdot \boldsymbol{K}\cdot \boldsymbol{Y}, \quad \boldsymbol{Y}(Z_0)=\boldsymbol{Y}_0 \\[3mm] \dfrac{\mathrm{d}\boldsymbol{T}}{\mathrm{d}Z} = \dfrac{\pi R_0^2}{\mathrm{LHSV}\cdot V_{\mathrm{c}}}\cdot \dfrac{\boldsymbol{r}\cdot(-\Delta\boldsymbol{H})}{\boldsymbol{C}_p\cdot \boldsymbol{Y}}, \quad T(Z_0)=T_0 \end{cases} \tag{3.45}$$

其中，$\boldsymbol{Y}_0$ 为反应组分摩尔流量初值；T_0 为反应温度初值；$\boldsymbol{C}_p$ 为等压热容向量；$\Delta\boldsymbol{H}$ 为化学反应热向量。

3) 基础物性数据计算

在重整动力学模拟过程中，需要准确获取大量反应组分基础物性来保证模拟精度。基础物性数据除了分子量、标准摩尔生成焓和临界压力等，还包括基于这些基础物性数据通过热力学计算公式得到的反应热、等压热容和反应平衡常数等。一般情况下，可通过查阅相关数据文献获取集总组分基础物性数据[37-39]。对于一些含有多个异构化合物的集总组分，其基础物性数据由各异构体的平均值近似计算[18,36]。

(1) 气体等压热容计算。

采用经验方程形式计算等压热容：

$$C_p = A_1 + A_2 T + A_3 T^2 \tag{3.46}$$

其中，C_p 为集总组分等压热容；A_1、A_2 和 A_3 为比热参数。

(2) 反应热计算。

反应热是指等温下物质在化学反应过程中释放或吸收的热量。绝大多数化学反应为非等温条件，其反应热可由基尔霍夫定律计算得到，具体计算公式如下：

$$\Delta H(T) = \Delta_{\mathrm{r}}H_{\mathrm{m}}^{\ominus}(T) = \Delta_{\mathrm{r}}H_{\mathrm{m}}^{\ominus}(298.15\mathrm{K}) + \int_{298.15\mathrm{K}}^{T}\sum\left[\alpha\cdot C_p(T)\right]\mathrm{d}T \tag{3.47}$$

$$\Delta_{\mathrm{r}}H_{\mathrm{m}}^{\ominus}(298.15\mathrm{K}) = \sum\alpha\cdot\Delta_{\mathrm{f}}H_{\mathrm{m}}^{\ominus}(298.15\mathrm{K}) \tag{3.48}$$

其中，α 为化学计量数；$\Delta_{\mathrm{r}}H_{\mathrm{m}}^{\ominus}(298.15\mathrm{K})$ 是各反应组分在标准状态(298.15K，100kPa)下的标准摩尔焓变；$\Delta_{\mathrm{f}}H_{\mathrm{m}}^{\ominus}$ 是各反应组分在 298.15K 时标准摩尔生成焓。

(3) 可逆反应平衡常数计算。

重整反应物料看作理想气体，可逆反应平衡常数 K_{ep} 与温度 T 的关系式为

$$K_{\mathrm{ep}} = \exp\left(-\dfrac{\Delta_{\mathrm{r}}G_{\mathrm{m}}^{\ominus}}{RT}\right) \tag{3.49}$$

其中，$\Delta_{\mathrm{r}}G_{\mathrm{m}}^{\ominus}$ 为温度 T 时的标准摩尔生成吉布斯自由能；R 为摩尔气体常数。

$\Delta_{\mathrm{r}}G_{\mathrm{m}}^{\ominus}$ 计算公式如下：

$$\Delta_{\mathrm{r}}G_{\mathrm{m}}^{\ominus}(T) = \Delta_{\mathrm{r}}H_{\mathrm{m}}^{\ominus}(T) - T\cdot\Delta_{\mathrm{r}}S_{\mathrm{m}}^{\ominus}(T) \tag{3.50}$$

其中，$\Delta_r S_m^{\ominus}(T)$ 为温度 T 下的标准摩尔熵。

$\Delta_r S_m^{\ominus}(T)$ 计算公式如下：

$$\Delta_r S_m^{\ominus}(T) = \Delta_r S_m^{\ominus}(298.15K) + \int_{298.15K}^{T} \frac{\sum(\alpha \cdot C_p)}{T} dT \tag{3.51}$$

其中，$\Delta_r S_m^{\ominus}(298.15K)$ 是标准状态(298.15K，100kPa)下的标准摩尔熵。

综上，联立公式(3.49)～公式(3.51)即可计算得到可逆反应平衡常数。

3. 催化重整反应器模拟

1) 模型参数估计

随着集总组分更加精细化，动力学模型参数数目也越来越多，这使得参数估计工作难度越来越大，模型参数估计成为了复杂动力学研究中比较困难和关键的环节。十七集总煤基石脑油催化重整反应动力学模型方程组中需要估计的参数是反应速率常数 k_i，与反应速率常数相关的参数有反应活化能 E_i、频率因子 k_{0i}、压力指数 b_i 和催化剂活性因子 φ_i。模型需要估计的参数比较多，同时对所有的参数进行估计是非常困难的。因此，必须减少相关参数估计数目，最大程度降低动力学参数估计难度。此处在固定床重整实验中催化剂使用时间能够控制在合理范围内，其反应活性能够保持在较高的水平，催化剂失活因素对整个反应影响并不大，因此本模型中假定催化剂活性因子 φ_i 为常数 1[36,39]。另外，对于固定床半再生催化重整实验来说，其反应压降非常小，可以忽略。在正常的反应温度区间内，使用同种重整催化剂，重整反应活化能估计误差也很小[40]。因此，本动力学模型中活化能 E_i 和压力指数 b_i 采用翁惠新等[41]使用工业重整催化剂 Pt-Re/γ-Al$_2$O$_3$ 通过重整实验得到的模型参数值。这样，所建动力学模型待估相关参数就只剩下 22 个反应频率因子 k_{0i}，很大程度上降低了参数估计难度。

此处采用前期多组固定床重整实验数据对动力学模型参数进行估计。由于篇幅所限，仅列出两组代表性的实验数据[生成油(一)与生成油(二)]。其中，表 3.32 为液体进料族组成；表 3.33 为各轴向反应器结构尺寸与催化剂装填情况；表 3.34 为各轴向反应器操作条件。

表 3.32　液体进料族组成

碳链长度	$w(P)$/%	$w(N)$/%	$w(A)$/%	总质量分数/%
C$_{5-}$	0.29	0.00	0.00	0.29
C$_6$	2.33	15.35	0.88	18.56
C$_7$	1.18	26.46	1.59	29.23
C$_8$	5.50	20.80	0.91	27.21

碳链长度	w(P)/%	w(N)/%	w(A)/%	总质量分数/%
C₉	7.39	8.83	1.72	17.94
C₁₀₊	4.85	1.68	0.24	6.77
合计	21.54	73.12	5.34	100.00

注：P、N、A 分别表示烷烃、环烷烃、芳烃，表 3.36、表 3.38 同。

表 3.33　各轴向反应器结构尺寸与催化剂装填情况

反应器	直径/mm	催化剂装填量/mL	催化剂装填高度/mm
1	29	80	127
2	29	80	127
3	29	120	190

表 3.34　各轴向反应器操作条件

反应器	项目	生成油(一)	生成油(二)
第一个反应器	入口温度/℃	512	503
	出口温度/℃	383	375
第一个反应器	入口温度/℃	509	504
	出口温度/℃	406	400
第三个反应器	入口温度/℃	510	498
	出口温度/℃	456	446
—	反应压力/MPa	1.2	1.2
	液时空速/h⁻¹	2.0	2.0
	氢油物质的量比	3.67	3.67

　　表 3.35 为生成油(一)副产氢气组成；表 3.36 为生成油(一)族组成；表 3.37 为生成油(二)副产氢气组成；表 3.38 为生成油(二)族组成。

表 3.35　生成油(一)副产氢气组成

组分	氢气	甲烷	乙烷	丙烷	丁烷	戊烷
质量分数/%	63.53	4.42	6.98	7.76	7.45	9.86

表 3.36　生成油(一)族组成

碳链长度	w(P)/%	w(N)/%	w(A)/%	总质量分数/%
C₅₋	2.78	0.00	0.00	2.78
C₆	0.96	1.65	12.11	14.72
C₇	0.84	0.50	28.65	29.99

续表

碳链长度	$w(P)/\%$	$w(N)/\%$	$w(A)/\%$	总质量分数/%
C_8	2.11	0.74	27.71	30.56
C_9	1.02	0.69	16.24	17.95
C_{10+}	2.02	0.85	1.13	4.00
合计	9.73	4.43	85.84	100.00

表 3.37　生成油(二)副产氢气组成

组分	氢气	甲烷	乙烷	丙烷	丁烷	戊烷
质量分数/%	62.24	5.42	8.48	7.15	7.58	9.13

表 3.38　生成油(二)族组成

碳链长度	$w(P)/\%$	$w(N)/\%$	$w(A)/\%$	总质量分数/%
C_{5-}	2.64	0.00	0.00	2.64
C_6	0.98	1.90	11.54	14.42
C_7	0.89	0.49	27.88	29.26
C_8	2.02	0.81	27.53	30.36
C_9	1.43	0.85	16.96	19.24
C_{10+}	2.35	0.78	0.95	4.08
合计	10.31	4.83	84.86	100.00

2) 参数估计方法与结果

动力学参数估计是使实验值与模型计算值差距最小化的过程。在本模型中，将 22 个反应频率因子参数估计问题转化为无约束优化问题[38,40]。令 $\boldsymbol{X}=[x_1\ x_2\ x_3\ \cdots\ x_n]^{\mathrm{T}}$，其中，$x_i=k_{0i}$，$n=22$，则其目标函数具体描述为

$$\min F(\boldsymbol{X}) = \frac{1}{p}\sum_{k=1}^{p}\left[\sum_{i=1}^{q}\left(y_i^{\mathrm{cal}} - y_i^{\mathrm{exp}}\right)^2 + \sum_{i=1}^{3}\left(T_{\mathrm{out},i}^{\mathrm{cal}} - T_{\mathrm{out},i}^{\mathrm{exp}}\right)^2\right] \tag{3.52}$$

其中，p 为实验数据样本数目；q 为最后一个反应器(本模型为第三个反应器)出口物料主要组分数目；y_i^{cal} 和 y_i^{exp} 分别是每个集总组分质量分数的模型计算值和实验值；$T_{\mathrm{out},i}^{\mathrm{cal}}$ 和 $T_{\mathrm{out},i}^{\mathrm{exp}}$ 分别是三个反应器出口温度模型计算值和实验值。

采用经典四阶龙格–库塔法(Runge-Kutta)对动力学微分方程组进行求解，并利用目前广泛应用的 BFGS(Broyden-Fletcher-Goldfarb-Shanno)优化算法对动力学模型参数进行了最优化估计[36,39,40]。其中，BFGS 优化算法是拟牛顿优化算法中最有效的一种方法，具有收敛速度快，稳定性高的特点，是较成功的优化算法之一[42,43]。利用上述实验数据与优化算法，估算得到十七集总反应网络动力学模型

参数结果见表 3.39。

表 3.39　十七集总反应网络动力学参数估计结果

化学反应	$E_i/(\text{kJ} \cdot \text{mol}^{-1})$	b_i	$k_{0i}/(\text{h}^{-1} \cdot \text{MPa})$
$P_6 \rightleftharpoons N_6 + H_2$	297	−1.005	1.821×10^{16}
$P_7 \rightleftharpoons N_7 + H_2$	173	−1.005	9.092×10^7
$P_8 \rightleftharpoons N_8 + H_2$	195	−1.005	2.081×10^{10}
$P_9 \rightleftharpoons N_9 + H_2$	195	−1.005	2.239×10^{10}
$P_{10+} \rightleftharpoons N_{10+} + H_2$	195	−1.005	1.933×10^{10}
$N_6 \rightleftharpoons A_6 + 3H_2$	151	−0.970	1.217×10^8
$N_7 \rightleftharpoons A_7 + 3H_2$	152	−0.970	1.823×10^8
$N_8 \rightleftharpoons A_8 + 3H_2$	148	−0.970	1.198×10^8
$N_9 \rightleftharpoons A_9 + 3H_2$	148	−0.970	4.607×10^8
$N_{10+} \rightleftharpoons A_{10+} + 3H_2$	148	−0.970	1.396×10^9
$A_7 + H_2 \longrightarrow A_6 + C_{5-}$	282	−1.668	2.843×10^{14}
$A_8 + H_2 \longrightarrow A_7 + C_{5-}$	264	−1.668	3.274×10^{13}
$A_8 + H_2 \longrightarrow A_6 + C_{5-}$	308	−1.668	2.338×10^{16}
$A_9 + H_2 \longrightarrow A_8 + C_{5-}$	264	−1.668	1.110×10^{14}
$A_9 + H_2 \longrightarrow A_7 + C_{5-}$	308	−1.668	1.100×10^{17}
$A_{10+} + H_2 \longrightarrow A_9 + C_{5-}$	264	−1.668	9.966×10^{13}
$A_{10+} + H_2 \longrightarrow A_8 + C_{5-}$	308	−1.668	1.155×10^{16}
$P_6 + H_2 \longrightarrow 2C_{5-}$	272	0.334	6.357×10^{13}
$P_7 + H_2 \longrightarrow 2C_{5-}$	272	0.323	1.886×10^{14}
$P_8 + H_2 \longrightarrow 2C_{5-}$	273	0.329	9.431×10^{13}
$P_9 + H_2 \longrightarrow 2C_{5-}$	273	0.329	1.696×10^{14}
$P_{10+} + H_2 \longrightarrow 2C_{5-}$	273	0.329	1.782×10^{14}

　　根据表 3.39 中集总反应动力学模型参数估计结果，通过计算反应速率可得煤基石脑油半再生催化重整过程中，环烷烃芳构化反应速率远大于其他类型重整

反应速率，烷烃脱氢环化反应速率次之，烷烃加氢裂化与芳烃氢解反应速率较低，即 $k_6 \sim k_{10} > k_1 \sim k_5 > k_{11} \sim k_{17} \approx k_{18} \sim k_{22}$。环烷烃芳构化反应速率存在如下关系：$k_6 < k_7 < k_8 < k_9 < k_{10}$，即环烷烃芳构化反应速率随芳烃碳原子数增加而变大，这也表明大分子结构有助于环烷烃芳构化反应发生。烷烃脱氢环化与加氢裂化、芳烃氢解反应速率随碳原子数变化的规律并不十分明显。

3) 集总动力学模型实验验证

为了验证所得集总动力学模型参数的可靠性，选取不同操作条件下的实验数据对模型进行验证计算。表 3.40 为装置操作条件，在相应操作条件下，表 3.41 为十七集总动力学模型的验证结果。

表 3.40　十七集总动力学模型验证操作条件

项目	条件(一)	条件(二)
第一个反应器入口温度/℃	515	512
第二个反应器入口温度/℃	517	510
第二个反应器入口温度/℃	515	509
反应压力/MPa	1.4	1.4
液时空速/h⁻¹	2.3	2.5
氢油物质的量比	3.67	3.67

表 3.41　十七集总动力学模型验证结果

项目		条件(一)			条件(二)		
		预测值	实验值	绝对误差	预测值	实验值	绝对误差
质量分数/%	C_{5-}	4.87	5.12	0.25	4.65	4.98	0.33
	P_6	1.04	0.89	0.15	1.34	0.93	0.41
	P_7	0.91	0.85	0.06	1.24	1.04	0.20
	P_8	2.58	2.07	0.51	2.06	1.88	0.18
	P_9	1.31	0.94	0.37	1.56	1.44	0.12
	P_{10+}	1.50	1.81	0.31	1.78	1.92	0.14
	N_6	1.08	1.75	0.67	1.53	1.88	0.35
	N_7	0.63	0.44	0.19	0.69	0.76	0.07
	N_8	0.78	0.70	0.08	0.60	0.59	0.01
	N_9	1.10	0.73	0.37	1.31	1.23	0.08
	N_{10+}	0.45	0.69	0.24	1.03	1.54	0.51
	A_6	11.72	11.21	0.51	11.46	10.85	0.61
	A_7	25.62	26.78	1.16	25.01	26.04	1.03
	A_8	26.02	25.66	0.36	25.37	24.89	0.48

项目		条件(一)			条件(二)		
		预测值	实验值	绝对误差	预测值	实验值	绝对误差
质量分数/%	A_9	15.43	15.01	0.42	15.49	15.13	0.36
	A_{10+}	0.75	1.05	0.30	0.91	0.85	0.06
	H_2(纯)	4.21	4.30	0.09	3.97	4.05	0.08
温降/℃	ΔT_{R1}	132	134	2	127	131	4
	ΔT_{R2}	104	109	5	96	104	8
	ΔT_{R3}	59	55	4	58	53	5
	$\sum \Delta T$	295	298	3	281	288	7

注：ΔT_{R1}、ΔT_{R2}、ΔT_{R3}、$\sum \Delta T$ 分别为第一反应器、第二反应器、第三反应器和总反应器的温降。

由表 3.41 中模型验证结果可知，除 C_7 芳烃(A_7)预测质量分数绝对误差超过 1%以外，其他组分预测质量分数绝对误差都在 1%以下，且绝大多数组分质量分数绝对误差小于 0.5%，单个反应器温降与总反应器温降绝对误差都小于 9℃，预测精度符合重整装置预测要求。这说明该十七集总动力学模型参数估计结果准确、可靠，对各个集总组分质量分数和反应器温降的预测能力良好。

4) 重整装置反应器内部模拟与分析

上述工作建立了煤基石脑油半再生催化重整反应器十七集总反应动力学模型，验证结果表明该模型具有良好的拟合能力，能够对所划分集总组分和反应器进行准确预测。本部分利用所建十七集总反应动力学模型，对特定工况[表 3.40 中条件(一)]下的煤基石脑油半再生催化重整反应器内沿催化剂床层反应物和温度分布进行了模拟计算。通过模拟计算，有助于对反应器内部各组分和温度变化规律有更直观地了解，从而为煤基石脑油催化重整反应器设计、操作条件优化和反应规律分析等提供理论支撑和指导。

集总组分较多，因此在对催化重整反应器内沿催化剂床层反应物变化规律的研究分析过程中，没有对碳原子数进行细分，将产物划分为轻烷烃(C_{5-})、重烷烃($P_6 \sim P_{10+}$)、环烷烃和芳烃四大类。

产物中芳烃质量分数随着反应器内催化剂床层距离增大而增大，在第一反应器和第二反应器内芳烃质量分数快速增加，在第三反应器内芳烃质量分数增速与增幅都变小。环烷烃质量分数随着反应器床层距离增大而减小，在第一和第二反应器内环烷烃质量分数迅速减小，在第三反应器内环烷烃质量分数降速与降幅都变小。由此可知，环烷烃芳构化反应主要在第一和第二反应器中发生。由于环烷烃芳构化反应速率非常快，在前面的两个反应器中芳烃和环烷烃的质量分数发生非常大的变化。在第一和第二反应器入口段，芳烃质量分数急剧上升，环烷烃质量分数急剧下降，而在第一和第二反应器后段芳烃质量分数增速与环烷烃质量分数降速都变低，这是因为环烷烃芳构化反应为强吸热反应。在前两个反应器反应初期，环烷烃芳构化反应迅速发生，芳烃和环烷烃质量分数急剧变化，导致反应温度快速下降，反应中后期环烷烃芳构化反应速率随之降低。另外，由环烷烃质量分数变化曲线可知，相比于石油基石脑油催化重整过程[18]，本实验反应物料在通过第三反应器时由于仍残留更多量的环烷烃，在第三反应器内会发生更大程度的环烷烃芳构化反应。其中，煤基石脑油重整过程在第三反应器内生成芳烃量约占总芳烃生成量的 17.5%，而石油基石脑油重整只占到了约 11.2%。

　　产物中重烷烃质量分数随着反应器催化剂床层距离增大而减小，其中第一反应器和第二反应器内降幅较小，很快能达到平衡，质量分数变化很小，第三反应器内重烷烃质量分数明显下降。轻烷烃组分随着反应器催化剂床层距离增大而增大，第一反应器和第二反应器内质量分数变化很小，第三反应器内增幅较大。这是由于第一反应器和第二反应器中反应温度下降速度很快，基本抑制了烷烃脱氢环化与加氢裂化、芳烃氢解等反应，因此重烷烃和轻烷烃质量分数变化很小，而第三反应器中既发生少部分环烷烃芳构化反应，同时也进行重烷烃脱氢环化与加氢裂化、芳烃氢解反应。前者属于吸热反应，后者属于弱放热反应，它们之间互相形成了竞争关系。小分子轻烃物质的量在第三反应器内快速增长，说明重烷烃在第三反应器内发生了较多加氢裂化反应，但是物料中重烷烃比重较小，因此小分子轻烃对产物中芳烃摩尔分数影响并不大。在石油基石脑油催化重整过程中，最后一个反应器中发生较多烷烃裂化反应，产生了大量裂化气，有时会导致最后一个反应器中芳烃摩尔分数出现下降[18]。

　　催化重整过程反应器温降往往能够反映出催化剂活性状态和重整反应深度[30]。原料经第一反应器预热段加热后进入第一反应器催化剂床层，反应物中环烷烃迅速发生脱氢芳构化反应，大量吸热，导致反应温度骤降，很快抑制了烷烃脱氢环化和加氢裂化等反应，第一反应器催化剂床层温降达到了 132℃。经过第二反应器预热段再次加热后，反应物料通过第二反应器催化剂床层。虽然在第一反应器内发生了大量的环烷烃芳构化反应，但煤基石脑油中环烷烃质量分数很高，因此进入第二反应器内的反应物中环烷烃浓度仍很高。在第二反应器内，环烷烃芳构化反应虽然没有第一反应器剧烈，但是第二反应器催化剂床层温降也达到了 104℃，在反应过程中伴随着微弱的烷烃脱氢环化和加氢裂化等反应。第二反应器出来的反应物料中除了大量芳烃和极少量的轻烷烃组分外，残留一定量的环烷烃和大部分未反应的重烷烃，经过第三反应器预热段加热后通过第三反应器催化剂床层。第三反应器催化剂床层温降为 59℃，温度下降速度更缓慢，说明第三反应器中除了发生相对较少的强吸热环烷烃芳构化反应和重烷烃脱氢环化反应外，同时也进行着一定程度的烷烃加氢裂化和芳烃氢解反应，后者都属于放热反应，这与前文分析结果一致。

相比于使用相同催化剂的石油基石脑油半再生催化重整反应器内温度变化过程[44](第一至第四反应器温降分别大约为 90℃、46℃、21℃、15℃，总温降约为 172℃)，本研究煤基石脑油重整过程中每个反应器温降更大，三个反应器总温降 (295℃)也更大。这主要是因为煤基石脑油环烷烃质量分数远高于石油基石脑油，重烷烃质量分数较少，主要发生大量强吸热环烷烃芳构化反应，发生烷烃加氢裂化和芳烃氢解等放热反应的比重较小。虽然反应物经过三个反应器后，依然残留少部分环烷烃和一定量的重烷烃，但还是获得了较理想的 Y_A。现阶段绝大多数半再生重整装置由四个反应器串联组成。对于煤基石脑油芳烃型半再生催化重整工业生产来说，若能够在精简反应器个数基础上实现高 Y_A 等目标，一定可以大大降低装置操作难度和运行经济成本。

在确定催化剂装填量时，考虑到煤基石脑油中环烷烃质量分数远高于石油基石脑油，第一反应器和第二反应器内都将主要进行大量环烷烃芳构化反应。因此，在第一反应器和第二反应器中选择装填等量催化剂，并没有完全按照石油基石脑油重整催化剂的装填方式(反应器内催化剂装填量根据固定装填比例增加)，仅提高了第三反应器中催化剂装填量。实验结果表明，这种催化剂装填方式对由三个反应器构成的煤基石脑油催化重整反应体系影响并不大，获得的实验结果也比较理想。

综上所述，煤基石脑油催化重整反应的总体趋势是环烷烃芳构化反应主要发生在前两个反应器中，烷烃加氢裂化和脱氢环化反应发生较少，且主要在最后一个反应器中发生。虽然相比于石油基石脑油催化重整，煤基石脑油重整过程中在第三反应器内会发生更大比重的环烷烃芳构化反应，但总体反应趋势与前者相似。

参 考 文 献

[1] 吴阳春, 王泽, 夏大寒, 等. 煤基石脑油加氢研究[J]. 当代化工, 2016, 45(1): 13-15.

[2] 费荣昌. 实验设计与数据处理[M]. 无锡: 江南大学出版社, 2001.

[3] 史云鹤. 石脑油脱芳烃工艺技术研究[D]. 兰州: 兰州交通大学, 2015.

[4] 张琳娜, 李冬, 朱永红, 等. 煤基石脑油萃取脱芳制备溶剂油工艺研究[J]. 精细化工, 2016, 33(6): 703-708.

[5] 袁倩. 重石脑油萃取脱芳技术基础研究[D]. 上海: 中国石油大学(华东), 2013.

[6] 肖坤良, 唐晓东, 李晶晶, 等. 石脑油脱芳技术研究进展[J]. 广州化工, 2013, 41(5): 55-57.

[7] 李永锐. DMF+NH₄SCN 液液萃取分离苯和正庚烷[D]. 哈尔滨: 哈尔滨工程大学, 2013.

[8] 伍志春, 廖晓星, 陈家镛. 甲基环己烷-正庚烷-混合溶剂体系的相平衡及溶剂抽提性能[J]. 过程工程学报, 2000, 21(2): 118-122.

[9] 窦静. DMSO/DMSO+DMF 萃取分离甲苯和环己烷及其液液相平衡研究[D]. 哈尔滨: 哈尔滨工程大学, 2015.

[10] 陈莹, 刘昌见. 甲苯–正己烯–二甲基亚砜液–液平衡数据的测定与关联[J]. 化工学报, 2013, 64(3): 814-819.

[11] OTHMER D, TOBIAS P. Liquid-liquid extraction data——The line correlation[J]. Industrial & Engineering Chemistry Research, 1942, 34(6): 693-696.

[12] SHI M, WANG L, HE G, et al. Liquid-liquid extraction data of methyl ethyl ketone from n-hexane using ethylene glycol at 298.15—313.15 K[J]. Journal of Molecular Liquids, 2017, 246: 268-274.

[13] LETCHER T M, DEENADAYALU N. Ternary liquid-liquid equilibria for mixtures of 1-methyl-3-octylimidazolium chloride + benzene + an alkane at $T = 298.2$ K and 1 atm[J]. Journal of Chemical Thermodynamics, 2003, 35(1): 67-76.

[14] MUKHOPADHYAY M, SAHASRANAMAN K. Computation of multicomponent liquid-liquid equilibrium data for aromatics extraction systems[J]. Industrial & Engineering Chemistry, Process Design and Development, 1982, 21(4): 632-640.

[15] MILLS G A, HEINEMANN H, MILLIKEN T H, et al. Houdriforming reactions catalytic mechanism[J]. Journal of Industrial & Engineering Chemistry, 1953, 45(1): 134-137.

[16] 周红军. 芳烃型连续重整集总反应动力学模型研究[D]. 上海: 华东理工大学, 2011.

[17] 王连山. 连续重整装置流程模拟技术与应用[D]. 杭州: 浙江大学, 2012.

[18] HOU W F, SU H Y, MU S J, et al. Multiobjective optimization of the industrial naphtha catalytic reforming process[J]. Chinese Journal of Chemical Engineering, 2007, 15(1): 75-80.

[19] 付尚年, 黄毅. PRT-C/PRT-D 重整催化剂的应用[J]. 炼油技术与工程, 2011, 41(11): 29-31.

[20] 徐承恩. 催化重整工艺与工程[M]. 北京: 中国石化出版社, 2006.

[21] 王君钰. 重整操作压力降低对催化剂性能的影响[J]. 石油炼制, 1991, 7: 32-38.

[22] HU Y, SU H, CHU J. Modeling, simulation and optimization of commercial naphtha catalytic reforming process[C]. Maui: 42nd IEEE International Conference on Decision and Control, 2003.

[23] HOU W F, SU H Y, HU Y Y, et al. Modelling, simulation and optimization of a whole industrial catalytic naphtha reforming process on Aspen Plus platform[J]. Chinese Journal of Chemical Engineering, 2006, 14(5): 584-591.

[24] 温井春. 半再生重整反应规律及掺炼 FCC 汽油可行性分析[D]. 大庆: 大庆石油学院, 2008.

[25] Gorana P L, Nada J, Djurdja D S, et al. Determination of catalytic reformed gasoline octane number by high resolution gas chromatography[J]. Fuel, 1990, 69(4): 525-528.

[26] 周红军, 石铭亮, 翁惠新, 等. 芳烃型催化重整集总反应动力学模型[J]. 石油学报(石油加工), 2009, 25(4): 545-550.

[27] 蔺华林, 张德祥, 高晋生. 煤加氢液化制芳烃研究进展[J]. 煤炭转化, 2006, 29(2): 92-97.

[28] 张红梅, 吴慧雄, 张树增, 等. 十七集总催化重整反应器的稳态模拟[J]. 北京化工大学学报(自然科学版), 2003, 30(5): 35-39.

[29] 李成栋. 催化重整[M]. 北京: 中国石化出版社, 1991.

[30] 胡永有. 催化重整流程模拟及优化研究[D]. 杭州: 浙江大学, 2004.

[31] 丁福臣, 周志军, 高强, 等. 十三集总催化重整反应动力学模型研究[J]. 炼油设计, 2001, 31(8): 14-16.

[32] WEI J, PROTER C D. A lumping analysis in monomolecular reaction system[J]. Industrial & Engineering Chemistry Fundamentals, 1969, 8(1): 114-124.

[33] RAMAGE M P, GRAZIANI K R, KRAMBECK F J. Development of mobil's kinetic reforming model[J]. Chemical Engineering Science, 1980, 35(1-2): 41-48.

[34] 解新安, 彭世浩, 刘太极. 催化重整反应动力学模型的建立及其工业应用(2)-催化重整反应动力学数学模型的建立[J]. 炼油设计, 1996, 1: 44-48.

[35] 张红梅. 催化重整全流程动态模拟及重整反应器模拟方法探讨[D]. 北京: 北京化工大学, 2004.

[36] 侯卫锋. 催化重整流程模拟与优化技术及其应用研究[D]. 杭州: 浙江大学, 2006.

[37] 卢焕章. 石油化工基础数据手册[M]. 北京: 化学工业出版社, 1982.

[38] 马沛生. 石油化工基础数据手册:续编[M]. 北京: 化学工业出版社, 1993.

[39] 张宇英, 张克武. 分子热力学性质手册:计算方法与最新实验数据[M]. 北京: 化学工业出版社, 2009.

[40] 胡永有, 苏宏业, 褚健. 工业重整装置建模与仿真[J]. 高校化学工程学报, 2003, 17(4): 418-424.

[41] 翁惠新, 江洪波, 陈志. 催化重整集总动力学模型(Ⅱ)——实验设计和动力学参数估计[J]. 化工学报, 1994, 45(5): 531-537.

[42] 袁亚湘. 非线性优化计算方法[M]. 北京: 科学出版社, 2008.

[43] 龚纯, 王正林. 精通 MATLAB 最优化设计[M]. 北京: 电子工业出版社, 2009.

[44] 杨明辉. PRT-C/PRT-D 催化剂在大庆炼化公司催化重整装置的应用[J]. 齐鲁石油化工, 2012, 40(1): 39-42.

第4章 中低温煤焦油轻组分反应

4.1 催化剂的作用

石油炼制工业中都会通过加氢来完成油品的脱硫、脱氮、脱氧及轻质化，而加氢过程中催化剂的使用无疑是最重要的环节。煤焦油与原油的加氢机理较为相似，都是以加氢除杂与油品轻质化为重要目的。因此，在催化剂的设计上也需要以这两项目标为主要研究方向[1]。

大量研究表明，煤焦油中含有较多的芳烃及含硫、含氮、含氧化合物，尤其以芳烃和含氧化合物居多[1-4]。煤焦油加氢精制催化剂需要根据这些特点进行设计，同时确保催化剂可以具有较高的煤焦油加氢饱和活性与加氢脱金属、脱硫、脱氮、脱氧活性。就现阶段国内外进行的加氢催化剂设计而言，负载型催化剂是一种被广泛采用的催化剂类型[5-7]。负载型催化剂主要由活性组分、助剂和载体三部分组成。大量实验证明，载体的种类、组成、性质和晶型都会影响催化剂的性能[8,9]。Ni、Mo、Co、W 四种过渡金属是加氢催化剂制备中经常被采用的四种最具有代表性的负载金属；Al_2O_3、Al_2O_3-SiO_2、分子筛等载体常作为骨架来负载活性金属，用于合成负载型加氢催化剂。γ-Al_2O_3 因其较高的稳定性与适宜的酸性通常被选作负载活性组分的载体。大量的研究发现，双金属活性组分 Ni、Mo 的加氢脱硫、加氢脱氮、加氢脱氧及加氢饱和活性都比较优异，而经过 P 改性则可以进一步改善催化剂的各种使用效果。

本节将以煤焦油 360℃前馏分为原料研究磷改性对 Ni、Mo 双活性组分、γ-Al_2O_3 载体催化剂的加氢活性及不同模型化合物加氢产物的选择性。

4.1.1 改性方法

实验所使用的催化剂是以 γ-Al_2O_3 为载体，采用等体积浸渍法制成的非贵金属负载型催化剂。载体的制备以拟薄水铝石为原料，按干粉质量分数计算，加入 3%稀硝酸、5%田菁粉、6%的 HY 型分子筛和一定比例的去离子水混合均匀。将混合之后的料浆置于挤条机中挤成直径为 1.6mm 的圆柱体。所得的成型载体经 120℃干燥 6h 除去水分，将干燥后的样品平铺在焙烧盘并置于马弗炉内，在 550℃条件下高温加热 6h，分解掉有机物并脱除结晶水，从而制备成为催化剂载体。

催化剂载体制备完成后进行活性金属浸渍及改性。对载体进行浸渍前先测定载体的吸水量，将载体置于真空干燥箱中 120℃干燥 5h，之后称取一定质量的载体于烧杯中加入过量的水，并用保鲜膜封住烧杯口，在室温条件下静置 12h 完成浸渍实验。12h 后用滤布过滤水中催化剂，测定剩余水的质量与滤布的增重，换算为剩余水的体积。载体上吸附水的体积与载体质量之比即为载体吸水量。经三次平行实验测定，计算得载体的吸水量为 0.82mL·g^{-1}。

实验制备了 Ni-Mo 双组分加氢催化剂并对其进行不同程度磷改性的探索。浸渍过程中称取一定量的七钼酸铵、磷酸与硝酸镍溶解于去离子水中配制浸渍液，然后加入少量稀硝酸与氨水调节溶液 pH 使溶液呈澄清状态。将预先制备并干燥完成的催化剂载体置于配制好的浸渍液中于室温下浸渍 12h，浸渍结束后转移至烘箱中 120℃下干燥 12h，然后将干燥后的催化剂置于管式炉中，在干燥空气气氛下进行焙烧。焙烧过程从室温开始，以 5℃·min^{-1} 的升温速率升温至600℃，并在该温度下保持 5h，焙烧结束后即制得所需催化剂。

制备 Ni-Mo/γ-Al$_2$O$_3$ 催化剂的 NiO 质量分数控制在 6%，MoO$_3$ 的质量分数控制在 20%不变，通过调节浸渍液中磷酸浓度，制备成磷质量分数分别为 0、0.4%、0.8%、1.2%、1.6%的五种催化剂，并将它们分别命名为 Ni-Mo/γ-Al$_2$O$_3$、Ni-Mo-P$_{0.4}$/γ-Al$_2$O$_3$、Ni-Mo-P$_{0.8}$/γ-Al$_2$O$_3$、Ni-Mo-P$_{1.2}$/γ-Al$_2$O$_3$ 和 Ni-Mo-P$_{1.6}$/γ-Al$_2$O$_3$。

4.1.2 主要活性

催化剂的表征主要涉及催化剂的孔结构、载体酸性、金属负载质量分数及形态几个方面，其中催化剂的孔结构主要在自动吸附仪上进行表征。在检测过程中，首先将样品在 300℃和氩气气氛下吹扫 3h，降温后进行脱附测试。催化剂的比表面积通过布鲁诺尔–埃梅特–泰勒(Brunauer-Emmett-Teller，BET)方程计算得到，孔径则采用脱附曲线方法(BJH)计算得到。实验中还使用了扫描电子显微镜(SEM)对催化剂的表面形态进行了成像分析。

催化剂载体酸性主要通过 NH$_3$ 程序升温脱附(NH$_3$-temperature programmed desorption，NH$_3$-TPD)进行测定。实验过程中先将样品置于 U 型管中在氮气气氛下进行吹扫，氮气流速设定为 40mL·min^{-1}。随后以 10℃·min^{-1} 的升温速率由室温升至 200℃，然后降温至 100℃开始通入 15%NH$_3$ 与 85%He(体积分数)的混合气体，混合气体的流速为 40mL·min^{-1}，通入时间为 30min。之后在 He 气氛下吹扫 30min，脱去催化剂上物理吸附的 NH$_3$，最后在流速为 40mL·min^{-1} 的 He 气氛下以 10℃·min^{-1} 的升温速率升温至 800℃，脱除催化剂上化学吸附的 NH$_3$ 并以热导检测器(TCD)进行检测。另外，为了更为准确地评价催化剂的酸性种类，实验中还使用了傅里叶变换红外光谱仪(FTIR)来分析催化剂酸性位点及类型。实验在 NEXUS 670 型傅里叶变换红外光谱仪上进行，实验中取 5mg 催化剂样品与 100mg 的 KBr 颗粒混合，经研磨、压片、红外灯照射脱水后置于样品池进行分析。

在本小节实验中，采用电感耦合等离子体原子发射光谱法(inductively coupled plasma atomic emission spectrometry，ICP-AES)与 X 射线荧光光谱法(X-ray fluorescence spectrometry，XRF)两种方法分别对催化剂整体金属与表面金属进行定量分析。两种方法的不同之处在于 ICP-AES 检测过程中需要先将催化剂用氢氟酸溶解为液相进行检测，而 XRF 直接检测催化剂表面的元素质量分数。通过这两种方法可以分别得到催化剂表面及内部的金属组成分布。

4.1.3　反应效果

催化剂的活性评价采用活性化合物与煤焦油两种原料在单管固定床反应器上进行，其中模型化合物加氢实验的主要目的在于评价不同催化剂在不同功能上的反应活性与选择性，而煤焦油加氢实验主要目的在于评价不同催化剂的综合性能。加氢装置具体实验装置(30mL 固定床反应装置)的流程图如图 4.1 所示。

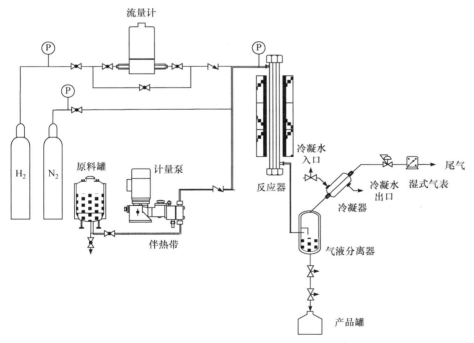

图 4.1　30mL 固定床反应装置示意图

P-压力表

反应器直径为 20mm，长 1120mm，设计催化剂最大装填量 30mL。在装填前将催化剂预先筛分 16～20 目的颗粒，并经过干燥及除尘。量取筛分处理好的催化剂 30mL 装填于反应器内，为确保催化剂装填位置为炉瓦恒温段，在催化剂层前后分别装填 40mL 瓷球。装好催化剂后将反应器接入反应装置，首先开始进行催化剂的预硫化。催化剂预硫化过程采取湿法硫化，硫化剂选取溶有质量分数 3%CS₂ 的正庚烷，预硫化过程的操作条件为反应温度 360℃、反应压力 10MPa、空速 1h⁻¹ 和硫化时间 6h。

对于模型化合物加氢实验，在模型化合物的配制中统一采用十六烷为溶剂，以含有质量分数 1%噻吩的十六烷溶液为评价催化剂加氢脱硫(HDS)活性的模型化合物溶液；以含有质量分数 2%喹啉的十六烷溶液为评价催化剂加氢脱氮(HDN)活性的模型化合物溶液；以含有质量分数 20%苯酚的十六烷溶液为评价催化剂加氢脱氧(HDO)活性的模型化合物溶液；以含有质量分数 20%萘的十六烷溶液为评价催化剂加氢脱芳烃(HDA)活性的模型化合物溶液。因为不同反应开始温度并不相同，所以以上各种模型化合物实验均在 280℃、300℃、320℃、340℃和 360℃五种温度条件下分别进行实验，在不同的加氢实验进行时反应压力控制在 10MPa 不变，反应进料液时的空速控制在 3h⁻¹ 不变，氢油比(体积比)控制在 1000∶1 不变。

对于煤焦油加氢实验，采用全馏分煤焦油经减压蒸馏得到 360℃前馏分煤焦油为原料，在相同的反应条件下完成五种催化剂的煤焦油加氢实验。设定的工艺条件为反应温度 360℃，反应压力 10MPa，空速 0.5h⁻¹，氢油比 1600∶1。每次实验在装置开启 6h 后清空产品罐并进入取样周期，每 6h 取样一次并连取三次，同时对产物性质进行检测，检测结果误差不超过 5%则本次实验结束，如果误差超过 5%则重新开始该组实验。

4.2 反应因素的影响

4.2.1 脱氧反应

因为煤焦油 360℃前馏分中含氧化合物总量占到近一半，所以与煤焦油中脱硫、脱氮反应不同的是脱氧反应不仅会影响产品的杂原子质量分数，还会对产品馏程、密度、组成、收率等诸多性质产生影响。为了研究不同反应条件对煤焦油中加氢脱氧反应的影响规律，现将煤焦油中的含氧化合物按照类别分为酚类含氧化合物、杂环含氧化合物(HOC)和其他含氧化合物(OOC)三种类型。这三种化合物分别占原料煤焦油(360℃前馏分)的质量分数为 27.99%、20.18%和 2.53%。

反应温度、反应压力及反应空速对煤焦油中三种不同类型含氧化合物转化率的影响分别如图 4.2、图 4.3 及图 4.4 所示。通过图 4.2 三种含氧化合物的转化率

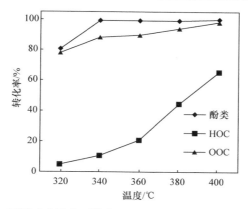

图 4.2　不同反应温度下煤焦油加氢产物中含氧化合物转化率

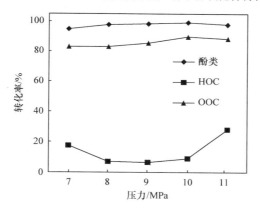

图 4.3　不同反应压力下煤焦油加氢产物中含氧化合物转化率

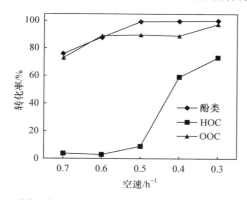

图 4.4　不同反应空速下煤焦油加氢产物中含氧化合物转化率

对比可以发现，温度的提高对三种含氧化合物的脱除都有积极的作用。当反应温度高于 340℃时，酚类化合物的转化率接近 100%，OOC 的脱除率接近 90%。这两种含氧化合物都属于较易脱除的含氧化合物。然而在反应温度达到 400℃时，HOC 的转化率仅有 65%。

如图 4.3 所示，通过研究压力对三种含氧化合物的转化率的影响可以发现，压力的改变对含氧化合物的转化影响不大。在不同的反应压力下，酚类含氧化合物与其他含氧化合物的转化率均高于杂环含氧化合物的转化率。如图 4.4 所示，对比空速对三种含氧化合物的影响可以发现，当空速低于 0.3h^{-1} 时，酚类含氧化合物与其他含氧化合物的转化率均接近 100%，说明降低空速对这两类含氧化合物的脱除非常有利。当空速从 0.5h^{-1} 降低至 0.4h^{-1} 时杂环含氧化合物的转化率提高了 50%。并且在空速为 0.4h^{-1} 的基础上进一步降低空速对含氧化合物的降低也有非常明显的作用。

研究表明，杂环含氧化合物虽然在煤焦中的三种含氧化合物中所占比例较小，但是却是最难脱除的一种含氧化合物。Girgis 等[10]发现若令最简单的含氧五元杂环化合物——呋喃的脱氧活性为 1，则酚类含氧化合物 4-甲基苯酚、2-乙基苯酚和含氧稠杂环化合物二苯并呋喃的加氢脱氧活性分别为 5.2、1.2 和 0.4。

4.2.2　饱和反应

加氢饱和反应(饱和反应)会直接影响到煤焦油的轻质化程度，所以是煤焦油加氢中最主要的一种反应。为了研究不同反应工艺对煤焦油加氢过程中加氢饱和反应的影响，本小节将煤焦油中所有具有环状结构的烃类化合物按照饱和度的不同划分为 2~3 种不同的类型，不同工艺条件下的产物中环状结构化合物的分类分别如表 4.1~表 4.3 所示。

表 4.1　不同反应温度下单环、双环、三环化合物的分布

化合物类型	组成	320℃	340℃	360℃	380℃	400℃
单环化合物	w(环烷烃)/%	11.93	13.38	12.73	11.25	7.12
	w(烷基苯)/%	12.56	19.26	20.05	21.33	22.65
	烷基苯所占比例/%	51.26	59.01	61.12	65.45	76.11
双环化合物	w(双环饱和烃)/%	10.37	8.76	9.36	8.42	7.93
	w(氢化萘)/%	19.19	19.78	18.92	18.55	16.17
	w(烷基萘)/%	6.83	7.64	7.70	9.40	8.88
	烷基萘所占比例/%	18.77	21.12	21.39	25.85	26.92
三环化合物	w(三环不完全饱和烃)/%	5.12	4.92	5.14	4.52	4.44
	w(三环芳烃)/%	0.62	0.81	0.42	0.92	0.79
	三环芳烃所占比例/%	10.98	14.29	7.73	16.73	14.97

表 4.2　不同反应压力下单环、双环、三环化合物的分布

化合物类型	组成	7MPa	8MPa	9MPa	10MPa	11MPa
单环化合物	w(环烷烃)/%	9.84	10.71	10.75	12.74	13.17
	w(烷基苯)/%	19.79	19.82	19.88	20.04	20.49
	烷基苯所占比例/%	66.79	64.92	64.90	61.14	60.89
双环化合物	w(双环饱和烃)/%	6.31	8.08	8.72	9.34	8.52
	w(氢化萘)/%	17.13	16.77	17.62	18.95	19.23
	w(烷基萘)/%	12.21	10.96	8.32	7.70	6.46
	烷基萘所占比例/%	34.23	30.61	24.01	21.38	18.87
三环化合物	w(三环不完全饱和烃)/%	5.08	5.02	5.43	5.14	4.51
	w(三环芳烃)/%	0.62	1.52	0.73	0.44	0.55
	三环芳烃所占比例/%	10.90	23.16	11.97	7.73	11.07

表 4.3　不同反应空速下单环、双环、三环化合物的分布

化合物类型	组成	0.7h⁻¹	0.6h⁻¹	0.5h⁻¹	0.4h⁻¹	0.3h⁻¹
单环化合物	w(环烷烃)/%	10.97	12.54	12.74	11.63	10.82
	w(烷基苯)/%	19.44	19.64	20.04	21.85	22.57
	烷基苯所占比例/%	51.27	59.00	61.13	65.46	76.12
双环化合物	w(双环饱和烃)/%	5.32	7.55	9.35	10.67	12.53
	w(氢化萘)/%	18.14	18.79	18.94	17.86	18.81
	w(烷基萘)/%	12.21	9.72	7.70	5.96	4.05
	烷基萘所占比例/%	18.77	21.12	21.39	25.85	26.92
三环化合物	w(三环不完全饱和烃)/%	5.09	4.85	5.13	5.02	5.02
	w(三环芳烃)/%	0.62	0.60	0.43	0.18	0.19
	三环芳烃所占比例/%	10.98	14.29	7.73	16.73	14.97

　　由表 4.1 可知，随着温度从 320℃提高到 400℃，加氢产物的饱和度不断提高。但是由于反应温度的提高，煤焦油中各种含氧化合物的转化率会也有一定程度的提高，所以环烷烃、双环饱和烃和氢化萘有可能是含氧化合物的加氢脱氧产物。通过进一步对比单环化合物的饱和度与双环化合物的饱和度可以发现，无论是单环化合物还是双环化合物，不饱和烃的比例都是随着反应温度的上升而提高的。这表明在所研究的温度范围内，反应温度的提高对加氢饱和反应有着一定的抑制作用，并且这种抑制作用随着温度的提高呈线性增长趋势。

由表 4.2 可知，随着反应压力从 7MPa 提高至 11MPa，环烷烃的质量分数从 9.84%提高至 13.17%，双环饱和烃的质量分数从 6.31%提高至 8.52%，氢化萘的质量分数从 17.13%提高至 19.23%，表明反应压力的提高对煤焦油中环状化合物饱和度的提高有积极作用。进一步对比烷基苯在单环化合物中所占的比例与烷基萘在双环化合物中所占的比例随着反应压力的变化趋势可以发现，反应压力的提高对煤焦油中环状化合物的加氢饱和反应有利。

由表 4.3 可知，随着空速从 $0.7h^{-1}$ 降至 $0.3h^{-1}$，加氢产物中环烷烃质量分数呈现出先上升后下降的趋势，单环化合物不饱和烃的比例与双环化合物中不饱和烃的比例都在下降。空速的下降意味着煤焦油在反应器中反应时间的延长，实验结果表明，在所研究的空速范围内，空速的降低对加氢饱和反应有利。

三环化合物在煤焦油 360℃前馏分中所占比例较低(约 5%～6%)，三环化合物很容易发生加氢饱和反应，但是却很难完全饱和，所以在产物中大部分三环化合物是以部分饱和的形式存在的。通过实验结果可以发现，三环化合物的质量分数随着反应条件的改变并不大。

4.2.3　脱烷基化反应

煤焦油加氢反应过程通常伴随着不可避免的加氢裂化反应，而加氢裂化反应按照 C—C 键断裂的位置不同可以分为开环反应与脱烷基化反应两类。Martens 等[11]发现苯环上的脱烷基化反应仅发生于取代基碳数≥4 的情况，如果不存在单一取代基碳数超过 4 则有可能通过异构化反应形成这样的取代基。基于这一理论，所有单环化合物与双环化合物按照取代基总碳数分为≥4 与<4 两类，并以烷基取代基碳数<4 的环状化合物占单环化合物或双环化合物总量比例来讨论单环化合物与双环化合物上脱烷基化反应的程度，以下将这种比例简称为 C_4 比例。反应温度、反应压力、反应空速对煤焦油加氢产物中单环化合物 C_4 比例的影响分别如图 4.5～图 4.7 所示。

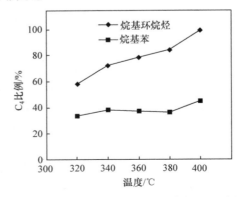

图 4.5　不同反应温度下单环化合物 C_4 比例

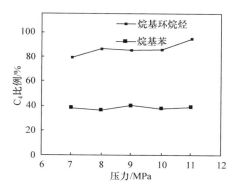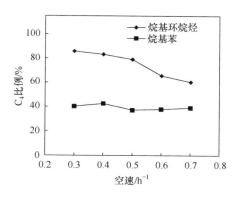

图 4.6 不同反应压力下单环化合物 C₄ 比例　图 4.7 不同反应空速下单环化合物 C₄ 比例

随着反应温度、压力的提高与空速的降低，烷基环烷烃与烷基苯的 C_4 比例均呈现出上升的趋势。其中温度对 C_4 比例的影响尤为明显，随着温度的提高，单环化合物的 C_4 比例呈现升高的趋势，这主要是因为温度的提高对 C—C 键的断裂有非常积极的作用。相比之下，提高压力的影响就不如温度的影响大，这是因为脱烷基化反应有两种不同的反应形式，即遵循正碳离子机理的加氢裂化反应与遵循自由基机理的热裂化反应形式。在氢气气氛中两种反应都会有氢气参与，但是反应的速率控制步骤主要是 C—C 键的断裂而不是 C—H 键的形成，所以提高氢气压力对脱烷基化反应的影响并不明显。空速的降低对单环化合物 C_4 比例的提高也有积极的作用。

通过对比不同工艺条件下产物中烷基苯与烷基环烷烃的 C_4 比例可以发现另一个重要的现象，在所研究的工艺条件下，烷基环烷烃的 C_4 比例均高于烷基苯的 C_4 比例。这一现象有两种合理解释，一是因为相比不饱和的烷基苯，饱和的烷基环烷烃更容易发生脱烷基化反应，二是取代基较少的烷基苯更容易发生加氢饱和反应[12]，实验中这种规律很有可能是两种影响共同作用的结果。

烷基萘、双环饱和烃、氢化萘等三类双环化合物的 C_4 比例随着温度、压力和空速的变化分别如图 4.8、图 4.9 和图 4.10 所示。与单环化合物中的变化规律相似，双环化合物的 C_4 比例随着温度的变化程度明显大于压力与空速。另外，各类双环化合物的 C_4 比例普遍高于单环化合物，而这一现象与原料中的现象一致，主要是因为在所采用的煤焦油 360℃前馏分中不存在大量取代基碳数过高的烷基萘或者烷基萘酚。双环饱和烃与氢化萘的 C_4 比例非常接近，这说明萘环上的不饱和 π 键在部分饱和之后对烷基取代基断裂的影响就会降低。同时，这也表明，在探讨煤焦油 360℃前煤焦油加氢反应过程的规律时，脱烷基化反应在双环化合物上的出现概率小于单环化合物。因为在本书所采用的煤焦油 360℃前馏分中三环化合物的烷基取代基通常不超过 1 个，所以不对三环化合物进行脱烷基化反应的讨论。

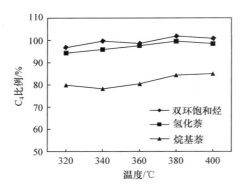 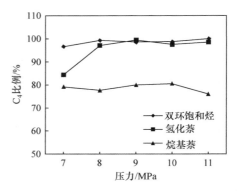

图 4.8　不同反应温度下双环化合物 C_4 比例　　图 4.9　不同反应压力下双环化合物 C_4 比例

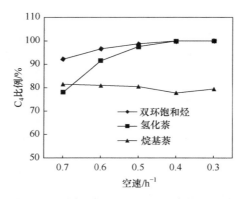

图 4.10　不同反应空速下双环化合物 C_4 比例

4.2.4　开环反应

开环反应是煤焦油加氢过程中一类重要的加氢裂化反应。理论上，开环反应对煤焦油加氢产物分布及产品性质的影响要远大于加氢脱烷基化反应。煤焦油加氢产物中单环化合物、双环化合物以及三环化合物质量分数随着温度、压力、空速变化的改变趋势分别如图 4.11、图 4.12、图 4.13 所示。不难发现，随着反应温度的提高，单环化合物质量分数呈现出先增大后减小的趋势，并在 340℃左右达到峰值，而双环化合物的质量分数在温度低于 380℃前几乎未发生改变，在反应温度从 380℃提高到 400℃时，发生了轻微下降。

结合之前分析的含氧化合物的转化率随着温度改变的变化规律可以确定，在反应温度低于 340℃时，提高温度会引起含氧化合物转化率的提高，所以在低温下单环化烃类化合物质量分数的提高主要是含氧化合物转化引起的。在反应温度从 340℃提高至 380℃时，无论是单环化合物、双环化合物还是三环化合物的质量分数都变化不大。这主要是因为在温度高于 340℃时，煤焦油中最主要的含氧化合物——酚类含氧化合物的转化率已接近 100%，通过提高含氧化合物转化率而提高单环烃类化合物与双环烃类化合物质量分数的作用已微乎其微。同时，这也证明在反应温度低于 380℃的条件下煤焦油中单环化合物、双环化合物、三环化合物的开环裂化反应并不明显。当反应温度从 380℃提高至 400℃时，煤焦油中单环化合物与双环化合物的质量分数都略有降低，而这一现象的原因为开环裂化反应的发生。这说明基于 Ni-Mo-P/γ-Al$_2$O$_3$ 催化剂的煤焦油加氢反应过程加氢裂化反应仅在高于 380℃的温度条件下才会较为明显。

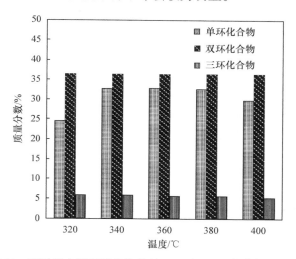

图 4.11　不同反应温度下产物单环、双环、三环化合物质量分数

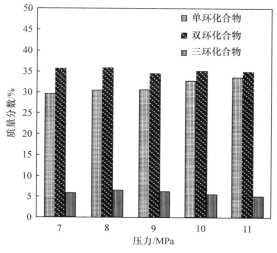

图 4.12　不同反应压力下产物单环、双环、三环化合物质量分数

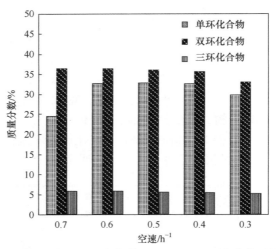

图 4.13　不同反应空速下产物单环、双环、三环化合物质量分数

由图 4.12 可知，在所研究的压力范围内，压力的改变对加氢产物中三种环状烃类化合物的质量分数影响都很低。反应压力的提高有利于促进氢气分子进入油相，而这对加氢裂化反应的帮助并不大，这一点与压力对脱烷基化反应的影响类似。

由图 4.13 可知，随着空速的降低，加氢产物中单环化合物的质量分数呈现出先上升后下降的趋势，并在空速为 0.5h⁻¹ 的位置出现峰值。在高空速下，煤焦油中含氧化合物的反应不完全，所以在 0.7h⁻¹ 下降至 0.5h⁻¹ 时，空速的降低会促进含氧化合物转化，从而提高加氢产物中单环化合物的质量分数。随着空速降低至 0.5h⁻¹ 之后，煤焦油中最主要的含氧化合物——酚类化合物转化率接近100%，所以再进一步降低空速已无法通过促进含氧化合物的转化来提高加氢产物中单环化合物的质量分数。随空速从 0.3h⁻¹ 降低至 0.2h⁻¹，单环化合物与双环化合物的质量分数都发生了降低，这说明在这一空速范围内，降低空速可以促进煤焦油中环状烃类化合物的开环反应。但是这种作用非常微弱，不足以引起明显的性质变化。总的来说，基于 Ni-Mo-P/γ-Al$_2$O$_3$ 催化剂的煤焦油加氢反应过程中开环反应并不明显，不属于能够左右产物性质的化学反应。通过开环反应带来的煤焦油轻质化非常有限。这主要是因为该催化剂载体中酸性成分质量分数较低，整体上只具有非常有限的加氢裂化活性。作为一种加氢精制催化剂，较弱的酸性能够保护催化剂不易生焦，保持整个催化剂具有稳定的孔结构。

4.3　不同工艺的反应历程

4.3.1　脱酚对煤焦油加氢的影响

选取煤焦油 360℃前馏分与其经过提酚后剩余的脱酚煤焦油作为两种原料分

别进行加氢实验，从而研究脱酚对煤焦油加氢过程的影响。在催化剂方面，选取自制的 Ni-Mo-P$_{0.8}$/γ-Al$_2$O$_3$ 催化剂与加氢裂化催化剂 Ni-W/Al$_2$O$_3$-SiO$_2$ 按照 1：1 的质量比进行级配使用。

粗酚提取过程如图 4.14 所示，具体实验过程如下：称取 500g 煤焦油置于分液漏斗中，在 80℃恒温水浴中搅拌 1min，随后向分液漏斗中加入质量分数 15% 的 NaOH 溶液 500g，搅拌 20min，取出分液漏斗静置 120min。待脱酚油与碱液充分分离后将分离油层和碱液层置于不同的烧杯中，其中，油层的液体即是本小节所使用的第二种加氢原料脱酚煤焦油。在碱液层中加入质量分数 20% 的 H$_2$SO$_4$ 溶液至溶液 pH=2，再使用等体积的 CH$_2$Cl$_2$ 连续萃取三次(每次使用新的 CH$_2$Cl$_2$)。统一收集三次的抽提物将其进行水洗，再加入无水 Na$_2$SO$_4$ 脱水，然后在旋转蒸发仪中去除溶剂。

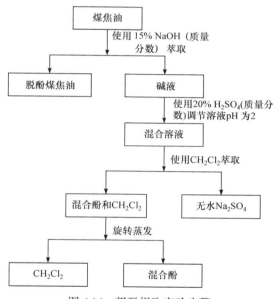

图 4.14　粗酚提取实验步骤

加氢实验在两管串联固定床反应器上完成，反应装置基本工艺流程如图 4.15 所示，该装置具有两个相同的反应器(尺寸为外径 45mm、壁厚 8mm、长度 1180mm、内径 29mm、催化剂装填量 150mL)。该反应装置与煤焦油不同馏分加氢实验所用装置不同，是由一台四管串联的固定床中试反应装置改装而来。两种催化剂经过剪切后使用标准筛，筛分出 16～20 目的颗粒。将加氢精制催化剂 Ni-Mo/γ-Al$_2$O$_3$ 装填于第一反应器中，装填量为 130mL，加氢裂化催化剂 Ni-W/Al$_2$O$_3$-SiO$_2$ 装填于第二反应器，装填量为 130mL。在两段反应器中，催化剂均装填于反应器的中间位置，两个反应中其余空余部分均使用瓷球填充。在反应之前先对催化剂进行器内湿法预硫化，具体操作过程与 4.2.3 小节所述过程一致。在预化结束之后将反应条件调整为精制段(第一反应器)反应温度 360℃，裂化段(第二反应器)反应温度 380℃，反应压力 10MPa，反应空速 1h^{-1}，氢油体积比 1600：1，同时向反应器中通入 360℃前馏分煤焦油开始实验，在实验平稳进行 24h 后清空产品罐，在这之后每隔 6h 收集一次产品，连续收集三次，并对三个样品进行检测。在第一组实验完成后，取出所有催化剂及瓷球，使用正庚烷洗净装置，在装置中装填新的瓷球与催化剂再次进入预硫化过程，开始下一组实验。

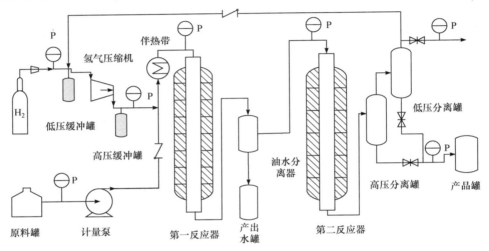

图 4.15　两管串联加氢装置示意图

4.3.2　加氢精制与加氢裂化的工艺组合

本小节的研究内容是针对三种不同的煤焦油工艺进行对比，分析加氢裂化催化剂的使用对煤焦油加氢反应过程与加氢产物性质带来的影响，加氢原料均采用煤焦油 360℃前馏分。这三种工艺分别介绍如下：

(1) 煤焦油加氢精制，煤焦油 360℃前馏分加氢实验过程；

(2) 煤焦油加氢精制催化剂与加氢裂化催化剂级配加氢；

(3) 煤焦油加氢精制后对产物分馏出的柴油馏分再次进行加氢裂化。

这三种工艺的区别在于是否使用加氢裂化催化剂及其使用方式。第一种工艺是简单的煤焦油加氢精制，所采用的催化剂为自制催化剂，在优化的工艺条件下完成了煤焦油加氢精制实验。第二种工艺(裂化工艺一)采用质量比 1：1 级配的方式将加氢精制与加氢裂化两种催化剂依次装填于两个反应器中。加氢过程中煤焦油先后通过两个反应器完成加氢反应。第三种工艺(裂化工艺二)则在完全完成第一种工艺的煤焦油加氢精制的基础上再对产物进行分馏，将第一种工艺产出的柴油馏分通入单管的加氢裂化反应器，在优化的条件下完成加氢裂化。虽然裂化工艺一与裂化工艺二都是煤焦油加氢精制与加氢裂化的结合，但是两种工艺有两个主要的区别：①裂化工艺一直接将全部原料依次通入了加氢精制催化剂与加氢裂化催化装置，而裂化工艺二通过分馏仅针对加氢精制所产出的柴油馏分进行了加氢裂化，避免了加氢产物中的轻组分过度轻质化；②裂化工艺二具有两套完整的加氢系统，属于两段法加氢。

4.3.3　产物化学组成

三种煤焦油加氢工艺产出的产物中单环化合物、双环化合物及三环化合物的质量分数对比如图 4.16 所示。通过图中所示的分析结果可以看出，加氢裂化催化剂的使用会导致煤焦油加氢产物中芳烃质量分数的降低。裂化工艺一的产物相比加氢精制的产物中单环化合物质量分数有所提高，而双环化合物及三环化合物都有所降低。裂化工艺二产物中的单环化合物质量分数相比前两种工艺产物都要高出很多，并且完全不含三环化合物。说明采用裂化工艺二完成煤焦油加氢可以提高加氢过程中的单环化合物收率。这主要是因为裂化工艺二所采用的两段法加氢在裂化段更有针对性，避免了氢源与催化剂活性位的浪费。

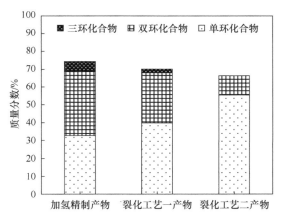

图 4.16　三种煤焦油加氢工艺产物中单环、双环、三环化合物质量分数对比

裂化工艺二属于两段加氢有两部分产物，在计算产物中化学组成时，将其两批产物分别测定并统一计算最终结果

本节采用的自制催化剂裂化活性并不高，单独使用该催化剂的煤焦油加氢过程中发生的裂化反应大多属于热裂化，而非催化裂化。但是本节所采用的商业催化剂则属于典型的双功能催化剂，其裂化活性非常高。三种煤焦油加氢工艺产出 $C_1 \sim C_4$ 轻烃的质量分数对比如图 4.17 所示。加氢精制所产出的轻烃中，C_1 与 C_2 质量分数较高，而裂化工艺一与裂化工艺二所产出的轻烃中 C_3 与 C_4 质量分数相对较高。另外，可以发现，裂化工艺二产出的轻烃中 C_3 与 C_4 轻烃质量分数还要远高于裂化工艺一加氢产出的 C_3 与 C_4 轻烃质量分数。这说明采用裂化工艺二煤

焦油加氢过程中的裂化现象更为明显，反应程度也更深。

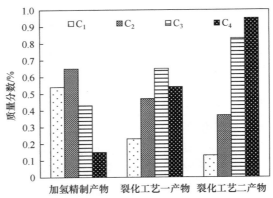

图 4.17　三种煤焦油加氢工艺产出轻烃质量分数分布

　　对煤焦油进行加氢裂化的主要目的是提高煤焦油加氢产物的轻质化程度，并提高石脑油产量。加氢裂化不仅可以提高煤焦油加氢产物中石脑油的产量，还会影响石脑油中的物质组成分布。石脑油的一个重要利用方式就是重整生产混合芳烃(BTX)。煤焦油中本身并不含有大量的 BTX，依据分析结果可知，本节所采用的煤焦油 360℃前馏分中并不含有 BTX，而且所含的单环芳烃也大多具有非常复杂的烷基支链。加氢裂化催化剂的使用则可以在一定程度上减少煤焦油中单环化合物的烷基取代基碳数。煤焦油及三种加氢工艺产物中的单环化合物的支链碳数分布如图 4.18 所示。

　　通过对比图 4.18 中所示的五种油品中单环化合物的支链碳数分布可以发现，原料煤焦油中单环化合物的烷基取代基分布主要集中在 $C_3 \sim C_4$ 中，$C_0 \sim C_2$ 的相对较少。与原料煤焦油相比，加氢精制产物中单环化合物支链碳数为 $C_0 \sim C_2$ 的质量分数提高了 24%，而支链碳数大于 $5(C_5)$ 以上的单环化合物质量分数只提高了 2%。这说明在反应过程中，煤焦油中的单环化合物发生了脱烷基化反应，并生成了烷基取代碳数低于 2 的苯与环烷烃，但是相比之下，发生 β 键断裂的烷基取代基本身的裂化反应并不明显。这种主要生成 C_1 与 C_2 轻烃的 C—C 键断裂是由热裂化引起的，在重整工艺中也把这种现象称为氢解。裂化工艺一产物中单环化合物支链碳数则与煤焦油加氢精制产物十分相似。这说明通过在催化剂的级配中加入加氢裂化催化剂的工艺并未对加氢过程中的热裂化反应造成明显的影响，但是却可以促进催化裂化反应的发生。

　　裂化工艺二产物中的单环化合物取代基碳数分布与原料煤焦油及另外两种工艺的产物有很大区别。最明显的是取代基碳数大于 5 的单环化合物质量分数已经降至 2%，说明催化裂化反应非常明显，支链碳数为 $C_0 \sim C_2$ 的单环化合物质量分数提升也十分明显，这表明采用这种工艺能有效提高产物的芳潜值。相比之下，

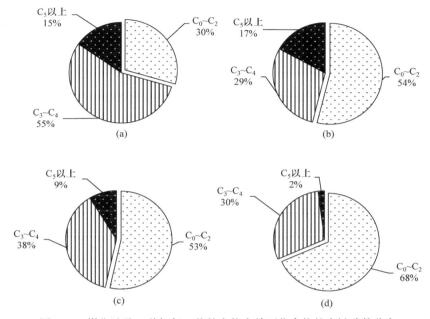

图 4.18　煤焦油及三种加氢工艺的产物中单环化合物的支链碳数分布

(a) 原料煤焦油，即煤焦油 360℃前馏分中单环化合物支链碳数分布；(b) 煤焦油加氢精制产物中单环化合物支链碳数分布；(c) 裂化工艺一产物中单环化合物支链碳数分布；(d) 裂化工艺二产物中单环化合物支链碳数分布 (两段产物分别测定再统一计算后得出。单环化合物包括烷基苯、烷基环戊烷、烷基环己烷、烷基苯酚以及其他具有一个环结构的化合物)

采用裂化工艺二可以更有针对性地完成双环化合物的开环与长支链单环化合物的烷基侧链脱除，这对增加产物中石脑油馏分的比例有非常积极的意义。

4.3.4　产物分布及性质

三种工艺都会产生石脑油、柴油、水与裂解气四种主要的产物。三种工艺的产物分布对比如图 4.19 所示。通过对比可知，加氢裂化催化剂的使用有利于提高产物中石脑油的质量分数。煤焦油经过裂化工艺二生产的石脑油产率比煤焦油加氢精制工艺生产的石脑油质量分数高出45%，而裂化工艺一介于两者之间。因为裂化工艺二针对煤焦油加氢精制后的柴油馏分完成了加氢裂化，将柴油转化为石脑油。

裂化工艺二虽然提高了石脑油产品收率，但是这种工艺同时也会生成质量分数大约为另外两种工艺两倍的裂解气。这在一定程度上造成了原料与能源的浪费。但是裂化工艺二中第二段的加氢裂化段是完全独立的加氢反应过程，所以可以根据石脑油与柴油的市场价格，以及后续所考虑的石脑油加工方式是重整后提取 BTX 或者是重整后制成车用汽油来进一步优化裂化段的操作参数。

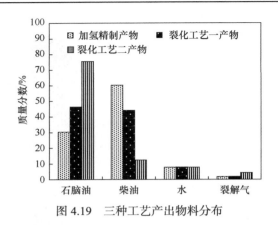

图 4.19　三种工艺产出物料分布

　　三种工艺产出的石脑油性质如表 4.4 所示，由于裂化工艺二中前后两段加氢过程都会产出石脑油，而其中第一段产出石脑油性质与加氢精制产出石脑油性质完全相同，所以在表中仅列出裂化工艺二第二段产出的石脑油性质。通过表中数据可以看出，裂化工艺二产出的石脑油中含有更多的环烷烃与更少的芳烃，并且硫氮浓度更低(均不足 $10\mu g \cdot g^{-1}$)。

表 4.4　三种工艺产出石脑油产品性质

性质	加氢精制 产出石脑油	裂化工艺一 产出石脑油	裂化工艺二第二段 产出石脑油
$c(S)/(\mu g \cdot g^{-1})$	13	12	8
$c(N)/(\mu g \cdot g^{-1})$	17	15	5
$w(芳烃)/\%$	17.22	10.94	9.48
$w(环烷烃)/\%$	64.93	67.5	70.93
$w(烷烃)/\%$	17.85	21.56	19.59

4.4　两集总反应动力学

　　依据煤焦油加氢中试实验装置上所完成的 1200h 的实验数据，运用 Levenberg-Marquardt 法拟合出各动力学参数，建立了煤焦油加氢脱氮动力学模型。该模型不仅能较为准确地预测不同空速、压力、温度条件下加氢产品中硫、氮的质量分数及目标产品产率，还能预测出长周期运转下产品性质的变化。

　　在以往针对加氢裂化的研究中，煤焦油中的化学组成通常需要被划分为 8~16 种集总。加氢精制过程具有明确的脱硫、脱氮、油品轻质化三个主要目标，在进行动力学研究时可以对煤焦油中的化合物进行较为简单的集总划分，简化研究过程。所以在本节在四管串联固定床加氢装置上，对煤焦油加氢精制进行了动力学研究。所建立的动力学模型考虑到了催化剂活性的衰减，以及温度、压力、空速等工艺条件对产品性质的影响[11-14]。

4.4.1　加氢脱杂原子动力学

1. 模型建立

将煤焦油中所有含硫化合物划分为一个整体来考虑其反应动力学形式，并以煤焦油中硫质量分数的降低来反映其转化程度。假设在反应过程中含硫化合物的反应级数为 n_S，煤焦油的 HDS 动力学模型可初步表示为

$$\frac{\mathrm{d}w_S}{\mathrm{d}t} = -kw_S^{n_S} \tag{4.1}$$

式中，w_S 表示煤焦油中硫的质量分数；k 表示煤焦油 HDS 反应的反应速率。按照反应级数 $n_S=1$ 与 $n_S \neq 1$ 两种情况可以将式(4.1)表示为以下形式：

$$\begin{cases} W_{\text{outlet,S}}^{1-n_S} - W_{\text{inlet,S}}^{1-n_S} = (n_S - 1)kt & (n_S \neq 1) \\ \ln \dfrac{W_{\text{inlet,S}}}{W_{\text{outlet,S}}} = kt & (n_S = 1) \end{cases} \tag{4.2}$$

式中，$W_{\text{inlet,S}}$ 和 $W_{\text{outlet,S}}$ 分别表示进料煤焦油与出料煤焦油中硫的质量分数。许多学者在研究中发现，脱硫反应动力学不能简单地假设为一级反应[15,16]。所以后续的研究将在假设 $n_S \neq 1$ 的基础上完成。

假设反应速率常数受温度的影响规律符合 Arrhenius 公式，并以指数函数的形式来表示空速与压力对反应速率的影响，则煤焦油 HDS 动力学模型可表示为式(4.3)的形式。

$$W_{\text{outlet,S}}^{1-n_S} - W_{\text{inlet,S}}^{1-n_S} = (n_S - 1)k_{0,S}\exp\left(\frac{-E_a}{RT}\right)\text{LHSV}^{a_S}P_{\text{H}_2}^{b_S} \tag{4.3}$$

式中，$k_{0,S}$ 为煤焦油 HDS 反应中的指前因子；E_a 为反应活化能，J/mol；P_{H_2} 为氢气分压；a_S 为煤焦油 HDS 反应中压力的校正系数；b_S 为煤焦油 HDS 反应中空速的校正系数。

随着装置运行时间的延长，催化剂表面的金属沉积和积炭不可避免，必须考虑催化剂失活因素对加氢脱氮的影响[17,18]。假设催化剂失活动力学形式符合时变失活形式[19][式(4.4)]，则动力学模型如式(4.5)所示。

$$a = \frac{1}{1 + \left(\dfrac{t}{t_{c,S}}\right)^{\beta_S}} \tag{4.4}$$

$$W_{\text{outlet,S}}^{1-n_S} - W_{\text{inlet,S}}^{1-n_S} = (n_S - 1)k_{0,S}\exp\left(\frac{-E_{a,S}}{RT}\right)\text{LHSV}^{a_S}P_{H_2}^{b_S}\frac{1}{1+\left(\dfrac{t}{t_{c,S}}\right)^{\beta_S}} \tag{4.5}$$

式中，a 为催化剂时变失活函数；$t_{c,S}$ 为催化剂脱硫功能活性时间，d；$E_{a,S}$ 为脱硫反应的活化能，J/mol。

不同的加氢催化剂在加氢反应过程中除了主要功能之外，往往还兼备其他功能。以加氢保护(HP)催化剂为例，该催化剂除了具有良好的脱沥青与脱金属的作用之外，还具有较低的脱硫、脱氮及生产汽柴油的能力。HDS 催化剂与 HDN 催化剂也同样具有脱硫、脱氮、加氢生产汽柴油三种功效。考虑 HP、HDS、HDN 三种催化剂的级配作用，煤焦油脱硫反应动力学模型可表示为

$$W_{\text{outlet,S}} = \left\{(n_S - 1)\left[y_1 k_{0,S1}\exp\left(\frac{-E_{a,S1}}{RT_1}\right) + y_2 k_{0,S2}\exp\left(\frac{-E_{a,S2}}{RT_2}\right) + y_3 k_{0,S3}\exp\left(\frac{-E_{a,S3}}{RT_3}\right)\right]\right.$$
$$\left.\text{LHSV}^{a_S}P_{H_2}^{b_S}\frac{1}{1+\left(\dfrac{t}{t_{c,S}}\right)^{\beta_S}} + W_{\text{inlet,S}}^{1-n_S}\right\}^{\frac{1}{(1-n_S)}}$$

$$\tag{4.6}$$

式中，y_1、y_2、y_3 分别表示 HP、HDS、HDN 三种催化剂的级配比例；$E_{a,S1}$、$E_{a,S2}$ 和 $E_{a,S3}$ 分别表示 HP、HDS 和 HDN 三个反应器内的反应活化能；$k_{0,S1}$、$k_{0,S2}$ 和 $k_{0,S3}$ 分别表示 HP、HDS 和 HDN 三个反应器内的指前因子。

以同样的推导方法可得煤焦油脱氮反应动力学模型式(4.7)：

$$W_{\text{outlet,N}} = \left\{(n_N - 1)\left[y_1 k_{0,N1}\exp\left(\frac{-E_{a,N1}}{RT_1}\right) + y_2 k_{0,N2}\exp\left(\frac{-E_{a,N2}}{RT_2}\right) + y_3 k_{0,N3}\exp\left(\frac{-E_{a,N3}}{RT_3}\right)\right]\right.$$
$$\left.\text{LHSV}^{a_N}P_{H_2}^{b_N}\frac{1}{1+\left(\dfrac{t}{t_{c,N}}\right)^{\beta_N}} + W_{\text{inlet,N}}^{1-n_N}\right\}^{\frac{1}{(1-n_N)}}$$

$$\tag{4.7}$$

式中，$W_{\text{inlet,N}}$ 和 $W_{\text{outlet,N}}$ 分别表示煤焦油进料前后氮的质量分数；$E_{a,N1}$、$E_{a,N2}$ 和 $E_{a,N3}$ 分别表示煤焦油加氢反应过程中 HP、HDS、HDN 反应的反应活化能；$k_{0,N1}$、$k_{0,N2}$ 和 $k_{0,N3}$ 分别表示煤焦油 HP、HDS、HDN 反应中的指前因子；t 表示反应装置的运行时间；$t_{c,N}$ 表示作为脱氮反应催化剂的半衰期；a_N 为煤焦油 HDN

反应中压力的校正系数；b_N 为煤焦油 HDN 反应中空速的校正系数。

2. 模型参数计算

在装置运行过程中，总共采集有效数据 27 组，实验结果见表 4.5。依据 1200h 的实验数据，运用 Levenberg-Marquardt 法拟合出各动力学参数。计算出的脱硫动力学模型参数，脱氮动力学模型参数，目标产物动力学模型参数见表 4.6。

表 4.5　煤焦油加氢精制实验长周期运转实验数据

t/h	$P(H_2)$/MPa	LHSV/h^{-1}	T(HDS)/K	$c(S)$/($\mu g \cdot g^{-1}$)	$c(N)$/($\mu g \cdot g^{-1}$)	主产物质量分数/%
72	13	0.3	633	36.35	34.74	90.546
110	13	0.4	633	51.98	57.38	90.274
120	13	0.3	653	21.59	17.03	90.609
144	13	0.3	613	58.13	70.04	90.387
168	13	0.2	633	21.44	18.09	90.534
192	11	0.3	633	40.01	39.39	90.395
216	15	0.3	633	34.12	31.92	90.582
264	11	0.2	613	37.48	40.86	90.378
312	13	0.2	613	35.14	37.56	90.465
360	15	0.2	613	33.18	35.19	90.537
408	11	0.3	613	62.09	79.01	90.179
456	15	0.3	613	55.12	65.95	90.356
504	11	0.4	613	86.19	120.3	89.601
552	13	0.4	613	78.04	110.85	89.687
576	15	0.4	613	75.86	102.19	89.757
648	11	0.2	633	23.97	20.84	90.239
696	15	0.2	633	20.51	17.13	90.415
744	11	0.4	633	56.64	64.04	89.913
792	15	0.4	633	49.54	55.43	90.089
840	11	0.2	653	13.69	10.12	90.167
888	13	0.2	653	12.59	9.03	90.253
936	15	0.2	653	11.53	8.28	90.324
984	11	0.3	653	24.59	19.85	90.158
1032	15	0.3	653	20.79	17.00	90.335
1080	11	0.4	653	36.46	32.85	90.071
1128	13	0.4	653	34.01	30.30	90.157
1176	15	0.4	653	31.10	27.94	90.227

表 4.6　加氢脱杂原子动力学模型参数

HDS 动力学		HDN 动力学		目标产物动力学	
参数	计算值	参数	计算值	参数	计算值
$k_{0,S1}$	48164	$k_{0,N1}$	57328	$k_{0,S1}$	22091
$k_{0,S2}$	15491	$k_{0,N2}$	15301	$k_{0,S2}$	1099
$k_{0,S3}$	10249	$k_{0,N3}$	15613	$k_{0,N1}$	42791
$E_{a,S1}$	58651	$E_{a,N1}$	58814	$k_{0,N2}$	2149
$E_{a,S2}$	52568	$E_{a,N2}$	55382	$E_{a,S1}$	43320
$E_{a,S3}$	52864	$E_{a,N3}$	54159	$E_{a,S2}$	38819
a_S	−0.529	a_N	−0.578	$E_{a,N1}$	54814
b_S	0.202	b_N	0.198	$E_{a,N2}$	59371
$t_{c,S}$	30341	$t_{c,N}$	29943	a	−0.878
β_S	1.391	β_N	1.239	b	0.007
n_S	1.23	n_N	1.27	t_c	185943
—	—	—	—	β	1.039

　　在装置运行了 1176h 后又采集了 5 次实验结果对所建立的动力学模型推测出的产品性质进行验证，验证结果见表 4.7。HDS 动力学模型与 HDN 动力学模型的预测结果相比，实验结果误差均不超过±4%，而目标产物动力学的预测结果与实验测定值之间的误差不超过±0.02%。说明所建立的动力学模型能够很好地预测不同工艺、不同运转周期下煤焦油加氢产物的性质。

表 4.7　不同反应条件下预测结果与实验结果的比较

实验编号	$c(S)/(\mu g \cdot g^{-1})$		误差/%	$c(N)/(\mu g \cdot g^{-1})$		误差/%	目标产物质量分数/%		误差/%
	实测值	预测值		实测值	预测值		实测值	预测值	
1	37.77	37.51	−0.70	36.44	37.05	1.66	90.065	90.095	0.01
2	36.08	35.04	−2.89	34.59	34.27	−0.91	90.185	90.175	−0.01
3	52.56	53.15	1.13	57.12	58.39	2.22	89.934	89.812	−0.02
4	21.79	22.50	3.28	18.24	18.01	−1.28	90.119	90.145	0.03
5	22.93	22.11	−3.58	19.65	19.06	−2.99	90.055	90.079	0.03

　　注：①实验 1 的条件为 13MPa，空速 0.3h⁻¹，脱氮段反应温度 633K，运行时间 1200h；
　　　　②实验 2 的条件为 15MPa，空速 0.3h⁻¹，脱氮段反应温度 633K，运行时间 1224h；
　　　　③实验 3 的条件为 13MPa，空速 0.4h⁻¹，脱氮段反应温度 633K，运行时间 1248h；
　　　　④实验 4 的条件为 13MPa，空速 0.3h⁻¹，脱氮段反应温度 653K，运行时间 1272h；
　　　　⑤实验 5 的条件为 13MPa，空速 0.3h⁻¹，脱氮段反应温度 633K，运行时间 1296h。

3. 模型应用

本节的动力学模型能够预测在不同工艺条件下的产品性质。产品性质随着脱氮段反应温度从 613K 增长到 653K 的变化规律如图 4.20 所示。在该范围内，脱氮段温度的提升对产品硫氮浓度的降低和目标产物(汽柴油)收率的提高都有积极意义。当 HDN 段反应温度高于 631K 左右时，产品中的硫浓度将高于氮浓度，说明提高反应温度对提高煤焦油 HDN 的促进效果比对 HDS 的促进效果更明显。产品性质随着反应压力从 11MPa 增长到 15MPa 的变化趋势如图 4.21 所示。在该压力范围内，反应压力的提高对产品硫浓度、氮浓度的降低与目标产物收率的提高都有积极意义。压力的提高一方面可以提高反应器中氢气量，另一方面可以促进氢气分子进入油相，所以反应压力的提高对煤焦油加氢过程中的 HDS、HDN 及煤焦油轻质化都有积极作用。从图 4.21 中可以发现，压力对煤焦油 HDS、HDN 的影响几乎是同步的，这是因为这两种反应都需要氢气的参与，提高压力对这两种反应的促进作用相同。

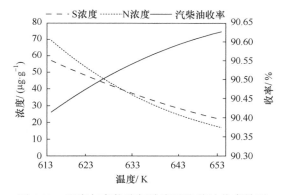

图 4.20　温度与产物硫氮浓度及汽柴油收率关系

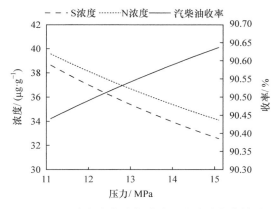

图 4.21　压力与产物硫氮浓度及汽柴油收率关系

产品性质随着反应空速从 0.2h⁻¹ 到 0.4h⁻¹ 的变化趋势如图 4.22 所示，在该范围内，空速的降低对产品硫、氮浓度的降低与目标产物收率的提高有积极意义。低空速下(大概低于 0.3h⁻¹)，空速的降低对产品目标产物的产量影响较小，并且产品硫浓度高于氮浓度，而在较高的空速范围内空速的降低对目标产物收率影响较大，同时产品氮浓度高于硫浓度。

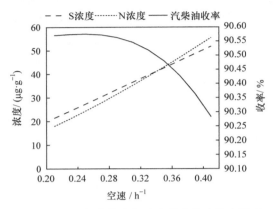

图 4.22　空速与产物硫氮浓度及汽柴油收率关系

虽然该动力学模型适用于各种条件下产品性质的预测，但是基于 1200h 实验结果所计算的动力学参数并不具有非常广泛的适用性，在进行偏离本小节的实验条件太大的工艺参数下生成的产品性质预测时，利用该动力学模型及参数计算出的实验结果虽然不一定十分精确，但是具有一定的参考价值。动力学模型能够提供最有价值的预测值，是对装置长周期运转下产品性质的改变。所采集数据为催化剂活性平稳期的数据，所以当装置运行时间过长以至于催化剂活性进入衰减期后，该动力学模型对产品性质的预测会出现一定程度的失真。以一个参考条件：脱硫反应温度 320℃、脱氮反应温度 380℃、空速 0.3h⁻¹、反应压力 13MPa 为例，在原料性质不变的情况下运转 2a 以内，运转时间与产品硫浓度、氮浓度、汽柴油收率有如图 4.23 所示的关系。依据动力学模型的预测结果来看，该催化剂体系在使用 2a 后，汽柴油收率将下降 7.22%，而产品硫浓度和氮浓度将分别增长 118% 和 176%。

4.4.2　加氢轻质化动力学

煤焦油在加氢精制过程中会转化为主要的目标产物——汽柴油，生成裂解气与水这些副产物是不可避免的。因为 HP 催化剂的加氢活性较低，所以在建立关于目标产物产量的动力学模型时，HP 段的目标产物产量将被忽略。假设原料再通过 HP 段反应器之后，没有主产物及副产物生成。HDS 与 HDN 催化剂的级配

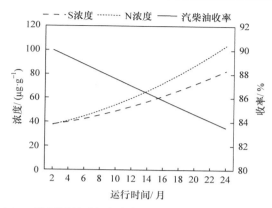

图 4.23　装置运行时间与产物硫氮浓度及汽柴油收率关系

比例将重新定义为 y_S 与 y_N。假设煤焦油加氢生产目标产物与副产物的过程符合理想的平行反应形式，并且符合 1 级反应动力学模型。在脱硫段反应器中，原料、目标产物、副产物的动力学模型有以下表达形式：

$$C_{A,S} = C_{A0}\exp\left[-y_S\left(k_{1,S} + k_{2,S}\right)\mathrm{LHSV}^a\right] \tag{4.8}$$

$$C_{B,S} = \frac{k_{1,S}}{k_{1,S} + k_{2,S}}C_{A0}\left\{1 - \exp\left[-y_S\left(k_{1,S} + k_{2,S}\right)\mathrm{LHSV}^a\right]\right\} \tag{4.9}$$

$$C_{C,S} = \frac{k_{2,S}}{k_{1,S} + k_{2,S}}C_{A0}\left\{1 - \exp\left[-y_S\left(k_{1,S} + k_{2,S}\right)\mathrm{LHSV}^a\right]\right\} \tag{4.10}$$

式中，$k_{1,S}$、$k_{2,S}$ 分别表示 HDS 反应段反应器内的主反应速率与副反应速率；C_{A0} 表示脱硫段反应器入口原料的比例；$C_{A,S}$、$C_{B,S}$、$C_{C,S}$ 分别表示 HDS 反应器出口原料、主产物、副产物的浓度。在脱氮段反应器内，主产物动力学模型有以下表达形式：

$$C_{A,N} = C_{A0}\exp\left[\left[-y_S\left(k_{1,S} + k_{2,S}\right)\mathrm{LHSV}^a\right]\right]\exp\left[-y_N\left(k_{1,N} + k_{2,N}\right)\mathrm{LHSV}^a\right] \tag{4.11}$$

$$C_{B,N} = \frac{k_{1,N}}{k_{1,N} + k_{2,N}}C_{A0}\exp\left[-y_S\left(k_{1,S} + k_{2,S}\right)\mathrm{LHSV}^a\right]\left\{1 - \exp\left[-y_N\left(k_{1,N} + k_{2,N}\right)\mathrm{LHSV}^a\right]\right\}$$

$$\tag{4.12}$$

$$C_{C,N} = \frac{k_{2,N}}{k_{1,N} + k_{2,N}}C_{A0}\exp\left[-y_S\left(k_{1,S} + k_{2,S}\right)\mathrm{LHSV}^a\right]\left\{1 - \exp\left[-y_N\left(k_{1,N} + k_{2,N}\right)\mathrm{LHSV}^a\right]\right\}$$

$$\tag{4.13}$$

式中，$k_{1,N}$、$k_{2,N}$ 分别表示 HDN 段反应器内的主反应速率与副反应速率；$C_{A,N}$、$C_{B,N}$、$C_{C,N}$ 分别表示在 HDN 反应段内发生反应后原料、主产物、副产物的浓度。由于两段反应器都会有产物生成，所以反应器主产物产量 $C_B=C_{B,S}+C_{B,N}$。因为在反应过程中，温度、压力、催化剂的装置运行时间都会对反应产生影响。考虑氢分压的影响，假设主产物与副产物的反应速率常数受温度影响符合 Arrhenius 公式，则式(4.12)可表达为

$$C_B = \frac{P_{H_2}^b}{1+\left(\dfrac{t}{t_c}\right)^\beta}\left(\frac{k_{1,S}}{k_{1,S}+k_{2,S}}C_{A0}\left\{1-\exp\left[-y_S\left(k_{1,S}+k_{2,S}\right)\mathrm{LHSV}^a\right]\right\}\right.$$

$$\left.+\frac{k_{1,N}}{k_{1,N}+k_{2,N}}C_{A0}\exp\left[-y_S\left(k_{1,S}+k_{2,S}\right)\left(\mathrm{LHSV}\right)^a\right]\left\{1-\exp\left[-y_N\left(k_{1,N}+k_{2,N}\right)\mathrm{LHSV}^a\right]\right\}\right)$$

$$(4.14)$$

式中，$k_{1,S}$、$k_{2,S}$、$k_{1,N}$、$k_{2,N}$ 可表示为以下形式：

$$k_{1,S} = k_{0,S1}\exp\left(\frac{-E_{a,S1}}{RT_S}\right) \tag{4.15}$$

$$k_{2,S} = k_{0,S2}\exp\left(\frac{-E_{a,S2}}{RT_S}\right) \tag{4.16}$$

$$k_{1,N} = k_{0,N1}\exp\left(\frac{-E_{a,N1}}{RT_N}\right) \tag{4.17}$$

$$k_{2,N} = k_{0,N2}\exp\left(\frac{-E_{a,N2}}{RT_N}\right) \tag{4.18}$$

4.5　多集总反应动力学

本节以科学性和实用性为原则，采用集总动力学思想将中温煤焦油裂化反应网络按原料油四组分和产品油馏分分布为划分标准归并为六个虚拟集总组分，考察氢分压、液体体积空速、床层温度对中温煤焦油加氢裂化结果的影响，建立中温煤焦油六集总加氢裂化动力学模型，在 Visual C++平台上，采用四阶变步长的 Runge-Kutta 法求解微分方程，函数最优化求解采用变尺度法(Broyden-Flether-Goldfarb-Shanno 法，简称 B-F-G-S 法)，并进行模型验证。

4.5.1　模型建立

1. 加氢裂化反应虚拟集总组分划

本小节从科学性和实用性两个角度来划分中温煤焦油加氢裂化反应网络，将复杂反应网络划分为原料油和生成油两方面，可以建立直观原料的反应规律、产物分

布规律及二者与反应条件的关系，从而在实践生产中提高原料处理深度、调整产品分布灵活性及增加企业效益。原料油以煤焦油族组成进行划分，这样的划分原则可以深入了解中低温煤焦油不同族组成的转化规律和裂化程度，并且四组分作为炼厂重质油的一项常规分析指标，方便准确，容易实现；生成油以商品油各馏分进行划分，这样的划分原则可以深入了解加氢裂化生成各馏分油、裂解气体的产品分布规律，极大满足了市场经济中的现代化炼厂对商品油灵活调整的经济要求。

中温煤焦油中胶质、沥青质都属于难以加工处理的重质组分，其分子结构和加氢化学性能也类似，由于沥青质质量分数较低，因此划为一个虚拟集总考虑；芳香烃(又称"芳烃")和饱和烃分别划归一个虚拟集总。

为了从动力学角度深入了解加氢裂化生成油馏分的产品分布规律，将生成油按其固定馏程划分，柴油馏分(200～350℃)划分为一个虚拟组分，汽油或石脑油馏分(初馏点约 200℃)划为一个虚拟集总组分。组分排序按从重到轻的顺序，方便后续反应网络和反应速率方程的设计。加氢生成油集总划分方式和煤焦油的集总划分方式方法相同。集总 1～3 均为重质组分，集总 4～6 均为轻质组分。

中温煤焦油加氢裂化集总动力学模型的各集总划分如下：

①集总 1——沥青质+胶质；②集总 2——芳香分；③集总 3——饱和分；④集总 4——柴油馏分；⑤集总 5——汽油馏分；⑥集总 6——气体。

2. 加氢裂化集总动力学模型基本假设

煤焦油的复杂组分直接导致其加氢反应过程极其复杂，无法采用简单的现有模型处理，为突出研究目的，简化问题，作如下几点规定和假设：

(1) 照原料油族组成和加氢生成油切割方案(或馏程)的差异把所有加氢反应划分为 6 个集总组分；

(2) 反应物与其生成物沸点属于同一馏程则该反应不予考虑；

(3) 裂化反应为不可逆反应，因此各集总组分之间的反应可认为是不可逆的；

(4) 设加氢裂化反应速率常数受温度影响符合 Arrhenius 公式；

(5) 设各个反应遵循"互不作用"原则；

(6) 设所有反应符合自由基反应机理，采用一级反应动力学模型描述；

(7) 较高氢分压和适当温度时，假设胶质和沥青质等重组分不发生缩合反应。

3. 加氢裂化反应网络

加氢裂化反应网络相当复杂，通过合理假设、简化和集总处理，加氢裂化反应网络见图 4.24。

4. 建立反应动力学模型

在加氢精制过程中通过控制系统循环气的放空量，可以控制系统氢分压在一

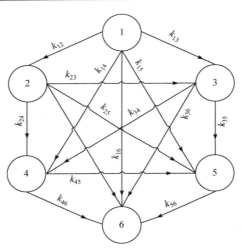

图 4.24 加氢裂化反应网络

1～6 表示 1～6 集总；k_{ij} 表示表观反应速率常数

个很小的波动范围内，故加氢过程可近似看作等体积反应，取 $n=1$。在小型实验装置中的流体可能会偏离活塞流，引入一指数项 a 对液体体积空速进行修正。中温煤焦油加氢裂化集总动力学反应网络的反应速率方程见式(4.19)。

$$\begin{cases} \dfrac{\mathrm{d}M_1}{\mathrm{d}t} = -(k_{12} + k_{13} + k_{14} + k_{15} + k_{16})M_1 \\[2mm] \dfrac{\mathrm{d}M_2}{\mathrm{d}t} = k_{12}M_1 - (k_{23} + k_{24} + k_{25} + k_{26})M_2 \\[2mm] \dfrac{\mathrm{d}M_3}{\mathrm{d}t} = k_{12}M_1 + k_{23}M_2 - (k_{34} + k_{35} + k_{36})M_3 \\[2mm] \dfrac{\mathrm{d}M_4}{\mathrm{d}t} = k_{14}M_1 + k_{24}M_2 + k_{34}M_3 - (k_{45} + k_{46})M_4 \\[2mm] \dfrac{\mathrm{d}M_5}{\mathrm{d}t} = k_{15}M_1 + k_{25}M_2 + k_{35}M_3 + k_{45}M_4 - k_{56}M_5 \\[2mm] \dfrac{\mathrm{d}M_6}{\mathrm{d}t} = k_{16}M_1 + k_{26}M_2 + k_{36}M_3 + k_{46}M_4 + k_{56}M_5 \end{cases} \tag{4.19}$$

式中，M_i 为虚拟组分质量分数，%；t 为反应物停留时间，h。

则加氢裂化反应动力学模型中的各反应速率可以写成式(4.20)：

$$k = k_0 \exp(-E_a / RT) P_{\mathrm{H}_2}^a \mathrm{LHSV}^b \tag{4.20}$$

式中，LHSV 为液体空速，h^{-1}；a 为氢分压修正指数；b 为空速修正指数；k_0 为 Arrhenius 方程的指前因子；E_a 为反应的表观活化能，$\mathrm{J \cdot mol^{-1}}$；$T$ 为反应温度，K；R 为摩尔气体常数，8.314J/(mol·K^{-1})。

4.5.2　数据拟合

1. 建模实验数据

考察氢分压、裂化床层温度、液体空速三因素对中温加氢裂化反应网络的影响，本实验选用优化的氢油比条件为 1850∶1，加氢裂化工艺条件见表 4.8，实验分析结果见表 4.9。

表 4.8　加氢裂化工艺条件

实验编号	氢分压/MPa	裂化床层温度/K	液体空速/h^{-1}
1	12	653	0.2
2	14	653	0.2
3	12	693	0.2
4	14	693	0.2
5	12	653	0.4
6	14	653	0.4
7	12	693	0.4
8	14	693	0.4
9	11	673	0.3
10	14	673	0.3
11	13	693	0.3
12	13	703	0.3
13	13	673	0.2
14	13	673	0.4
15	13	673	0.3
16	14	673	0.2

表 4.9　加氢裂化反应结果

实验编号	生成油四组分质量分数/%				生成油产品质量分数/%		
	沥青质	胶质	芳香分	饱和分	柴油	汽油	气体
1	4.48	8.89	18.25	68.38	59.54	17.97	1.40
2	3.68	3.31	11.74	81.27	68.93	18.21	1.46
3	3.38	3.11	10.29	83.22	62.19	26.18	1.78
4	1.63	2.55	7.89	87.93	60.71	31.17	1.83
5	5.78	11.55	26.25	56.42	53.49	16.06	0.96
6	4.83	10.45	17.88	66.84	61.39	14.39	1.39
7	5.13	12.35	16.23	66.29	58.50	15.91	1.55
8	4.22	9.34	16.98	69.46	55.17	22.78	1.65

续表

实验编号	生成油四组分质量分数/%				生成油产品质量分数/%		
	沥青质	胶质	芳香分	饱和分	柴油	汽油	气体
9	5.89	12.34	23.22	58.55	53.99	16.17	1.27
10	3.98	3.24	9.83	82.95	68.53	19.34	1.33
11	3.77	3.63	9.38	83.22	65.29	22.62	1.71
12	3.05	3.50	8.32	85.13	62.78	26.51	2.01
13	3.74	4.87	10.38	81.01	67.38	18.82	1.58
14	4.23	9.81	15.20	70.76	62.68	15.68	1.32
15	3.82	4.23	11.10	80.85	67.22	19.18	1.32
16	3.03	2.44	8.13	86.40	69.48	20.99	1.42

2. 参数拟合求解

本模型拟合求解操作平台为 Visual C++2008 软件，其常用参数估计的方法有 Guass-Newton 法、Marquadt 法、单纯形法、Powell 法、共轭梯度法(conjugate gradient method)、变尺度法(B-F-G-S 法)等，解常微分方程组的方法有定步长 Runge-Kutta 法、自适应变步长的 Runge-Kutta 法、改进的中点法、外推法等。各种方法各有所长，但本部分需一次性估计的动力学参数达 60 多个，在多参数的估计中，四阶变步长的 Runge-Kutta 法及最优化求解中的变尺度法(B-F-G-S 法)应用效果较好，经过反复考察验证，本部分决定求解微分方程采用四阶变步长的 Runge-Kutta 法，函数最优化求解采用变尺度法(B-F-G-S 法)，目标函数为实测计算($i=1$，2，…，m，表示有 m 组数据；$j=1$，2，…，n 表示有 n 个集总)，根据拟合最优原则来确定各步反应网络的动力学参数，采用实验值与计算值相对误差的平方和作为参数估计的目标函数，函数如式 4.21 所示。参数拟合的结果见表 4.10。

$$SSR = \sum_{i=1}^{m} \sum_{j=1}^{n} \left(\frac{Y_{project} - Y_{real}}{Y_{real}} \right)^2 \tag{4.21}$$

表 4.10　参数拟合结果

反应速率常数	k	k_0	E_a	a	b
k_{12}	0.5059	0.00014	2345	2.866	−0.976
k_{13}	0.6281	0.00012	1534	2.934	−1.015
k_{14}	0.3215	0.000458	1432	2.223	−0.865
k_{15}	0.4323	0.000642	2031	2.263	−0.832
k_{16}	0.6833	0.000109	3145	3.119	−1.002
k_{23}	0.6473	0.0000712	5903	3.344	−1.239

续表

反应速率常数	k	k_0	E_a	a	b
k_{24}	0.4011	0.003356	7833	2.011	−0.801
k_{25}	0.3987	0.006431	9482	1.873	−0.798
k_{26}	0.006873	0.000959	6239	0.867	−0.693
k_{34}	0.5788	0.000596	4267	2.501	−0.955
k_{35}	0.1782	0.000684	698	1.773	−0.902
k_{36}	0.0007812	0.0000972	13490	0.529	−2.593
k_{45}	0.08239	0.017101	24109	1.464	−1.729
k_{46}	0.006021	0.000946	14569	0.881	−1.801
k_{56}	0.003229	0.000853	15485	0.729	−1.833

3. 模型验证

通过实验对比验证所建立的中温煤焦油加氢裂化动力学模型的外推性能和预测能力。验证实验工艺条件和验证数据对比分析如表 4.11、表 4.12 所示。

表 4.11　验证实验工艺条件

实验编号	氢分压/MPa	液体空速/h⁻¹	反应温度/K
1	12	0.3	673
2	13	0.3	693
3	13	0.2	673

表 4.12　验证数据对比分析

实验编号	数据类型	生成油四组分质量分数/%				生成油产品质量分数/%		
		沥青质	胶质	芳香分	饱和分	柴油	汽油	气体
1	预测值	4.67	8.77	17.02	69.54	58.19	16.38	1.45
	实验值	4.56	8.68	16.95	69.81	58.63	16.76	1.43
	绝对误差	0.11	0.09	0.07	0.27	0.44	0.38	0.02
	相对误差	2.41	1.04	0.41	0.39	0.75	2.27	1.40
2	预测值	3.67	3.54	9.24	83.55	66.31	22.96	1.68
	实验值	3.77	3.63	9.38	83.22	65.29	22.62	1.71
	绝对误差	0.1	0.09	0.14	0.33	1.02	0.34	0.03
	相对误差	2.65	2.48	1.49	0.40	1.56	1.50	1.75

实验编号	数据类型	生成油四组分质量分数/%				生成油产品质量分数/%		
		沥青质	胶质	芳香分	饱和分	柴油	汽油	气体
3	预测值	3.69	4.81	10.19	81.31	68.84	18.91	1.55
	实验值	3.74	4.87	10.38	81.01	67.38	18.82	1.58
	绝对误差	0.05	0.06	0.19	0.3	1.46	0.09	0.03
	相对误差	1.34	1.23	1.83	0.37	2.17	0.48	1.90
绝对误差平均值		0.09	0.08	0.13	0.30	0.97	0.27	0.03
相对误差平均值		2.13	1.58	1.25	0.38	1.49	1.42	1.68

通过实验对动力学模型验证发现，该模型预测相对误差均小于等于 2.65，特别是对液体产品分布的预测误差较小，说明模型建立思路正确，参数拟合过程无误，极大程度地揭示了中温煤焦油加氢裂化冗杂而毫无规律的反应网络加氢反应现象，对中温煤焦油加氢工艺具有较强的指导意义。

4.5.3　数据应用

1. 反应速率分析

从原料族组成的角度来看，煤焦油中生成饱和分的反应速率常数 $k_{23}+k_{13}$ 远大于饱和分裂化成轻质油气的速率常数之和 $k_{34}+k_{35}+k_{36}$，并且高于重组分裂化为芳香分的速率常数 k_{12}，说明在加氢裂化工艺下，煤焦油中的胶质、沥青质和芳香分等组分大幅转化为饱和分等轻质油品组分，但是生成气体的反应速率常数 $k_{16}+k_{26}+k_{36}$ 均相当低，因此饱和分不利于继续深度裂化为气体产品，这与加氢生成油的四组分分析结果相符。

从生成油产品分布的角度来看，$k_{14}+k_{24}+k_{34}>k_{15}+k_{25}+k_{35}+k_{45}$，说明生成油中柴油馏分的生成速率大于汽油馏分，更远远大于汽油、柴油馏分裂化成气体的反应速率常数之和 $k_{45}+k_{56}$，中低温煤焦油加氢裂化的主要生成物为汽油、柴油馏分等烷烃、环烷烃饱和化合物。同时，饱和分裂化为柴油的反应速率常数 k_{34} 相对大于生成汽油的反应速率常数 k_{35}，也高于柴油裂化为小分子链的汽油馏分的反应速率常数 k_{45}。在加氢裂化条件下，胶质和沥青质等重组分裂化生成的饱和分主要是 $C_{10}\sim C_{20}$ 大分子链的柴油馏分，结合生成油馏程数据可以看出，生成的饱和分主要为相对大分子链的柴油馏分。

从柴油的生成速率来看，芳香分裂化为柴油的反应速率 k_{24} 大于胶质和沥青质的裂化速率 k_{14}。说明芳香分有利于加氢裂化，而沥青和胶质等稠环类芳香分大分子物质难以直接加工为轻质油品，而汽油的规律相反。

2. 活化能分析

从活化能角度来看，生成气体的活化能 E_{a36}、E_{a46} 和 E_{a5} 都很高，因此提高温度有利于促进裂化气体产品的生成，汽油生成的活化能 k_{45} 和 k_{25} 也较高，同时远远大于柴油生成的活化能，因此可知提高反应床层温度有利于汽油和裂化气的生成，即温度提高会显著增加汽油、柴油馏分的二次裂化程度，气体产物的增加直接影响企业经济效益。同时，裂化温度的提高可能导致结焦反应和缩合反应的发生，降低模型的精确性。

4.6　加氢反应过程模拟及工业化预测

4.6.1　加氢反应过程模拟

1. 模型假设

对滴流床内的反应进行准确模拟预测的前提是建立完整的数学模型、反应器模型和所需参数的求解方程，如图 4.25 所示。基于实验室规模的反应器内部尺寸较小，且具有良好的温控系统，使得催化剂表面的反应能够在一个恒定的温度体系下进行，可以认为反应器本身是一个等温体系，不考虑反应器内强放热反应导致的床层温升变化。通过建立准确的宏观动力学模型来描述反应进行的程度，三相间的质量传递及质量守恒方程能够保证反应体系的物料平衡，催化剂结构及原料性质的参数求解方程为以上模型的求解提供必要的参数支持。建模初期对模型进行适当的简化操作至关重要，首先能够保证对整个反应体系存在较大影响的关键因素，避免一些次要因素给计算过程带来的不利影响，从而能够简化模型的计算条件，在模型的求解过程中能够快速收敛。通过简化操作使得包含复杂反应的模型趋近一个相对较为理想化的模型结构，最终能够在合理的简化范围内达到相对准确的计算结果。所以，在模型的构建上采取以下方式对模型进行假设：

①一维非均相模型；②催化剂床层内部，液体和气体的速度是恒定的；③不考虑原料煤焦油的气化；④不考虑反应器内径向浓度的变化；⑤所有反应只在催化剂固体颗粒表面发生；⑥反应器为稳态等温操作；⑦不考虑各反应之间的相互影响；⑧不考虑轻组分的相变。

上述假设条件可以在很大程度上接近真实反应器结构，并在此简化模型的基础上仍能够确保计算结果具有较高的预测精度，能够很好地描述全馏分煤焦油加氢精制反应行为。

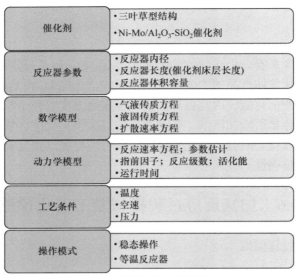

图 4.25　滴流床反应器模型组成

1) 煤焦油气化

原料油(煤焦油)的气化问题,一直以来受到众多学者的关注。原料油的气化问题对滴流床反应器的精确模拟至关重要,且不同相间的物质组成直接影响了反应体系的气液平衡,通过分析两种石油馏分(轻循环油和白油)的气化现象,采用状态方程进行闪蒸计算后可知,原料气化率在 20%～40%,且高温低压条件能够增强原料油的气化效果[20]。结合以上研究方法,本部分对反应器内煤焦油的气化情况进行了实验验证,在氢油体积比 1000∶1,压力 10MPa,空速 0.3h⁻¹ 的实验条件下,所得结果如图 4.26 所示。由图 4.26 可知,温度升高导致煤焦油的气化率略有升高,但在所研究温度范围内原料的气化率均在 5%以下,可以认为:对于未经切割的全馏分煤焦油来说,其本身具有更高的密度和黏度,且含有更多的重质组分,高压使得煤焦油在加氢过程中的气化可以忽略。

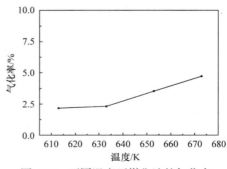

图 4.26　不同温度下煤焦油的气化率

2) 硫化氢对反应的影响

在含硫化合物的加氢脱除反应过程中，其反应机理主要有以下两种方式：①C—S 键断裂的直接氢解路径；②芳环不饱和键的先加氢饱和后发生氢解反应。硫化氢的存在主要抑制硫化物直接脱硫反应途径中的 C—S 键加氢分解反应[21]。硫化氢作为 HDS 反应的主要副产物，一般会对反应产生或多或少的抑制作用。硫化氢产生抑制作用的机理为硫化氢与油品中的含硫化合物相竞争，占据了更多的催化剂活性位点，使催化剂表面硫化物的反应量降低，从而抑制加氢脱硫反应[21-23]。

通过在煤焦油中加入 CS_2，利用其加氢反应生成的硫化氢来提高反应器内硫化氢浓度。探究了反应系统内不同硫化氢浓度下液相产物中硫化物的脱除率(脱硫率)，所得结果如表 4.13 所示。

表 4.13　硫化氢浓度对脱硫率的影响

c(硫化氢)/($\mu g \cdot g^{-1}$)	脱硫率/%
87.37	88.63
103.42	88.58
121.83	89.47
139.36	87.93
163.26	89.37

注：实验条件为氢油体积比 1000∶1，温度 653K，压力 10MPa，空速 $0.3h^{-1}$。

由表 4.13 的脱硫率变化结果可知，随着硫化氢浓度的增加，煤焦油的脱硫率并没有明显的变化。这可能是因为相比于原油，煤焦油中的硫质量分数较小(0.36%)。煤焦油加氢所用催化剂在整个加氢反应过程中是以硫化物的形式存在，其在反应过程中也会存在部分硫的损失，加氢脱硫反应所生成的适量硫化氢能够满足催化剂所需硫化氢的浓度水平，从而能够使催化剂保持一定的催化活性，而不至于对 HDS 反应产生较为明显的抑制效果。因此，动力学模型中并没有考虑 H_2S 的抑制作用。

3) 催化剂颗粒尺寸选择

在非均相催化反应过程中，当催化剂孔内扩散表现出较强的阻滞作用时，会影响催化反应的宏观反应速率，并使得催化剂效率因子降低。一般来说，催化剂颗粒粒径小到一定程度时，则内扩散的影响可以忽略，最终表现出宏观反应速率受动力学控制[24-26]。为了验证当前所用催化剂颗粒尺寸下内扩散的影响大小，考察了在不同催化剂粒径下的硫氮脱除率，当脱除率不再随着催化剂颗粒粒径的减小而变化时，说明内扩散效应已经被消除，此时的宏观反应速率受动力学控制，不同催化剂颗粒长度对硫氮浓度的影响结果见表 4.14。

表 4.14　不同催化剂颗粒长度对硫氮浓度的影响

催化剂颗粒长度/mm	c(入口硫)/($\mu g \cdot g^{-1}$)	c(入口氮)/($\mu g \cdot g^{-1}$)	c(出口硫)/($\mu g \cdot g^{-1}$)	c(出口氮)/($\mu g \cdot g^{-1}$)
6	3632	11600	260.28	358
5	3632	11600	238.43	332
4	3632	11600	228.71	316
3	3632	11600	220.15	291
2	3632	11600	216.53	289
1	3632	11600	215.97	286

注：实验条件为氢油体积比 1000∶1，温度 653K，压力 10MPa，空速 0.3h^{-1}。

出口液相产品中硫化物及氮化物的浓度随颗粒长度的减少而逐渐降低。当催化剂长度小于 2mm 时，产品油中杂原子的浓度基本保持稳定，由此可以说明催化剂颗粒内部扩散的影响可以忽略不计。因此，本书中使用的催化剂在预硫化前均被粉碎处理，最终所得颗粒为长度 2mm，直径 1.8mm。

2. 数学模型

数学建模的方法一直以来在计算机模拟工作中占据重要的位置，依靠 gPROMS 软件建模平台将实际反应器模型以数学方程的形式表现出来，进而可以通过对方程组的计算得到反应器内部的模拟结果。实验室滴流床反应器数学模型主要包括化学反应动力学模型、气液固三相间的质量传递模型，以及原料煤焦油的密度、黏度、溶解性和扩散速率等性质参数方程[24,27]。

1) 质量守恒方程

整个滴流床加氢反应体系内主要有气液固三相。气相中主要有反应物氢气、产物硫化氢和氨气，同时还伴随少量的轻烃类物质，各自浓度分别以分压表示[28-32]。液相反应物为煤焦油，固相为催化剂。为了清楚地表达反应体系中各物质的质量平衡关系，采用偏微分方程进行表述。

气相中各物质首先通过气液传质进入液相主体，并以各气体组分的分压表示。结合亨利定律可近似求得各气相组分在液相中的浓度，其表现形式如式(4.22)所示，其中 i 为 H_2、H_2S 和 NH_3。

$$\frac{RT}{u_G}k_i^L a_L\left(\frac{P_i^G}{h_i} - C_i^L\right) = -\frac{dP_i^G}{dz} \tag{4.22}$$

气相反应物及产物在气液和液固相之间的质量传递方程如式(4.23)所示，其中 i 为 H_2、H_2S 和 NH_3。

$$\frac{1}{u_L}\left[k_i^L a_L\left(\frac{P_i^G}{h_i} - C_i^L\right) - k_i^S a_S\left(C_i^L - C_i^S\right)\right] = \frac{dC_i^L}{dz} \tag{4.23}$$

煤焦油中含硫和含氮化合物在液固两相间的传质如式(4.24)所示，其中 i 为 S 和 N。

$$\frac{1}{u_L} k_i^S a_S \left(C_i^L - C_i^S \right) = -\frac{dC_i^L}{dz} \tag{4.24}$$

液固界面的传质为催化反应的进行提供条件，反应物首先由液相主体扩散至催化剂表面并进一步发生反应，随后反应产物由催化剂表面脱附进入液相主体。如式(4.25)和式(4.26)所示，其中 i 为硫、氮；j 为 HDS、HDN。

$$k_{H_2}^S a_S \left(C_{H_2}^L - C_{H_2}^S \right) = \rho_B \sum \eta_j r_j \tag{4.25}$$

$$k_i^S a_S \left(C_i^L - C_i^S \right) = -\rho_B \eta_j r_j \tag{4.26}$$

2) 边界条件

为了保证模型中偏微分方程组的准确求解，需建立以下边界条件。规定各反应物在反应器入口($z=0$)处的浓度或压力条件如下：

$$C_{sul}^L (z=0) = 入口浓度 \tag{4.27}$$

$$C_N^L (z=0) = 入口浓度 \tag{4.28}$$

$$P_{H_2}^G (z=0) = 入口压力 \tag{4.29}$$

$$C_{H_2}^L (z=0) = 入口浓度 \tag{4.30}$$

$$P_{H_2S}^G (z=0) = C_{H_2S}^L (z=0) = 0 \tag{4.31}$$

$$P_{NH_3}^G (z=0) = C_{NH_3}^L (z=0) = 0 \tag{4.32}$$

3) 传质系数方程

气液固三相间的传质系数方程采用式(4.33)、式(4.34)表示。气液传质系数见式(4.33)，其中 i 为 H_2、H_2S 和 NH_3。液固传质系数见式(4.34)，其中 i 为 H_2、H_2S、NH_3、S 和 N。

$$\frac{k_i^L a_L}{D_i^L} = 7 \frac{G_L}{\mu_L}^{0.4} \left(\frac{\mu_L}{D_i^L \rho_L} \right)^{0.5} \tag{4.33}$$

$$\frac{k_i^S}{D_i^L a_S} = 1.8 \frac{G_L}{a_S \mu_L}^{0.5} \left(\frac{\mu_L}{D_i^L \rho_L} \right)^{1/3} \tag{4.34}$$

4) 分子扩散

由于浓度差的存在，反应物分子在反应体系内的扩散可以采用经验式(4.35)表示，其中 i 为 H_2、H_2S、NH_3、S 和 N。

$$D_i^{L} = 8.93 \times 10^{-8} \frac{V_{L}^{0.267}}{V_i^{0.433}} \frac{T}{\mu_{L}} \tag{4.35}$$

煤焦油的摩尔体积可以采用式(4.36)进行粗略估算，对于 H_2、H_2S 和 NH_3 同样适用，如式(4.37)所示。

$$V_{L} = 0.285 \left(v_{C}^{L} \right)^{1.048} \tag{4.36}$$

$$V_i = 0.285 \left(v_{C}^{i} \right)^{1.048} \tag{4.37}$$

计算煤焦油的摩尔体积必须知道其临界比容 v_{C}^{L}，煤焦油的临界比容和分子量采用下列经验公式计算[33]。

$$v_{C}^{L} = \left(7.5214 \times 10^{-3} T_{\text{meABP}}^{0.2896} \rho_{15.6}^{-0.7666} \right) M_{w} \tag{4.38}$$

$$M_{w} = 61.11 + 0.3025 \left[t_{b} - 2.8(12.74 - k_{w})^2 \right] + 1.041 \times 10^{-3} \left[t_{b} - 1.3(12.74 - k_{w})^4 \right]^2 \tag{4.39}$$

$$k_{w} = \frac{1.2224(t_{b} + 273.15)^{1/3}}{d + 0.00817} \tag{4.40}$$

5) 密度与黏度

煤焦油密度随温度、压力的变化关系采用式(4.41)、式(4.42)表示，黏度的计算公式见式(4.43)。

$$\rho_{L} = \rho_0 + \Delta\rho_{P} - \Delta\rho_{T} \tag{4.41}$$

$$\Delta\rho_{P} = \left(0.167 + 16.181 \times 10 - 0.0425\rho_0 \right) \times \frac{P}{1000} - 0.01 \times \left(0.299 + 263 \times 10^{-0.0603\rho_0} \right) \times \left(\frac{P}{1000} \right)^2 \tag{4.42}$$

$$\Delta\rho_{T} = \left[0.0133 + 152.4(\rho_0 + \Delta\rho_{P})^{-2.45} \right] \times (T - 520) - \left[8.1 \times 10^{-6} - 0.622 \times 10^{-0.764(\rho_0 + \Delta\rho_P)} \right] \times (T - 520)^2 \tag{4.43}$$

$$\mu_{L} = 1586.29196 \exp\left(-T / 22.81267 \right) + 31.27682 \tag{4.44}$$

6) 气体的亨利系数

对于气相中 H_2、液相中 H_2S 和 NH_3 的浓度，分别采用亨利定律式(4.45)进行计算。H_2 解度系数采用式(4.46)计算，H_2S 和 NH_3 解度系数的计算公式如式(4.47)所示。

$$h_i = \frac{V_i}{\lambda_i \rho_{L}} \tag{4.45}$$

$$\lambda_{H_2} = -0.559729 - 4.2947 \times 10^{-4}T + 3.07539 \times 10^{-3}\left(\frac{T}{\rho_{20}}\right) + 1.94593 \times 10^{-6}T^2 + \frac{0.835783}{\rho_{20}{}^2}$$

(4.46)

$$\lambda_i = \exp(3.367 - 0.00847T)$$

(4.47)

7) 催化剂效率因子

催化剂的效率因子是工业反应器设计和模拟的重要参数，催化剂的结构如图 4.27 所示。催化剂的效率因子与颗粒粒径、产物及反应物的扩散有关。考虑到上述影响，一些研究人员采用蒂勒模数来预测催化剂的效率因子[34,35]。

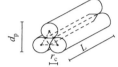

图 4.27　三叶草型催化剂结构

蒂勒模数计算公式如式(4.48)所示，其中 j 表示 HDS、HDN；i 表示硫、氮。

$$\varphi = L_P\left[\left(\frac{n+1}{2}\right)\frac{K_j C_i^{S(n-1)}\rho_P}{\mathrm{De}_i}\right]^{0.5}$$

(4.48)

粒度是指催化剂颗粒的总几何体积与外部面积之比，如式(4.49)所示。

$$L_P = \frac{V_P}{S_P}$$

(4.49)

对于三叶草型催化剂，V_P 和 S_P 分别采用式(4.50)和式(4.51)计算。

$$V_P = N(\pi r_c^2 L) - A_1 L$$

(4.50)

$$S_P = N(2\pi r_c^2 + 2\pi r_c L) \pm 2A_1 - NA_2$$

(4.51)

所需其他参数的求解公式如下：

$$r_c = \frac{d_p}{4}$$

(4.52)

$$A_1 = 3.86751 \times 10^{-2} \times d_p^2$$

(4.53)

$$A_2 = \frac{1}{6}(2\pi r_c L) = \frac{\pi}{3} r_c L$$

(4.54)

有效扩散系数计算公式如式(4.55)所示，其中曲折因子设为4[25-27]，i 为硫、氮。

$$\rho_P = \frac{\rho_B}{1-\varepsilon}$$

(4.55)

$$\theta = V_g \rho_P$$

(4.56)

$$r_g = \frac{2\theta}{S_g \rho_P}$$

(4.57)

$$D_k = 9700 r_{\mathrm{g}} \left(\frac{T}{M_{\mathrm{w}}} \right)^{0.5} \tag{4.58}$$

$$\mathrm{De}_i = \frac{\theta}{\tau} \left[\frac{1}{\left(1 / D_i^{\mathrm{L}} \right) + \left(1 / D_k \right)} \right] \tag{4.59}$$

催化剂比表面积 a_{S}、床层孔隙率 ε 以及当量直径 d_{s} 的计算公式如下。其中，当量直径定义为具有与真实催化剂颗粒相同表面的球的直径，取决于不同颗粒的形状和尺寸[28-30]。

$$a_{\mathrm{S}} = \frac{6}{d_{\mathrm{s}}} \left(1 - \varepsilon \right) \tag{4.60}$$

$$\varepsilon = 0.38 + 0.0731 + \left\{ \frac{\left[\left(D_R / d_{\mathrm{s}} \right) - 2 \right]^2}{\left(D_R / d_{\mathrm{s}} \right)^2} \right\} \tag{4.61}$$

$$d_{\mathrm{s}} = \left[d_{\mathrm{c}} L + \left(\frac{d_{\mathrm{c}}^{\ 2}}{2} \right) \right]^{1/2} \tag{4.62}$$

催化剂效率因子计算公式为蒂勒模数的函数[36]，其表达式如式(4.63)所示，其中 j 表示 HDS、HDN。

$$\eta_j = \frac{\tanh \varphi}{\varphi} \tag{4.63}$$

3. 加氢精制动力学模型

对于反应动力学模型的研究，本书采用以总硫浓度的 n 级和氢分压的 m 级反应规律所得反应速率方程，如式 4.64 所示：

$$r_j = k_j (c_i^{\mathrm{S}})^n P_{\mathrm{H}_2}^m \tag{4.64}$$

其中，j 为不同反应，如 HDS、HDN；i 为硫、氮。一般研究认为，反应速率常数受温度的影响较大，且可以用阿伦尼乌斯方程来表示，并引入空速的修正参数 (α)，具体计算形式如下：

$$k_j = K_0 \mathrm{LHSV}^{\alpha} \exp \left(-\frac{E_{aj}}{RT} \right) \tag{4.65}$$

全馏分煤焦油属于一种劣质油，相比其他普通重油具有更高含量的金属和沥青质。因此，在加氢精制过程中，金属和碳沉积导致催化活性的降低是不可避免的。在式(4.65)的基础上引入设备的运行时间(t_1)和催化剂半衰期(t_{c})来对速率常数进行修正，最终所得表达式如式(4.66)所示。

$$K_j = K_0 \text{LHSV}^\alpha \frac{1}{1+\left(\dfrac{t_1}{t_c}\right)^\beta} \exp\left(-\frac{E_{aj}}{RT}\right) \tag{4.66}$$

4. 加氢精制动力学参数估计

动力学方程中的未知参数需要采用实验数据拟合得到，主要包括反应级数(n)、活化能(E_a)、指前因子(K_0)、氢分压指数(m)、空速指数(α)、半衰期(t_c)和失活时间指数(β)7 个参数的求解。在建立模型的基础上，采用非线性拟合的方法对所求解变量进行参数拟合并进行准确性验证，经过误差分析所得模拟结果和真实实验结果误差在±5%以内。

1) 加氢脱硫动力学参数估计

采用实验室连续四段固定床加氢装置对全馏分煤焦油进行了 1512h 加氢实验，其加氢脱硫结果如表 4.15 所示。此外，对动力学方程中所出现的 7 个未知参数进行非线性拟合，所得结果如表 4.16 所示。

表 4.15　加氢脱硫实验过程及结果

时间/h	压力/MPa	空速/h⁻¹	温度/K	c(入口硫)/(μg·g⁻¹)	c(出口硫)/(μg·g⁻¹)
72	10	0.2	613	3632	521.06
96	10	0.2	633	3632	235.68
120	10	0.2	653	3632	101.28
144	10	0.3	673	3632	92.30
168	10	0.3	633	3632	445.73
192	10	0.3	653	3632	216.53
216	10	0.4	613	3632	1219.95
264	10	0.4	673	3632	163.03
312	10	0.4	653	3632	339.74
360	12	0.2	613	3632	408.23
408	12	0.2	633	3632	179.17
456	12	0.2	673	3632	28.24
504	12	0.3	613	3632	694.93
552	12	0.3	633	3632	360.48
600	12	0.3	653	3632	159.12
648	12	0.4	613	3632	988.83
696	12	0.4	673	3632	114.27
744	12	0.4	653	3632	261.24

时间/h	压力/MPa	空速/h⁻¹	温度/K	c(入口硫)/(μg·g⁻¹)	c(出口硫)/(μg·g⁻¹)
792	14	0.2	613	3632	332.05
840	14	0.2	633	3632	138.57
936	14	0.3	613	3632	607.22
984	14	0.3	633	3632	275.18
1032	14	0.3	653	3632	120.08
1080	14	0.4	673	3632	89.41
1128	14	0.4	633	3632	458.16
1176	14	0.4	653	3632	208.72
888	14	0.2	673	3632	21.02

表 4.16　加氢脱硫反应动力学参数

K_0	E_a/(J·mol⁻¹)	α	m	t_c/h	β	n
75755	94965	−1.183	1.12	20140	1.473	1.5

由表 4.16 可以看出，对于 HDS 反应过程中，所用催化剂 t_c 预测值为 20140h，表明催化剂在加氢脱硫反应过程中能够较长时间地保持催化活性。

本部分的活化能高于陕西煤焦油馏分油和美国犹他州低温煤焦油馏分油，这是因为本部分所述的原料为全馏分煤焦油，相比文献的煤焦油原料馏分更重，包含的稠环含硫化合物种类更多且更难以脱除。文献得到的活化能明显高于本部分所列的活化能数据，原因在于其原料为石油渣油的沥青质组分，而石油沥青质的分子量比焦油沥青大，其硫化物被包裹在大的沥青质分子中，极难加氢脱除。

较多研究者对石油馏分的加氢脱硫动力学进行了广泛的研究，对于不同原料加氢脱硫反应的活化能和反应级数的对比如表 4.17 所示。

表 4.17　HDS 反应级数和活化能对比分析

研究人员	原料	$w(S)$/%	活化能/(kJ·mol⁻¹)	反应级数
本节	煤焦油	0.36	94.97	1.50
Niu 等[25]	煤焦油	0.64	58.65	1.23
Callejas 等[37,38]	重质渣油	6.97	149.02	1.50
Bahzad 等[39]	减压渣油	5.75	105.07	1.50
Marafi 等[40]	常压渣油	4.30	106.41	1.74
Alvarez 等[41]	常压渣油	5.74	104.04	1.17
Qadar 等[42]	煤焦油	0.83	62.70	1.00
Martínez 等[43]	重质原油	6.17	113.15	1.346

由表 4.17 可知，本节得到的反应级数和一般重质渣油[37,38]、减压渣油[39]、常压渣油[40,41]较为接近，说明虽然煤焦油的含硫量较低，但其含硫化合物的种类和活性和原油重组分相近。

低温煤焦油中的含硫化物分布如下：硫醇类质量分数约占 10%，苯并噻吩类质量分数约占 10%，二苯并噻吩类质量分数约占 27%，此外，在总的含硫化合物中质量分数超过 40% 的硫化物为五环以上的含硫芳烃化合物[44]。原料的馏分越宽或原料中硫的种类越多，反应活性差异越大[45-47]。通过研究小于 360℃低温煤焦油的加氢反应动力学，所得 HDS 反应级数为 1.23，略低于本节所给反应级数，这是因为虽然两者所用原料均为低温煤焦油，但前者馏分较窄，本节所用原料并未经馏分切割处理，在馏程范围及所含硫的种类和数量上均高于上述原料。

文献报道的石油加氢反应活化能与本节所给的煤焦油加氢反应活化能接近，但其硫浓度却远高于煤焦油，说明虽然煤焦油中的硫浓度较低，但其硫化物种类的丰富程度和反应活性的差异性却不亚于高硫的石油常压渣油和减压渣油，故表现出活化能的相似性。

采用得到的动力学参数进行计算，各对应条件下的模拟结果与实验结果显示在表 4.18 中。结果可以看出，实验值和模拟值之间的相对误差小于±4%，这表明该模型对实际的 HDS 反应有很好的预测精度。

表 4.18　HDS 实验结果和模拟结果对比及误差分析

运行时间/h	压力/MPa	空速/h⁻¹	温度/K	c(入口硫)/(μg·g⁻¹)	模拟值		实验值		相对误差/%
					c(出口硫)/(μg·g⁻¹)	转化率/%	c(出口硫)/(μg·g⁻¹)	转化率/%	
1224	14	0.4	613	3632	879.96	75.77	865.73	76.16	1.64
1272	12	0.4	613	3632	1041.72	71.32	1027.38	71.71	1.40
1320	12	0.4	633	3632	553.75	84.75	560.84	84.56	−1.26
1368	12	0.4	653	3632	263.83	92.74	274.64	92.44	−3.93
1416	12	0.3	633	3632	356.99	90.17	348.77	90.40	2.36
1464	12	0.3	613	3632	740.87	79.60	751.63	79.31	−1.43
1512	10	0.3	633	3632	469.39	87.08	480.27	86.78	−2.27

2) 加氢脱氮动力学参数估计

对 1176h 内的焦油加氢实验所得产品中氮浓度进行检测，结果如表 4.19 所示，对于加氢脱氮动力学方程中出现的 7 个未知动力学参数，E_a、k_0、n、α、m、t_c 和 β。通过结合表 4.19 中实验数据并借助 gPROMS 中参数估计功能并利用非线性回归的方式得到，所得结果如表 4.20 所示。

表 4.19　加氢脱氮实验过程及结果

时间/h	压力/MPa	空速/h^{-1}	温度/K	c(入口氮)/($\mu g \cdot g^{-1}$)	c(出口氮)/($\mu g \cdot g^{-1}$)
72	10	0.2	613	11600	821
96	10	0.2	633	11600	355
120	10	0.2	653	11600	146
144	10	0.3	673	11600	111
168	10	0.3	633	11600	658
192	10	0.3	653	11600	291
216	10	0.4	613	11600	1631
264	10	0.4	673	11600	178
312	10	0.4	653	11600	443
360	12	0.2	613	11600	763
408	12	0.2	633	11600	357
456	12	0.2	673	11600	53
504	12	0.3	613	11600	1248
552	12	0.3	633	11600	590
600	12	0.3	653	11600	264
648	12	0.4	613	11600	1179
696	12	0.4	673	11600	549
744	12	0.4	653	11600	240
792	14	0.2	613	11600	767
840	14	0.2	633	11600	338
888	14	0.2	673	11600	47
936	14	0.3	613	11600	1179
984	14	0.3	633	11600	549
1032	14	0.3	653	11600	240
1080	14	0.4	673	11600	159
1128	14	0.4	633	11600	786
1176	14	0.4	653	11600	380

表 4.20　加氢脱氮反应动力学参数

K_0	E_a/(J·mol^{-1})	α	m	t_c/h	β	n
1.7×10^6	98173	−0.16	0.5	12196	1.06	1.58

由表 4.20 可以得到，对于 HDN 反应来说所用催化剂寿命预测值为 12196h，远小于加氢脱硫中催化剂半衰期(20140h)，这也表明加氢脱氮反应更易使催化剂失活。

一些研究者对不同原料加氢脱氮反应中活化能和反应级数的研究结果如表 4.21 所示。

表 4.21 HDN 反应级数和活化能对比分析[26,29,42,48-53]

原料	催化剂	$w(N)$/%	活化能/(kJ·mol^{-1})	反应级数
本节	Ni-Mo/γ-Al$_2$O$_3$	1.06	98.17	1.56
焦化蜡油[26]	Ni-W/CYCTS	0.40	72.20	1.00
柴油[29]	Ni-Mo/γ-Al$_2$O$_3$	0.12	156.61	1.11
渣油[42]	CoMo/Ni-Mo/γ-Al$_2$O$_3$	0.60	94.25	2.00
原油[48]	Co-Mo/γ-Al$_2$O$_3$	0.10	71.78	1.67
煤焦油[49]	WS$_2$ 催化剂	0.40	58.45/38.29	1.00
煤焦油[50]	3822 催化剂	1.28	77.40	1.00
焦化轻瓦斯油[51]	Ni-Mo/MWCNT	0.16	82.30	1.20
玛雅渣油[52]	Ni-Mo/γ-Al$_2$O$_3$	0.28	181.17	0.50
重瓦斯油[53]	Ni-Mo/γ-Al$_2$O$_3$	0.47	104.90	2.00

相比于石油馏分原料，煤焦油中氮质量分数更高且组成更为复杂。文献报道了煤焦油加氢脱氮反应符合 1.00 级反应，所得活化能分别为 58.45kJ·mol^{-1}、38.29kJ·mol^{-1}、77.40kJ·mol^{-1}，均低于本节所得反应级数 1.56 和活化能 98.17kJ·mol^{-1}。这首先归因于原料油馏程范围的不同，文献所用煤焦油的馏程为 200～325℃，远低于本节所用原料馏程范围。文献原料油氮质量分数仅为 0.4%，本节所用煤焦油氮质量分数为 1.06%，所以活化能差别明显。此外，使用不同种类的催化剂以及全馏分煤焦油中含氮化合物复杂的种类同样会对反应的活化能产生不同的影响。

芳香度越大，HDN 反应的活化能越大，本节得到的活化能低于文献。从所用煤焦油性质可知，原料的芳烃质量分数仅占 18.33%，而一般的渣油、重瓦斯油的芳烃质量分数可以达到 30%～50%，所以得到的活化能较低。文献所得活化能基本相同，但反应级数却有较大的差别。文献与本节均使用以 Ni/Mo 为负载活性金属的催化剂，可以看出在反应级数越高的情况下，活化能大致呈下降的趋势。

采用 1224～1512h 的实验数据对模型进行准确性验证，所得结果见表 4.22。实验结果和模拟结果相对误差在±5%以内。

表 4.22　HDN 实验结果和模拟结果对比及误差分析

运行时间/h	压力/MPa	空速/h⁻¹	温度/K	c(入口氮)/(μg·g⁻¹)	模拟值		实验值		相对误差/%
					c(出口氮)/(μg·g⁻¹)	转化率/%	c(出口氮)/(μg·g⁻¹)	转化率/%	
1224	14	0.4	613	11600	1308.38	88.72	1372.03	88.17	−4.64
1272	12	0.4	613	11600	1792.13	84.55	1743.94	84.97	2.81
1320	12	0.4	633	11600	741.93	93.60	717.52	93.81	3.35
1368	12	0.4	653	11600	411.27	96.45	428.38	96.31	−3.97
1416	12	0.3	633	11600	639.43	94.49	651.24	94.39	−1.84
1464	12	0.3	613	11600	1401.96	87.91	1383.76	88.07	1.30
1512	10	0.3	633	11600	706.58	93.91	694.39	94.01	1.73

3) 模拟结果分析

在所建立的煤焦油加氢精制反应体系中，气相主体主要为氢气，含有少量的硫化氢和氨气，此外，忽略加氢饱和及加氢裂化等其他反应的影响。在压力 10MPa，温度 653K，空速 0.3h⁻¹，氢油体积比 1000∶1 不变的条件下，对系统内各气体组分的压力变化进行预测，所得结果分别如图 4.28、图 4.29 所示。

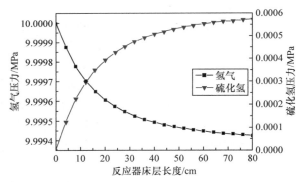

图 4.28　HDS 反应中氢气压力和硫化氢压力随反应器床层长度的变化

由图 4.28 可知，硫化氢压力随着反应器床层长度的增加逐渐增大，而氢气压力逐渐减小，这两种变化趋势均在反应器床层长度为 50cm 处趋于稳定。这是因为在反应前期，前半段催化剂床层中氢气和硫浓度均为最高，且较为简单的含硫化合物迅速反应，所以具有较高的反应速率。随着反应物流向更深床层转移，反应物的持续消耗使得浓度逐渐降低，但结构复杂的化合物不易脱除而逐渐积聚，此时内扩散开始成为控制反应速率快慢的主导因素。从氢气压力的下降幅度可以看出氢气的压降几乎可以忽略不计，同时也可以看出在加氢脱硫反应中具有较低的化学氢耗量，而硫化氢的来源主要是液相中的含硫化合物。

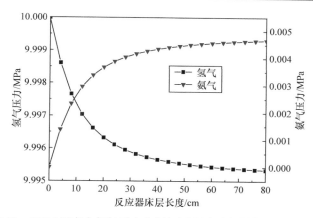

图 4.29 HDN 反应中氢气压力和氨气压力随反应器床层长度的变化

加氢脱氮反应中氢气压力和氨气压力变化曲线如图 4.29 所示，图中可以看出氢气压力变化仍有一个先急剧下降随后趋于平缓的变化趋势，且变化幅度比加氢脱硫反应中变化更大。从表 4.17 和表 4.21 煤焦油原料组成中可以看出，硫质量分数为 0.36%，而氮质量分数较高，为 1.06%，所以脱氮反应比脱硫反应产生更高的化学氢耗量。氨气压力逐渐升高，但升高幅度逐渐减弱，这是因为氨气具有较高的溶解度，且容易和生成的硫化氢发生反应，最终在反应器后半段中氨气分压的变化趋势更为平缓，且在床层长度为 40cm 处逐渐趋于稳定。与图 4.24 中硫化氢的变化趋势相比，更快达到平稳状态。

由气液固三相的催化反应步骤和双膜理论可知，气相反应物先由扩散作用进入液相并吸附于催化剂颗粒表面参与反应[29]。在相同的实验条件下，对氢气、氨气、硫化氢，以及油品中硫、氮在液固两相中的浓度分别进行预测。

氢气、氨气、硫化氢气体在液固两相中均存在一定的浓度梯度。如图 4.30 所

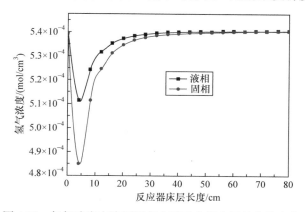

图 4.30 氢气浓度在液固两相中随反应器床层长度的变化

示，氢气在固相和液相中的浓度均先急剧降低，随后缓慢恢复至平稳状态，且液相中氢气浓度变化曲线均高于固相催化剂表面的浓度变化。这主要是由氢气的传递路径决定的，并在整个扩散过程中均由浓度差提供推动力。在反应器入口处，反应速率高于气液固相中的传质速率，导致氢气急剧消耗，其浓度下降较快。随着反应速率逐渐减慢，液相中氢的消耗开始减少，相间传质逐渐成为主导因素，因此液相中氢气浓度逐渐增加并最终达到稳定状态。

　　氨气和硫化氢作为生成物，其浓度变化趋势和氢气恰好相反，分别如图 4.31 和图 4.32 所示。同样，在反应前期，由于化学反应速率高于各相间的传质速率，所产生的氨气和硫化氢气体积聚在催化剂颗粒表面，进而使得固、液两相间形成较高的浓度差。但随着反应不断深入，反应速率开始降低，反应生成的气体量减少，最终表现出传质速率高于反应速率，所以液、固两相间的浓度差逐渐减小。

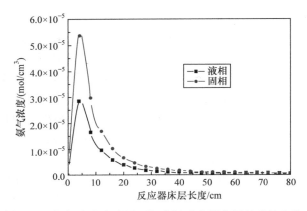

图 4.31　氨气浓度在液固两相中随反应器床层长度的变化

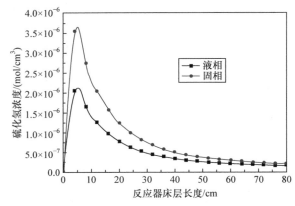

图 4.32　硫化氢浓度在液固两相中随反应器床层长度的变化

　　硫浓度在液相和固相中的变化趋势如图 4.33 所示。从反应器前半段可以看出，硫在液相和固相之间存在较小的浓度差，且随着反应器床层长度的增加，浓度差逐渐降低最终消失。一般认为，反应物在固相中的浓度为催化剂表面油品中所含硫浓度。液相主体中硫杂原子化合物扩散到催化剂表面参与反应，反应完成后产物和未参与反应的原料均以扩散的形式离开固体表面进入液相主体。在此过程中，反应物部分消耗形成一定的浓度差，并为传质过程提供推动力。由于液体的密度、黏度、表观速度等性质都会影响液、固两相间的质量传递，随着煤焦油在催化剂床层间的流动，油品的轻质化程度加深，密度和黏度都存在一定幅度的降低，原料油在液、固两相间的质量传递更加便捷，浓度差逐渐消失，此时反应动力学成为主要控制步骤。

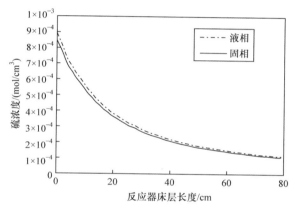

图 4.33　液固两相中硫浓度随反应器床层长度的变化

4）工艺条件对加氢脱硫反应的影响

在反应温度 653K、空速 0.3h^{-1} 和氢油体积比 1000∶1 不变的情况下，研究了压力 10～14MPa 下液相中硫浓度和气相硫化氢压力的影响，所得结果如图 4.34 所示。

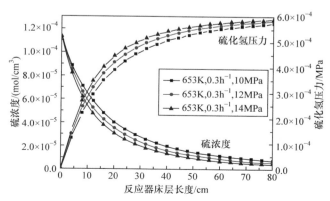

图 4.34　不同压力下液相中硫浓度和硫化氢压力随反应器床层长度的变化

由图 4.34 可知，随着反应压力提高，液相中的硫浓度逐渐降低。在 10MPa、12MPa 和 14MPa 下反应器出口的硫浓度随着压力的增大逐渐降低。当反应压力增加时，由亨利定律可知，更多的氢气将溶解在煤焦油中，从而通过增加反应物浓度提高化学反应速率，这有利于 HDS 反应的进行。与此同时，液相产物中硫浓度的降低最终表现为生成更多的硫化氢，使得硫化氢压力上升。这是因为硫化氢在液相中的溶解速率低于其在反应过程中的生成速率，反应压力升高使得催化反应速率增加，特别是在反应器床层长度 z 为 10～40cm，这种现象更为明显。但是当 $z>50$cm 时，通过反应产生硫化氢的量开始减少，溶解在液相中的硫化氢逐渐增加，并开始往一个气液溶解平衡的方向上发展。但总的来说，增加反应压力对脱硫效果的贡献较小。

在压力 14MPa、空速 0.3h⁻¹ 及氢油体积比 1000∶1 不变的情况下，研究了温度 613～653K 对加氢脱硫反应中液相硫浓度和气相硫化氢压力的影响，所得结果如图 4.35 所示。

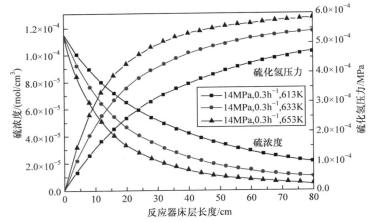

图 4.35　不同温度下液相中硫浓度和硫化氢压力随反应器床层长度的变化

由图 4.35 可知，升高温度导致液相中硫浓度降低，硫化氢压力随之升高。升高温度降低了煤焦油黏度，促进煤焦油向催化剂孔道内的扩散速率，进而提高催化反应速率。此外，较高的温度还会使胶体、沥青质等大分子化合物发生加氢裂化反应，从而促进 HDS 反应的进行。煤焦油中所含硫化物大多以多环的形式存在，其中二苯并噻吩(DBT)的浓度在总硫浓度中占比为 27%。Whitehurst 等[54]通过研究温度对 DBT 反应路径的影响，发现当温度低于 613K 时，DBT 主要遵循预加氢脱硫(HYD)反应路径；当温度在 613～653K 时，超过 90%的反应都遵循直接脱硫(DDS)反应路径。本研究中的反应温度高于 613K，所以大多数反应主要是 DBT 的 DDS 反应，不会受到像 HYD 这样的中间产物的浓度平衡影响。从温度上升的变化趋势可以看出,在 613~633K 过程中,硫浓度和硫化氢压力的变化幅度均远高于 633~653K 下的变化幅度。由此可以看出,在相对较低的温度下,浓度较高且结构较为简单的硫醇、硫醚、噻吩类化合物均可完成加氢脱除反应,而在更高的温度下则促进了多环含硫化合物的 DDS 反应,且此部分反应相对更加困难。

在压力 14MPa、温度 653K 和氢油体积比 1000:1 不变的情况下,本节研究了不同空速 0.2~0.4h^{-1} 对加氢脱硫反应中液相硫浓度和气相硫化氢压力的影响,所得结果如图 4.36 所示。

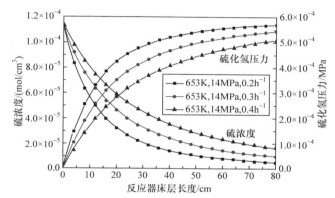

图 4.36　不同空速下液相中硫浓度和硫化氢压力随反应器床层长度的变化

如图 4.36 所示,随着空速的降低,液相产品中的硫浓度迅速降低。在重油加氢处理(HDT)反应的过程中,催化剂的润湿效率将对 HDT 反应有很大的影响。Jarullah 等[48]研究了原油 HDS 中空速的影响,发现低空速导致催化剂效率因子的增加和蒂勒模数的减少。低空速使催化剂拥有较大的润湿效率,液体反应物可以迅速进入催化剂内表面,因此质量传递与扩散不会对总的 HDS 宏观反应速率产生较大影响。此外,从图 4.36 中液相硫浓度随催化剂床层的变化趋势可以看出,在反应器前半部分具有更快的 HDS 反应速率。在不同的空速条件下,达到 90%的脱硫率则需要不同的催化剂反应器床层长度。在空速为 0.2h^{-1} 时,所需的反应器床层长度仅为 40cm;当空速为 0.4h^{-1} 时,则需要一个 80cm 的床层长度才能满足要求。

5) 工艺条件对加氢脱氮反应的影响

在温度为 653K,空速 0.3h^{-1} 及氢油体积比 1000:1 恒定的条件下,研究了 10MPa、12MPa、14MPa 压力下液相中的加氢脱氮反应情况,模拟结果如图 4.37 所示。

由图 4.37 可知,升高压力导致脱氮反应速率增加。但从反应器出口处氮浓度来看,14MPa、12MPa、10MPa 三个压力条件下的氮浓度依次降低,降低幅度

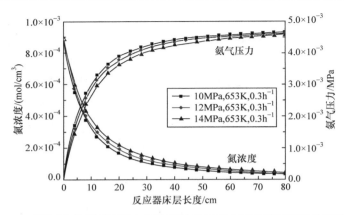

图 4.37　不同压力条件下液相中氮浓度及氨气压力随反应器床层长度的变化

并不明显。同样，氨气压力虽有上升趋势，但在各压力条件下也几乎同时达到平衡。唐闲逸等[55]采用制备液相色谱和 GC-MS 对煤焦油中含氮化合物进行了定性定量分析，结果表明，煤焦油中含氮化合物主要为碱性氮化物，仅含有非常少的非碱性氮化物。Bej 等[56]研究了不同反应条件下石油馏分中碱性含氮化合物和非碱性含氮化合物的加氢脱除反应，结果表明，压力对非碱性氮化物转化的影响比其对碱性氮化物转化的影响更大。结合本书所述结果可以看出，在反应器床层前 30cm 内，液相中氮浓度和氨气压力曲线均具有较大的斜率，这是前期较高的反应速率决定的。随着反应压力的提高，反应物在催化剂表面积聚的浓度也增高，进而导致加氢脱氮反应速率升高，但在 10～14MPa，计算可得每升高 2MPa 仅使液相反应产物中氮含量降低了 $24\mu g \cdot g^{-1}$。

在压力 12MPa，空速 $0.3h^{-1}$ 及氢油体积比 1000∶1 不变的情况下，研究了613K、633K、653K 温度下液相中的加氢脱氮随反应器床层长度变化情况，模拟结果如图 4.38 所示。

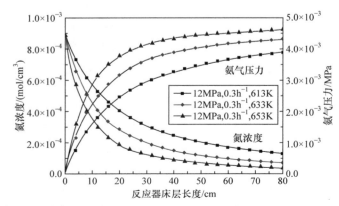

图 4.38　不同温度条件下液相中氮浓度及氨气压力随反应器床层长度的变化

　　由图 4.38 可知，当反应温度为 613K 时，氮浓度和氨气压力变化趋势相比 633K 和 653K 两个条件下的变化趋势更为平稳，这是因为较低的反应温度下相应的反应速率也越低。当温度由 613K 升到 633K 的情况下，脱氮效果有一个较大幅度的提升；当温度由 633K 升高到 653K 时，氮浓度降低的程度相比前者略微下降。三个温度条件下反应器出口处氮含量的模拟计算值分别为 1232μg·g^{-1}、68μg·g^{-1}、56μg·g^{-1} 也可以看出同样的变化趋势。从动力学角度看，温度升高导致化学反应速率常数升高，故进一步加快反应速率。在温度 613～653K 可以看出，升高温度对 HDN 的效果影响显著。在 613K 下，液相中氮浓度在整个反应器床层中持续下降，当温度依次升高到 633K、653K 时，液相中氮浓度首先降低并最终逐渐趋于平稳。

　　在压力 10MPa，温度 653K 及氢油体积比 1000∶1 不变的情况下，研究了空速为 0.2h^{-1}、0.3h^{-1}、0.4h^{-1} 下液相中的加氢脱氮反应随反应器床层长度变化情况，模拟结果如图 4.39 所示。

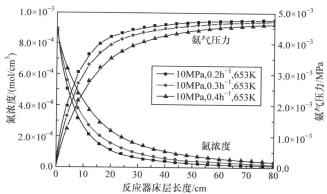

图 4.39　不同空速条件下液相氮浓度及氨气压力随反应器床层长度的变化

　　在以上所述空速条件下，反应器出口处氮含量的模拟计算值分别为 155μg·g^{-1}、77μg·g^{-1}、60μg·g^{-1}。从氮浓度降低幅度和氨气压力升高幅度可以看出，当空速由 0.4h^{-1} 降到 0.3h^{-1}，氮浓度有一个明显的降低，而继续降低空速至 0.2h^{-1} 则变化幅度进一步减小。一般研究表明，空速的大小反映了装置所具有的处理能力，提高空速在增加处理量的同时，也会导致脱除率降低。因为在较高的体积空速下，反应物在催化剂表面的流速加快，停留时间减少时反应进行不彻底。在 0.2～0.4h^{-1} 空速时，液相中氮浓度变化基本在相同位置处逐渐开始趋于稳定。

　　6) 效率因子分析

　　由催化剂效率因子的数学模型可以看出，效率因子为蒂勒模数的函数。与此同时，效率因子和浓度一样，均为分布式变量，即在不同床层位置具有不同的数值。因此，对不同位置的催化剂效率因子进行分析同样具有重要意义。

在以下反应条件：压力 12MPa、温度 633K、空速 0.2h^{-1}，氢油体积比 1000∶1，研究了加氢脱硫反应在沿反应器床层轴向不同位置处的蒂勒模数和催化剂效率因子的变化趋势，所得结果如图 4.40 所示。

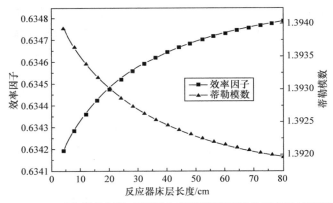

图 4.40　HDS 反应催化剂效率因子和蒂勒模数随反应器床层长度的变化

由图 4.40 可知，在此反应条件下的催化剂效率因子约为 0.634。随着反应器床层长度的增加，效率因子为逐渐升高的变化趋势，蒂勒模数则与之相反。由蒂勒模数的经验公式可以看出，其和催化剂颗粒内表面中的硫浓度、反应速率常数及油品密度成正比，与扩散系数成反比。在煤焦油加氢反应过程中，催化剂表面所含硫浓度逐渐减少，而加氢过程同样会导致油品密度降低，即轻质化程度加深，进而使得反应物扩散到催化剂孔内的速率增加。在催化反应的过程中，最终表现为宏观反应速率主要受动力学限制，内扩散的影响较小但仍存在。

在同样的反应条件下研究 HDN 反应过程，并对反应器床层轴向不同位置处的蒂勒模数和催化剂效率因子的变化情况进行计算，所得结果如图 4.41 所示。

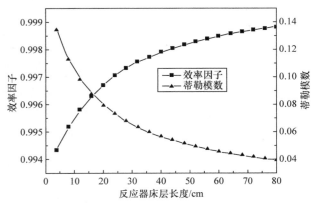

图 4.41　HDN 反应催化剂效率因子和蒂勒模数随反应器床层长度的变化

与脱硫反应相比，脱氮反应中效率因子值更大，约为 1，且床层入口和出口范围内变化幅度更高，为 0.994～0.999。在整个加氢精制反应过程中，原料中氮浓度约为硫浓度的 3 倍。相对脱硫反应来说，脱氮反应单位时间内的反应量较高。赵毅等[32]通过对几种异形催化剂的效率因子进行计算，得到了蒂勒模数和效率因子之间的关系，当蒂勒模数趋于零的时候，催化剂内扩散可以忽略，此时宏观反应速率受动力学控制。对于煤焦油加氢脱氮反应过程来说，相同的催化剂则表现出了比在 HDS 反应过程中更高的效率因子，说明此反应过程中，内扩散效应几乎可以忽略。这可能是因为内部存在较高的浓度差而形成一定的推动力，液相反应物更容易扩散并进入催化剂孔内而参与反应，内扩散速率高于宏观反应速率[54,57,58]。

本小节通过对中试滴流床加氢装置中全馏分煤焦油加氢脱硫和加氢脱氮反应的实验研究，建立相应动力学模型并对反应器结构模型进行合理简化后构建出等温三相滴流床反应器模型。首先，结合 gPROMS 软件参数估计功能得到动力学参数并与文献对比分析。其次，研究了 HDS、HDN 反应中反应物及反应产物的压力、浓度随催化剂床层的变化情况，研究了工艺条件对产物硫浓度、氮浓度的影响。最后，分别分析了两反应条件下催化剂效率因子随催化剂床层内的变化趋势，所得结论如下：

建立了包含催化剂寿命的全馏分煤焦油 HDS、HDN 动力学模型，并在滴流床反应器上进行了 27 组工艺条件的加氢实验，通过参数估计得到了活化能分别为 94965J·mol^{-1}、198173J·mol^{-1}，反应级数为 1.50、1.58，催化剂半衰期为 20140h、12196h，模型的相对误差小于±5%。

在氢油体积比 1000∶1，温度 653K，压力 10MPa，空速 0.3h^{-1} 的实验条件下，研究原料煤焦油在反应器内的气化率。结果认为，对于未经切割的全馏分煤焦油来说，由于其本身具有更高的密度和黏度，且含有更多的重质组分，在所研究条件范围内，原料的气化影响可以忽略。

通过在煤焦油中加入 CS$_2$ 的方式，研究了在氢油体积比 1000∶1，温度 653K，压力 10MPa，空速 0.3h^{-1} 条件下不同硫化氢浓度对加氢脱硫的影响。随着硫化氢浓度的增加，其对脱硫反应的抑制作用并不显著，煤焦油的脱硫率并没有明显的变化。

全馏分煤焦油 HDS、HDN 反应级数和活化能与石油类馏分存在较大差别，主要因为全馏分煤焦油馏分较宽，重质组分及沥青质质量分数较高，此外，丰富的含硫、含氮化合物种类及浓度差同样会对活化能和反应级数的测定产生影响。

依据双膜理论对气、液、固三相中反应物和产物浓度变化情况进行研究，结果表明，在反应前期反应速率高于扩散速率，导致液相中氢气浓度高于固相中浓度，气相产物则大量积聚在固相表面。随着反应的进行扩散速率逐渐加快，两相间浓度差逐渐趋于一致。分析不同温度、压力、空速条件下的硫氮脱除情况，结果表明，高温、高压、低空速能够有效促进 HDS、HDN 反应，其影响效果大小依次为温度>空速>压力。

研究了 HDS、HDN 反应中催化剂效率因子随床层位置的变化情况，可以得到催化剂效率因子随着床层长度增加而逐渐升高。在所研究条件范围内 HDS 反应中催化剂效率因子约为 0.634，说明内扩散的影响虽然较小但同样存在。HDN 反应中催化剂效率因子几乎为 1，说明此时内扩散的影响可以忽略。

4.6.2　工业化预测

1. 工业滴流床反应器模型

从小型滴流床反应器模型可以看出，其操作模式为等温稳态操作。这主要因为小型滴流床反应器具有更小的反应器尺寸及催化剂装填量，反应物流在内部的流动状态及反应过程容易控制，相对更趋近于理想型反应器，所以建立模型相对简单，且计算结果和真实结果偏差不大，具有良好的预测精度。但是，如果采用相同的数学模型，仅仅通过改变反应器尺寸使其满足工业滴流床反应器规格，这种方式无法实现其数值模拟过程的准确性。这主要是因为工业滴流床反应器具有更复杂的反应，以及物料与催化剂颗粒间的传质体系。首先，相比于小型反应器，工业装置所用催化剂尺寸更大，进而导致反应物流在催化剂颗粒间及表面的流动和扩散等传质效果发生改变。其次，HDS 和 HDN 反应均为放热反应。不同于小试装置能够较为容易地维持反应器内部为等温状态，工业滴流床反应器装置中反应放出的热量使得催化剂床层内部容易形成更高的温升，而过高的温升不仅不利于反应的控制，还会导致催化剂烧结而失活，这也是工业滴流床反应器中都会有冷氢箱存在的原因。最后，工业滴流床反应器模型的构建时必须依据能量守恒关系，考虑各反应的热效应及冷氢的加入对系统内温度分布的影响。

本小节以构建工业滴流床反应器模型为目标，在小型反应器模型的基础上添加能量平衡模块对模型进行改进，并利用所得到的动力学参数对工业滴流床反应器中煤焦油的加氢脱硫和加氢脱氮反应过程进行模拟，研究不同床层内硫、氮杂原子浓度变化和温度变化曲线，以及床层中压力的变化。同时，针对一般工业生产中所需冷氢量大多采用经验来确定的问题，能够准确地计算出相应条件下的冷氢量。

1) 反应器结构尺寸确定

本小节以年处理量 25 万 t，装置每年连续运行 8000h 为基础，对反应器关键结构尺寸及催化剂装填量进行计算，具体过程如下。

催化剂作为煤焦油加氢的关键组分，其添加量主要与操作空速有关。本小节在年处理量确定的情况下，结合一般工业生产的空速要求和原料煤焦油性质组成的复杂性，为保证相对较好的加氢效果，当空速为 0.5h^{-1} 时，催化剂的装填量计算如式(4.67)所示：

$$V_c = V_l / \text{LHSV} \tag{4.67}$$

其中，V_c 为反应器内催化剂的装填量，m^3；V_l 为煤焦油体积流量，m$^3 \cdot$ h^{-1}。

采用总的催化剂床层高度和反应器内径的比值(高径比)对反应器整体尺寸进行计算。高径比的选择范围一般在 5～12，由于所用原料为全馏分煤焦油，平均分子量较高且在加氢反应过程中不易气化，所以在反应器的高径比确定过程中，为了保留一定的余地，选择高径比为 7。由催化剂装填量可以进一步确定反应器内径，公式如下：

$$V_c = \frac{\pi}{4} D^3 H_d \tag{4.68}$$

其中，D 为反应器内径，m；H_d 为高径比。

最终计算所得结果为反应器直径 2m，所需总的催化剂床层高度为 14m。

2) 能量守恒方程

本节建立工业滴流床反应器模型的操作条件为非等温操作，为了准确预测出煤焦油在加氢过程中由于加氢脱硫和加氢脱氮反应引起的床层温度变化，采用式(4.69)进行计算，j 表示 HDS、HDN。

$$\frac{dT}{dz} = \sum \left(-\Delta H_R \cdot r_j \cdot \rho_B \cdot \eta_j \right) \frac{\varepsilon_L}{u_G \rho_G C_p^G \varepsilon_G + u_L \rho_L C_p^L \varepsilon_L} \tag{4.69}$$

其中，z 为反应器床层长度；ΔH_R 为总反应热；r_j 为加氢反应的反应速率；C_p^G 为气相油品比热容；C_p^L 为液相油品比热容。

气相分率 ε_G 的计算与催化剂孔隙率 ε 和液相分率 ε_L 的经验关系如式(4.70)所示，液相分率即持液量的计算如式(4.71)所示：

$$\varepsilon_G = \varepsilon - \varepsilon_L \tag{4.70}$$

$$\varepsilon_L = 9.9 \left(\frac{G_L d_s}{\mu_L} \right)^{1/3} \left(\frac{d_s^3 g \rho_L^2}{\mu_L^2} \right)^{-1/3} \tag{4.71}$$

液相油品的比热容计算采用经验式(4.72)：

$$C_p^L = 4.1868 \left[\frac{0.415}{\sqrt{\rho_L^{15.6}}} + 0.0009(T - 288.15) \right] \tag{4.72}$$

混合气的比热容计算如式(4.73)所示，混合气中主要含有 H$_2$，并含有部分轻烃类化合物以及 NH$_3$ 和 H$_2$S 等气体，各物质的比热容分别如式(4.74)~式(4.77)所示。

$$C_p^G = C_p^{H_2} x_{H_2} + C_p^{H_2S} x_{H_2S} + C_p^{CH_4} x_{CH_4} + C_p^{NH_3} x_{NH_3} \qquad (4.73)$$

$$C_p^{H_2} = 4.124\left(3.249 + 0.000422T + 8300T^{-2}\right) \qquad (4.74)$$

$$C_p^{CH_4} = 0.5182\left(1.702 + 0.009081T - 0.000002164T^2\right) \qquad (4.75)$$

$$C_p^{NH_3} = 0.4882\left(3.578 + 0.00302T - 18600T^{-2}\right) \qquad (4.76)$$

$$C_p^{H_2S} = 0.244\left(3.931 + 0.00149T - 23200T^{-2}\right) \qquad (4.77)$$

混合气中各组分质量分率计算采用式(4.78)~式(4.82)计算。

$$x_{H_2} = \frac{C_p^{H_2}}{C_{PT}} \qquad (4.78)$$

$$x_{CH_4} = \frac{C_p^{CH_4}}{C_{PT}} \qquad (4.79)$$

$$x_{NH_3} = \frac{C_p^{NH_3}}{C_{PT}} \qquad (4.80)$$

$$x_{H_2S} = \frac{C_p^{H_2S}}{C_{PT}} \qquad (4.81)$$

$$C_{PT} = C_p^{H_2} + C_p^{CH_4} + C_p^{NH_3} + C_p^{H_2S} \qquad (4.82)$$

混合气体密度随压力和温度的变化计算公式如式(4.83)所示。

$$\rho_G = 12.03 \frac{PM_{H_2}}{\left(1 + \dfrac{1.9155P}{T}\right)T} \qquad (4.83)$$

3) 反应热计算

加氢过程中所释放的反应热将导致催化剂床层较高的温升，根据催化剂床层的温升情况在反应器的合适位置注入冷氢来调节温度，以保持加氢反应在最佳操作温度下进行，避免高温条件下反应更剧烈，从而引起催化剂床层的飞温现象。对于反应热的计算一般采用两种方法：第一种为采用原料油和加氢生成油的元素分析与经验公式计算反应热，其中原料油、加氢生成油的生成热如式(4.84)~式(4.86)所示。第二种为采用经验数据对反应热进行估算，结合化学氢耗量和不同加氢反应单位化学氢耗量的反应热来计算最终每一加氢反应的反应热，不同加氢过程化学氢耗量以及反应热如表 4.23 所示，本小节采用方法二的方法对反应热进行估算。

$$Q_F = \left(78.29 \times w_C + 338.85 \times w_H + 22.2 \times w_S - 42.7 \times w_O\right) - Q_C \qquad (4.84)$$

$$Q_\mathrm{C} = 81 \times w_\mathrm{C} + 300 \times w_\mathrm{H} - 26(w_\mathrm{O} - w_\mathrm{S}) \tag{4.85}$$

$$\Delta H_\mathrm{R} = 生成油生成热 + 生成气生成热 - 原料油生成热 \tag{4.86}$$

其中，ΔH_R 为总的化学反应热；Q_F 和 Q_C 分别为生成热和高热值燃烧热；w_C、w_H、w_S、w_O 分别表示为各元素(C、H、S、O)在反应前后液相油中的质量分数。

表 4.23　不同加氢反应化学氢耗量及反应热

序号	加氢反应	化学氢耗量/(Nm³·m⁻³)	反应热/(kJ·Nm⁻³)
1	加氢脱硫	(18~23)×脱除硫质量分数	2365
2	加氢脱氮	62×脱除氮质量分数	2638~2952
3	加氢脱氧	44.5×脱除氧质量分数	2365
4	烯烃饱和	1.18×原料与产品油溴价单位差	5526
5	芳烃饱和	4.8×原料与产品油芳烃体积分数差	1570~3140

4) 冷氢箱数学模型

对于工业加氢反应器，采用添加冷氢的方式除了有调节催化剂床层温升，避免超温现象的优点外，还能够提高催化剂的稳定性、加快催化反应速率、提高单位反应空间的效率，有利于提高反应的平衡转化率。冷氢的加入主要通过床层间冷氢箱完成，其数学模型如图 4.42 所示。

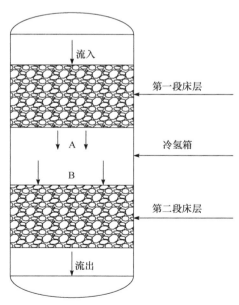

图 4.42　冷氢箱结构模型

A-第一段床层出口物流；B-第二段床层入口物流

冷氢箱作为连接两段床层的关键设备，其存在的主要作用为传递反应物流的一系列物化性质。其中，第一段床层出口物流 A 和第二段床层入口物流 B 间需要建立物性关联方程，该过程中主要包括两个守恒关系：质量守恒和能量守恒。在质量守恒关系中，由于此阶段没有化学反应发生，所以一般可以概括为总的流入物流等于流出物流，如式(4.87)、式(4.88)所示。压力问题主要表现在冷氢的加入会影响整个反应系统的压力，此处压力计算采用冷氢加入口的压力。能量守恒关系主要体现在温度的变化上，冷氢的加入使得反应物流温度发生改变，采用式(4.89)并结合各物质的热力学参数来描述冷氢箱中的能量守恒关系。

气相守恒：

$$q + g_{入} = g_{出} \tag{4.87}$$

液相守恒：

$$l_{出} = l_{入} \tag{4.88}$$

能量守恒：

$$\int_{T_{出}}^{T_{入}} l_{出} C_{p}^{L} dT + \int_{T_{出}}^{T_{入}} g_{出} C_{p}^{G} dT + \int_{T_{q}}^{T_{入}} q C_{p}^{H_2} dT = 0 \tag{4.89}$$

2. 模拟结果分析

在不同的工艺条件下，计算工业反应器模型中的 HDS、HDN 反应过程。所得结果主要分析了气液两相中各物质压力及浓度的变化关系，同时可以基于能量守恒对各段床层间温度变化及所需冷氢量、化学氢耗量等进行准确计算。模拟结果不仅能够给煤焦油加氢领域的工业生产提供一定的理论数据支持，还能够在一定程度上为工业反应器的设计提供新的思路，以及根据不同的生产目的来灵活调整工艺条件和反应器内部催化剂装填结构等，从而减少操作费用，避免中试放大环节导致的资源浪费现象，显著提高经济效益。

1) 不同入口温度下的催化剂床层长度的确定

温度作为影响煤焦油加氢反应的主要因素，其对反应速率的影响至关重要。首先对不考虑催化剂(反应器)床层间添加冷氢的极端情况进行模拟计算分析，得到了在无温控条件下整个催化剂床层的温度分布，所得结果如图 4.43 所示。

由图 4.43 可知，煤焦油加氢过程中的热效应会导致催化剂床层形成明显的温升。由于没有冷氢的加入，整个催化剂床层中温度将会持续上升，在不考虑过高温升导致的裂化及其他反应存在的情况下，反应器出口处温度约 720K，前后总温差约 70K。显然，如此高的温升对整个加氢反应是极其不利的，过高的温度会导致催化剂床层内形成不均匀热点，而热点的存在又会导致催化剂失活速率加快，以及引发反应器内的裂解反应，进而导致更高的反应温升并形成此类的恶性循环。所以，如何控制反应器内催化剂床层间的温度变化，使其在合理范围内波

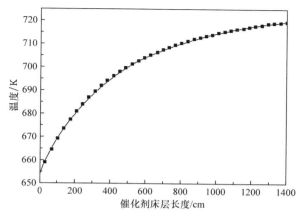

图 4.43 无冷氢条件下床层内部温度分布

动对装置的稳定运行至关重要。对于工业所用加氢装置，为了降低能耗、节约资源以寻求利益的最大化，反应器内催化剂床层温升一般控制在 20～30K。此种条件下不仅能够得到最优的催化剂使用年限，还能够减少冷氢的加入量以控制反应器内的温度分布。

本小节给定了在 633～653K 温度时，首先以 5K 的温度梯度变化为基准，对 5 种不同入口温度的情况分别进行计算(条件 A～E)。在催化剂床层总长度不变的情况下($z=1400$cm)，通过设定每段催化剂床层温升为 20K，将催化剂床层分为四段，并依次确定每段催化剂床层长度，以求对每段催化剂床层长度进行合理分配，反应器结构以及冷氢箱配置结构详情如图 4.44 所示。其中，四段催化剂床层长度分别为 z_1～z_4，每段床层入口温度均为 T_1，q 为所添加冷氢流量，T_q 为添加冷氢温度，一般对于煤焦油加氢来说，常用冷氢温度在 60～90℃，本小节采用冷氢温度为 75℃。不同反应温度下催化剂具有不同的催化活性，从而导致加

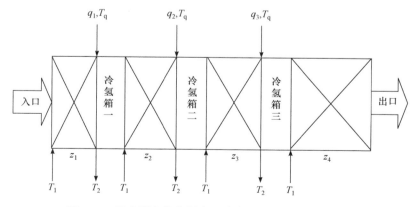

图 4.44 反应器内催化剂床层分布以及冷氢箱配置结构

氢反应速率不同，在设定每段床层温升的前提下每段催化剂床层的长度必然发生变化。此外，当四段催化剂床层长度均等的情况下，又分别对等床层入口温度和非等床层入口温度 2 个条件(F～G)进行研究，计算结果如表 4.24 所示。

表 4.24　不同入口温度条件下每段催化剂床层长度分布

条件	T_1/K	z_1/cm	ΔT_1/K	z_2/cm	ΔT_2/K	z_3/cm	ΔT_3/K	z_4/cm	ΔT_4/K	S 脱除率/%	N 脱除率/%
A	633	196.14	20.01	330.40	20.00	755.28	20.01	118.18	1.71	77.59	74.74
B	638	170.51	20.01	287.11	20.00	656.05	20.00	286.34	4.24	80.78	78.10
C	643	148.88	20.05	251.09	20.04	574.81	20.02	425.22	6.41	83.63	81.12
D	648	129.77	20.02	219.51	20.08	501.47	20.01	549.26	8.41	86.13	83.82
E	653	112.79	20.02	191.46	20.07	457.28	20.02	638.47	9.70	91.03	89.09
F	653	350.00	36.39	350.00	21.46	350.00	8.98	350.00	2.53	91.37	90.03
G	633	350.00	23.74	350.00	21.39	350.00	12.90	350.00	6.42	81.65	80.36

由表 4.24 可以得，在条件 A～E 中，5 个不同的入口温度下，对于前三段催化剂床层来说，随着入口温度的升高，每段床层所需长度逐渐减少。这主要是因为温度升高能够显著提高加氢反应速率，使得单位体积催化剂内通过加氢反应放出更多的热量，最终表现为床层温度升高。由于 ΔT_1、ΔT_2、ΔT_3 的温度设定均约为 20℃，所以计算所得每段催化剂床层的长短则同样表明了其中所发生的加氢反应程度。从 ΔT_4 的升高趋势可以看出，反应器内总的化学反应放热量持续增加，油品的轻质化程度加深。以上 5 个条件下总的 S 脱除率和 N 脱除率也表现出和温度的正相关性，在 653K 的入口温度下分别达到最高值，为 91.03%和89.09%。条件 F、G 为四段催化剂床层长度相同的情况下，研究各段床层入口温度变化对床层温升以及硫氮脱除率的影响。其中，条件 F 中第一段床层温升为36.39K，远超对于单段床层温升的要求，故此条件不可行。条件 G 中由于首段催化剂床层入口温度较低，依靠反应放热对物料升温，在第二段床层中达到合理的目标温度范围，所以加氢反应深度相对较低，所得 S 脱除率、N 脱除率分别为81.65%、80.36%。此外，在以上 7 个条件下 S 脱除率均高于 N 脱除率，表现为硫比氮更易脱除，大量文献及应用实例得到相同结论。研究认为，由于煤焦油中含有较多的含氮化合物，它们的存在不仅能够抑制煤焦油的深度加氢脱硫反应，还会对其本身的加氢脱氮反应产生自抑制作用。此外，由于 C—N、C＝N 的键能大于 C—S，加氢脱氮比加氢脱硫更难进行。

2) 不同床层温升曲线结果分析

通过表 4.24 可知每段床层温升，但对于不同轴向位置处的温度变化则无法直观地表现出来。因此，通过对以上 7 个条件下的床层温度分布作图，可以通过某一段温度分布来判断加氢反应进行的程度，以及加氢反应速率的快慢情况。通过对所建立的工业反应器中四段床层及三个冷氢箱模型的组合，并结合主要加氢

反应中反应热的计算方法，对四段催化剂床层内的温度分布进行计算。条件 A~
G 结果如图 4.45 所示。

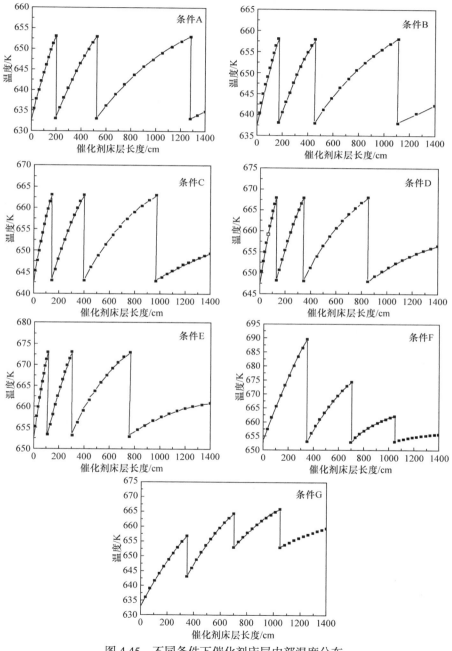

图 4.45　不同条件下催化剂床层内部温度分布

由图 4.45 可知，条件 A～E 中 5 种温度条件下，由于条件 A 反应温度最小为 633K，此种条件下的四段催化剂床层温度变化曲线斜率可以看出，化学反应速率均低于后四种条件下相应阶段的化学反应速率。此外，每个反应温度条件下四段床层中的化学反应速率逐渐降低。在规定每段床层温升的情况下，根据总的化学反应放热量依次在每段床层进行分配，所以在热量需求一定的条件下，化学反应速率越快则所需相应的单段床层长度越短。由于 633～653K 反应温度升高，则总的化学反应放热量增大，更多的热量被分配到第四段催化剂床层，而此段床层内化学反应速率较低，所以相比 A～D 四种条件，条件 E 中第四段催化剂床层长度则更长。对于条件 F、G 来说，在等床层长度条件下，条件 F 中首段床层入口温度为 653K，远高于条件 G 中的首段入口温度 633K。条件 F 可以看出，在四段床层入口温度相同的情况下，首末两端床层内部的反应速率具有较大差别，使得整体反应分布不均而形成资源浪费。条件 G 可以看出，通过合理调整各段床层的入口温度，使其均能达到一个相对合理且较快的反应速率并减少能量消耗。

3) 床层间冷氢添加量结果分析

基于以上 7 种不同催化剂床层分布及入口温度的设计(条件 A～G)，对其各段床层间的冷氢添加量分别进行计算和对比分析，所得结果如表 4.25～表 4.31 所示。

表 4.25　条件 A 冷氢箱内计算结果

条件 A	入口氢气流量/(Nm³·h⁻¹)	冷氢添加量/(Nm³·h⁻¹)	入口温度/K	出口温度/K
冷氢箱一		23756.65	653.01	633.00
冷氢箱二	328674.1	23753.36	653.00	633.00
冷氢箱三		23757.86	653.01	633.00
合计	—	71267.87	—	—

表 4.26　条件 B 冷氢箱内计算结果

条件 B	入口氢气流量/(Nm³·h⁻¹)	冷氢添加量/(Nm³·h⁻¹)	入口温度/K	出口温度/K
冷氢箱一		23352.97	658.01	638.00
冷氢箱二	328674.1	23341.22	658.00	638.00
冷氢箱三		23343.70	658.00	638.00
合计	—	70037.89	—	—

表 4.27　条件 C 冷氢箱内计算结果

条件 C	入口氢气流量/(Nm³·h⁻¹)	冷氢添加量/(Nm³·h⁻¹)	入口温度/K	出口温度/K
冷氢箱一		22999.54	663.05	643.00
冷氢箱二	328674.1	22995.25	663.04	643.00
冷氢箱三		22968.48	663.02	643.00
合计	—	68963.27	—	—

表 4.28　条件 D 冷氢箱内计算结果

条件 D	入口氢气流量/(Nm³·h⁻¹)	冷氢添加量/(Nm³·h⁻¹)	入口温度/K	出口温度/K
冷氢箱一		22584.29	668.02	648.00
冷氢箱二	328674.1	22649.76	668.08	648.00
冷氢箱三		22572.69	668.01	648.00
合计	—	67806.74	—	—

表 4.29　条件 E 冷氢箱内计算结果

条件 E	入口氢气流量/(Nm³·h⁻¹)	冷氢添加量/(Nm³·h⁻¹)	入口温度/K	出口温度/K
冷氢箱一		22213.56	673.00	653.00
冷氢箱二	328674.1	22207.12	673.07	653.00
冷氢箱三		22213.64	673.02	653.00
合计	—	66634.32	—	—

表 4.30　条件 F 冷氢箱内计算结果

条件 F	入口氢气流量/(Nm³·h⁻¹)	冷氢添加量/(Nm³·h⁻¹)	入口温度/K	出口温度/K
冷氢箱一		52746.97	689.39	653.00
冷氢箱二	328674.1	18881.21	674.21	653.00
冷氢箱三		8768.24	662.33	653.00
合计	—	80396.42	—	—

表 4.31　条件 G 冷氢箱内计算结果

条件 G	入口氢气流量/(Nm³·h⁻¹)	冷氢添加量/(Nm³·h⁻¹)	入口温度/K	出口温度/K
冷氢箱一		23893.71	656.74	643.00
冷氢箱二	328674.1	10360.42	664.39	653.00
冷氢箱三		13106.52	665.90	653.00
合计	—	47360.65	—	—

　　由表 4.25~表 4.31 可知，A~G 条件中每段冷氢箱入口氢气流量均相同，这主要是为了维持反应所需恒定的氢油比。冷氢的添加主要表现出以下两方面功能：首先能够弥补化学氢耗量，其次能够吸收反应放出的热量来调整催化剂床层内部温度分布。对比 A~E 共 5 个条件下的冷氢添加量发现，随着入口反应温度升高，所需总的冷氢量逐渐降低。这可以由能量守恒关系进行解释，通过对比煤焦油和氢气比热容可以发现，煤焦油比热容远低于氢气比热容。第一

段催化剂床层出口所排出的液相和气相在冷氢箱内与通入的冷氢混合，将本身所具有的热能一部分转移至所添加的冷氢，最终使两者温度达到一致并进入下一段催化剂床层继续参与反应。由于 A～E 条件中前三段床层总温升几乎相同，约为 60K，可以认为各段冷氢箱内由冷氢吸收的热能几乎相同。此时，冷氢添加量和冷氢温升成反比，且随着入口温度越高，冷氢所吸收的热量越多，则所需冷氢量越少。由条件 F、G 可以看出，以上条件所得冷氢添加量和温升的关系并不适用。在等催化剂床层长度的情况下，条件 F 的冷氢添加量为 80396.42Nm$^3 \cdot$ h^{-1}，在所有条件中最多。条件 G 中冷氢添加量最低，为 47360.65Nm$^3 \cdot$ h^{-1}。这主要是因为在条件 G 中，由于首段床层入口温度较低，反应放出的热量较少，所需添加的冷氢主要用来弥补化学氢耗量，仅少量用来调整床层温升。条件 F 则刚好与之相反，需要大量的冷氢来调节强烈的放热而导致的过高床层温升及化学氢耗量[59,60]。

4) 床层间化学氢耗量结果分析

对于化学氢耗量的研究，一般认为应包含物理氢耗和化学氢耗两部分，且滕家辉等[61]通过对煤焦油中各种加氢反应化学氢耗量进行研究，所得结果表明，HDS 和 HDN 反应化学氢耗量分别占据反应总氢耗量的 0.31%和 3.1%，而芳烃饱和加氢裂化反应占据总氢耗量的 80%。本小节对于 A～G 条件下各段催化剂床层内 HDS 和 HDN 反应化学氢耗量计算结果如图 4.46 所示。

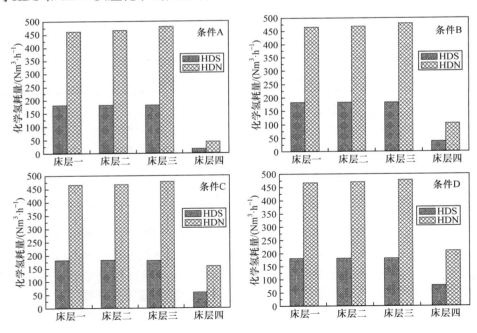

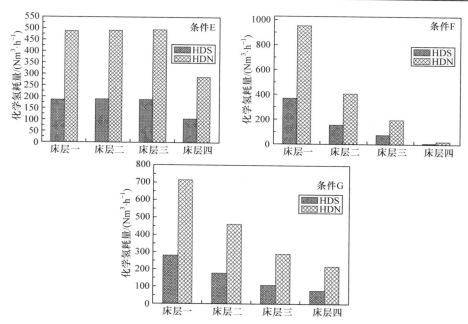

图 4.46　A～G 条件下各段床层处 HDS 和 HDN 反应化学氢耗量

通过计算各段床层内部的化学氢耗量可以大概了解加氢反应进行的深度及杂原子脱除率，一般较高的化学氢耗量对应油品的轻质化程度高，反应产物氢碳比高。由图 4.46 可以看出，条件 A～E 中通过对前三段床层温升进行等量控制来改变催化剂床层长度，故能够对反应量进行合理的分配，每个条件下随着各段床层入口温度升高，相应的各段床层中 HDS 和 HDN 反应化学氢耗量均有略微升高，且第四段床层中变化则更为明显。从反应热的计算过程可以看出，各段催化剂床层内化学氢耗量与杂原子脱除率正相关。由于以上 5 个条件中每段床层长度均为非定长，且四段床层中反应速率依次降低，进而导致每段床层中硫氮脱除率逐渐降低，相应的化学氢耗量有所降低。由于原料中氮浓度约为硫浓度的 3 倍，所以 HDN 反应化学氢耗量远高于 HDS 反应化学氢耗量。条件 F～G 可以看出，各段床层具有相同的长度，且各段床层内化学氢耗量逐渐降低。条件 F 中，由于床层入口温度为 653K，第一段催化剂床层内具有最高的化学反应速率，所以在床层长度一定的情况下则具有更高的反应量和脱除率，所需化学氢耗量也越多。随着物料在各床层间的依次传递，在后续三段床层内油品中杂原子浓度依次降低，在保证相同的入口温度下反应速率也逐渐降低，所以化学氢耗量降低。与条件 F 不同，条件 G 中通过降低第一段催化剂床层入口温度为 633K，降低催化反应速率进而使得硫氮脱除率降低，化学氢耗量减少。在后三段催化剂床层中依次升高反应温度为 643K、653K、653K，在条件 F 中第三、四段催化剂床层入口温度虽然与条件 G 中后两段床层入口温度相同,但条件 G 中相应床层内油品所含杂原子浓度较高,所以使得各段床层内的反应速率与条件 F 相比有所提高,化学氢耗量较高。

5)气相压力变化结果分析

通过对以上 7 个条件计算发现,条件 G 具有最低的冷氢添加量,硫氮脱除率均达到80%以上,更符合工程应用实际,故在此条件下研究反应器内气相中各物质压力的变化情况,所得结果如图 4.47 所示。由图可以看出,氢气压力变化在第一段床层内(0~350cm)较为明显,在后两段床层中变化逐渐趋于平缓。不难发现,每两段催化剂床层间均有冷氢箱的存在,冷氢的加入会导致氢气压力曲线有略微上升,这是因为冷氢加入会导致混合气温度急剧降低,从而破坏氢气的溶解平衡,降低了氢气在煤焦油中的溶解度,使部分氢气逸出,同时液相中溶解的氢气重新进入气相主体。此外,由于在冷氢箱模型的设置时,将下一床层入口压力设置为冷氢的压力,而冷氢的顺利加入一般应要求压力略高于上一床层出口气体压力。对于氨气的压力变化,在整个催化剂床层中表现为上升的趋势,但在冷氢添加位置处同样出现了拐点,因为此处加入冷氢,与上一催化剂床层排出气体混合后其浓度有略微降低,随后在此压力基础上进入下一床层,随着反应的进行,浓度再次回升并最终形成一个稳定的趋势。

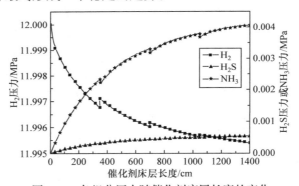

图 4.47　各组分压力随催化剂床层长度的变化

硫化氢压力随催化剂床层长度变化曲线如图 4.48 所示。

由图 4.48 中可知,硫化氢的压力变化相对不太明显,并不能直观地看出冷氢加入导致的压力变化,这主要是因为原料中本身含有较低的硫浓度。和氨气的压力变化相似,硫化氢作为反应产物同样在冷氢加入处有较小幅度的降低,随后迅速恢复至正常。

6) 液相杂原子浓度变化结果分析

液相中硫氮浓度的变化是加氢效果的直接体现,一定程度上反映了液相产品的质量,其变化曲线如图 4.49 所示。

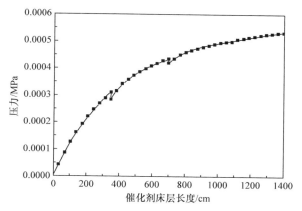

图 4.48　硫化氢压力随催化剂床层长度的变化

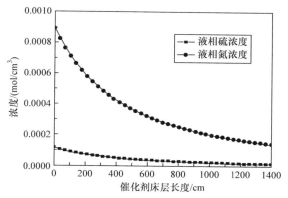

图 4.49　液相硫氮浓度随催化剂床层长度的变化

与气相中各物质压力及浓度的变化趋势不同，由图 4.49 可以看出，液相中硫氮浓度并不受冷氢加入的影响。随着催化剂床层长度的增加，硫氮浓度均逐渐降低，且降低的速率逐渐减少，最终趋于平缓，这主要是因为化学反应速率逐渐降低。

本章构建出一个工业规模的滴流床反应器模型，结合反应动力学和能量守恒关系对工业滴流床反应器中煤焦油的加氢脱硫和加氢脱氮反应过程进行模拟。主要涉及床层分布、温升控制、冷氢添加量、硫氮脱除率、化学氢耗量等的计算，同时对气液两相各物质的压力及浓度变化进行分析，所得结果如下：

(1) 通过对煤焦油加氢脱硫和加氢脱氮反应热，以及原料热力学性质的计算，得到工业反应器能量守恒模型。将其与反应动力学和物质传递关系相结合，建立一个完整的工业反应器模型。

(2) 以年处理量 25 万 t，空速 $0.5h^{-1}$，运行时间 8000h 为设计要求，最终设计得到工业反应器尺寸为直径 2m，总催化剂床层长度 14m。根据单段床层温升一般在 20～30K 的要求，将床层分为四段，两段床层间设置冷氢箱。

(3) 在单段床层温升设为 20K 的条件下，在温度 633～653K，研究了不同床层入口温度下各段床层分配情况(条件 A～E)，结果表明随着温度升高，冷氢加入点依次前移，即前三段床层长度依次减少，第四段床层逐渐增加。

(4) 在各段床层长度相等的情况下(条件 F、G)，分别研究了不同入口温度下床层温升的变化情况，结果表明在各段床层入口温度均为 653K 的情况下首段床层温升达到 36.39℃，高于单段床层温升要求。采用前后各段床层入口温度逐级递增的方式设定为 633K、643K、653K、653K，所得各段床层温升依次为 23.74K、21.39K、12.90K、6.42K。

(5) 对条件 A～G 的冷氢量、床层温升以及化学氢耗量进行计算，结果表明在 A～E 条件中，温度升高冷氢量逐渐降低，且化学氢耗量逐渐升高。条件 G 中由于采用各段床层入口温度逐级上升的设置方式，所得冷氢量最少，为 $47360.65Nm^3 \cdot h^{-1}$。

(6) 在条件 G 的情况下，对反应器内气液两相中各物质压力、浓度等进行计算，各冷氢箱内氢分压有小幅上升，硫化氢和氨气压力均略微降低，主要是因为冷氢的加入破坏了体系的气液平衡，随着两股物料的充分混合，又迅速建立起新平衡。

参 考 文 献

[1] 白建明, 李冬, 李稳宏, 等. 煤焦油深加工技术[M]. 北京: 化学工业出版社, 2016.

[2] 方向晨. 加氢精制: 第 2 版[M]. 北京: 中国石化出版社, 2006.

[3] WANG R, CI D H, CUI X, et al. Pilot-plant study of upgrading of medium and low-temperature coal tar to clean liquid fuels[J]. Fuel Processing Technology, 2017, 155(2): 153-159.

[4] NIU M L, SUN X H, GAO R, et al. Effect of dephenolization on low-temperature coal tar hydrogenation to produce fuel oil[J]. Energy & Fuels, 2016, 30(12): 10215-10221.

[5] 胡文斌, 贾广信. 负载型磷钨酸催化剂的制备及其在甲醇汽油催化改性中的应用[J]. 石油化工, 2012, 19(2): 122-129.

[6] 张雪峥, 乐英红, 高滋. PW/SBA-15 负载型催化剂的性能研究[J]. 高等学校化学学报, 2001, 18(12): 113-118.

[7] 吴世华, 赵维君, 杨树军, 等. 溶剂化金属原子浸渍法制备高分散负载型催化剂——Ⅱ, Fe, Co, Ni 催化剂的分散度和催化性能研究[J]. 物理化学学报, 1991, 33(2): 113-119.

[8] 谢传欣, 赵静, 潘惠芳, 等. 磷改性 β 沸石作为活性组分对 FCC 催化剂性能的影响[J]. 石油化工, 2002,31(9): 691-695.

[9] 柳召永, 杨朝合, 张忠东, 等. 小晶粒 ZSM-5 的表征、磷改性及其在多产丙烯 FCC 催化剂中的应用[J]. 石油学报石油加工, 2014, 12(2): 123-127.

[10] GIRGIS M J, GATES B C. Reactivities, reaction networks, and kinetics in high-pressure catalytic hydroprocessing[J]. Industrial & Engineering Chemistry Research, 1991, 30(9): 2021-2058.

[11] MARTENS J A, JACOBS P A, WEITKAMP J. Attempts to rationalize the distribution of hydrocracked products. 1.

Qualitative description of the primary hydrocracking modes of long chain paraffins in open zeolites[J]. Applied Catalysis, 1986, 20(1-2): 239-281.

[12] DAI F, WANG H, GONG M, et al. Carbon-number-based kinetics, reactor modeling, and process simulation for coal tar hydrogenation[J]. Energy & Fuels, 2015, 29(11): 7532-7541.

[13] DAI F, GAO M J, LI C S, et al. Detailed description of coal tar hydrogenation process using the kinetic lumping approach[J]. Energy & Fuels, 2011, 25(11): 4878-4885.

[14] CHANG N, GU Z L. Kinetic model of low temperature coal tar hydrocracking in supercritical gasoline for reducing coke production[J]. Korean Journal of Chemical Engineering, 2014, 31(5): 780-784.

[15] XU B, KANDIYOTI R. Two-stage kinetic model of primary coal liquefaction[J]. Energy & fuels, 1996, 10(5): 1115-1127.

[16] YANG Y Q, WANG H Y, DAI F, et al. Simplified catalyst lifetime prediction model for coal tar in the hydrogenation process[J]. Energy & Fuels, 2016, 30(7): 6034-6038.

[17] TEH C HO. Hydrodenitrogenation catalysis[J]. Catalysis Reviews Science & Engineering, 1988, 30(1): 117-160.

[18] YUI S M, SANFORD E C. Mild hydrocracking of bitumen-derived coker and hydrocracker heavy gas oils: Kinetics, product yields, and product properties[J]. Industrial & Engineering Chemistry Research, 2002, 28(9): 1278-1284.

[19] JIANG L J, WENG Y B, LIU C H. Hydrotreating residue deactivation kinetics and metal deposition[J]. Energy & Fuels, 2010, 24(3): 1475-1478.

[20] 黄华江. 社实用化工计算机模拟——MATLAB 在化工中的应用[M]. 北京: 化学工业出版社, 2006.

[21] 李大东. 加氢处理工艺与工程[M]. 北京: 中国石化出版社, 2004.

[22] WEI Q, WEN S C, TAO X J, et al. Hydrodenitrogenation of basic and non-basic nitrogen-containing compounds in coker gas oil[J]. Fuel Processing Technology, 2015, 129(2): 76-84.

[23] KALLINIKOS L E, JESS A, PAPAYANNAKOS N G. Kinetic study and H_2S effect on refractory DBTs desulfurization in a heavy gas oil[J]. Journal of Catalysis, 2010, 269(2): 169-178.

[24] JARULLAH A T, MUJTABA I M, WOOD A S. Kinetic parameter estimation and simulation of trickle-bed reactor for hydrodesulfurization of crude oil[J]. Chemical Engineering Science, 2011, 66(2): 859-871.

[25] NIU M L, ZHENG H A, SUN X H, et al. Kinetic model for low-temperature coal tar hydrorefining[J]. Energy & Fuels, 2017, 31(4): 5441-5447.

[26] NOVAES L D R, RESENDE N S D, SALIM V M M, et al. Modeling, simulation and kinetic parameter estimation for diesel hydrotreating[J]. Fuel, 2017, 209(5): 184-193.

[27] KORSTEN H, HOFFMANN U. Three-phase reactor model for hydrotreating in pilot trickle-bed reactors[J]. Aiche Journal, 2010, 42(3): 1350-1360.

[28] MEDEROS F S, ANCHEYTA J. Mathematical modeling and simulation of hydrotreating reactors: Cocurrent versus countercurrent operations[J]. Applied Catalysis A: General, 2007, 332(12): 8-21.

[29] ALVAREZ A, ANCHEYTA J. Simulation and analysis of different quenching alternatives for an industrial vacuum gas oil hydrotreater[J]. Chemical Engineering Science, 2008, 63(11): 662-673.

[30] CHEN J W, WANG N, MEDEROS F, et al. Vapor-liquid equilibrium study in trickle-bed reactors[J]. Industrial Engineering Chemistry Research, 2009, 48(4): 1096-1106.

[31] 邵志才, 刘涛, 戴立顺, 等. H_2S 和 NH_3 对渣油杂原子加氢脱除反应的影响[J]. 石油炼制与化工, 2014, 57(4): 45-48.

[32] 赵毅, 葛世英, 蔡云升, 等. 异形催化剂效率因子的数值计算[J]. 华东化工学院学报, 1989, 33(5): 145-149.

[33] GULYAZETDINOV L P. Structural group composition and thermodynamic properties of petroleum and coal tar fractions[J]. Industrial & Engineering Chemistry Research, 1995, 34(4), 1352-1363.

[34] ANCHEYTA J, MUÑOZ J A D, MACÍAS M J. Experimental and theoretical determination of the particle size of hydrotreating catalysts of different shapes[J]. Catalysis Today, 2005, 109(2): 120-127.

[35] MACÍAS M J, ANCHEYTA J. Simulation of an isothermal hydrodesulfurization small reactor with different catalyst particle shapes[J]. Catalysis Today, 2004, 98(4): 243-252.

[36] SHICHI A, SATSUMA A, IWASE M, et al. Catalyst effectiveness factor of cobalt-exchanged mordenites for the selective catalytic reduction of NO with hydrocarbons[J]. Applied Catalysis B: Environmental, 1998, 17(2): 107-113.

[37] CALLEJAS M A, MARTÍNEZ M T. Hydroprocessing of a Maya residue. 1. Intrinsic kinetics of asphaltene removal reactions[J]. Energy & Fuels, 2000, 14(4): 1304-1308.

[38] CALLEJAS M A, MARTÍNEZ M T. Hydroprocessing of a Maya residue. Ⅱ. Intrinsic kinetics of the asphaltenic heteroatom and metal removal reactions[J]. Energy & Fuels, 2000, 14(6): 1309-1313.

[39] BAHZAD D, AL-FADHLI J, AL-DHAFEERI A, et al. Assessment of selected apparent kinetic parameters of the HDM and HDS reactions of two kuwaiti residual oils, using two types of commercial ARDS catalysts[J]. Energy & Fuels, 2010, 24(7): 1495-1501.

[40] MARAFI A, ALBAZZAZ H, ALMARRI M, et al. Residue-oil hydrotreating kinetics for graded catalyst systems: Effect of original and treated feedstocks[J]. Energy & Fuels, 2003, 17(7): 1191-1197.

[41] ALVAREZ A, ANCHEYTA J. Modeling residue hydroprocessing in a multi-fixed-bed reactor system[J]. Applied Catalysis A General, 2008, 351(7): 148-158.

[42] QADAR S A, WISER W H, HILL G R. Kinetics of hydrocracking of low temperature coal tar[J]. American Chemical Society, Division of Fuel Chemistry Preprints, 1968, 12(5): 28-46.

[43] MARTÍNEZ J, ANCHEYTA J. Modeling the kinetics of parallel thermal and catalytic hydrotreating of heavy oil[J]. Fuel, 2014, 138(4): 27-36.

[44] 杨勇. 煤制液体产品的组成及含硫化合物分析[D]. 上海: 华东理工大学, 2014.

[45] VRINAT M L. The kinetics of the hydrodesulfurization process——A review[J]. Applied Catalysis, 1983, 6(4): 137-158.

[46] ALEX S, NICKOS P, JOHN M. Catalytic hydrodesulfurization of a petroleum residue[J]. Chemical Engineering Science, 1982, 37(4): 1810-1812.

[47] MARROQUIN G, ANCHEYTA J, Esteban C. A batch reactor study to determine effectiveness factors of commercial HDS catalyst[J]. Catalysis Today, 2005, 104(1): 70-75.

[48] JARULLAH A T, MUJTABA I M, WOOD A S. Kinetic model development and simulation of simultaneous hydrodenitrogenation and hydrodemetallization of crude oil in trickle bed reactor[J]. Fuel, 2011, 90(6): 2165-2181.

[49] QADER S A, WISER W H, HILL G R. Kinetics of the hydroremoval of sulfur, oxygen, and nitrogen from a low temperature coal tar[J]. Industrial & Engineering Chemistry Process Design and Development, 1968, 7(3): 390-397.

[50] HE G F, GUAN B F, WANG Y F, et al. Study on hydro-denitrification and aromatic hydrocarbon hydrogenation kinetics of low temperature coal tar to middle distillates[J]. Coal Conversion, 1998, 12(23): 345-459.

[51] SIGURDSON S, DALAI A K, ADJAYE J. Hydrotreating of light gas oil using carbon nanotube supported NiMoS catalysts: Kinetic modelling[J]. The Canadian Journal of Chemical Engineering, 2011, 89(3): 562-575.

[52] CALLEJAS M A, MARTÍNEZ M T. Hydroprocessing of a maya residue. Intrinsic kinetics of sulfur-, nitrogen-, nickel-, and vanadium-removal reactions[J]. Energy & Fuels, 1999, 13(3): 629-636.

[53] MANN R S, SAMBI I S, KHULBE K. Hydrofining of heavy gas oil on zeolite-alumina supported nickel-molybdenum

catalyst[J]. Industrial & Engineering Chemistry Research, 1988, 27(10): 1788-1792.

[54] WHITEHURST D D, FARAG H, NAGAMATSU T, et al. Assessment of limitations and potentials for improvement in deep desulfurization through detailed kinetic analysis of mechanistic pathways[J]. Catalysis Today, 1998, 45: 299-305.

[55] 唐闲逸, 许德平, 王宇豪, 等. 低温煤焦油中含氮化合物的分离与分析[J]. 煤炭转化, 2016, 39(4): 73-78.

[56] BEJ S K, DALAI A K, ADJAYE J. Comparison of hydrodenitrogenation of basic and non-basic nitrogen compounds present in oil sands derived heavy gas oil[J]. Energy & Fuels, 2001, 15(2):377-383.

[57] 里纳德. 滴流床反应器原理与应用[M]. 北京: 化学工业出版社, 2019.

[58] MURALI C, VOOLAPALLI R K, RAVICHANDER N, et al. Trickle bed reactor model to simulate the performance of commercial diesel hydrotreating unit[J]. Fuel, 2007, 86(7): 1176-1184.

[59] 郑云弟, 蒋彩兰, 康宏敏, 等. 加氢脱氮催化剂载体的研究[J]. 工业催化, 2010, 48(4): 1143-1150.

[60] 李贵贤, 曹彦伟, 李梦晨, 等. 煤焦油加氢脱氮反应网络及催化剂研究进展[J]. 化工进展, 2015, 75(34): 1119-1127.

[61] 滕家辉, 李冬, 李稳宏, 等. 煤焦油加氢氢耗的研究[J]. 化学反应工程与工艺, 2011, 27(5): 443-449.

第 5 章 中低温煤焦油重组分反应

如何将分子结构丰富、富 O 高 N 的沥青质实现高效转化，是目前中低温煤焦油实现高附加值利用面临的主要难题。本章首先通过精确的分离方法和先进的表征手段，对沥青质加氢转化规律进行了全面介绍。其次，采用族组分分离的方法，将沥青质划分为性质相近的族组分来表征它的特性。最后，对煤沥青的热转化过程及制备针状焦工艺进行了研究。研究内容对实现中低温煤焦油的分级分质开发具有重要意义。

5.1 煤沥青重组分基本性质

煤沥青的结构决定其性质，从而影响所制备煤沥青基炭材料的性能，只有在充分认识煤沥青分子结构和相关性质的基础上，才能制备出符合应用需求的高附加值产品。然而，煤沥青分子组成复杂，单独提取出特定分子结构的组分存在较大困难。为了深入研究煤沥青的结构特性，通常采用族组分分离的方法将其划分为性质相近的族组分来表征。

1. 族组分的分离

正庚烷、甲苯和喹啉的极性由弱到强，采用这三种溶剂作为萃取剂，对煤沥青进行有效的"组分切割"，具体如下：将>350℃中低温煤焦油沥青(MLCTP)与精制沥青(RCTP)经充分粉碎后依次加入过量正庚烷、甲苯、喹啉溶剂，在 80℃恒温条件下搅拌 1h、静置沉降 3h，分离得到上层溶液，然后分离出溶剂，经烘干后依次得到 HS、HI-TS、TI-QS 组分。喹啉萃取时得到的不溶物经烘干后得到 QI 组分。经分离得到的族组分仍是包含多种稠环芳烃化合物的混合物，但相对原料沥青而言其组成简单，有利于进一步深入地研究其特性。

由图 5.1 可知，通过溶剂萃取可以对原料的芳烃进行富集，同时脱除原料中的重质组分。HS 中主要为分子量较小的轻质组分，由它生成分子量较大的中间相产物需要更长的反应时间。在炭化过程中原料中的 HS 组分质量分数过高不利于大尺寸中间相的生成，但是适量的 HS 组分在炭化过程中可以使反应体系维持适宜的黏度，保证中间相充分生长和发育。HI-TS 组分形成的炭化产物具有最佳的光学各向异性结构。TI-QS 组分主要为热敏性组分，热反应性较高，在反应过程中易于结焦，导致体系黏度增大，高质量分数的 TI-QS 组分不利于中间相的生长。QI 为分子量较大的重质组分，其在炭化过程中会导致反应体系黏度快速增大，同时可能出现焦块和小球共存现象，严重阻碍中间相炭微球的生长融并，最终形成各向同性焦。由此可知，溶剂萃取可以有效调整原料分子组成，脱除原料中的热敏性分子。这些高反应活性分子的脱除有利于炭化过程中间相的形成和生长。

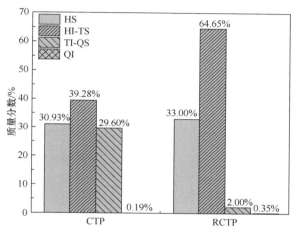

图 5.1　CTP 及 RCTP 族组成
CTP-煤焦油沥青；RCTP-精制沥青

2. 基本性质

1) 元素及分子量分析

CTP 族组分基本性质分析见表 5.1。

表 5.1　CTP 族组分基本性质分析

原料	$w(C)/\%$	$w(H)/\%$	$w(S)/\%$	$w(N)/\%$	$w(O)/\%$	碳氢原子比	数均分子量
HS	86.13	8.12	0.24	0.57	4.94	0.88	289
HI-TS	85.71	5.58	0.25	1.32	7.14	1.11	416
TI-QS	81.72	4.27	0.52	2.45	11.04	1.59	547
QI	70.74	1.77	1.07	2.87	23.55	3.33	—

注：$w(O)$通过差减法计算获得。

由表 5.1 可知，各族组分的化学元素组成差异较大，总体规律为分子量越大，杂原子质量分数越高。不同族组分之间杂原子质量分数差异较大。按照表 5.1 中 HS 到 QI 的顺序，各组分中的 O、N 和 S 元素质量分数逐渐增大。不同族组分中杂原子总质量分数逐渐增大，表明其分子极性逐渐增强；碳氢原子比逐渐增大，表明其芳香度逐渐增加，随着分子量逐渐增大，空间结构逐渐复杂，分子尺寸增大。

结合元素分析及凝胶渗透色谱法(GPC)测试的结果，可以计算得到的三种族组分的平均分子式如下：HS 为 $C_{20.73}H_{23.28}N_{0.12}O_{1.16}S_{0.02}$、HI-TS 为 $C_{29.69}H_{23.17}N_{0.96}O_{1.63}S_{0.09}$、TI-QS 为 $C_{37.25}H_{23.36}N_{0.95}O_{3.77}S_{0.18}$。

2) FTIR 分析

煤焦油沥青族组分的傅里叶变换红外光谱谱图如图 5.2 所示。

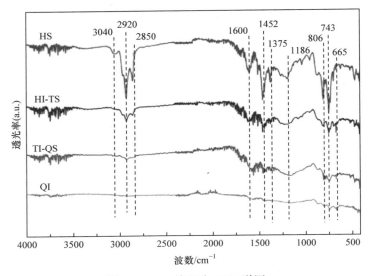

图 5.2　CTP 族组分 FTIR 谱图

由图 5.2 可知，各组分中均存在芳环结构，但 HI-TS、TI-QS 和 QI 组分吸收峰强度较弱，这是因为三种组分主要为稠环芳烃，其主体结构的共价键振动较弱；在 2850cm^{-1} 和 2920cm^{-1} 附近存在较强吸收峰，归属为烷烃的 C—H 伸缩振动峰，HS 和 HI-TS 组分在此处的吸收峰强度高于其他组分，TI-QS 和 QI 组分在此处的吸收峰十分微弱，说明这两个组分中几乎不含有脂肪族 C—H 结构；在 650～900cm^{-1} 多处出现芳环上 C—H 面外弯曲振动特征峰，表明组分中芳烃结构的多样性和复杂性。结合 FTIR 结果说明 HS 和 HI-TS 中含有更多的 H，其烷基侧链更多且比较长，TI-QS 和 QI 的缩合度更高。

为了更准确地判断各族组分的烷基侧链信息，采用分峰拟合的方法对各族组分波数范围为 2800～3000cm^{-1} 的区域进行了研究，结果如图 5.3 所示。

由图 5.3(a)～(c)可知，HS、HI-TS 和 TI-QS 在此区域内均出现多个吸收峰，包括 2956cm^{-1} 和 2921cm^{-1} 附近的非对称式—CH$_3$ 和—CH$_2$—伸缩振动，2877cm^{-1}

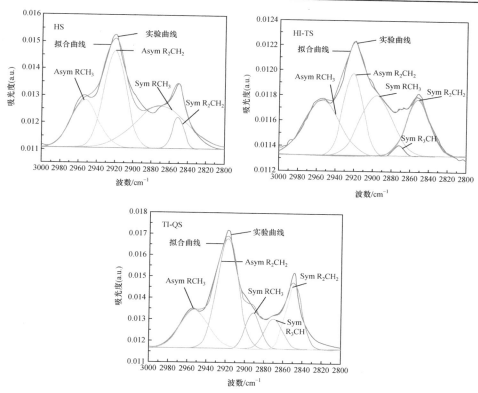

图 5.3　CTP 族组分在 2800～3000cm⁻¹ 波数的分峰拟合曲线

Asym-伸缩振动峰；Sym-不对称振动峰

和 2855cm⁻¹ 附近的对称式—CH₃ 和—CH₂—伸缩振动，2893cm⁻¹ 附近的次甲基 C—H 的伸缩振动。煤焦油沥青族组分在 2800～3000cm⁻¹ 波数不同基团质量分数见表 5.2。由表 5.2 可知，HI-TS 组分分子较为复杂，支链化指数表现为 TI-QS>HI-TS>HS。由此可以判断，烷基取代数和链长 HS>HI-TS>TI-QS。

表 5.2　CTP 族组分在 2800～3000cm⁻¹ 波数不同基团质量分数

样品	w(Asym RCH₃)/%	w(Asym R₂CH₂) /%	w(R₃CH) /%	w(Sym RCH₃)/%	w(Sym R₂CH₂)/%	支链化指数
HS	20.13	37.71	0	36.21	5.95	0.53
HI-TS	28.21	23.15	27.67	1.37	19.6	1.22
TI-QS	28.63	21.15	25.88	0	24.34	1.35

3) ¹H-NMR 分析

HS、HI-TS 和 TI-QS 的氢-1 核磁共振波谱(¹H-NMR)如图 5.4 所示。原料中各类氢的归属及其含量见表 5.3。H_α 含量为与芳香碳直接相连的 H 占所有类型氢的摩尔分数，其他类型氢含量以此类推。

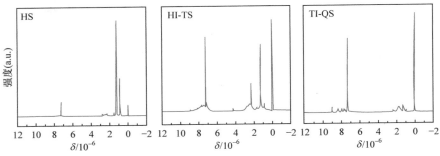

图 5.4　CTP 族组分 ¹H-NMR 谱图

由图 5.4 可知，HS 核磁共振氢谱图在化学位移 $0.5×10^{-6}$～$2.1×10^{-6}$ 的特征峰较强，表明沥青中含有较多饱和氢和亚甲基氢，化学位移 $6.5×10^{-6}$～$9.5×10^{-6}$ 处芳香氢的特征吸收峰较弱，说明其取代基较多。HI-TS 组分氢谱图在化学位移 $1.1×10^{-6}$～$2.1×10^{-6}$ 的特征峰较弱，表明沥青中含有少量饱和氢，化学位移 $2.1×10^{-6}$～$4.5×10^{-6}$ 和 $6.5×10^{-6}$～$9.5×10^{-6}$ 处芳香氢的特征吸收峰较强，说明其芳环上取代基较少，其主体为稠环结构且支链较少。TI-QS 组分中含有少量饱和氢，芳环上存在大量短支链取代基。与 HI-TS 组分相比，HS 和 TI-QS 组分含有更多的脂肪族氢，且主要位于与芳香环相连的侧链上，即这两个组分的烷基侧链主要以甲基和乙基形式存在。

表 5.3　原料中各类氢的归属及其含量

族组分	氢含量/%			
	H_{ar}	H_{α}	H_{β}	H_{γ}
HS	8.95	12.45	56.77	21.83
HI-TS	39.34	27.53	26.80	9.01
TI-QS	47.13	11.26	11.26	5.29

注：本章的化学位移采用量纲为 1 的 δ 表示，其定义为 $\delta=(v_x-v_s)/v_s$，其中，v_s 为核磁共振波谱仪的原始位移，v_x 为不同种类氢的测量位移。H_{ar}、H_{α}、H_{β}和 H_{γ}如下所示：

① H_{ar}-芳香氢（δ为 $6.5×10^{-6}$～$9.5×10^{-6}$）。

② H_{α}-与芳环的 α-碳原子相连的氢原子（δ为 $2.1×10^{-6}$～$4.5×10^{-6}$）。

③ H_{β}-与芳环的 β-碳原子相连以及 β 位更远的亚甲基、次甲基上的氢原子，烷烃亚甲基、次甲基上的氢原子（δ 为 $1.1×10^{-6}$～$2.1×10^{-6}$）。

④ H_{γ}-与芳环的 γ-碳原子相连以及 γ位更远的甲基上的氢原子，烷烃甲基上的氢原子（δ为 $5.0×10^{-7}$～$1.1×10^{-6}$）。

4) 平均分子结构计算

结合 FTIR、¹H-NMR、元素分析及分子量等数据，采用改进 Brown-Lander

的算法计算平均分子结构参数，结果见表 5.4。

表 5.4　煤焦油沥青族组分的平均结构参数计算结果

参数	符号	族组分		
		HS	HI-TS	TI-QS
芳香度	f_a	0.53	0.73	0.84
芳香环取代度	σ	0.42	0.26	0.02
芳香碳原子数	C_A	10.99	21.26	31.29
环烷碳原子数	C_N	5.46	7.14	4.97
环烷侧链碳原子数	CP	4.29	1.13	0.99
饱和碳原子数	Cs	9.75	8.27	5.96
总环数	R	4.51	6.53	10.93
芳环数	R_A	2.25	4.82	7.32
环烷环数	R_N	2.26	1.71	3.61
芳环系外围总碳原子数	Cl	3.56	14.27	12.32
芳环系外围取代的总碳原子数	Cla	1.46	3.68	1.32
平均取代烷基链长度	L	6.68	2.25	4.51
		0.19	0.49	0.35
		0.26	0.24	0.13
		0.21	0.04	0.03

由表 5.4 可知，样品的芳香度 TI-QS>HI-TS>HS，HI-TS 和 TI-QS 芳核缩合度较高。根据计算所得平均分子结构参数推测 CTP 及族组分的分子结构如图 5.5 所示。

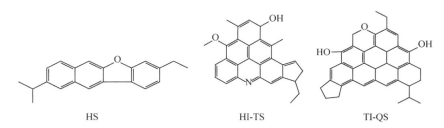

HS　　　　　　　　　HI-TS　　　　　　　　TI-QS

图 5.5　CTP 族组分的分子结构式

5) XPS 分析

对 CTP 族组分中 N、O、S 元素进行了 XPS 分析，具体分峰参数见表 5.5。

表 5.5　CTP 族组分的 N_{1s}、O_{1s}、S_{2p} 分峰参数

峰值	结合能/eV	N、O、S 赋存形态	摩尔分数/%		
			HS	HI-TS	TI-QS
1	398.94	N-6(吡啶型氮)	15.38	21.05	31.61

续表

峰值	结合能/eV	N、O、S 赋存形态	摩尔分数/%		
			HS	HI-TS	TI-QS
2	399.51	N-5(吡咯型氮)	54.95	65.79	67.47
3	400.36	N-Q(季胺氮)	29.67	13.16	10.92
1	531.68	C=O	27.56	24.65	45.18
2	532.32	C—O—C、C—OH、C—O	58.54	31.08	43.56
3	533.13	—COO—	13.90	44.27	11.26
1	163.5	烷基硫	29.51	5.91	47.84
2	164.4	噻吩硫	17.96	18.61	18.18
3	165.7	亚砜硫	52.37	26.23	27.25
4	167.5	砜类	0.16	49.24	11.73

由表 5.5 可知，不同族组分中的氮元素主要以吡咯型 N 的形式存在。由 HS 到 TI-QS 组分，随着摩尔分数的增大，各组分中 N 元素的赋存形态由季胺氮转变为吡啶型氮和吡咯型氮。不同族组分中的氧元素主要赋存形式有较大差别，其中 HS 和 TI-QS 组分中的氧主要由 C=O、C—O—C、C—OH、C—O 的形式存在，HI-TS 组分中的氧主要由 C—O—C、C—OH、C—O、—COO— 的形式存在。不同族组分中的硫元素主要赋存形式有着显著差异，亚砜硫 HS 摩尔分数较高；相较于其他组分，噻吩硫和砜类 HI-TS 摩尔分数较高；TI-QS 组分中的硫元素主要以烷基硫的形式赋存。杂原子在沥青中存在形式复杂，且在不同的族组分中有着显著差异。

5.2 沥青质加氢转化

本节采用多功能加氢裂化组合催化剂，通过傅里叶变换红外光谱(FTIR)、X 射线光电子能谱(XPS)、氢-1 核磁共振波谱法(¹H-NMR)、碳-13 核磁共振波谱法 (¹³C nuclear magnetic resonance, ¹³C-NMR)、热裂解气相色谱-质谱联用技术(Py-GCMS)、电喷雾-傅里叶变换-离子回旋共振质谱[(±)ESI FT-ICR MS]和碰撞诱导解离(collision induced dissociation, CID)等技术，系统研究沥青质在加氢转化过程中极性官能团、杂原子物种、分子结构参数的演变规律及其热裂解行为和耦合碰撞诱导解离裂化机理。

5.2.1 反应条件对沥青质加氢转化性影响

反应温度一直是调节和控制重油加氢处理过程最有效的措施，加氢反应温度显著影响活性 H 供应效率(加氢工艺中的关键限速步骤)[1]。高温不仅可以降低重油黏度，还能加快 H 在油中的溶解速率。此外，加氢催化剂和反应物之间的接触时间对重油中低反应活性组分的转化至关重要[2]。加氢反应包括加氢精制(主要为加氢脱氧/加氢脱氮/加氢脱硫)和芳环加氢饱和反应，加氢裂化反应包括烷基侧链断裂、环烷烃开环和桥键断裂反应等。高温下还会发生热裂化及焦化反应。沥青质的加氢转化反应机理如图 5.6 所示。此处反应温度最高为 400℃，沥青质加氢转化过程主要涉及加氢精制和加氢裂化反应，其中热裂化及焦化反应较弱。

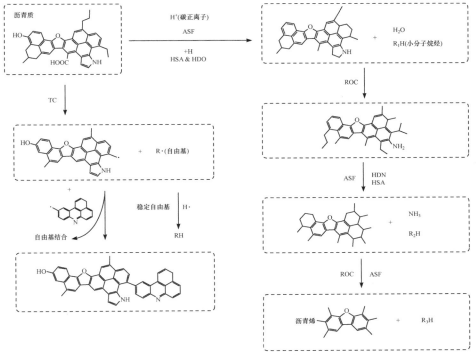

图 5.6 沥青质加氢转化反应机理

ASF-烷基侧链断裂反应；HSA-加氢饱和反应；HDO-加氢脱氧反应；HDN-加氢脱氮反应；ROC-环烷烃开环反应；TC-热裂化反应

1. 反应温度对沥青质加氢转化性影响

加氢后饱和分质量分数增加，胶质和沥青质质量分数降低。加氢前后芳香分质量分数变化很小，加氢过程芳香分转化率(主要为芳香分转化为饱和分)和芳香分生成率(主要为胶质转化为芳香分)处于动态平衡。随着反应温度升高，饱和分质量分数呈上升趋势；芳香分、胶质和沥青质质量分数呈下降趋势。当反应温度从 355℃升高至 385℃，沥青质转化率从 43.5%大幅提高到 76.4%；当反应温度超过 385℃时，沥青质转化率则稳定在 77%左右；当反应温度从 355℃升高至 385℃时，甲苯不溶物(焦炭)质量分数从 0.4%缓慢增加至 0.7%；反应温度达到 400℃

时，甲苯不溶物质量分数显著升高为 1.7%。芳环加氢饱和反应和加氢精制在内的加氢反应是放热的，而加氢裂化、热裂解及焦化等裂化反应是吸热的。高温更有利于加氢裂化、热裂解和焦化反应，饱和烷基链上的 C—C 在高温下很容易断裂[3]。总之，当反应温度低于 385℃时，芳环加氢饱和、加氢精制和加氢裂化反应占主导地位；反应温度过高时热裂解反应加剧，大分子自由基缩合形成更多的焦炭前驱体，进一步转化为焦炭[4]。虽然高温有助于油中的溶解氢扩散到催化剂表面及其孔道结构，促进沥青质分子在金属活性位点上发生加氢反应，但高温增强的氢溶解效应依旧不能贡献足够的活性氢来完全抑制焦化反应[5]。

随着反应温度升高，O、N 和 S 的脱除率几乎都呈线性趋势增加。杂环化合物在高温下的加氢裂化反应有助于加氢精制反应的进行。反应温度为 385℃时大部分 S 被脱除，但依旧有大量的顽固 O 和 N 难以脱除，造成中低温煤焦油加氢工艺中获得理想的加氢精制效果难度较高。反应温度对低反应活性杂原子化合物(如吡啶和吡咯)脱除的影响比高反应活性杂原子化合物(如烷基硫和羧基化合物)脱除更为突出。中低温煤焦油中 O 和 N 质量分数较高，在催化剂加氢活性位点不变的条件下，加氢过程需要的加氢脱氧和加氢脱氮反应时间相对更长，而较低的反应温度对加氢脱氧和加氢脱氮反应速率有明显的负面影响，会导致 O 和 N 的脱除率大幅下降[6]。

2. 反应时间对沥青质加氢转化性影响

反应时间增加，加氢产物中饱和分质量分数明显增加，而芳香分、胶质和沥青质质量分数降低。在整个加氢反应过程中，重组分沥青质、胶质转化为芳香分的反应和芳香分转化为饱和分的反应同时发生。加氢后甲苯不溶物质量分数增加，而且甲苯不溶物质量分数与反应时间成正比关系。整个加氢过程中会有少量芳香分转化为胶质，并进一步转化为沥青质，最终形成了焦炭前体，通过自由基缩合反应生成焦炭。当反应时间从 45min 增加至 90min 时，沥青质转化率从 52.4%急剧增加至 71.8%。当反应时间从 90min 增加到 180min 时，沥青质转化率从 71.8%缓慢增加至 82.1%。反应时间对沥青质转化至关重要，但反应时间过长对沥青质转化影响较小。反应时间从 45min 增加到 135min 时，甲苯不溶物质量分数缓慢增加；随着反应时间进一步增加至 180min，甲苯不溶物质量分数迅速增加至 1.6%，高温下过长的反应时间会促使大量的自由基缩合反应发生，导致产物中焦炭质量分数增加。

反应时间增加，沥青质的加氢脱氧、加氢脱氮和加氢脱硫效果完全不同。反应时间从 45min 增加至 180min，沥青质中 O 质量分数稳步下降，反应时间过长对加氢脱氧反应起到了促进作用。因此，加氢脱氧反应需要保证足够的反应时间。随着反应时间从 45min 增加至 135min，沥青质的加氢脱氮和加氢脱硫效果变化显著。然而，随着反应时间从 135min 增加至 180min，沥青质中 N 和 S 质量分数只是轻微下降。这可能是因为当反应时间为 135min 或更短时，含氮化合物和含硫化合物已大量脱除。当反应时间更长时，嵌入多环芳烃中的低反应活性含氮化合物(吡啶和吡咯)和含硫化合物(噻吩)脱除效果并不理想。考虑到空间位阻和供氢限制等因素，这部分残留的含氮化合物和含硫化合物需通过提高其他反应条件的苛刻程度来进一步脱除[7]。

3. 反应压力对沥青质加氢转化性影响

煤焦油加氢是气液固三相的催化反应过程，H_2 率先溶解于液相，再扩散到催化剂表面的活性中心上，生成活性氢自由基从而参与化学反应。四组分质量分数的变化规律[8]可简述为稠环重质芳烃结构的沥青质通过加氢轻质化转化为胶质，这两种重质组分在通过杂原子氢解脱除后，其稠环芳烃结构加氢饱和成环烷烃，环烷烃通过开环反应进一步变为链烷烃。过程中稠环芳烃逐步变为小分子的烃类，实现了轻质化。反应压力是加氢工艺过程中的重要参数，在反应釜的加氢过程中，首先将 H_2 充至一定量，随后伴随轻组分的逸出，表压数值增加，因为加氢反应是体积缩小的反应，后续的表压数值会降低，所以反应压力并不是恒定值。田丰等将氢初压作为可调整的工艺参数，根据改进的分离方法对不同氢初压条件下的加氢产品油的四组分进行了分离。

随着氢初压的增加，沥青质的质量分数迅速降低，从原料油中的 17.52%减少到 3.36%，转化为了胶质、芳香分等芳环结构物质。此过程中虽有部分原生沥青质转化为胶质，同时原生胶质也会转化为饱和分和芳香分，因而在氢初压数值较大时，加氢后油品中的胶质质量分数会下降，更多地转化为了轻组分。同胶质一样，原生的芳香分一方面通过芳环饱和转化为环烷烃，另一方面也会从胶质和沥青质转化而来，总体来看，随着氢初压的增加，芳香分的质量分数会少量减少。饱和分的质量分数因其余组分加氢饱和反应的进行而急剧增加，从原料油中的 16.89%增加到 43.17%。

沥青质转化率是煤焦油催化加氢过程中重点考察的因素之一，其数值按照如下公式计算：沥青质转化率=(原料油中沥青质的质量分数−加氢油品中沥青质的质量分数)/原料油中沥青质的质量分数。氢初压的增加导致了沥青质转化率急剧地增加，从 50.97%增加至 80.82%，增幅约 60%。在氢初压从 5MPa 增加至 10MPa 的过程中，单个考察点沥青质的转化率变化幅度较大，每个考察点之间约增加 13%。当氢初压再增加至 12.5MPa 时，转化率的增幅仅为 5%，趋于平缓，可以预见随着氢初压的进一步提高，沥青质转化率也很难有跨越式的增长。究其原因，氢初压的升高会使 H_2 快速扩散到催化剂表面，但氢初压过高使得油的气化率下降，油膜厚度增加，增大了 H_2 向催化剂扩散的阻力，进而抑制了沥青质的转化速率，呈现出了随着氢初压的不断增加，沥青质转化率虽增加但幅度并不大的情况。

4. 剂油比对沥青质加氢转化性影响

反应空速也是加氢工艺中的重要参数，它表示的是单位时间内单位催化剂处理的油品量，空速越小，油品与催化剂的接触时间越长、反应精制程度越深。对于反应釜小试，一般通过改变催化剂与油品的比例及反应时间来调控反应空速。田丰等采取此方式展开研究，并根据改进的分离方法对不同剂油比下的加氢产品的四组分进行了分离。

随着催化剂添加量的增加，体系中的催化活性位点会增多，促进了重质组分的轻质化转化，导致了沥青质质量分数的降低与饱和分质量分数的增加[9]。与氢初压条件下的规律相似，胶质和芳香分的质量分数均降低，说明了两者由稠环芳烃转化生成的速率小于其轻质转化成芳香分、饱和分的速率。

当剂油比增加时，产品油中沥青质的转化率由 55.82%提高到 77.85%。与氢初压条件下的规律相似，当剂油比的数值到达一定程度时，再增加剂油比，沥青质的转化率增加幅度不大，仅为 2%。催化剂在加氢体系中，除了促进反应的进行外，同样也是生焦的中心，容易引起胶质的缩合反应，又转化为了沥青质。另外，过多的催化剂容易发生聚集而沉降，降低了催化剂的总比表面积，使得催化剂与 H_2 的接触面积减少，从而导致催化效率降低。

5.2.2　反应条件对沥青质分子组成影响

1. 反应温度对沥青质组成影响

1) FTIR 分析

加氢沥青质(HC-asp)中—OH 与—OH 之间的氢键(—OH···O)和—OH···O—C 氢键在—OH 分布中占主导，而 HO···π(π 表示芳环)、环烷环···OH、·OH 和—OH···N 氢键很少。原料沥青质(C-asp)加氢后，—OH···O 和 HO···π 氢键比例降低，而—OH···O—C 和环烷环···OH 氢键比例增加。加氢过程中大量的 O 原子被脱除，这使得形成—OH···O 氢键难度提高。芳环加氢饱和反应降低了沥青质的芳香性，提高了 HO···π 氢键形成难度。此外，芳香醚化合物，如呋喃 O 很难通过加氢脱除，导致—OH···O—C 氢键强度相对较高。烷基侧链断裂反应减少了分子空间位阻，有助于形成环烷环···OH 氢键。反应温度升高，HO···π 和环烷环···OH 氢键强度减小，但—OH···O 氢键强度增加。一方面，沥青质的芳香性和芳香层尺寸随着反应温度升高而减小，导致芳环电负性减小。另一方面，更多的 O 原子在高温下被脱除，增加了形成环烷环···OH 氢键的难度。

加氢后 Asym R₃CH(Asym 表示伸缩振动峰)强度增加，即 HC-asp 基支化度大于 C-asp。这是因为加氢后长烷基侧链碳的比例降低，主要的支链 C 几乎没有变化。反应温度升高，HC-asp 的烷基支化度降低。长烷基侧链的异构化反应会生成新的支链，导致 HC-asp 的烷基支化度增加。在高温下烷基支链的断裂反应显然对 HC-asp 烷基支化度的影响更大。HC-asp 的 R_1[①]显著降低，表明加氢过程中发生大量烷基侧链断裂反应。R_1 的大小顺序为 C-asp(2.3) >HC-asp-355℃(1.4) > HC-asp-370℃(0.8) > HC-asp-385℃(0.7) >HC-asp-400℃(0.6)，说明烷基侧链平均长度 L 随反应温度升高而减小。

在 C-asp 和 HC-asp 中，酚类 C—O 和芳香醚在 C—O 基团中占主导。C—O—C 和羧基类 C=O 很少。加氢后芳香醚强度增加，羧基类 C=O、酚类 C—O 和 C—O—C 强度呈现降低的趋势，其中芳香醚强度随着反应温度升高而增加，C—O—C 强度则呈下降趋势。当反应温度从 385℃升高至 400℃时，芳香醚强度显著增加。当反应温度较高时，羧基类 C=O、酚类 C—O 和含 C—O—C 等官能团比芳香醚类基团更易发生加氢脱氧反应。C-asp 的 R_2[②]明显大于不同反应温度下的 HC-asp，说明在含 C—O 类基团中，酚类 C—O 相对容易被脱除。

2) XPS 分析

C-asp 和 HC-asp 中芳香醚和酚类 C—O 在 C—O 基团中占主导地位，而 C=O 和—COO—很少。加氢后以 C=O、C—O 和—COO—形式存在的 O 原子比例降低，三者的 O 原子比例随反应温度升高而降低，高温下环境下此类现象更明显。加氢过程中大量 O 原子被脱除，反应温度越高，越有利于脱除 O 原子。温度从 385℃到 400℃，C=O、C—O 和—COO—形式存在的 O 原子比例均显著降低。加氢后 N 的主要赋存形态是吡啶-N 和吡咯-N，氨基-N 和季胺-N 较少。加氢后吡啶-N、吡咯-N 和季胺-N 的 N 原子比例均降低。吡啶-N、氨基-N 和吡咯-N 的 N 原子比例随着反应温度升高而降低。加氢沥青质虽仍能检测到一定量的氨基-N，但大部分季胺-N 已被脱除。HC-asp-355℃、HC-asp-370℃、HC-asp-385℃和 HC-asp-400℃的 K_2[③]分别为 78.12%、77.36%、74.46%和 67.83%，说明 HC-asp 中 N 原子主要嵌在芳环内，大量的吡啶-N 和吡咯-N 往往导致加氢脱氮难度较高。K_2 从 HC-asp-385℃到 HC-asp-400℃明显下降，即高温对吡啶-N 和吡咯-N 的加氢脱氮反应影响较大。此外，这些吡啶-N、吡咯-N 和酚羟基或醇羟基之间产生了约 2%的—OH⋯N 氢键，而氢键作用是沥青质聚集的重要驱动力[10]。

HC-asp 中含硫化合物主要以噻吩和亚砜的形式存在，砜类和烷基硫则很

---

① $R_1 = n(—CH_2—)/n(—CH_3)$，用于表征脂肪族侧链长度，$n(i)$ 为 i 的物质的量。

② $R_2 = n(酚类 C—O)/[n(酚类 C—O)+n(C—O—C)+n(芳香醚)]$。

③ $K_2 = [n(吡啶-N)+n(吡咯-N)]/n(总 N)$。

少。HC-asp 中各类含硫化合物的 S 原子比例明显低于 C-asp，尤其是在高温 (>385℃)下，大多数含硫化合物在 400℃时被脱除。高温条件下沥青质裂化反应加剧，有助于脱除内嵌于芳环的噻吩硫，但 HC-asp 中仍会残存一些顽固的噻吩和亚砜硫。HC-asp 中 sp^2C 和 sp^3C 占据 C 形态的主要空间，C—O 相对较少。HC-asp 中 sp^3 的 C 原子比例大于 C-asp，而 sp^2C 和 C—O 的 C 原子比例则小于 C-asp。sp^2C 和 sp^3C 的 C 原子比例随反应温度升高而增加。C-asp、HC-asp-355℃、HC-asp-370℃、HC-asp-385℃ 和 HC-asp-400℃ 的 K_1[①] 分别为 66.0%、57.3%、56.0%、56.4%和55.0%，说明加氢后沥青质的芳香性降低。

3) ^{1}H-NMR 分析

C-asp、HC-asp-355℃、HC-asp-370℃、HC-asp-385℃ 和 HC-asp-400℃ 的 ^{1}H-NMR 的 H 类型分布[11]见表 5.6。加氢后 H_{ar} 和 H_{ar}^{pa} (单芳核 H)摩尔分数降低，而 H_{ar}^{ma} (多芳核 H)摩尔分数增加，这应该是大量的芳环加氢饱和反应导致的。反应温度升高，H_{ar} 和 H_{ar}^{ma} 摩尔分数增加，H_{ar}^{pa} 摩尔分数略有下降。反应温度升高虽然导致 H_{ar}^{pa} 摩尔分数降低，但是吸热反应环烷烃开环和烷基侧链断裂加剧，饱和氢含量降低，H_{ar} 摩尔分数间接增加。加氢后 H_{par} 摩尔分数增加表明加氢过程伴随着烷基侧链断裂反应，但是大量加氢脱硫反应会导致 H_{par} 摩尔分数呈现增加趋势。温度升高，H^α 摩尔分数变化不明显，但 $H_{CH_3}^\alpha$ 摩尔分数显著增加。说明具有 2 个及以上 C 原子的烷基链加氢断裂，形成了新的 $H_{CH_3}^\alpha$。除此之外，加氢后 H_{Naph} 摩尔分数明显增加，产生这一现象的原因是加氢过程大量芳香环的饱和。沥青质在高温下易发生环烷烃开环反应，当反应温度升高到 400℃时，H_{Naph} 摩尔分数出现下降现象。

表 5.6　C-asp、HC-asp-355℃、HC-asp-370℃、HC-asp-385℃和 HC-asp-400℃的 H 类型分布

H 类型	含义	χ(C-asp)/%	χ(HC-asp-355℃)/%	χ(HC-asp-370℃)/%	χ(HC-asp-385℃)/%	χ(HC-asp-400℃)/%
H_{ar}	芳香 H	43.6	35.2	35.7	36.6	37.6
H_{ar}^{pa}	单芳核 H	33.8	24.7	23.9	22.4	22.5
H_{ar}^{ma}	多芳核 H	9.8	10.5	11.8	14.2	15.1
H_{ole}	烯烃—CH—和 —CH$_2$—	2.8	1.5	1.6	1.1	1.3
H^α	连接于芳环α位的—CH—、—CH$_2$—和—CH$_3$	33.4	32.0	31.7	34.1	35.7

① $K_1 = n(sp^2C)/[n(sp^2C)+n(sp^3C)]$。

续表

H 类型	含义	χ(C-asp)/%	χ(HC-asp-355℃)/%	χ(HC-asp-370℃)/%	χ(HC-asp-385℃)/%	χ(HC-asp-400℃)/%
H_{CH}^{α}	连接于芳环α位的—CH—	5.7	5.4	5.8	5.5	5.6
$H_{CH_2}^{\alpha}$	连接于芳环α位的—CH₂—	6.4	6.4	5.8	5.1	5.1
$H_{CH_3}^{\alpha}$	连接于芳环α位—CH₃	21.3	20.2	20.1	23.5	25.0
H_{Naph}	环烷环—CH—和—CH₂—	4.1	8.2	9.6	10.7	9.0
H_{par}	链烷烃—CH—、—CH₂—和—CH₃	16.1	23.2	21.4	17.5	16.3
H_{par-CH}	链烷烃—CH—	2.6	4.3	4.4	1.8	1.3
H_{par-CH_2}	链烷烃—CH₂—	11.1	13.7	13.6	12.6	12.2
H_{par-CH_3}	链烷烃—CH₃	2.4	5.2	3.4	3.1	2.8

注：χ(i)表示 i 的摩尔分数，下同。

4) ^{13}C-NMR 分析

C-asp 及不同反应温度得到的 HC-asp^{13}C-NMR 不同 C 类型结果见表 5.7。加氢后 $C_{carbonyl}^{O}$、C_{aro}^{O}、$C_{carboxyl}^{O}$ 和 C_{ali}^{O} 摩尔分数均降低。HC-asp 中 C_{aro}^{C} 摩尔分数不仅高于 C-asp，且随反应温度升高而增加。反应温度升高，环烷烃开环反应加剧，形成大量新的烷基长侧链。烷基长侧链通过加氢断裂为短侧链，进而导致了 C_{aro}^{C} 摩尔分数增大。加氢后 C_{aro}^{B} 摩尔分数增加，C_{aro}^{B} 在高温下增长更明显。与之相反的是，加氢后 C_{aro}^{H} 摩尔分数降低；$C_{ali}^{CH_3}$ 摩尔分数在加氢后减小，随反应温度升高进一步呈减小趋势。同时，$C_{ali}^{CH_{3\alpha,\beta}}$ 摩尔分数在加氢后增加，在 400℃时趋势更明显。说明高温下更多的烷基链断裂生成了新的 $C_{ali}^{CH_{3\alpha,\beta}}$。

表 5.7　C-asp、HC-asp-355℃、HC-asp-370℃、HC-asp-385℃和 HC-asp-400℃的不同 C 类型

C 类型	含义	χ(C-asp)/%	χ(HC-asp-355℃)/%	χ(HC-asp-370℃)/%	χ(HC-asp-385℃)/%	χ(HC-asp-400℃)/%
$C_{carbonyl}^{O}$	羰基 C	6.87	4.63	4.62	3.54	3.02
$C_{carboxyl}^{O}$	羧基 C	4.90	3.02	3.90	4.78	3.17

续表

C 类型	含义	χ(C-asp)/%	χ(HC-asp-355℃)/%	χ(HC-asp-370℃)/%	χ(HC-asp-385℃)/%	χ(HC-asp-400℃)/%
C_{aro}^O	O 取代芳香 C	5.86	3.94	4.40	4.49	5.83
C_{aro}^C	侧枝芳香 C	10.36	12.98	13.49	13.90	15.55
C_{aro}^B	桥头芳香 C	19.35	24.50	20.43	24.90	24.95
C_{aro}^H	质子化芳香 C	22.73	14.19	16.71	15.68	11.39
C_{ali}^O	连接 O 的脂肪 C	5.12	3.97	3.53	2.16	2.93
$C_{ali}^{CH_o\beta}$	环烷环—CH—	1.83	0.96	1.74	1.38	1.40
$C_{ali}^{CH_2\alpha,\beta}$	芳环 α 或 β 位的—CH2—或环烷环 α 位的—CH2—	2.16	1.53	1.29	1.18	0.76
C_{ali}^{CH}	脂肪链—CH—	2.40	5.52	2.90	4.34	4.08
$C_{ali}^{CH_2}$	烷基链—CH2—或环烷环—CH2—	4.27	42	57	10.28	9.19
$C_{ali}^{CH_3\alpha,\beta}$	连接芳环或环烷环的—CH3、连接于芳或环烷环的烷基链 α 或 β 位支链的—CH3	5.18	12.24	11.58	10.19	14.04
$C_{ali}^{CH_3}$	脂肪链—CH3	8.97	7.61	6.84	3.17	3.69

　　基于 ^{13}C-NMR 计算的 C-asp、HC-asp-355℃、HC-asp-370℃、HC-asp-385℃ 和 HC-asp-400℃ 结构参数见表 5.8。沥青质在加氢反应过程中会发生大量芳环加氢饱和和环烷烃开环反应，导致加氢后沥青质的 R_A、R_N 和 R_T 均降低。n 在反应温度为 355～385℃ 缓慢增加，在 385℃ 至 400℃ 增加幅度较大。沥青质中烷基侧链的加氢裂化反应主要是长链裂化为短链，对 n 影响有限。n 增加的原因主要有两个：①环烷烃开环反应减少了芳核外围的可取代位置；②环烷环开环后会形成新的取代烷基支链，并随反应温度的升高，环烷烃开环反应大大增强。反应温度为 400℃ 时，n 快速增加也可能和发生大量的环烷烃开环反应有关。此外，加氢后 L 减小，并随反应温度升高逐渐减小。也就是说，反应温度越高，烷基侧链的加氢裂化和热裂解反应越剧烈。当反应温度达到 385℃ 时，加氢裂化和热裂解反应加强，L 迅速减小。HC-asp 的 σ 比沥青质更高，这是因为环烷烃开环反应生成大量次生烷基侧链。

表 5.8　C-asp、HC-asp-355℃、HC-asp-370℃、HC-asp-385℃和 HC-asp-400℃的结构参数

参数	含义	C-asp	HC-asp-355℃	HC-asp-370℃	HC-asp-385℃	HC-asp-400℃
R_A	平均芳环数	5.9	5.0	4.9	5.4	5.2
R_N	平均环烷环数	2.3	1.4	1.3	2.0	1.7

续表

参数	含义	C-asp	HC-asp-355℃	HC-asp-370℃	HC-asp-385℃	HC-asp-400℃
R_T	总环数	8.2	6.4	6.2	7.4	6.9
σ	平均芳环取代度(%)	61.0	74.5	69.6	73.4	80.3
n	平均烷基取代数	4.4	4.9	5.1	5.3	5.9
L	平均取代烷基链长度	2.9	2.0	2.7	2.4	2.3

2. 反应时间对沥青质组成影响

1) FTIR 分析

随着反应时间增加，HO⋯π 氢键强度降低，—OH⋯$\overset{\underset{|}{C}}{O}$—C氢键强度增加。当反应时间较长时，这种趋势更为显著。反映出反应时间对加氢饱和反应的影响很大，对醚氧脱除影响较小。此外，反应时间区间为 45～90min 的—OH⋯O 氢键强度明显低于 135～180min，而 HO⋯π 氢键的变化趋势与之相反。这是因为长反应时间条件下加剧发生加氢饱和反应，降低了 HO⋯π 氢键的形成概率，但同时为—OH⋯O 氢键的形成提供了间接有利条件。HC-asp 的 R_1 显著降低，即不同反应时间条件下的加氢过程均会发生大量烷基侧链断裂反应。R_1 值的大小顺序为 C-asp (2.3) > HC-asp-45min(1.1) > HC-asp-90min(0.8) > HC-asp-135min(0.7) ≈ HC-asp-180min(0.7)，平均取代烷基链长度 L 随反应时间提高而减小，这与不同反应温度下 R_1 的变化规律一致。研究发现，Asym R_3CH 强度在反应时间最长时达到最小，较长的反应时间有利于烷基支链断裂反应进行。反应时间增加，芳香醚强度显著增加，酚类 C—O 强度降低。R_2 随反应时间增加而降低，表明随着反应时间增加，酚类 C—O 强度因发生大量加氢脱氧反应而变小。

2) XPS 分析

C—O 形式存在的 O 原子比例随着反应时间增加而减小。反应时间较短(45～135min)时，C—O 形式存在的 O 原子比例下降幅度较大，当反应时间高于 135min 时，C—O 形式存在的 O 原子比例下降幅度较小。反应时间增加，—COO—形式存在的 O 原子比例下降，C═O 形式存在的 O 原子比例轻微波动，C═O 加氢转化和生成反应处于动态平衡。加氢后大多数含 N 基团比例降低。整体上反应时间越长，含 N 基团比例越小。当反应时间从 45min 增加到 135min 时，吡啶-N 和吡咯-N 被快速脱除(吡啶-N0.40%～0.19%；吡咯-N0.68%～0.39%)。然而，当反应时间从 135min 增加到 180min 时，吡啶-N 和吡咯-N 原子比例减小幅度较小(吡啶-N0.19%～0.17%；吡咯-N0.39%～0.36%)。HC-asp-45min、HC-asp-90min、HC-asp-135min 和 HC-asp-180min 的 K_2 值分别为 70.04%、74.41%、66.37%和

66.37%，结果表明杂环含氮化合物仍是加氢沥青质中的主要物种。反应时间增加，sp^2 碳原子比例增加，sp^3 碳原子比例降低。较长的反应时间有利于芳环加氢饱和反应，同时也能大大促进加氢裂化、热裂化和热裂化结焦反应。值得注意的是，当反应时间从 135min 提高到 180min 时，sp^3 碳原子比例显著增加，sp^2 碳原子比例明显降低。长反应时间条件下发生大量一次或二次裂化反应有关。HC-asp 的芳香度(f_a)随着反应时间延长而增大，这可能是反应时间较长时发生大量烷基侧链断裂和环烷烃开环反应导致的。

3) ^{1}H-NMR 分析

C-asp、HC-asp-45min、HC-asp-90min、HC-asp-135min 和 HC-asp-180min 的 ^{1}H-NMR 不同 H 类型分布见表 5.9。HC-asp 中 H_{ar} 摩尔分数低于原料沥青质。反应时间增加，H_{ar} 摩尔分数增加。具体而言，加氢后 H_{ar}^{pa} 摩尔分数降低，H_{ar}^{pa} 和 H_{ar}^{ma} 摩尔分数均随反应时间增加而提高。表明随着反应时间增加发生了大量加氢饱和反应，同时进行了大量环烷环开环和烷基侧链断裂反应。$H_{CH_3}^{\alpha}$ 摩尔分数随着反应时间增加而提高，证明足够的反应时间有利于环烷环开环和烷基侧链断裂反应，进而生成大量的 α-甲基。加氢后 H_{par} 摩尔分数增加，并随着反应时间增加而减少。烷基侧链断裂和热裂化反应虽然降低了 H_{par} 摩尔分数，但同时伴随着大量的加氢饱和反应，其中环烷环开环反应也会产生新的烷基侧链，这是 HC-asp 中 H_{par} 摩尔分数增加的主要原因。当反应时间较短时，加氢饱和反应生成大量饱和环，饱和环的开环反应则生成相应的 H_{par}。随着反应时间继续增加，烷基侧链断裂和热裂化反应的加剧，导致 H_{par} 摩尔分数降低。

表 5.9　C-asp、HC-asp-45min、HC-asp-90min、HC-asp-135min 和 HC-asp-180min 的 H 类型分布

H 类型	χ (C-asp)/%	χ (HC-asp-45min)/%	χ (HC-asp-90min)/%	χ (HC-asp-135min)/%	χ (HC-asp-180min)/%
H_{ar}	43.6	32.3	35.6	36.6	38.5
H_{ar}^{pa}	33.8	21.0	22.4	22.4	23.1
H_{ar}^{ma}	9.8	11.3	13.2	14.2	15.4
H_{ole}	2.8	1.9	2.5	1.1	1.3
H^{α}	33.4	32.7	34.7	34.1	35.0
H_{CH}^{α}	5.7	6.3	4.9	5.5	4.2
$H_{CH_2}^{\alpha}$	6.4	6.7	7.2	5.1	5.0
$H_{CH_3}^{\alpha}$	21.3	19.7	22.6	23.5	25.8
H_{Naph}	4.1	6.5	5.1	10.7	8.2

H 类型	χ (C-asp)/%	χ(HC-asp-45min)/%	χ (HC-asp-90min)/%	χ (HC-asp-135min)/%	χ (HC-asp-180min)/%
H_{par}	16.1	26.5	22.2	17.5	17.0
H_{par-CH}	2.6	3.8	3.4	1.8	1.7
H_{par-CH_2}	11.1	18.3	14.1	12.6	12.3
H_{par-CH_3}	2.4	4.4	4.7	3.1	3.0

4) ^{13}C-NMR 分析

C-asp、HC-asp-45min、HC-asp-90min、HC-asp-135min、HC-asp-180min 的
^{13}C-NMR 不同 C 类型结果见表 5.10。随着反应时间增加，C_{aro}^O 摩尔分数增加。
HC-asp 中 C_{aro}^C 和 C_{aro}^B 摩尔分数高于 C-asp，而 C_{aro}^H 摩尔分数则低于 C-asp。反应时间较长时，HC-asp 中 C_{aro}^O 摩尔分数更高。烷基侧链的 β 键断裂是烷基侧链断裂反应的主要特征，对 C_{aro}^O 影响并不大。环烷烃开环反应产生大量新的烷基侧链，对
C_{aro}^O 影响较大。随着反应时间增加，环烷烃开环反应加强，C_{aro}^O 摩尔分数也得到
一定程度的提高。由表 5.11 可知，反应时间越长，n 越高。这与反应温度对 n 的
影响规律及其原因是类似的。较长的反应时间对应较小的 L，这是反应时间较长
时烷基侧链发生大量加氢裂化或热裂解反应导致的。

表 5.10　C-asp、HC-asp-45min、HC-asp-90min、HC-asp-135min 和 HC-asp-180min 的不同
C 类型结果

C 类型	χ(C-asp)/%	χ (HC-asp-45min)/%	χ (HC-asp-90min)/%	χ (HC-asp-135min)/%	χ (HC-asp-180min)/%
$C_{carbonyl}^O$	6.87	5.67	3.28	3.54	3.00
$C_{carboxyl}^O$	4.90	4.26	4.65	4.78	4.16
C_{aro}^O	5.86	4.10	4.35	4.49	5.45
C_{aro}^C	10.36	12.19	12.93	13.90	14.91
C_{aro}^B	19.35	23.60	24.16	24.90	24.49
C_{aro}^H	22.73	15.45	14.18	15.68	14.01
C_{ali}^O	5.12	3.48	3.88	2.16	3.30
$C_{ali}^{CH_{a,\beta}}$	1.83	1.68	1.07	1.38	0.81

C 类型	χ(C-asp)/%	χ(HC-asp-45min)/%	χ(HC-asp-90min)/%	χ(HC-asp-135min)/%	χ(HC-asp-180min)/%
$C_{ali}^{CH_{2\alpha,\beta}}$	2.16	1.32	1.07	1.18	1.43
C_{ali}^{CH}	2.40	4.77	4.61	4.34	3.42
$C_{ali}^{CH_2}$	4.27	6.10	8.43	10.28	7.28
$C_{ali}^{CH_{3\alpha,\beta}}$	5.18	10.18	10.89	10.19	11.94
$C_{ali}^{CH_3}$	8.97	7.20	6.50	3.17	5.80

表 5.11　**C-asp、HC-asp-45min、HC-asp-90min、HC-asp-135min 和 HC-asp-180min 的结构参数**

参数	C-asp	HC-asp-45min	HC-asp-90min	HC-asp-135min	HC-asp-180min
R_A	5.9	5.2	5.1	5.4	5.5
R_N	2.3	1.6	1.7	2.0	1.6
R_T	8.2	6.8	6.8	7.4	7.1
σ	61.0	72.1	74.5	73.4	76.2
n	4.4	4.8	5.0	5.3	5.8
L	2.9	2.9	2.8	2.4	2.3

3. 反应压力对沥青质组成影响

1) FTIR 分析

FTIR 谱图分为氢键区(Ⅰ：波数 3100～3650cm^{-1})、脂肪族 C—H 伸缩振动区(Ⅱ：波数 2800～3000cm^{-1})、C—O 区(Ⅲ：波数 1000～1800cm^{-1})和芳香族 C—H 弯曲振动区(Ⅳ：波数 600～900cm^{-1})[12,13]。此外，波数位于 3050cm^{-1}、1620cm^{-1} 和 1460cm^{-1}/1380cm^{-1} 分别归属于芳香族 C—H 伸缩振动、芳香族 C=C 弯曲振动和脂肪族 C—H 弯曲振动。在氢键区的范围内，特征波数为 3280～3500cm^{-1} 处的吸收峰是沥青质缔合体的分子内键(共轭六元环)或者—OH 的伸缩振动吸收峰和 N—H 振动吸收峰。与煤焦油原料中的重组分相比，加氢后的重组分在此区域内的吸收强度减弱，且随着氢初压的增加，这一趋势更明显。相较于胶质，沥青质—OH 峰的峰宽与峰强度明显更高，说明沥青质含有较多的—OH，易形成纳米聚集体及团簇等超分子结构，从而影响煤焦油的深加工利用[14]。胶质难以自缔合，仅能通过杂原子引发的氢键作用吸附于沥青质聚集体上。

在脂肪族的 C—H 伸缩振动区(波数 2800～3000cm^{-1})，原料及不同工况下重质组分均有吸收峰，其强度及比例随着氢初压的增加逐渐降低，反映出了重质组分发生了芳环加氢饱和、环烷环开环及 C—C 断裂等轻质化反应。另外，相比于胶质，沥青质在这一范围内的吸收峰强度更低，印证了沥青质低支链度的结构。

在波数为 1000~1800cm^{-1} 时，存在波数 1620cm^{-1} 的芳香族共轭双键 C=C 结构以及多种 C-O 基团的特征峰。通过对该区域进行分峰拟合来探究沥青质和胶质官能团组成[15]。分峰包括：波数 1690cm^{-1} 左右的 C=O，波数 1270cm^{-1} 左右的芳香醚结构，波数 1180cm^{-1} 左右的酚羟基，波数 1030cm^{-1} 左右的烷基醚结构。各基团的质量分数结果如表 5.12 所示。

表 5.12　不同氢初压下重质组分的 C-O 基团质量分数

重质组分	氢初压/MPa	C-O 基团质量分数/%			
		C=O	芳香醚(A—O—R)	酚羟基(A—OH)	烷基醚(C—O—C)
沥青质	5	4.83	61.68	32.23	1.26
	7.5	4.02	55.9	38.15	1.93
	10	4.71	51.44	42.66	1.19
	12.5	8.10	48.47	41.70	1.72
胶质	5	2.64	65.17	30.33	1.86
	7.5	2.66	64.64	31.51	1.19
	10	2.89	62.90	33.24	0.96
	12.5	3.44	59.84	34.47	2.24

煤焦油重质组分中的 C-O 键合方式主要是芳香醚、酚羟基类，两种类型质量分数之和约占整体的 90%左右，C=O 较少，这是由于煤焦油中含有较少的羧酸类化合物。随着氢初压的增加，重质组分各类型 C-O 键合方式呈现出 C=O 和酚羟基基团质量分数增加的趋势，芳香醚基团质量分数减少的规律。由于芳香醚化合物相较于酚类化合物更易被加氢脱除[16]，芳香醚结构减少的幅度比 C=O 与酚羟基基团明显。对比沥青质和胶质的异同，沥青质含有更多的 C=O 与酚羟基，表明了沥青质的高缩合稠环芳烃体系中具有更复杂的 C-O 结构。

2) ^{1}H-NMR 分析

H$_{ar}$ 表示与芳香碳直接相连的氢原子，H$_\alpha$表示与芳香环的 α 碳相连的氢原子，H$_\beta$表示芳香环上的 β 位及 β 位远端的 —CH$_2$—、—CH— 上的氢原子，H$_\gamma$表示芳香环侧链 γ 位及 γ 位远端—CH$_3$ 上的氢原子。四种类型氢原子的变化能反映出催化加氢反应的进行情况，其中 H$_{ar}$ 代表了芳环体系中的氢原子，H$_\alpha$、H$_\beta$ 和 H$_\gamma$ 三种氢原子代表了芳环相连的烷基侧链中不同位置上的氢原子。随着氢初压的增加，芳环上的氢原子 H_{ar} 减少，即稠环芳烃体系中的芳环摩尔分数降低，表明体系中氢摩尔分数的提升加剧了芳环饱和反应。芳环侧链体系中的 H_α 减少，H_β 和 H_γ 增加，反映出了随着氢初压的增加加速了开环反应，从而促使烷基侧链数目增多。此外，对比四类氢原子分布情况，发现沥青质中的 H_{ar} 类氢原子摩尔分数是高于胶质的，说明了沥青质是具有更为复杂的稠环芳烃体系的物质。

结合修正后的 Brown-Ladner 法[4,17]来计算不同氢初压下重质组分的平均分子结构参数见表 5.13。

表 5.13　不同氢初压下重质组分的平均分子结构参数

结构参数	符号	沥青质					胶质				
		常压	5MPa	7.5MPa	10MPa	12.5MPa	常压	5MPa	7.5MPa	10MPa	12.5MPa
芳香度	f_a	0.73	0.73	0.71	0.69	0.68	0.71	0.68	0.64	0.62	0.62
芳环取代度	σ	0.40	0.36	0.36	0.37	0.37	0.35	0.38	0.40	0.41	0.39
芳环缩合度	H_{AU}/C_A	0.82	0.77	0.78	0.83	0.82	0.78	0.72	0.76	0.73	0.75
总碳原子数	C_T	42.32	41.12	39.60	39.17	37.06	34.03	32.39	31.81	31.03	30.90
总氢原子数	H_T	35.53	34.85	35.64	37.73	36.40	30.65	29.64	31.93	32.23	32.73
芳香碳原子数	C_A	31.00	30.16	28.16	26.88	25.14	24.21	22.08	20.40	19.22	19.13
饱和碳原子数	C_S	11.32	10.95	11.44	12.29	11.92	9.82	10.30	11.41	11.82	11.77
平均芳环数	R_A	9.00	8.72	8.05	7.63	7.05	6.74	6.03	5.47	5.07	5.04
总环数	R_T	10.05	9.61	8.70	7.86	7.29	7.60	7.53	6.64	6.31	5.97
平均环烷环数	R_N	1.05	0.89	0.65	0.24	0.24	0.86	1.50	1.18	1.24	0.92
环烷环原子数	C_N	8.41	7.71	6.48	4.93	4.51	6.14	7.52	6.13	6.01	5.06
平均烷基取代数	n	0.33	0.50	0.72	0.82	0.86	0.62	0.80	0.93	1.21	1.27
平均取代烷基链长度	L	0.31	1.36	3.88	6.95	6.88	2.63	0.35	3.49	3.15	3.96

芳香度在一定程度上用来表征分子缩合程度[18]，由表 5.13 可知，随着氢初压的增加，重组分的 f_a 均呈现减少的现象，沥青质和胶质分别从 0.73 减少到 0.68 和从 0.68 减少到 0.62，意味着重质组分稠环芳烃结构的缩合程度在降低。芳环缩合度 H_{AU}/C_A 随着氢初压的增加呈增加趋势，表明了重质组分片层结构的芳香性减弱，且沥青质的 H_{AU}/C_A 值高于胶质。随着氢初压的提升，重质组分中的总碳原子数减少，总氢原子数目增多。沥青质的 C_T 由 41.12 降低至 37.06，H_T 由

34.85 增加到 36.40，胶质中的 C_T 由 32.39 降低至 30.90，H_T 由 29.64 增加到 32.73。重质组分的平均芳环数均呈现降低的趋势，平均环烷环数也在减少，表明氢初压增加促进了芳环饱和转化为环烷环，并增大了环烷环开环反应的速率。虽然沥青质的平均芳环数高于胶质，但其平均环烷环数及平均烷基取代数不如胶质，进一步印证了沥青质具有缩合程度更高的稠环芳烃结构。

3) XPS 分析

为了分析样品表面四种原子的赋存形态及质量分数，对其进行窄区扫描并采用 Avantage 软件对各峰进行分峰拟合处理。对各个元素的赋存形态进行定性分析[19]，采用面积归一法对其质量分数进行定量分析。不同氢初压下各个元素的赋存形态及其质量分数如表 5.14 所示。

表 5.14　不同氢初压下 XPS 分析重质组分中 C、O、N、S 的赋存形态及其质量分数

(单位：%)

原子赋存形态	归属	沥青质				胶质			
		5MPa	7.5MPa	10MPa	12.5MPa	5MPa	7.5MPa	10MPa	12.5MPa
C(1s)	芳香 C (sp²)	54.35	53.48	50.76	48.08	46.08	44.75	42.58	41.29
	脂肪 C (sp³)	35.87	36.90	39.09	41.83	44.24	45.66	47.85	49.75
	C—O—C, C—OH, C—O	9.78	9.63	10.15	10.10	9.68	9.59	9.57	8.96
	$sp^2/(sp^2+sp^3)$	0.60	0.59	0.56	0.53	0.51	0.49	0.47	0.45
O(1s)	C=O	22.86	21.02	19.30	19.06	28.02	24.43	24.14	21.97
	C—O—C, C—OH, C—O	57.14	56.82	58.48	58.65	54.95	56.82	57.47	57.80
	—COO—	20.00	22.16	22.22	22.29	17.03	18.75	18.39	20.23
N(1s)	吡啶-N	35.34	30.94	32.62	30.50	35.34	41.84	34.25	33.79
	胺-N	17.31	18.11	15.25	16.99	20.49	20.50	25.68	16.38
	吡咯-N	32.51	37.74	35.46	38.61	27.21	24.27	32.88	34.13
	季胺-N	14.84	13.21	16.67	13.90	16.96	13.39	7.19	15.70
	(吡咯-N + 吡啶-N)/总 N	67.84	68.68	68.09	69.11	62.54	66.11	67.12	67.92
S(2p)	烷基硫	44.84	33.62	15.42	15.63	5.66	18.52	25.23	7.83
	噻吩	34.53	43.10	30.40	52.08	39.15	41.15	45.87	46.08
	亚砜	4.93	14.22	44.05	18.75	8.02	14.81	5.96	11.98
	砜	15.70	9.05	10.13	13.54	47.17	25.51	22.94	34.10

煤焦油中的重质组分主要是通过迫位缩合形成的稠环芳香环结构，反映了碳

原子的存在形式为 sp^2 杂化碳对应的 π—π 芳香结构和 sp^3 杂化碳对应的脂肪族结构，沥青质和胶质中碳原子主要存在上述的两种碳形式。此外，沥青质中的 C—O 的质量分数均略微高于胶质，元素分析中沥青质具有更高的氧质量分数，二者结论相同。氢初压的增加导致体系中活性 H_2 浓度的增加，加剧了 sp^2 杂化碳结构加氢饱和后成为 sp^3 脂肪碳结构，这两种碳原子的赋存形态随氢初压的增加呈现出了相互竞争的态势。采用 $sp^2/(sp^2+sp^3)$ 来反映重组分的芳香度，氢初压的增加加快了稠环芳烃的饱和反应，降低了重质组分的芳香度，沥青质的芳香度则比胶质更高一些。

含 C—O 的化合物，如醚氧键、酚羟基和醇羟基是煤焦油重质组分中氧原子最主要的赋存形态，占比高达 57%左右，与 FTIR 分析中 C—O 区分峰拟合的结果一致，沥青质含有更多的 C—O 单键。氢初压的增加导致了 C=O 的减少，以及 C—O 的增多，说明了 C=O 通过加氢饱和转化为了酚与醇等含—OH 的化合物。此外，煤焦油中的—COO—主要是在煤热解过程中或后处理空气氧化过程中生成的环烷酸和芳香酸。

吡啶和吡咯这两种芳香结构的含氮化合物是氮原子在中低温煤焦油中最主要的赋存形态，在重质组分中占 60%～70%的份额。吡啶-N、吡咯-N 与酚羟基之间能形成很强的氢键，通常以氢键络合物形式存在于沥青质之中，是沥青质聚集的重要推动力之一[10]。但由于吡啶和吡咯类这种镶嵌于芳环中的氮原子具有很高的芳香性，加氢脱氮反应是极难实现的。随着氢初压的增加，沥青质和胶质中的吡啶-N 和吡咯-N 类氮原子的总质量分数不降反升，该类型的反应极难进行，其他结构的氮原子化合物脱除后质量分数降低，间接导致了芳环类的氮原子质量分数在整体中的比例提升。

重质组分中的硫原子可分为烷基硫、噻吩、亚砜和砜四大类，但硫原子的质量分数极低，难以保证 XPS 分析光谱检测到的数据准确性，因此关于 S 2p 光谱的分峰拟合结果规律性不强。虽然部分分峰拟合结果显示出烷基硫或砜类含硫化合物是赋存于重质组分表面最多的硫化物，但噻吩化合物仍是重质组分中质量分数最多的含硫化合物。由于其具有特殊的芳香结构，C—S 的键能是其他硫化物的 2～3 倍，热稳定性高，化学反应不活泼，因而嵌入沥青质与胶质稠环芳香环结构的噻吩硫是极难脱除的。

4) XRD 分析

不同氢初压下重质组分的结晶参数见表 5.15。随着氢初压的增加，重质组分芳环体系的缩合作用减弱，芳香片层的尺寸和间距缩小，重质组分结构的六种结晶参数均呈现下降的趋势。沥青质的 d_m 和 $d_γ$ 值小于胶质，L_a 和 f_a 值大于胶质，表明了沥青质的 π—π 堆积作用强于胶质，更易通过物理聚集的方式发生缔合。L_c 和 M_e 值的大小表明，沥青质具有更高的缩合度和更规则的芳香片层排列。根据 Siddiqui 等的研究，XRD 检测同样可以反映出重质组分的芳香度($f_{\text{a-XRD}}$)，根据 γ 峰和 002 峰的面积 A_i 计算。可得出氢初压的增加使得重质组分的 $f_{\text{a-XRD}}$ 数值降低的结论，且沥青质的 $f_{\text{a-XRD}}$ 远高于胶质。综上，沥青质的 L_{a} 值、L_{c} 值、f_{a} 值以及 $f_{\text{a-XRD}}$ 等多大于胶质，这与传统的认知是一致的，同时反映出了 XRD 分析数据的可靠性。

表 5.15　不同氢初压下重质组分的结晶参数

结晶参数	沥青质				胶质			
	5MPa	7.5MPa	10MPa	12.5MPa	5MPa	7.5MPa	10MPa	12.5MPa
θ_{γ} /(°)	19.4	19.5	19.5	19.8	19.5	19.6	19.8	19.9
θ_{002} /(°)	23.4	23.6	23.9	24.0	23.4	23.5	23.8	23.9
θ_{100} /(°)	45.5	45.6	45.4	45.0	45.5	45.6	45.4	45.2
d_{m} /Å	3.80	3.78	3.74	3.73	3.81	3.77	3.73	3.71
d_{γ} /Å	5.69	5.65	5.61	5.58	5.71	5.68	5.68	5.60
L_{a} /Å	16.55	15.78	15.67	14.86	16.51	15.54	14.90	14.03
L_{c} /Å	9.83	9.12	8.88	8.19	9.29	8.94	8.73	8.42
M_{e}	3.58	3.42	3.38	3.21	3.44	3.37	3.33	3.26
f_{a}	6.21	5.92	5.88	5.57	6.19	5.83	5.59	5.26
$f_{\text{a-XRD}}$	0.61	0.60	0.58	0.57	0.45	0.42	0.42	0.41

注：$f_{\text{a-XRD}} = f_{\text{a}}A_{002}/(f_{\text{a}}A_{\gamma} + f_{\text{a}}A_{002})$，$f_{\text{a}}$ 为重质组分的芳香度；θ_i 为 i 峰的角度；d_{m} 为芳香片层距离；d_{γ} 为烷基链间距；L_{a} 为芳香片层平均直径；L_{c} 为芳香片层平均堆叠高度；M_{e} 为每个芳香片层的平均芳环数。

4. 剂油比对沥青质组成影响

1) FTIR 分析

随着剂油比的增加，重质组分在氢键区域内的吸收强度逐渐减弱，反映出了氢键基团随着反应程度的加深，脱除效果更明显。沥青质特征吸收峰的强度和宽度比胶质大，这导致了沥青质更容易发生聚集从而影响煤焦油的加工利用。在 Ⅱ 区域，即脂肪族的 C—H 伸缩振动区，吸收峰的强度随着剂油比的增加而降低，重质组分发生了诸如芳环饱和、环烷环开环和杂原子氢解等反应。通过 Ⅲ 区域分峰拟合来探究详细的官能团组成情况。不同剂油比下重质组分的 C-O 基团质量分数结果如表 5.16 所示。

表 5.16　不同剂油比下重质组分的 C-O 基团质量分数

重质组分	剂油比	C-O 基团质量分数/%			
		C=O	芳香醚(A—O—R)	酚羟基(A—OH)	烷基醚(C—O—C)
沥青质	1：25	1.71	54.65	41.41	2.23

重质组分	剂油比	C-O 基团质量分数/%			
		C=O	芳香醚(A—O—R)	酚羟基(A—OH)	烷基醚(C—O—C)
沥青质	1:20	2.37	52.29	43.53	1.8
	1:15	4.71	51.44	42.66	1.19
	1:10	3.34	52.48	44.97	1.22
胶质	1:25	1.78	67.98	29.25	0.99
	1:20	2.77	65.31	31.13	0.79
	1:15	2.89	62.9	33.24	0.96
	1:10	2.11	58.35	38.06	1.47

芳香醚和酚羟基两类基团占据了 C-O 键合方式总量的约 95%，而羧酸和醛、酮类的 C=O 极少。随着剂油比的增加，芳香醚结构的化合物反应活性高，易于加氢裂化转化为酚类化合物，使得体系中的芳香醚质量分数降低，酚羟基质量分数增加。质量分数更高的 C=O 和酚羟基反映出了沥青质更复杂的稠环芳烃缩合结构。

2) ^{1}H-NMR 分析

在化学位移为 $1.1×10^{-6} \sim 2.1×10^{-6}$ 时，胶质的 ^{1}H-NMR 曲线比沥青质的凸起更明显，反映出了胶质中的 H_β 类型氢原子在总氢中的摩尔分数高于沥青质。剂油比的增加使得催化体系内的活性位点增多，加快芳环饱和反应的进行，致使沥青质和胶质中的芳环结构的 H_{ar} 类氢原子迅速减少，且沥青质的这一数值高于胶质，同时与沥青质具有更为复杂的迫位缩合芳环结构相对应。芳环侧链体系中的 H_α 减少，H_β 和 H_γ 增加，表明开环反应及杂原子氢解反应的进行增加了烷基侧链的数目与长度。计算不同剂油比下重质组分的平均分子结构参数，列于表 5.17 中。

表 5.17　不同剂油比下重质组分的平均分子结构参数

结构参数	符号	沥青质					胶质				
		原料	1:25	1:20	1:15	1:10	原料	1:25	1:20	1:15	1:10
芳香度	f_a	0.73	0.72	0.70	0.69	0.66	0.71	0.67	0.64	0.62	0.60
芳环取代度	σ	0.40	0.37	0.37	0.37	0.38	0.35	0.40	0.40	0.41	0.43
芳环缩合度	H_{AU}/C_A	0.82	0.78	0.81	0.83	0.85	0.78	0.72	0.73	0.73	0.76
总碳原子数	C_T	42.32	41.09	40.02	39.17	38.31	34.03	32.03	31.22	31.03	30.63
总氢原子数	H_T	35.53	35.52	36.98	37.73	39.19	30.65	29.68	30.83	32.23	33.06
芳香碳原子数	C_A	31.00	29.74	28.15	26.88	25.25	24.21	21.62	20.13	19.22	18.36

结构参数	符号	沥青质					胶质				
		原料	1:25	1:20	1:15	1:10	原料	1:25	1:20	1:15	1:10
饱和碳原子数	C_S	11.32	11.35	11.87	12.29	13.06	9.82	10.41	11.10	11.82	12.27
平均芳环数	R_A	9.00	8.58	8.05	7.63	7.08	6.74	5.87	5.38	5.07	4.79
总环数	R_T	10.05	9.46	8.45	7.86	7.09	7.60	7.38	6.74	6.31	5.92
平均环烷环数	R_N	1.05	0.88	0.40	0.24	0.01	0.86	1.51	1.37	1.24	1.13
环烷环原子数	C_N	8.41	7.56	5.74	4.93	3.84	6.14	7.44	6.64	6.01	5.49
平均烷基取代数	n	0.33	0.49	0.67	0.82	1.12	0.62	0.85	1.06	1.21	1.32
平均取代烷基链长度	L	0.31	2.56	6.28	6.95	7.12	2.63	0.58	2.12	3.15	3.75

对比表 5.17 中结构参数，f_a 随着剂油比的增加逐渐降低，沥青质由于具有更高缩合程度结构从而具有比胶质更高的 f_a。两者的 f_a 分别从 0.72 减少到 0.66 和从 0.67 减少到 0.60。剂油比的增加引起了重质组分芳环取代度的增加，这与平均烷基取代数的增加相对应，且胶质的芳环取代度比沥青质要高一些，印证了胶质支链化程度较高的特点。重组分中的 C_T 及杂原子的数目均减少，其中沥青质的 C_T 由 41.09 降低至 38.31，胶质的 C_T 由 32.03 降低至 30.63。重组分沥青质和胶质的杂原子所占比率分别由 11.61% 降低至 7.95% 和 9.61% 降至 5.97%。此外，重质组分的平均芳环数和平均环烷环数随剂油比的增加而减少，同样地，沥青质中的平均芳环数是大于胶质的。

3) XPS 分析

不同剂油比下沥青质重质组分中 C、O、N、S 等的赋存形态结果见表 5.18。碳原子主要赋存形态为 sp^2 杂化碳对应的 π—π 芳香碳结构和 sp^3 杂化碳对应的脂肪碳结构，两者合计约占整体的 90%。剩下的部分为 C—O 键合的基团，其质量分数与表 5.18 元素分析中的氧质量分数的数据大致相同。剂油比的增加导致了催化体系活性位点的增加，重质组分中 sp^2 杂化碳的质量分数降低，sp^3 杂化碳的质量分数升高，此外，沥青质中的 sp^2 杂化碳是多于胶质的。氧原子在沥青质和胶质表面的赋存形态主要为 C—O 单键型结构的化合物，如酚、醚和醇类化合物，总质量分数为 50%～60%，沥青质中的 C—O 质量分数高于胶质。剂油比的增加促进 C═O 加氢饱和转化为醇和酚等含 C—OH 类化合物。芳香结构含 C—N 的化合物是氮原子最主要的赋存形态，包括吡啶和吡咯，占 60%～70%。随着剂油比的增加，沥青质和胶质中的芳环结构氮原子因其极难通过杂环饱和进而使得 C—N 键脱除，此类的含氮化合物质量分数并不会迅速骤减。相比于其他类型的含硫化合物，镶嵌于沥青质和胶质迫位缩合的稠环芳烃芳环体系中的噻吩类化合物，其结构中的 C—S 键能极强，导致其反应活性极低，极难被加氢脱除。

表 5.18 不同剂油比下 XPS 分析重质组分中 C、O、N、S 的赋存形态及其质量分数

(单位：%)

原子赋存形态	归属	沥青质				胶质			
		1：25	1：20	1：15	1：10	1：25	1：20	1：15	1：10
C(1s)	芳香 C (sp^2)	54.35	51.55	50.76	50.25	45.87	43.96	42.58	42.27
	脂肪 C (sp^3)	35.33	39.18	39.09	43.72	41.74	48.31	47.85	51.55
	C—O—C, C—OH, C—O	10.33	9.28	10.15	6.03	12.39	7.73	9.57	6.19
	sp^2/(sp^2+sp^3)	0.61	0.57	0.56	0.53	0.52	0.48	0.47	0.45
O(1s)	C═O	24.58	22.73	19.30	18.60	31.58	25.79	24.14	22.29
	C—O—C, C—OH, C—O	55.87	56.82	58.48	58.14	52.63	52.63	57.47	60.24
	—COO—	19.55	20.45	22.22	23.26	15.79	21.58	18.39	17.47
N(1s)	吡啶-N	25.77	32.89	32.62	38.61	24.36	37.31	34.25	38.76
	胺-N	16.15	16.12	15.25	17.37	29.09	17.91	25.68	22.48
	吡咯-N	38.46	31.25	35.46	32.43	36.36	29.10	32.88	32.17
	季胺-N	19.62	19.74	16.67	11.58	10.18	15.67	7.19	6.59
	(吡咯-N+吡啶-N)/总 N	64.23	64.14	68.09	71.04	60.73	66.42	67.12	70.93
S(2p)	烷基硫	31.65	10.30	15.42	32.70	27.31	23.70	25.23	19.91
	噻吩	27.85	42.92	30.40	38.02	44.05	32.47	45.87	19.03
	亚砜	30.06	22.32	44.05	17.11	17.62	29.55	5.96	44.25
	砜	10.44	24.46	10.13	12.17	11.01	14.29	22.94	16.81

4) XRD 分析

不同剂油比下重质组分的结晶参数列于表 5.19 之中。剂油比的增加导致了重质组分的迫位缩合作用减弱，稠环芳烃体系中芳核的尺寸、芳核群的间距减小，侧链体系中的烷基链间距减少，该规律与表 5.19 中的 6 种结晶参数均随剂油比的增加而呈现出降低的趋势相对应。沥青质的烷基取代链参数小于胶质，稠环芳烃体系参数大于胶质，说明沥青质具有更高的缩合程度，π—π 堆积作用更强。$f_{\text{a-XRD}}$ 可用来比较样品芳香度的大小，但不代表真正的芳香度。由表 5.19 可知，$f_{\text{a-XRD}}$ 逐渐降低，且沥青质的该数值比胶质高很多，这点与前文一致。

表 5.19 不同剂油比下重质组分的结晶参数

结晶参数	沥青质				胶质			
	1：25	1：20	1：15	1：10	1：25	1：20	1：15	1：10
θ_γ/(°)	19.3	19.4	19.5	19.6	19.6	19.7	19.8	19.9

续表

结晶参数	沥青质				胶质			
	1∶25	1∶20	1∶15	1∶10	1∶25	1∶20	1∶15	1∶10
$\theta_{002}/(°)$	23.5	23.6	23.9	24.1	23.6	23.8	23.8	24.0
$\theta_{100}/(°)$	44.6	44.7	45.4	45.2	44.7	45.3	45.4	44.8
$d_m/Å$	3.77	3.74	3.74	3.70	3.78	3.76	3.73	3.70
$d_\gamma/Å$	5.66	5.62	5.61	5.57	5.73	5.71	5.68	5.66
$L_a/Å$	17.55	16.51	15.67	15.25	16.09	15.98	14.90	14.21
$L_c/Å$	9.75	9.38	8.88	8.53	9.17	8.98	8.73	8.34
M_e	3.58	3.50	3.38	3.31	3.44	3.40	3.33	3.25
f_a	6.58	6.19	5.88	5.72	6.03	5.99	5.59	5.33
$f_{a\text{-XRD}}$	0.61	0.60	0.58	0.58	0.45	0.43	0.42	0.40

5.2.3　沥青质加氢转化质谱分析

1. 傅里叶变换离子回旋共振质谱分析

1) 沥青质加氢过程含氮化合物和含氧化合物整体分布规律

基于(+)ESI 和(−)ESI FT-ICR MS 的 C-asp 和 HC-asp(385℃、135min)中杂原子物种分布如图 5.7 所示。HC-asp 中出现更多的碱性氮化物，如 B-N$_1$、B-N$_2$ 和更少的 B-N$_n$O$_x$，大量 B-N$_n$O$_x$ 经加氢后转化为 B-N$_n$。相比于 B-N$_1$O$_1$、B-N$_1$O$_2$、B-N$_2$O$_1$ 和 B-N$_2$O$_2$，HC-asp 中 B-N$_1$O$_{3+}$ 和 B-N$_2$O$_{3+}$ 质量分数减少。HC-asp 发现更多的中性氮化物，如 N-N$_1$、N-N$_2$、N-N$_2$O$_1$、N-N$_2$O$_2$ 和更少的 N-N$_1$O$_{3+}$、N-N$_2$O$_{3+}$。加氢后沥青质中 O$_1$、O$_2$ 和 O$_3$ 质量分数增加，O$_4$ 和 O$_{5+}$ 质量分数减少。HC-asp 中 O$_1$ 的增幅最大，O$_{5+}$ 的降幅最大。说明加氢过程中含有多个杂原子的化合物大量转化，其中 HC-asp 中 S$_1$O$_x$ 质量分数极低，大部分含硫化合物被脱除。

2) 沥青质加氢过程典型物种加氢转化规律

(1) 碳数与等价双键数分析。

定义在 C-asp 中发现的与 HC-asp 中相同的物种为 FR，在 C-asp 中发现而在 HC-asp 中没发现的物种为 FD，在 HC-asp 中发现的与 C-asp 相同的物种为 PR，在 HC-asp 中发现而在 C-asp 中没发现的物种为 PA。根据(+)ESI FT-ICR MS 结果，碱性氮化物的碳数和等价双键数分别从 FR 的 23.5 和 12.9 下降到 PR 的 22.5 和 12.5。通过碳数–等价双键数图近似计算，可得烷基侧链断裂将导致分子尺寸减小的结论。在碳数–等价双键数图中，同系物中更接近多环芳烃(PAHs)极限线的分子被认为是该同系物的起点，其主要由芳环组成。通过碳数–等价双键数可计算每个分子烷基链中的碳数，进而得到整个样品的平均烷基链碳数。研究发现，PR 的平均烷基链碳数(6.22)比 FR(7.18)大约小 1。与 FR 相比，PR 中同系物

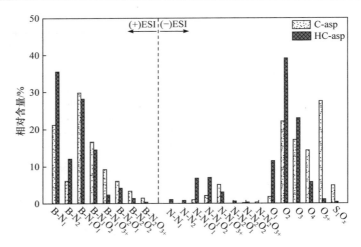

图 5.7　C-asp 和 HC-asp(135min)中杂原子物种分布

的碳数分布更窄，表明沥青质中的烷基侧链发生了加氢断裂。减压渣油在加氢处理过程中沥青质产物的平均烷基链碳数(14.3)比原料中(19.4)大约小 5。说明与减压渣油沥青质相比，沥青质加氢过程中烷基侧链断裂反应较弱。本实验中的加氢温度(385℃)低于 Rogel 等[20]报道的温度(405℃)，尽管对加氢裂化和热裂解反应有一定影响，但依旧可以推断出烷基侧链分布少且短的独特性是沥青质侧链加氢裂化反应弱的主要原因。PR 和 FR 中碱性氮化物在等价双键数为 10～20 时丰度最高，每个等价双键数下发现含有大量不同数量—CH$_2$—的沥青质烷基同系物。

　　FD 中的碱性氮化物覆盖了 FR 大部分物种组成空间，其碳数和等价双键数分布范围基本上都在 FR 内。FR 和 PR 物种之间的主要差异在于分子骨架中杂原子赋存类型、质量分数和赋存位置。FD 中加氢转化的碱性氮化物具有高等价双键数的特点，其侧链碳较少且接近 PAHs 极限线分布。这部分碱性氮化物主要通过加氢脱除杂原子，并进一步转化为沥青烯。与 FR 相比，FD 含有更多低碳数或低等价双键数的碱性氮化物。PA 中碱性氮化物的碳数(6～45)和等价双键数(1～24)分布范围比 FR 更广。特别的是 PA 中发现更多高碳数、高等价双键数和低碳数、低等价双键数的碱性氮化物。一方面，沥青质在高温下的自由基缩合反应会产生高碳数和高等价双键数的碱性氮化物。另一方面，沥青质分子的热裂解脱烷基反应会生成低碳数分子。沥青质发生大量烷基侧链断裂和芳环加氢饱和反应也会生成低碳数和低等价双键数的碱性氮化物。虽然这部分低等价双键数的沥青质分子不具有高芳香特性，与 Yen-Mullins 模型[21]定义的"典型"沥青质不同，但其依旧表现出不溶于低碳烷烃而溶于甲苯溶剂的"标准"沥青质性质[22]。考虑到沥青质中 O 质量分数高的特点，推测这些"非典型"沥青质可能为富含 O 原子的强极性分子。

根据(-)ESI FT-ICR MS 结果，中性氮化物和氧化合物的碳数和等价双键数分别从 FR 的 23.2 和 13.7 下降到 PR 的 22.1 和 13.1。中性氮化物+含氧化合物的碳数和等价双键数分布均向降低的方向轻微移动。与(+)ESI 结果相比，(-)ESI 结果的 FR 和 PR 中沥青质分子同系物减少，表明中性氮化物和含氧化合物之和比碱性氮化物平均含有更少或更短的烷基侧链。对于中性氮化物和含氧化合物，PR 的平均烷基链碳数(5.41)比 FR(6.54)大约也小 1。沥青质的中性氮化物和含氧化合物在加氢过程中发生的烷基侧链断裂反应比减压渣油沥青质加氢过程更弱。PR 的等价双键数呈现双峰分布(等价双键数为 10、12)特征。等价双键数为 14~20 时中性氮化物和含氧化合物丰度最高，且具有更多的同系物。与碱性氮化物不同，FD 中的中性氮化物和含氧化合物主要是"非典型"沥青质，其通过加氢可转化为沥青烯。PA 中的中性氮化物和含氧化合物覆盖了大部分分子组成空间。PA 中的中性氮化物和含氧化合物的碳数(10~42)和等价双键数(2~24)分布范围比 FR 更广，尤其是生成了高碳数、高等价双键数或低碳数、低等价双键数物种。这种现象与形成原理与碱性氮化物基本一致。

(2) N_1 分析。

PR 的 $B-N_1$ 和 $N-N_1$ 平均等价双键数和碳数分别小于 FR。FR 和 PR 中都存在大量的 $B-N_1$ 同系物，说明加氢过程 $B-N_1$ 的烷基侧链断裂反应并不显著。FR 和 PR 中 $B-N_1$ 都含有少量的"非典型"沥青质分子。FD 中 $B-N_1$ 比较少且集中在 PAHs 极限线附近，分子的芳环缩合度较高。另外，PA 的 $B-N_1$ 中发现了一些具有超低碳数、等价双键数或较高碳数的物种。这些超低碳数和等价双键数的 $B-N_1$ 小分子原本应该属于沥青烯组分，但可能因为大分子的包裹效应等未能在萃取过程实现完全分离，从而保留在 HC-asp 中。因为如果沥青质分子仅含有一个 N 原子且其碳数和等价双键数非常低时，就不能满足上述的"非典型"沥青质或"传统"沥青质定义特点。这些具有高碳数的 $B-N_1$ 应该是含有多个杂原子的沥青质分子通过加氢精制反应和自由基缩合反应形成。从 FR 和 PR 可以发现 $N-N_1$ 的比例和多样性都非常低，但应注意的是，PA 中生成了许多 $N-N_1$ 新物种，它们可能主要来自多杂原子化合物的加氢转化。吡啶-N 和吡咯-N 类分子是加氢过程中最难转化的含氮化合物[23]，产物中残留的大多数 $B-N_1$ 和 $N-N_1$ 物种应该属于吡啶-N 和吡咯-N 类。

(3) $N_1O_{1\sim3+}$ 分析。

相比于 FR，PR 中 $B-N_nO_x$、$N-N_nO_x$ 的碳数和等价双键数略有增加。整体来说，FR 中 N_nO_x 的平均烷基侧链比 PR 更少或更短。随着 O 原子数增加，FR 和 PR 中 N_nO_x 的碳数和等价双键数均增加。FR 和 PR 中 $B-N_nO_x$ 的碳数和等价双键数高于 $N-N_nO_x$，N_2O_{3+} 尤为明显。另外，FR 中 $N-N_1O_1$ 至 $N-N_2O_{3+}$ 的等价双键数分布范围逐渐增加，具有高等价双键数和"非典型"的 $N-N_nO_x$ 也增加。这部分

N-N$_n$O$_x$ 由于加氢转化为沥青烯，在 PR 中丰度降低。FD 中 B-N$_n$O$_x$ 和 N-N$_n$O$_x$ 的碳数–等价双键数分布趋势基本相似。FD 中"非典型"沥青质是 B-N$_1$O$_{1~2}$ 和 N-N$_1$O$_{1~2}$ 转化的主要物种，并且 FD 中 B-N$_1$O$_{3+}$ 和 N-N$_1$O$_{3+}$ 的等价双键数分布范围比较宽，加氢过程中含有多个杂原子的沥青质分子被大量转化。PA 中 B-N$_n$O$_x$ 和 N-N$_n$O$_x$ 的碳数–等价双键数分布趋势也基本相似。PA 中新形成的 B-N$_n$O$_x$ 和 N-N$_n$O$_x$ 具有高等价双键数和高碳数特征。新生成少量"非典型"的 B-N$_1$O$_{3+}$ 和 N-N$_1$O$_{3+}$，这些沥青质由高等价双键数和高碳数的物种转化而来。根据 ESI 电离特性，残留的 B-N$_n$O$_x$ 应包含喹啉、吡啶、胺或吖啶等结构，N-N$_n$O$_x$ 包含吡咯、吲哚或咔唑等结构，这些含 N 结构与呋喃、酚和羧基等基团相结合构成了难转化的复杂沥青质分子。

(4) O$_{1~5+}$分析。

随着 O 原子数增加，FR 和 PR 中 O$_{1~5+}$的等价双键数分布范围分别逐渐增加，而其等价双键数则由于芳环加氢饱和等反应减小。FD 中碳数–等价双键数分布说明 O$_{1~5+}$中彻底转化掉的物种以"非典型"沥青质为主。O 原子数越大，对应"非典型"沥青质的转化度越高。FD 中的低碳数、低等价双键数分子主要是由沥青质转化生成的小分子。PA 中 O$_x$ 主要体现出高等价双键数、高碳数特征，尤其是多 O 物种。加氢过程生成了一些具有低等价双键数、较高碳数的 O$_1$ 分子，这些分子芳香度低，具有更多或更长的烷基侧链。通过 GC-GC/TOF-MS 分析可知，沥青质中含氧化合物主要由酚类、羧酸类、呋喃类和酮类组成。呋喃类在加氢脱氧过程中表现出较低的反应活性，其次是酚类，而羧酸类和酮类则具有较高的反应活性。反应活性与实验条件也密切相关。

3) 沥青质加氢过程孤岛和群岛结构转化规律分析

(1) 加氢过程孤岛和群岛结构转化定量分析。

HC-asp 中孤岛型碎片离子比例比 C-asp 更高，这是由群岛型分子的桥键加氢断裂引起的。HC-asp 以孤岛状结构为主，其中 B-N$_1$、B-N$_1$O$_1$ 和其他-BN 的孤岛型碎离子比例均高于 85%，O$_1$、O$_2$、O$_3$、O$_4$、N-N$_n$O$_x$ 和 S$_y$O$_x$ 的孤岛型碎离子比例均超过 68%。HC-asp 中具有多个碱性 N 和 O 原子的分子具有更丰富的孤岛状结构特点(B-N$_1$ 为 85%、B-N$_1$O$_1$ 为 89%、其他-BN 为 91%)。从 O$_1$ 到 O$_{4+}$，HC-asp 孤岛型碎片离子的比例逐渐增加。表明加氢产物中多 O 分子更可能是孤岛型结构，而且这些碎片离子接近 PAHs 极限线边界分布。CID 过程中沥青质桥键和烷基侧链容易断裂，但在优化电离电压下分子芳核很难被破坏[24]。

(2) 加氢前后沥青质 CID 裂解路径对比分析。

CID 后 HC-asp 中含有较少杂原子物种的碎片离子丰度明显增加，多杂原子物种则相反。例如，CID 后 B-N$_1$ 和 B-N$_2$ 碎片离子的丰度增加，B-N$_1$O$_1$、B-N$_2$O$_{2+}$、B-N$_2$O$_1$ 和 B-NO$_{2+}$等碎片离子的丰度减少；O$_1$ 和 O$_2$ 碎片离子丰度增加，O_3、O_4 和 N-N_nO_x 碎片离子丰度减少。一方面，群岛结构的多 O 物种因为桥键断裂会产生大量少 O 物种。另一方面，大多数新生成的少 O 物种主要来源于多 O 物种中 C—OH、C—NH_2 和 C—COOH 等键的断裂。CID 后沥青质的 B-N_1O_1 碎片离子丰度增加，HC-asp 的 B-N_1O_1 碎片离子丰度则降低。这是因为 B-N_1O_1 的呋喃或吡啶环在加氢后部分双键饱和，进而容易断裂，在 CID 过程更容易生成 O_1、B-N_1 或加氢裂化碎片离子。CID 后 HC-asp 中 O_1 和 O_2 碎片离子丰度增加幅度小于 C-asp，而且 HC-asp 中 O_3 碎片离子丰度减小，沥青质的 O_3 碎片离子丰度增加。这都说明相比于 C-asp，HC-asp 中多 O(O_{4+})分子中的 O 原子可能更多嵌入呋喃等环中。

HC-asp 中所有物种的$[M+H]^+$与M^+·相对丰度比均大于 1，表明 HC-asp 中碱性氮化物的主要裂解方式为异裂。对于大多数杂原子较少的物种，$[M–H]^-$与 M^-·相对丰度比大于 1，而对于多杂原子物种 O_{4+} 和 N-N_nO_{4+}，$[M–H]^-$与 M^-·相对丰度比则小于 1。说明 HC-asp 中中性氮化物和含氧化合物的主要裂解方式是异裂，对于含有多个 O 原子的 HC-asp 碎片离子均裂对裂解影响程度更大，且超过了其对含有多个 O 原子的原料沥青质碎片离子裂解影响程度。其原因可能是加氢前后分子中不饱和键及主要含 O 官能团种类的不同。整体上各物种$[M+H]^+$与M^+·相对丰度比分别大于$[M–H]^-$与 M^-·相对丰度比。表明与中性氮化物和含氧化合物相比，CID 过程中异裂机制对 HC-asp 中碱性氮化物裂解影响更大。

2. 热裂解–色谱–质谱联用分析

利用热裂解–色谱–质谱联用(Py-GCMS)手段对样品进行多步快速热解，可确定不同热解温度下有机产物的组成，有助于间接认识 GC-MS 难以分析的分子组成[25]。通过 GC-MS 检测到加氢前后沥青质的热解碎片主要为 1-环至 3-环芳香烃或杂原子化合物。在碎片中还观察到少量 4-环、5-环芳香烃或由酚、呋喃构成的杂原子化合物。上述化合物的烷基侧链短且少，其烷基侧链以多个甲基的形式存在。由于 HC-asp 具有更多饱和碳环结构，更易于进行环烷环开环反应，进而在不同热解温度下产生了更多小环数分子碎片。

C-asp 和 HC-asp 在 400℃、600℃和 800℃下热解产生的有机挥发性产物分布如图 5.8 所示。在不同的热解温度下，C-asp 和 HC-asp 的主要产物由芳烃化合物、酚类化合物和非酚类氧化物组成。热解产物中存在少量非酚杂环化合物、脂肪族化合物和其他化合物。随着热解温度从 400℃升高到 800℃，C-asp 和 HC-asp 热解产物中芳烃化合物相对含量逐渐增加，酚类化合物相对含量逐渐降低。这是因为芳环的裂解程度随着热解温度升高而增加，含杂原子的沥青质分子在高温下进一步裂解产生了更多的小芳烃化合物。在相同的热解温度下，HC-asp 热解产物中芳烃化合物相对含量高于 C-asp，酚类化合物和非酚类氧化物相对含量低于原料沥青质。

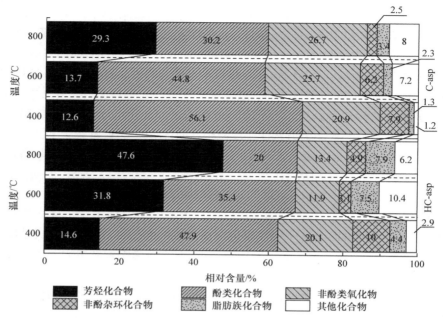

图 5.8　C-asp 和 HC-asp 在 400℃、600℃ 和 800℃ 下热解产生的有机挥发性产物分布

5.3　沥青质亚组分加氢转化

　　基于新开发的中低温煤焦油沥青质亚组分多级萃取分离(C-ASES)方法，利用 ESI FT-ICR MS 和 CID 技术从新的视角探讨了中低温煤焦油沥青质亚组分的分离效果、杂原子化合物加氢转化规律、孤岛与群岛结构演变机制及杂原子分子骨架赋存位置等[4]。

5.3.1　沥青质亚组分杂原子化合物加氢转化规律

　　N_x、N_1O_x 是沥青质中检测到的主要物种，同时检测到一定量的 S_1O_x。2.2.5 小节中通过如图 2.6 实验流程得到了 E1~E7，其中 C-asp-E1~C-asp-E4 中的 N_x、N_1O_x 较多，N_2O_x、S_1O_x 较少。相反，C-asp-E5~C-asp-E7 中检测到较多 S_1O_x。N_1、N_1O_1 为 HC-asp 及其亚组分的主要物种，C-asp 亚组分中 C-asp-E5~C-asp-E7 的 N_1 和 N_1O_1 丰度较低不同。HC-asp-E5 中 $S_1O_{1\sim3}$ 的丰度较高，但 HC-asp 亚组分的 S_1O_x 丰度较低。C-ASES 方法有助于高分辨率质谱在强极性溶剂萃取物中识别出更多 S_1O_x 化合物，这些含硫化合物在 C-asp 和 HC-asp 电离过程中因基质效应受到抑制，难以全面检测。Chacón-Patiño 等[26]从质谱数据中观察到，溶剂的极性越强，分离所得组分的选择性电离效应越显著，极性组分中某些组分更易受到高极性化合物电离抑制。因此，在此靠溶剂分离出的 C-asp 和 HC-asp 亚组分极易产生选择性电离。

沥青质亚组分 E1～E4 均显示出和沥青质相似的杂原子物种分布特点，说明 C-asp 和 HC-asp 是质谱检测过程中优先观察到最易电离的分子。除 S_1O_x 以外，HC-asp 亚组分 E5～E7 与 HC-asp 的杂原子物种分布差别明显小于 C-asp 亚组分 E5～E7 与 C-asp 的杂原子物种分布差别。这可能因为随着加氢脱氧等反应的进行，分子中杂原子分布密度大幅降低，减弱了含氧化合物和含氮化合物对含硫化合物的选择性电离抑制。除个别物种以外，整体上 HC-asp 亚组分中 $B-N_1O_x$、$B-N_2O_x$ 和 S_1O_x 的丰度明显比 C-asp 亚组分更低，尤其是多杂原子数物种。这说明 C-asp 亚组分中大量多杂原子数分子加氢转化为低杂原子数分子。此外，含硫化合物中发现部分含有多个杂原子($S_1O_{4\sim6}$)的物种。此类分子间产生的氢键相互作用将对中低温煤焦油分离、加氢转化等过程产生较大影响。

相比于 E5～E7，E1～E4 的 FR 和 PR 中含有更多 N_x 烷基同系物。说明大量弱极性的 N_x 烷基同系物被芳香性溶剂萃取出来。与 E1～E4 相比，E5～E7 中 N_x 的 FR 和 PR 组成空间发生明显变化，物种的碳数和等价双键数出现了非连续性分布，对应的 FD 组成空间相对更集中，PA 组成空间具有宽泛和连续化的特点。表明极性亚组分的转化比弱极性、高芳香性亚组分更突出，此外，还有大量原生极性物种的转化和新极性物种的生成。E1～E4 中 FD 的 N_x 物种组成分布呈现零星状态。E5～E7 的 FD 中主要转化的极性 N_x 物种表现出高等价双键数、高碳数特点。从 E1～E7 PA 的分布可以发现，HC-asp 中出现的 N_x 新物种组成空间越来越丰富。E1～E4 的 PA 中 N_x 物种含有高碳数，烷基同系物较多。相对于 E1～E4，E5～E7 的 PA 中出现的新物种组成空间更丰富，同时生成了大量低等价双键数、低碳数的"非典型"沥青质。总体上，E1～E4 中 FD 和 PA 的 N_x 组成空间分布与 E5～E7 具有互补性，重合度较低。FR 和 PR 中高丰度 N_nO_x 的碳数分布区间大概为 15～30，等价双键数分布区间大概为 8～20。相比于 FR 和 PR，FD 中 N_nO_x 物种的碳数和等价双键数分布范围更大，芳香性溶剂萃取亚组分(E1～E3)中 N_nO_x 以低等价双键数、低碳数为主，极性溶剂亚组分 E4～E7 中 N_nO_x 以高等价双键数、高碳数为主。E1～E7 的 FD 中含有很多低等价双键数、低碳数的"非典型"N_nO_x。加氢处理对这部分"非典型"N_nO_x 具有较好的脱除效果。各亚组分 PA 中的 N_nO_x 组成空间分布连续性较差，加氢新生成的 N_nO_x 中既含有低等价双键数、低碳数物种，也含有高等价双键数、高碳数物种。

5.3.2　沥青质亚组分加氢杂原子分布特征

通过 FT-ICR MS 耦合 CID 技术深入解析沥青质分子内部的化学信息，得到杂原子在芳核和烷基侧链的分布数据。沥青质芳核及烷基侧链上杂原子的分布信息对于煤焦油加氢及热转化至关重要。Fan 等[27-29]基于高分辨率质谱，通过源内碰撞诱导解离(ISCAD)技术深度研究了煤分子的结构特征和转化行为。该团队首次提出杂原子分布指数概念，为煤及其衍生物分子结构与杂原子分布研究开辟了新的定量方法。杂原子分布指数(HDI)定义为位于芳核中的杂原子相对丰度与分子中杂原子相对丰度之比，并根据式(5.1)计算。分别利用含杂原子的分子离子和碎片离子的相对丰度计算了整个分子和芳核的杂原子丰度。与较小的 HDI 相比，较大的 HDI 表明芳香族核中存在更多的杂原子。

$$HDI = \frac{\sum A_F \times n_F}{\sum A_M \times n_M} \tag{5.1}$$

式中，A_M 和 A_F 分别表示含有杂原子的分子离子(M)和碎片离子(F)的相对丰度；n_M 和 n_F 分别表示含杂分子离子(M)和碎片离子(F)中杂原子的数量。

C-asp 和 HC-asp 以岛状结构为主，上述方法应用于中低温煤焦油重组分中杂原子分布研究适用性较强。图 5.9 为 C-asp 和 HC-asp 亚组分杂原子分布指数。C-asp 亚组分的整体杂原子分布指数相对稳定，无明显的变化规律，杂原子在各亚组分中的分布形式差别不大。HC-asp E1~E4 的整体杂原子分布指数大于 C-asp E5~E7。相比于萃取得到的强极性分子，加氢沥青质萃取得到的弱极性、高芳香性分子中杂原子主要分布于芳核，强极性分子中杂原子相则更倾向分布于烷基侧链。

C-asp 和 HC-asp 各亚组分中 O 分布指数均明显小于 N 分布指数。沥青质亚组分中加权平均 O 原子数/C 原子数接近或大于 N 原子数/C 原子数，O 原子更倾向出现在烷基侧链或其他取代侧链而不是芳核。随着溶剂极性增加，C-asp 亚组分中 O 分布指数动态波动，且经非极性或弱极性萃取的 HC-asp 亚组分中 O 分布指数大于强极性溶剂萃取的 HC-asp 亚组分。说明 HC-asp 脱去侧链 O 杂原子的

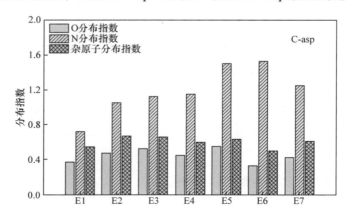

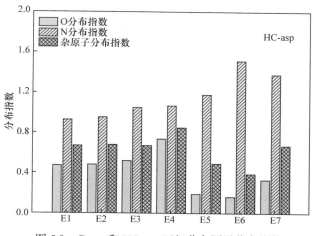

图 5.9　C-asp 和 HC-asp 亚组分杂原子分布指数

化合物主要被非极性或弱极性溶剂萃取出来。C-asp 分子中的多个 O 原子以不同官能团的形式存在，萃取过程中溶剂与多种类型的含 O 官能团相互作用。HC-asp 中亚组分呈现出明显的 O 分布指数变化，其原因是易脱除的含 O 官能团被大量脱除，随着溶剂极性变化，亚组分的 O 分布指数发生明显变化。C-asp 和 HC-asp 亚组分的 N 分布指数基本随着极性提高而增加，说明分子极性越强，其 N 原子越倾向分布于环内。C-asp E1～E4 和 HC-asp E1～E4 的 N 原子数/C 原子数分别明显大于 C-asp E5～E7 和 HC-asp E5～E7，中低温煤焦油沥青质的亚组分萃取过程中非极性或弱极性溶剂能实现大多数 N 原子分布在烷基侧链上化合物的萃取，而强极性溶剂萃取则完成剩余的 N 原子更多分布在芳环上化合物的萃取。

5.3.3　沥青质亚组分孤岛和群岛结构加氢演变机制

利用(+)ESI FT-ICR MS 耦合 CID 技术，重点对 C-asp 和 HC-asp 亚组分孤岛和群岛结构进行了研究。C-asp 和 HC-asp 的母离子化合物中 N_n、N_nO_x 和 S_yO_x 的贡献相对较大，O_x 和 $N_nS_yO_x$ 的丰度较低。二者的 CID 碎片离子中检测到许多 $[M+H]^+$，主要包括 $N_n[H]$、$N_nO_x[H]$ 和 $O_x[H]$。加氢前后沥青质亚组分中加氢裂化 $[H]$ 的贡献相对较低，这些碎片离子是由含杂原子化合物的分子碎裂产生[30]。加氢前后沥青质亚组分中还检测到一定量的 O_x 和 $O_x[H]$ 碎片离子，它们来自母离子 O_xS_y、N_nO_x 或 $N_nS_yO_x$。大多数 $N_n[H]$ 碎片离子由母离子 N_nO_x 生成。HC-asp 亚组分的 CID 碎片离子分布中加氢裂化、加氢裂化$[H]$、N_n 和 $N_n[H]$ 丰度明显高于 C-asp 亚组分，而 N_nO_x、$N_nO_x[H]$ 丰度低于沥青质亚组分。这是因为加氢后分子中杂原子质量分数及赋存形态发生了变化，更容易通过 CID 裂解路径生成加氢裂化[H]、N_n 和 N_n[H]碎片离子。随着溶剂极性增加，C-asp 和 HC-asp 亚组分的 CID 碎片离子中 N_n、N_n[H]丰度整体呈现下降趋势，N_nO_x、N_nO_x[H]丰度则整体呈现上升趋势。

CID 反应后所有加氢前后沥青质亚组分的 N_nO_x[H]和 N_n[H]相对强度急剧增加，加氢裂化和加氢裂化[H]相对强度略有增加，N_nO_x 相对强度则显著减少。表明 C-asp 和 HC-asp 母离子中的 N 原子更多存在于芳核中，而非是取代烷基侧链。烷基链断裂是 C-asp 和 HC-asp CID 主要的断裂机制，CID 过程对芳核中的 N 原子影响不大。此外，C-asp E1～E7 中，N_n[H]的质量分数增长幅度逐渐下降，N_nO_x[H]的质量分数增长幅度逐渐增加。随着溶剂极性的增加，亚组分中的杂原子更倾向存在于芳核而不是烷基侧链。

随着萃取剂极性增加(正庚烷→四氢呋喃)，沥青质孤岛状结构比例降低(87%→65%)。从甲苯到甲苯+四氢呋喃(体积比=3∶1)，沥青质岛状结构比例急剧下降(76%→68%)，极性推动力对吸附在 SiO_2 上的群岛型沥青质分离有很大影响，单纯芳香性溶剂对其影响相对较小。随着萃取剂极性从甲苯+四氢呋喃(体积比=3∶1)增加到四氢呋喃，沥青质岛状结构的比例从 68%缓慢下降到65%。

不同沥青质亚组分中分子式相同的 N_1 和 N_1O_1 的结构具有多样性，因此不同亚组分中 N_1 和 N_1O_1 的极性和溶解性不同。四氢呋喃+甲醇(体积比=1∶1)亚组分的岛状结构比例达到75%，接近甲苯亚组分中的岛状结构比例。由于沥青质在四氢呋喃+甲醇(体积比=1∶1)溶剂萃取前已经过四氢呋喃等极性溶剂萃取，也就是说四氢呋喃这种单一极性溶剂并不能将在四氢呋喃+甲醇(体积比=1∶1)亚组分中的沥青质分子从硅胶中萃取出来。尽管四氢呋喃/甲醇亚组分中存在较多的孤岛结构沥青质，但这些沥青质因为组成和结构的差异很难用单一的芳香性或极性溶剂实现萃取分离。随着溶剂极性增加，HC-asp 亚组分孤岛与群岛结构比例分布变化规律和 C-asp 接近。C-asp 和 HC-asp 的大多数亚组分中 N_1、N_1O_1 和其他-N 的孤岛型沥青质比例大小顺序为其他-N > N_1O_1 > N_1，这说明含有多个杂原子的含氮化合物更倾向于孤岛型结构。

5.4　沥青质加氢转化动力学

中低温煤焦油热解时液相收率高、沥青质量分数低、加工难度适中，常用减压蒸馏或者溶剂处理的办法，可提取其中轻馏分油作为固定床加氢装置的反应原料(一般工业化取<360℃馏分)，在临氢条件下，轻馏分油在催化上进行脱硫、脱氮、脱氧、脱金属、芳烃饱和等加氢反应，生产液化气、石脑油、柴油等轻质燃料油。煤焦油中重质组分通常被处理为价格低廉的副产品，更有甚者将其当成危

废产品进行处理，导致煤焦油资源的有效利用率较低。油品收率较全馏分加氢工艺低 20%左右，为使煤焦油实现更大的价值，一般利用催化加氢的工艺提高其利用效率。董环[31]通过计算机模拟技术将滴流床中全馏分煤焦油加氢脱沥青质的反应规律完整地再现，直观地分析了反应器内催化剂床层不同位置处的反应情况。

5.4.1　沥青质加氢转化动力学模型

gPROMS 软件起源于英国帝国理工学院，作为新一代的模拟软件，它在工程设计优化，以及针对单元操作的设备建模等方面都表现出许多其他软件不可比拟的优势。该软件不仅提供多个基础模型库，还能够针对用户的需求开放模型修改权限，便于依据现有模型库进行修改；软件建模所需工程数学语言简单易学，对于计算机语言基础薄弱的研究者来说更加方便；软件特有的非线性偏微分及积分方程求解器能够直接调用，避免了大量的算法编写工作。利用实验设计与参数估计功能可以准确地对模型中的参数进行估计，并可以借助强大的非线性优化求解器和联立方程求解算法对整个模型进行多目标优化以确定最优的工艺参数[31-33]。以 Whitman 和 Lewis 提出的双膜理论为基础，建立滴流床反应器模型，研究煤焦油加氢脱沥青质反应规律。该数学模型的动力学方程包括了反应物在各相界面的传质系数，中低温煤焦油、沥青质和氢气的物理性质(如密度、溶解度、黏度和扩散系数)。

考虑到反应器尺寸较小，且有控温系统对温度进行有效控制，故认为该反应是等温的，反应过程中的热量守恒可忽略不计。同时，因为全馏分煤焦油的复杂特性，为了简化模型而便于求解，在建立该数学模型中作出以下假设：

①模型是一维多相模型；②气体和液体的流速是常数；③煤焦油在反应过程中不发生气化；④煤焦油和氢气在反应器中不存在轴向扩散；⑤煤焦油加氢反应在等温且稳态条件下发生；⑥每个化学反应之间互不影响。

以上的假设不仅可以简化该反应的数学模型，而且可以确保实验数据具有较好的预测准确性。

1. 加氢脱沥青质的动力学模型

煤焦油中存在多种沥青质化合物，每种化合物都有自身的反应性和复杂的结构特点。整个加氢脱沥青质反应由普遍接受的广义方程[34]式(5.2)来表示。

$$\text{R-Asph} + \text{H}_2 \longrightarrow \text{RH} + \text{Asph-R}' \tag{5.2}$$

对于这种复杂的原料，其反应速率方程一般归纳为单一的幂律反应。反应速率(r_{HDAs})方程是反应速率常数(K_{HDAs})、固相中沥青质的浓度(C_{As}^{S})、沥青质的反应级数(n)、氢气的反应级数(m)的函数，因此反应速率方程如式(5.3)所示。

$$r_{HDAs} = K_{HDAs} \left(C_{As}^{S} \right)^n P_{H_2}^m \tag{5.3}$$

阿伦尼乌斯方程反映了速率常数和温度的关系，可用方程(5.4)来表示加氢脱沥青质反应的速率常数。

$$K_{HDAs} = A_0 \exp\left(-\frac{E_{aHDAs}}{RT}\right) \tag{5.4}$$

2. 加氢脱沥青质反应的滴流床反应器模型

滴流床反应器是一种气–液–固三相催化反应器，被广泛应用于石油炼制、石油化工、精细化工等化工领域，在非均相催化过程中具有无可比拟的优势[35]。此处利用 gPROMS 软件对加氢脱沥青质反应过程建立滴流床反应器模型和反应速率方程的幂律模型，通过参数估计获得该反应的动力学参数，分析反应条件对加氢脱沥青质反应的影响。通过动力学研究，确定反应物中各组分浓度与反应速率之间的关系，从而满足反应过程开发和反应器设计的需要。

反应中发生煤焦油加氢脱沥青质反应的质量守恒方程包括三相：固相(催化剂)、液相(中低温煤焦油)、气相(氢气)。其质量守恒方程如式(5.5)~式(5.9)所示。

(1) 气相：

$$\frac{RT}{\mu_G} k_{H_2}^L a_L \left(\frac{P_{H_2}^G}{h_{H_2}} - C_{H_2}^L \right) = -\frac{dP_{H_2}^G}{dz} \tag{5.5}$$

式中，$C_{H_2}^L$ 为液相中氢气的浓度；μ_G 为气相黏度，$\mathrm{mPa \cdot s}$；$P_{H_2}^G$ 为气相中氢气压力。

(2) 液相：

$$\frac{1}{\mu_L} \left[k_{H_2}^L a_L \left(\frac{P_{H_2}^G}{h_{H_2}} - C_{H_2}^L \right) - k_{H_2}^S a_S \left(C_{H_2}^L - C_{H_2}^S \right) \right] = -\frac{dC_{H_2}^L}{dz} \tag{5.6}$$

$$\frac{1}{\mu_L} k_{As}^S a_S \left(C_{As}^L - C_{As}^S \right) = -\frac{dC_{As}^L}{dz} \tag{5.7}$$

式中，$C_{H_2}^S$ 为固相中氢气的浓度；μ_L 为液相黏度，$\mathrm{mPa \cdot s}$；C_{As}^L 为液相中沥青质的浓度。

(3) 固相：

$$k_{As}^S a_S \left(C_{As}^L - C_{As}^S \right) = \rho_B \eta_{HDAs} r_{HDAs} \tag{5.8}$$

式中，a_S 为液-固界面比表面积，cm^{-1}；η_{HDAs} 为加氢脱沥青的催化剂效率因子；ρ_B 为催化剂堆密度，$\mathrm{g \cdot cm}^{-3}$。

$$k_{H_2}^S a_S \left(C_{H_2}^L - C_{H_2}^S \right) = \rho_B \eta_{HDAs} r_{HDAs} \tag{5.9}$$

反应器的入口各物质浓度即为该模型的边界条件，如式(5.10)~式(5.12)所示。

$$C_{As}^L \left(z = 0 \right) = C_0 \tag{5.10}$$

$$P_{H_2}^G \left(z = 0 \right) = P_0 \tag{5.11}$$

$$P_{H_2}^G \left(z = 0 \right) = P_0 \tag{5.12}$$

(4) 气液传质系数：

$$\frac{K_{H_2}^L a_L}{D_{H_2}^L} = 7 \left(\frac{G_L}{\mu_L} \right)^{0.4} \left(\frac{\mu_L}{\rho_L D_{H_2}^L} \right)^{0.5} \tag{5.13}$$

式中，$D_{H_2}^L$ 为液相中的扩散系数。

$$G_L = \rho_L \mu_L \tag{5.14}$$

其反应过程的传质系数及煤焦油的物理性质如表 5.20 和表 5.21 所示。

表 5.20　加氢脱沥青质反应过程的参数计算方程[36-40]

参数	方程
气液传质系数	$\frac{K_{H_2}^L a_L}{D_{H_2}^L} = 7 \left(\frac{G_L}{\mu_L} \right)^{0.4} \left(\frac{\mu_L}{\rho_L D_{H_2}^L} \right)^{0.5}$ $G_L = \rho_L \mu_L$
液固传质系数	$\frac{K_{H_2}^S}{D_{H_2}^L a_S} = 1.8 \left(\frac{G_L}{a_S \mu_L} \right)^{0.5} \left(\frac{\mu_L}{\rho_L D_{H_2}^L} \right)^{1/3}$ $\frac{K_{As}^S}{D_{As}^L a_S} = 1.8 \left(\frac{G_L}{a_S \mu_L} \right)^{0.5} \left(\frac{\mu_L}{\rho_L D_{As}^L} \right)^{1/3}$
分子扩散系数	$D_{H_2}^L = 8.93 \times 10^{-8} \frac{V_L^{0.267} T}{V_{H_2}^{0.433} \mu_L}$ $D_{As}^L = 8.93 \times 10^{-8} \frac{V_L^{0.267} T}{V_{As}^{0.433} \mu_L}$
摩尔体积	$V_L = 0.285 \left(v_C^L \right)^{1.048}$ $V_{H_2} = 0.285 \left(v_C^{H_2} \right)^{1.048}$ $v_C^L = \left[7.5214 \times 10^{-3} \left(T_{meABP} \right)^{0.2896} \left(\rho_{15.6} \right)^{-0.7666} \right] M_w$

续表

参数	方程
亨利系数	$h_{H_2} = \dfrac{V_{H_2}}{\lambda_{H_2}\rho_L}$ $\lambda_{H_2} = -0.559729 - 4.29470\times10^{-4}T + 3.07539\times10^{-3}\left(\dfrac{T}{\rho_{20}}\right) + 1.94593\times10^{-6}(T)^2 + \left[\dfrac{0.835783}{(\rho_{20})^2}\right]$

表 5.21　煤焦油沥青质物理性质计算方程[41-44]

参数	方程
煤焦油密度	$\rho_L = \rho_0 + \Delta\rho_P - \Delta\rho_T$ $\Delta\rho_P = \left[0.167 + 16.181\times10^{-0.0425\rho_0}\right]\left[\dfrac{P}{1000}\right] - 0.01\times\left[0.299 + 263\times10^{-0.0603\rho_0}\right]\left[\dfrac{P}{1000}\right]^2$ $\Delta\rho_T = \left[0.0133 + 152.4(\rho_0+\Delta\rho_P)^{-2.45}\right](T-520) - \left[8.1\times10^{-6} - 0.0622\times10^{-0.764(\rho_0+\Delta\rho_P)}\right](T-520)^2$
煤焦油黏度	$\mu_L = 3.141\times10^{10}(T-460)^{-3.444}\left[\lg(\text{API})\right]^a$ $a = 10.313\left[\lg(T-460)\right] - 36.447$ $\text{API} = \dfrac{141.5}{P_{r15.6}} - 131.5$

3. 催化剂床层特点

催化剂的比表面积是催化剂性能的主要指标之一。对于三叶草型结构的催化剂，其比表面可由方程(5.15)～方程(5.16)计算[45]。

$$a_s = \frac{6}{d_s}(1-\varepsilon) \tag{5.15}$$

$$d_s = \left[d_c L_c + \left(\frac{d_c^2}{2}\right)\right]^{1/2} \tag{5.16}$$

催化剂床层的空隙率决定床层与反应介质的接触情况。孔隙率由方程(5.17)计算[46]。

$$\varepsilon = 0.38 + 0.073\left(1 + \left\{\frac{\left[\left(\dfrac{D_R}{d_s}\right)-2\right]^2}{\left(\dfrac{D_R}{d_s}\right)^2}\right\}\right) \tag{5.17}$$

4. 效率因子计算

化学反应不仅在催化剂表面发生，更多的是在催化剂孔道内壁发生。由于催化剂孔道的复杂性，内扩散过程会存在着阻力。通常由催化剂的效率因子来表征内扩散阻力。由于本研究所使用的催化剂颗粒较小，所以该反应的效率因子可由蒂勒模数来估计[47]。

$$\eta_{HDAs} = \frac{\tan h(\phi)}{\phi} \tag{5.18}$$

对于 n 级的加氢脱沥青质反应，蒂勒模数可由方程(5.19)来表示。方程(5.20)即蒂勒模数涉及的相关计算公式。

$$\phi = L_p \left[\left(\frac{n+1}{2} \right) \frac{K_{HDAs} C_{As}^{S(n-1)}}{De_{As}} \right]^{0.5} \tag{5.19}$$

$$De_{As} = \frac{\theta}{\tau} \left(\frac{1}{\left(\frac{1}{D_{As}^{L}} \right) + \left(\frac{1}{D_K} \right)} \right) \tag{5.20}$$

一般情况下，曲折因子 τ 的值为 2～7，据文献报道，假设 τ 的值为 4[48]。努森扩散因子 D_K 及其相关参数计算公式如表 5.22 所示[49]。

表 5.22　努森扩散因子及其相关参数计算公式

参数	方程
努森扩散因子	$D_K = 9700 r_g \left(\dfrac{T}{M_w} \right)^{0.5}$
	$r_g = \dfrac{2\theta}{S_g \rho_p}$
	$\theta = V_g \rho_p$
	$L_p = \dfrac{V_p}{S_p}$
催化剂总体积	$V_p = N \left(\pi r_c^2 L \right) - A_1 L$
催化剂总外表面积	$S_p = N \left(2\pi r_c^2 + 2\pi r_c L \right) \pm 2A_1 - N A_2$
其他相关参数	$r_c = \dfrac{d_p}{4}$
	$A_1 = 3.86751 \times 10^{-2} \times d_p^2$

续表

参数	方程
其他相关参数	$A_2 = \dfrac{1}{6}(2\pi r_c L) = \dfrac{\pi}{3} r_c L$ $\rho_p = \dfrac{\rho_B}{1-\varepsilon}$

5.4.2　沥青质加氢转化动力学模拟与应用

1. 动力学参数估计

此处加氢脱沥青质反应动力学参数通过实验数据和滴流床反应器模型来确定。参数估计结果见表 5.23。关于石油加氢脱沥青质反应,其相应的活化能、反应级数及反应条件如表 5.24 所示。

表 5.23　加氢脱沥青质反应的动力学参数估计值

K_0	E_a/(kJ·mol^{-1})	n	m
633832	149.8	1.347	2.33

表 5.24　不同原料及反应条件加氢脱沥青质反应活化能和反应级数对比

研究人员	原料	w(沥青质)/%	催化剂	活化能/(kJ·mol^{-1})	反应级数	反应条件
本节	中低温煤焦油	12.6	Mo-Ni	149.8	1.347	350~410℃、6~12MPa、0.5h^{-1}
Trejo 等[50]	玛雅原油	12.4	Mo-Ni	10.35	2.1	360~400℃、6.8~10MPa、0.33~1.5h^{-1}
Jarullah 等[34]	伊拉克原油	1.2	Co-Mo	104.481	1.452	335~400℃、4~10MPa、0.5~1.5h^{-1}
Martínez 等[51]	西班牙亚烟煤液化合成原油	65.5	无	110	2	425~450℃、15MPa
Ohba 等[52]	西班牙亚烟煤液化合成原油	65.5	MoO$_3$-NiO	22.2	1	425~450℃、15MPa
Chang 等[53]	陕北煤焦油+汽油	17.96	Co-Mo-Pt	16.9414	1	360~400℃、4.5~5MPa
Jia 等[54]	塔里木盆地轮南地区石油	—	—	193~290	—	350~600℃、40MPa
Alvarez 等[55]	墨西哥原油的常压渣油	21.77	—	116.79	0.75	380~420℃、9.81MPa、0.25~1h^{-1}

同石油、渣油加氢脱沥青质反应动力学参数相比,煤焦油加氢脱沥青质的活化能相对较高。说明在加氢反应中煤焦油沥青质难以脱除。可能的原因如下:相比于石油沥青质,煤焦油沥青质质量分数高,烷基侧链短且少,稳定性高,加氢过程中难发生烷基侧链脱除反应;煤焦油沥青质中杂原子性质较稳定,难以发生加氢反应;煤焦油沥青质中,硫主要以噻吩、砜和亚砜的形式存在[56];氮主要以吡啶和吡咯形式存在,这两种类型化合物具有很高的芳香度,位于沥青质分子结构内部,性质稳定[57],加氢反应中较难脱除;氧大多数以酚羟基和醚氧键形式存在,酚羟基氧上的孤对电子能与芳环共轭形成稳定结构,难以在加氢过程中脱除;相比于石油沥青质,煤焦油沥青质芳香度高,较难发生加氢转化反应。

沥青质的反应级数为 1.347,介于一级反应和二级反应之间[58-59]。沥青质加氢反应动力学行为受反应物的组成性质和各反应条件等因素的影响,既可能表现为一级反应动力学,也可能表现为二级反应动力学。沥青质裂解过程包括多种单分子和双分子基元反应。石油沥青质转化为液体油及气体反应的实验数据能很好地满足二级反应[60-63]。沥青质加氢催化裂解反应中,焦炭的生成量在相当长的时间内微乎其微,表观动力学行为在较长的反应时间内基本符合一级反应特征。

2. 煤焦油加氢脱沥青质的模拟

通过此模型对不同条件下的加氢脱沥青质反应进行计算,不同反应条件下实验结果与模拟结果如表 5.25 所示,模拟结果与实验值的相对误差均小于±5%,表明该模型具有良好的适用性。

表 5.25　不同反应条件下实验结果与模拟结果对比

温度/℃	压力/MPa	空速/h⁻¹	w(入口沥青质)/%	w(实验出口沥青质)/%	转化率/%	w(模拟出口沥青质)/%	相对误差/%
350	8	0.5	12.6	7.88	37.46	7.70	2.28
365	8	0.5	12.6	7.14	43.33	6.90	3.36
380	8	0.5	12.6	6.50	48.13	6.75	−3.81
395	8	0.5	12.6	6.31	49.92	6.05	4.12
410	8	0.5	12.6	5.98	52.54	6.25	−4.51
380	6	0.5	12.6	8.55	32.14	8.23	3.74
380	8	0.5	12.6	6.50	48.41	6.75	−3.81
380	10	0.5	12.6	5.56	55.87	5.47	1.62
380	12	0.5	12.6	5.26	58.25	5.36	1.90

在温度为 380℃、压力为 10MPa、空速为 0.5h⁻¹ 的反应条件下,氢气压力沿反应器床层长度的变化曲线如图 5.10 所示。

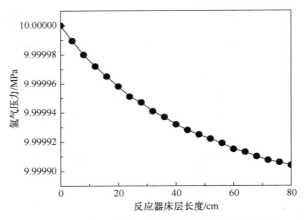

图 5.10 氢气压力沿反应器床层长度的变化曲线

由图 5.10 可知，氢气压力随反应器床层长度的增加而减小，在床层长度 60cm 处，氢气压力的变化逐渐稳定。反应器入口处反应速率较大，传质速率较慢，气相中氢气的浓度下降。氢气的压降为 0.000096MPa，说明氢气的压降可忽略不计，即反应器中压力稳定，满足稳态的操作条件。

沥青质在液相和固相中的质量分数变化曲线如图 5.11 所示。反应器入口处的沥青质质量分数在两相间存在差距，随着反应的进行，沥青质在液、固两相间的质量分数差值几乎为零。

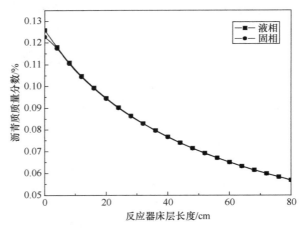

图 5.11 沥青质在液相和固相中的质量分数变化曲线图

液体的密度、黏度、表面流速以及其他物化性质等均会影响其在两相间的传质速率，传质速率决定着两相中沥青质质量分数[64-66]。反应器入口处煤焦油的密度、黏度相对较大，沥青质在两相间的传质速率较小，两相中沥青质质量分数的差距相对较大；随着加氢反应的进行，轻组分质量分数增多，体系的密度和黏度减小，液固两相间的传质速率增大，沥青质在两相间质量分数差距也减小。

氢气在液固两相的摩尔浓度变化曲线如图 5.12 所示。随着反应器床层长度的增加，氢气在液相和固相的摩尔浓度先减小后增加。这是反应速率和传质因素共同作用的结果。

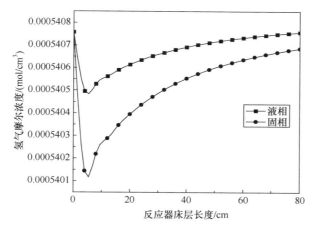

图 5.12　氢气在液相和固相中的摩尔浓度变化曲线图

在反应器的入口处，加氢脱沥青质的反应速率高于在气-液-固相间的传质速率，氢气摩尔浓度迅速减小；随着反应速率的减慢，氢气的消耗量逐渐减小，相间传质逐渐成为主导因素，氢气摩尔浓度逐渐增加并达到一个平衡的摩尔浓度。氢气在相间的传质方向为由气相到液相再到固相，且液相中氢气摩尔浓度高于固相的氢气摩尔浓度。

3. 反应条件对加氢脱沥青质的影响

1) 压力对加氢脱沥青质的影响

相同温度、空速，不同压力下沥青质的质量分数及脱除率如图 5.13、图 5.14 所示。沿床层方向，沥青质的质量分数逐渐降低；当压力为 6～10MPa 时，随着压力的增加，沥青质的脱除率迅速增加。当压力大于 10MPa 时，沥青质的脱除率增加变缓。

沥青质加氢反应是一个复杂的平行-顺序反应，包括分解反应和缩和反应。在加氢过程中，沥青质裂解生成的中、小自由基与活性氢原子迅速反应生成小分子化合物。从热力学反应平衡角度来看，自由基数目的减小会加速沥青质的加氢反应。从动力学上来看，氢初压的增加可以提高活性氢原子的浓度，从

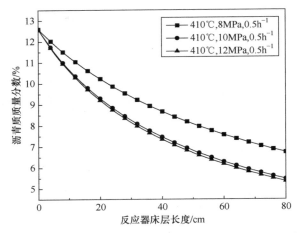

图 5.13　不同压力下沥青质质量分数随反应器床层长度变化曲线图

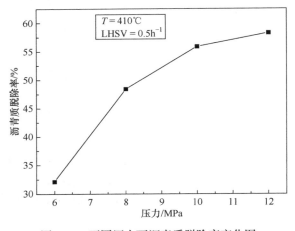

图 5.14　不同压力下沥青质脱除率变化图

而提高沥青质的加氢转化反应速率,同时还会加快氢气通过液膜向催化剂表面扩散的速率[65]。随着压力的增大,沥青质的脱除率变化速率逐渐减慢。这是因为在高压条件下,催化剂表面的液膜厚度增大,反应物外扩散的阻力增大,反应速率降低;较高的氢压条件下,活性氢原子会抑制大、中自由基发生脱氢缩合反应生成次生沥青质,使沥青质质量分数的变化率减小。

　　2) 温度对加氢脱沥青质的影响

　　同一压力、空速,不同温度下沥青质质量分数及脱除率的变化如图 5.15、图 5.16 所示。由图 5.15 可知,沥青质的质量分数随着反应器床层长度的增加而减小;沥青质的质量分数也随温度的升高而减小。由图 5.16 知,当温度处于 350～380℃,随着温度的升高,沥青质的脱除率逐渐增加。当温度处于 380～

395℃，沥青质的脱除率几乎不变。当温度大于 395℃时，沥青质的脱除率缓慢增加。

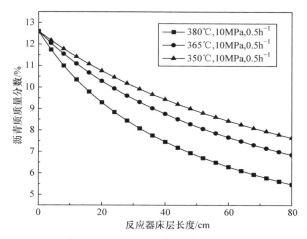

图 5.15　不同温度下沥青质质量分数随反应器床层长度变化曲线图

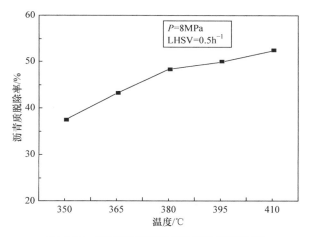

图 5.16　不同温度下沥青质脱除率变化图

沥青质加氢转化反应的第一步是在热作用下发生快速断侧链反应，提高反应温度能加速此类反应的进行；沥青质分子自由运动速度也随温度的升高而加快，加剧沥青质聚集体的分散和解聚，使沥青质分子更容易向催化剂活性中心扩散，加快反应速率，增大沥青质的脱除率[66]。当反应温度升高到一定程度后，沥青质热裂化产生的芳烃类自由基数目增大，体系催化剂活性中心相对不足，同时，高温加剧了沥青质等重组分的缩合生焦反应，降低了催化剂的活性，进而导致沥青质加氢反应的转化率几乎不变。此外，当反应温度大于 402℃时，沥青质分子发生加氢裂化反应，温度的升高会增加沥青质的脱除率。

Jarullah[67]认为当压力高于 10MPa 时，压力对于石油沥青质转化率的影响是微乎其微的，产生这一差异是源于煤焦油和石油体系的结构特性。煤焦油的芳香度一般为 0.7，石油的芳香度大约是 0.5，高的芳香度使煤焦油更易于发生亲电取代反应，氢气作为亲电试剂的来源，对于加氢脱沥青质反应影响较为显著。

与煤焦油加氢脱硫、脱氮、脱氧反应相比，温度和压力对脱除率的影响变化趋势一致。随着温度和压力的增大，硫、氮、氧的脱除率随温度、压力的变化几乎呈线性关系，沥青质的脱除率随压力的变化会出现一个跳跃性的增长，尤其是在压力为 6～8MPa 时，沥青质脱除率的变化最快。当压力由 6MPa 增加到 8MPa 时，饱和分质量分数增加得最快，使得反应体系稳定性降低，沥青质更易发生氢解反应。

4. 效率因子分析

不同温度和压力对加氢脱沥青质反应催化剂效率因子的影响如图 5.17 所示。升高温度和降低压力都会减小催化剂的效率因子。升高温度，分子运动更加剧烈，会促进分子间的传质和扩散，提高反应速率。然而，沥青质分子结构较大，温度对加氢反应速率的影响高于温度对沥青质在催化剂内部扩散的影响，升高温度反而会降低催化剂的效率因子[68]。当温度升高，反应速率较快时，内扩散影响会导致催化剂效率因子降低。

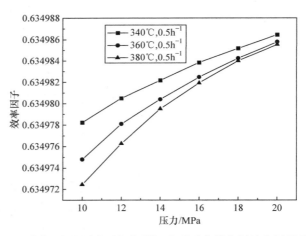

图 5.17　不同温度和压力对加氢脱沥青质反应催化剂效率因子的影响

尽管温度和压力的变化都会影响催化剂的效率因子，但从数值上看，催化剂的效率因子变化并不是很大，这是由于沥青质分子结构特点，其内扩散阻力较大；从反应机理上来看，内扩散是该反应的速率控制步骤。与煤焦油加氢脱硫、脱氮、脱氧反应相比，效率因子随温度、压力变化趋势一致。此处研究的效率因子偏低，一方面，沥青质分子大，内扩散过程中阻力较大，难以在催化剂孔道内壁的活性中心发生反应；另一方面，沥青质加氢反应放热量较大，导致催化剂颗粒表面与内壁反应温度不同，催化剂颗粒表面与内壁反应速率不同，反应效率因子偏低。本节可为加氢脱沥青质催化剂的改进提供方向，如增大催化剂的孔容和孔半径。

5.5　煤沥青热转化过程

5.5.1　煤沥青热转化过程及机理

20 世纪 60 年代，Brooks 和 Tylor 首次发现了芳烃类化合物在热转化过程中有中间相炭微球的存在，由此揭开了深入研究碳质中间相形成机理的序幕[69]。碳质中间相理论是各种新型炭材料研究和制备的理论基础，当前关于中间相形成的相关理论主要有：液相炭化理论[70]、微域构筑理论[71]和颗粒基本单元构筑理论[72]。通过半个多世纪对碳质中间相的形成过程的研究，学术界普遍认为碳质中间相的形成过程如图 5.18 所示[73]。

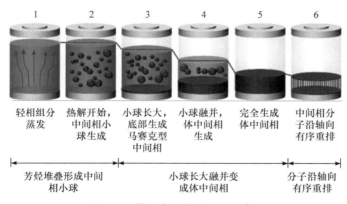

图 5.18　煤沥青热转化过程示意图

当前，学术界普遍认为煤沥青高温处理时都会经过液相炭化的阶段。因此，碳质中间相的性质直接影响着最终产物的品质，其结构特点直接决定碳材料的性能[74]。普遍采用偏光显微镜观察炭化产物的光学结构来评价其性质[75]，光学结构按照光学尺寸和形貌可分六种结构类型[76]，具体分类如表 5.26 所示。

表 5.26　各向异性光学结构划分标准

纹理类别	广流域	粗纤维	细纤维	粗粒镶嵌	中粒镶嵌	细粒镶嵌
光学尺寸	长度>60μm	长度 30~60μm	长度 10~30μm	半径 5~10μm	半径 1.5~5μm	半径 <1.5μm

5.5.2　煤沥青各亚组分热转化过程

1. 炭化温度对单一族组分炭化产物的影响

本小节在炭化反应压力为 1.0MPa、恒温时间(本书中指"炭化时间")为 8h、不同炭化温度(420℃、440℃、460℃、480℃和 500℃)的条件下,探究炭化温度对单一族组分炭化产物的影响。

1) 炭化温度对炭化产物中间相质量分数的影响

图 5.19 显示了不同族组分在不同炭化温度条件下的炭化产物中间相质量分数。由图 5.19 可知,炭化产物中间相的生长对温度较为敏感,不同族组分对温度的敏感程度存在较大差异。

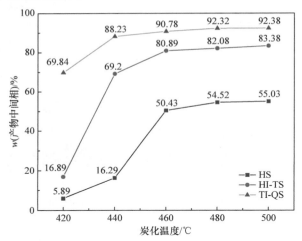

图 5.19　不同族组分在不同炭化温度条件下的炭化产物中间相质量分数

随着炭化温度的升高,HS 组分的炭化产物中间相质量分数先快速增加后逐渐稳定,在温度为 420~460℃时,其对温度较为敏感。这主要是因为 HS 组分含较多分子量较小的化合物,在较低温度下就能达到发生热缩聚反应所需的活化能,形成中间相产物,使中间相产物质量分数迅速增加。随着炭化温度的升高,体系中发生裂解反应的程度加剧,大量的化合物分子裂解成小分子,并以气体的形式逸出反应体系,体系中发生缩聚形成中间相产物较少,因此在高温阶段产物中间相质量分数增长缓慢。

HI-TS 组分炭化产物中间相质量分数增加的敏感温度范围为 420~440℃。这是因为 HI-TS 组分主要由短支链的稠环芳烃构成，芳烃质量分数高，且含有一定量的杂原子，在较低温度就可以发生热缩聚反应形成中间相。TI-QS 组分炭化产物中间相质量分数明显高于 HS 和 HI-TS 组分，这主要是因为 TI-QS 组分含有较多的杂原子，杂原子化合物具有较高的热反应活性，容易发生热缩聚反应形成各向异性结构。在炭化温度 480～500℃时，各族组分的炭化产物中间相质量分数较高，且随着温度的升高增加幅度较小。

2) 炭化温度对炭化产物中间相光学结构的影响

图 5.20 为不同族组分在不同炭化温度条件下的炭化产物中间相代表性偏光显微镜图像。

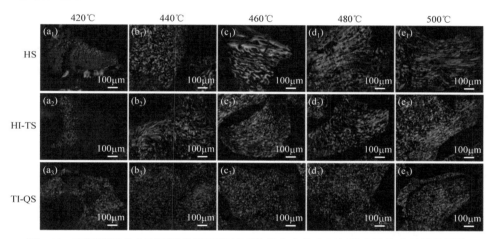

图 5.20　不同族组分在不同炭化温度条件下的炭化产物中间相代表性偏光显微镜图像
(a₁) HS，420℃；(a₂) HI-TS，420℃；(a₃) TI-QS，420℃；(b₁) HS，440℃；(b₂) HI-TS，440℃；(b₃) TI-QS，440℃；
(c₁) HS，460℃；(c₂) HI-TS，460℃；(c₃) TI-QS，460℃；(d₁) HS，480℃；(d₂) HI-TS，480℃；(d₃) TI-QS，480℃；
(e₁) HS，500℃；(e₂) HI-TS，500℃；(e₃) TI-QS，500℃

由图 5.20 可知，HS 组分在 420～440℃时，处于中间相形成的早期阶段。由图 5.20(a_1)和(b_1)可以直观地看到中间相小球及处于融并状态的结构，随着温度的升高，产物中各向同性光学结构不断增加。随着炭化温度的进一步升高，图 5.20(c_1)、(d_1)和(e_1)均呈现广流域型各向异性光学结构。主要是因为随着温度的升高，体系中的小分子化合物不断缩聚形成大分子化合物，促进了中间相平面大分子的尺寸不断增大。因此，到 480℃时炭化产物中间相产物各向异性光学结构尺寸明显增大。

HI-TS 组分在 420℃时只有少量的各向异性光学结构生成，炭化温度为 440℃时，炭化产物主要为广流域型光学结构[图 5.20(b_2)]。当炭化温度上升至 460℃时，炭化产物的光学结构发生变化，出现粗纤维型光学结构[图 5.20(c_2)]。继续升温至 480℃时，出现了较多的流线型光学结构，且其光学结构的有序性明显增加

[图 5.20(d₂)]。当炭化温度为 500℃时，炭化产物出现多种各向异性结构，粗纤维型、细纤维型和镶嵌型结构并存[图 5.20(e₂)]。镶嵌型结构形成的原因是炭化温度过高，含有杂原子的芳烃分子热缩聚反应迅速，使局部黏度迅速增大，中间相小球还未充分生长就开始发生融并。

　　TI-QS 组分在 420℃时就出现了广流域型各向异性结构。在相同升温速率条件下，TI-QS 组分形成中间相的温度要比 HS 和 HI-TS 组分低，这主要是由于 TI-QS 组分分子量较大，芳香度和缩合程度相对较高，且含杂原子的多环芳烃分子更容易发生热缩聚反应形成中间相。在图 5.20(b₃)、(c₃)、(d₃)、(e₃)中，产物基本为镶嵌型光学结构，这是由于 TI-QS 组分含有的烷基侧链较少，流动性较差[77]，在较低的炭化温度下就容易发生局部过度缩聚，使反应体系黏度急剧增大，发生更严重的焦化。

　　由此可知，HS 和 HI-TS 组分在 480℃炭化得到的炭化产物具有较为优异的各向异性结构，而 TI-QS 组分在 420～500℃炭化得到的中间相产物主要为镶嵌结构，受温度影响较小。

　　2. 恒温时间对单一族组分炭化产物的影响

　　本小节在炭化反应压力为 1.0MPa、炭化温度为 480℃、不同恒温时间(4h、6h、7h、8h 和 10h)的条件下，探究恒温时间对单一族组分炭化产物的影响。

　　1) 恒温时间对炭化产物中间相质量分数的影响

　　图 5.21 显示了不同族组分在不同恒温时间条件下的炭化产物中间相质量分数。由图 5.21 可知，随着恒温时间延长，不同族组分炭化产物中间相质量分数均逐渐增加。这主要是因为不同族组分分子组成存在较大差异，其在炭化过程中

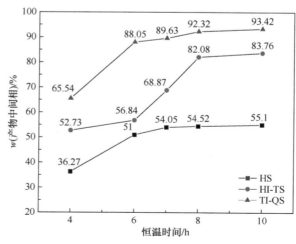

图 5.21　不同族组分在不同恒温时间条件下的炭化产物中间相质量分数

发生热缩聚和热裂解反应的程度存在明显不同。

　　HS 组分存在一定量的烷基支链结构,在炭化过程会不断裂解生成小分子的裂解气,随着恒温时间延长,裂解生成的气体大量逸出,体系黏度不断增大,反应程度越深,因而产物中间相质量分数越高。恒温时间超过 7h,由于 HS 组分中大量的小分子化合物不断裂解,反应体系中不足以提供让中间相继续生长的母液,炭化产物中间相质量分数基本不再增长。

　　HI-TS 组分中以中等质量的分子为主,在适宜的温度条件下容易生成中间相小球,随着恒温时间的增加,中间相不断生长,其炭化产物中间相质量分数不断增加。恒温 8h 以后体系反应逐渐稳定,不发生程度较为剧烈的缩合反应。这主要是因为 HI-TS 组分由中等分子量的芳烃分子构成,其热稳定性较好,需要较长的反应时间达到稳定状态。

　　TI-QS 组分为反应活性较高的稠环芳烃分子,相较 HS 与 HI-TS 组分在炭化过程中更易于发生聚合,可以在较短时间内完成缩聚反应,较快形成中间相。这主要是因为 TI-QS 组分中杂原子质量分数较高,容易产生大量的游离自由基,促进热缩聚反应的发生。

　　由此可知,各族组分炭化时,当恒温时间超过 7h 以后,其炭化产物中中间相质量分数基本不再增加。

　　2) 恒温时间对炭化产物中间相光学结构的影响

　　图 5.22 为不同族组分在不同恒温时间条件下的炭化产物中间相代表性偏光显微镜图像。

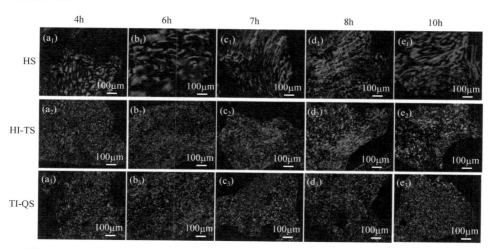

图 5.22　不同族组分在不同恒温时间条件下的炭化产物中间相代表性偏光显微镜图像

(a₁) HS, 4h; (a₂) HI-TS, 4h; (a₃) TI-QS, 4h; (b₁) HS, 6h; (b₂) HI-TS, 6h; (b₃) TI-QS, 6h; (c₁) HS, 7h; (c₂) HI-TS,7h; (c₃) TI-QS, 7h; (d₁) HS, 8h; (d₂) HI-TS, 8h; (d₃) TI-QS, 8h; (e₁) HS, 10h; (e₂) HI-TS, 10h; (e₃) TI-QS, 10h

　　由图 5.22 可知，在炭化温度为 480℃时，即使恒温时间较短，不同的族组分也能生成大量中间相。当恒温时间为 4h 时，HS 组分的炭化产物形成了大量中间相，但仍含有一些中间相小球。在 4～7h 恒温时间段，随着恒温时间的延长，炭化产物中间相开始出现流域型光学结构。随着恒温时间的延长，出现具有一定有序性的广流域结构。在 7h 前，HS 组分发生热缩聚反应的程度大于热裂解反应程度，此阶段反应体系的黏度适宜，中间相小球不断吸收母液生长，形成中间相结构；在 7h 后，HS 组分中大量分子量较小的化合物发生较剧烈的裂解反应，使反应体系黏度急剧增大，中间相小球难以继续生长，炭化产物中间相结构不再发生明显变化。

　　由图 5.22(a_2)～(e_2)可知，HI-TS 组分在 480℃炭化温度、不同恒温时间条件下均能生成纤维状各向异性结构。但随着恒温时间的延长，芳烃分子大量聚合，生成大量次生 QI，体系黏度增加，流动性下降，平面大分子难以堆叠[78]，导致图 5.22(d_2)中出现一部分镶嵌型光学结构。

　　由图 5.22(a_3)～(e_3)可知，TI-QS 组分在不同恒温时间下形成的炭化产物主体为镶嵌结构，其中，图 5.22(e_2)主要为细镶嵌结构，这说明杂原子质量分数高的稠环芳烃在高温炭化过程中主要会生成镶嵌状各向异性结构。在该炭化温度条件下，随着恒温时间的延长，体系黏度增大，中间相小球难以融并，形成细镶嵌结构[79]。

　　综上所述，恒温 8h 是不同族组分炭化产物中间相结构发生明显变化的分界点。因此，适当长的恒温时间有利于中间相的充分生长。

3. 各族组分热解特性分析

　　中低温煤焦油沥青各族组分分子构成存在明显不同，其热解行为存在显著差异[76]。图 5.23(a)和(b)分别为 CTP 各族组分的热重(TG)曲线和微商热重(DTG)曲线。由图 5.23(a)可知，HS 组分在 215℃出现最大幅度的失重，可能是小分子芳香烃的逸出和一些稳定性差的化合物分解引起的[80]，相较于 QI 组分，HS、HI-TS 和 TI-QS 组分的总失重量较多，轻组分在更低的温度下失重更多，这证明了重组分具有更强的热稳定性。由图 5.23(b)可知，HS 组分在 219℃时质量损失率达到最大值。在相同温度区域 200～400℃，DTG 曲线峰强度 HS>HI-TS>TI-QS，失重主要是轻组分的蒸发和分解造成的。HI-TS 和 TI-QS 在 200～400℃的失重主要归结为组分中分子量较低的物质挥发和芳烃分子烷基侧链断裂，产生 CO_2、H_2O、CH_4 等气体，在 400～500℃阶段失重速率较小，随着温度的升高，失重速率变化趋于平缓，这是由于在此阶段主要发生由环烷结构脱氢芳构化和芳环脱氢缩合反应生成生焦前驱体的进一步缩合生焦[81]。

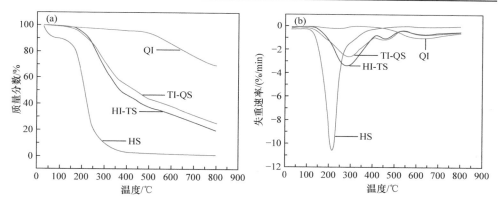

图 5.23　CTP 各族组分的 TG 曲线和 DTG 曲线

(a) TG 曲线；(b) DTG 曲线

5.5.3　煤沥青各亚组分调配热转化反应

研究表明，煤沥青炭化产物的微观结构与其族组分密切相关。在相同炭化条件下，不同族组成的原料沥青制得的炭化产物结构和性能差异很大[82]。为了更深入地研究不同族组分之间的相互作用，引入交互效应指标(S)，通过组分调配的方法考察 HS、HI-TS 和 TI-QS 组分之间的相互作用，最后结合炭化产物的微观结构和光学性质优选出不同组分之间的最佳配比，考察各族组分在液相炭化过程中的相互作用。

1. HS 与 HI-TS 组分之间的相互影响

1) 组分比例对炭化产物中间相质量分数的影响

本小节将 $m(HS):m(HI\text{-}TS)=1:9(m$ 为质量)调配得到的混合沥青制备的炭化产物命名为 M-HS-10%，其他混合沥青制备的炭化产物名称以此类推。在反应压力为 1.0MPa、炭化温度为 480℃、恒温时间为 8h 的条件下，HS 与 HI-TS 组分按不同比例调配的混合沥青炭化产物中间相质量分数如图 5.24 所示。

由图 5.24 可知，炭化产物的中间相质量分数随混合沥青中 HS 组分质量分数的增加而减小，由 HS 与 HI-TS 组分按照不同比例调配所得的炭化产物中间相收率，均小于二者单独炭化中间相收率之和。由于 HS 组分中的分子具有丰富的脂肪结构和烷基支链，这些结构在发生裂解反应时会形成大量自由基，可能引起 HI-TS 组分发生较剧烈的裂解反应，产生轻质组分逸出反应体系，最终使混合沥青炭化所得的炭化产物中间相质量分数降低。

2) HS 与 HI-TS 组分之间的交互作用

交互效应指标(S)的计算方法见式(5.21)。S 值越小，不同族组分之间混合的交互作用越弱[83]。

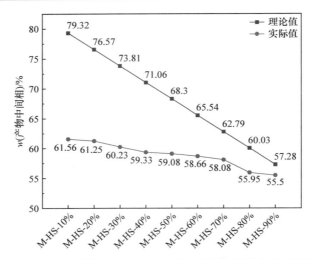

图 5.24　HS 与 HI-TS 组分按不同比例调配的混合沥青炭化产物中间相质量分数

M-HS-x%表示样品中 HS 的质量分数为 x%，下同

$$S = 1 - \frac{Y}{x \cdot Y_a + y \cdot Y_b} \tag{5.21}$$

式中，Y 为不同组分调配得到的混合沥青炭化产物中间相质量分数；$x \cdot Y_a + y \cdot Y_b$ 为不同组分调配得到的混合沥青炭化产物中间相的理论质量分数，Y_a 为单一的 a 组分在相同炭化条件下得到的炭化产物中间相质量分数，Y_b 为单一的 b 组分在相同条件下得到的炭化产物中间相质量分数，x、y 分别表示 a、b 组分在混合原料中的质量分数。

表 5.27 为 HS 与 HI-TS 组分之间的交互效应指标。由表 5.27 可知，高质量分数的 HS 组分会导致混合沥青的交互作用降低。这是因为 HS 组分中富含的长烷基链的分子易发生氢转移反应，降低具有更多环烷结构的 HI-TS 组分的热反应活性。因此，在原料中含有适量的 HS 族组分有利于制备高质量的炭化产物。

表 5.27　HS 与 HI-TS 组分之间的交互效应指标

样品名称	S	样品名称	S
M-HS-10%	0.224	M-HS-60%	0.105
M-HS-20%	0.196	M-HS-70%	0.075
M-HS-30%	0.184	M-HS-80%	0.068
M-HS-40%	0.165	M-HS-90%	0.031
M-HS-50%	0.135	—	—

3) 组分比例对炭化产物的影响

(1) 组分比例对炭化产物微晶结构的影响。

图 5.25 为 HS 与 HI-TS 组分按不同比例调配的混合沥青炭化产物的 XRD 图。根据公式(5.22)～公式(5.24)计算微晶结构参数，其中 $\lambda=0.154\text{nm}$、$k=0.89$。计算结果见表 5.28。

$$d_{002} = \frac{\lambda}{2\sin\theta_{002}} \tag{5.22}$$

$$L_c = \frac{k\lambda}{\beta_{002}\cos\theta_{002}} \tag{5.23}$$

$$L_a = \frac{1.77\lambda}{\beta_{100}\cos\theta_{100}} \tag{5.24}$$

式中，θ_{002} 为 002 峰衍射角；d_{002} 为微晶层的平均层间距；β_{002} 为 002 峰的最大半峰宽；θ_{100} 为 100 峰衍射角；β_{100} 为 100 峰的最大半峰宽；L_c 为微晶层的平均堆叠高度；L_a 为微晶层的直径。

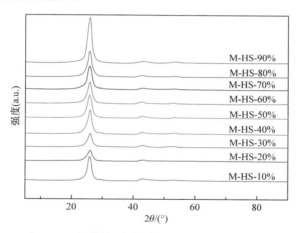

图 5.25　HS 与 HI-TS 组分按不同比例调配的混合沥青炭化产物 XRD 图

表 5.28　HS 与 HI-TS 组分按不同比例调配的混合沥青炭化产物微晶结构参数

样品名称	$2\theta_{002}/(°)$	d_{002}/nm	$\beta_{002}/(°)$	$2\theta_{100}/(°)$	$\beta_{100}/(°)$	L_c/nm	L_a/nm
M-HS-10%	25.800	0.3449	0.991	43.100	0.978	8.129	17.169
M-HS-20%	25.850	0.3442	0.988	43.225	0.962	8.155	17.462
M-HS-30%	25.750	0.3456	0.969	43.050	0.953	8.313	17.617
M-HS-40%	25.875	0.3439	0.956	43.126	0.939	8.428	17.884
M-HS-50%	25.870	0.3440	0.961	43.300	0.934	8.384	17.990
M-HS-60%	25.750	0.3456	0.976	43.150	0.961	8.254	17.476

样品名称	$2\theta_{002}/(°)$	d_{002}/nm	$\beta_{002}/(°)$	$2\theta_{100}/(°)$	$\beta_{100}/(°)$	L_c/nm	L_a/nm
M-HS-70%	25.750	0.3456	0.980	43.174	0.972	8.220	17.280
M-HS-80%	25.750	0.3456	0.981	42.875	0.978	8.212	17.156
M-HS-90%	25.750	0.3456	0.985	43.097	0.982	8.178	17.099

由图 5.25 和表 5.28 可知，HS 与 HI-TS 组分按照不同比例调配得到的混合沥青的炭化产物，芳香层峰($2\theta_{002}\approx 25.800°$)和晶面峰($2\theta_{100}\approx 43.100°$)均有出现，表明9 种炭化产物均能形成晶体结构[84]。由表 5.28 可知，随着 HS 组分质量分数的增加，L_c 和 L_a 先增大后减小，而 d_{002} 的变化趋势与此完全相反，说明 HS 组分的加入有利于炭化产物形成良好的微晶结构。引入适量的 HS 组分，可以有效改善反应体系的黏度，使平面芳香大分子有序堆叠形成规整的层状结构。

(2) 组分比例对炭化产物微观形貌的影响。

图 5.26 为 HS 与 HI-TS 组分按不同比例调配的混合沥青炭化产物的 SEM图。由图 5.26 可知，9 种炭化产物中均存在一定的层状结构，其中 M-HS-10%、M-HS-20%、M-HS-30%层状结构取向性相对较差；M-HS-40%和 M-HS-50%形成

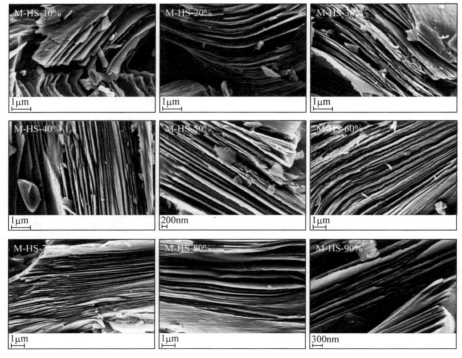

图 5.26　HS 与 HI-TS 组分按不同比例调配的混合沥青炭化产物 SEM 图

的片层结构较为规整，且片层厚度较为均匀；M-HS-60%、M-HS-70%、M-HS-80%和 M-HS-90%虽能形成层状结构，但其片层厚度差异较大。由于 HS 组分与HI-TS 组分混合有利于体系维持足够长时间的低黏度，从而得到尺寸较大的片层分子，并且会在 200～400℃发生裂解反应，生成大量小分子产生气流拉焦，形成片层结构堆叠较好的层状结构。但随着 HS 组分增加，M-HS-70%、M-HS-80%和 M-HS-90%的片层厚度差异较大，轴向排列程度不如 M-HS-40%和 M-HS-50%。说明 HS 组分质量分数过高会扰乱片层堆叠，降低片层分子轴向排列的有序性和片层厚度的均一性。

(3) 组分比例对炭化产物光学结构的影响。

图 5.27 为 HS 与 HI-TS 组分按不同比例调配的混合沥青炭化产物的代表性偏光显微镜图像。由图 5.27 可知，随着调配原料中 HS 质量分数的增多，所形成的中间相的光学结构尺寸逐渐增大。M-HS-40%的纤维状结构取向性较好。随着HS 组分质量分数的进一步增加，M-HS-60%、M-HS-70%、M-HS-80%和 M-HS-90%主要为广流域型光学组织结构。

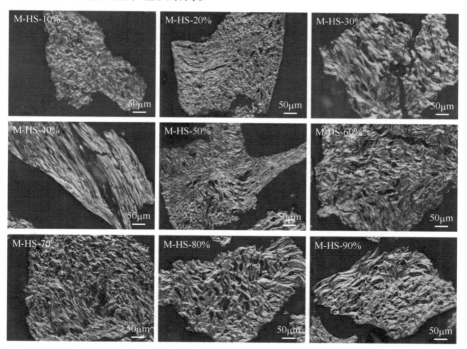

图 5.27　HS 与 HI-TS 组分按不同比例调配的混合沥青炭化产物代表性偏光显微镜图像

当 w(HS)由 10%增加到 50%，炭化产物光学结构的尺寸增加。一方面，在炭化过程前期，w(HS)的增加可降低反应体系的黏度；另一方面，HS 组分中杂原子质量分数较低，加入 HS 组分在一定程度上相当于降低了混合沥青中杂原子质量分数，从而降低其反应活性，中间相生长发育的液相环境较为稳定。当 $w(\text{HS})$ 进一步增加，HS 组分中一些分子在炭化过程后期发生裂解，使体系黏度过低，不利于平面大分子的堆叠，产生的大量小分子气流扰乱片层的堆叠。

由上述可知，HS 与 HI-TS 组分之间存在较强的相互作用。向 HI-TS 组分中加入 40%~50%(质量分数)的 HS 组分，有利于中间相在炭化过程中形成片层堆叠规整的微晶结构和以纤维状结构为主的各向异性光学结构。

2. HI-TS 与 TI-QS 组分之间的相互影响

1) 组分比例对炭化产物中间相质量分数的影响

本小节将 $m(\text{HI-TS}) : m(\text{TI-QS})=19 : 1$ 调配得到的混合沥青制备的炭化产物命名为M-(HS-TS)-95%，其他混合沥青制备的炭化产物名称以此类推。在反应压力为 1.0MPa、炭化温度为 480℃、恒温时间为 8h 的条件下，HI-TS 与 TI-QS 组分按不同比例调配的混合沥青炭化产物中间相质量分数如图 5.28 所示。

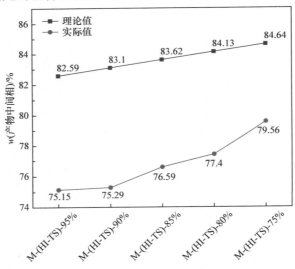

图 5.28　HI-TS 与 TI-QS 组分按不同比例调配的混合沥青炭化产物中间相质量分数
M-(HI-TS)-x%表示样品中 HI-TS 的质量分数为 x%，下同

由图 5.28 可知，随着混合沥青中 TI-QS 组分质量分数的增加，不同炭化产物中间相质量分数也不断增加，不同炭化产物中间相理论质量分数与实际质量分数之间的差值逐渐减小。说明向 HI-TS 组分中加入 TI-QS 组分会使得炭化产物中间相质量分数增加。这主要是因为 TI-QS 组分主要由重质分子构成，在炭化过程中不易裂解，且其杂原子质量分数较高，易于发生热缩聚反应，产生大量自由基，促进芳烃分子的热缩聚形成中间相。

2) HI-TS 与 TI-QS 组分之间的交互作用

由表 5.29 可知，S 值呈现出先增大后较小的趋势，可以通过控制原料中重质组分的质量分数来调控原料反应程度[85]，进而达到调控炭化产物品质的目的。

表 5.29　HI-TS 与 TI-QS 组分之间的交互效应指标

样品名称	M-(HI-TS)-95%	M-(HI-TS)-90%	M-(HI-TS)-85%	M-(HI-TS)-80%	M-(HI-TS)-75%
S	0.090	0.094	0.084	0.080	0.060

3) 组分比例对炭化产物的影响

(1) 组分比例对炭化产物微晶结构的影响。

图 5.29 和表 5.30 分别为 HI-TS 与 TI-QS 组分按不同比例调配的混合沥青炭化产物的 XRD 图和微晶结构参数。

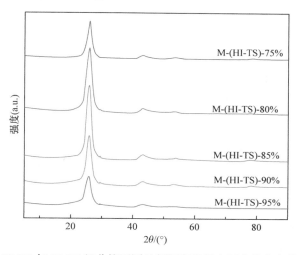

图 5.29　HI-TS 与 TI-QS 组分按不同比例调配的混合沥青炭化产物 XRD 图

表 5.30　HI-TS 与 TI-QS 组分按不同比例调配的混合沥青炭化产物微晶结构参数

样品名称	$2\theta_{002}$/(°)	d_{002}/nm	β_{002}/(°)	$2\theta_{100}$/(°)	β_{100}/(°)	L_c/nm	L_a/nm
M-(HI-TS)-95%	25.850	0.3442	0.968	43.238	0.924	8.3234	18.1812
M-(HI-TS)-90%	25.875	0.3439	0.960	43.080	0.919	8.3932	18.2702
M-(HI-TS)-85%	25.780	0.3452	0.978	43.061	0.967	8.2372	17.3621
M-(HI-TS)-80%	25.760	0.3454	0.983	43.198	0.975	8.1950	17.2278
M-(HI-TS)-75%	25.750	0.3456	0.988	43.096	0.977	8.1533	17.1865

由图 5.29 可知，不同 HI-TS 与 TI-QS 组分配比的混合沥青炭化产物在 26°附近均出现尖锐的 002 面衍射峰，说明各炭化产物均有一定的石墨化度。由

表 5.30 可知，M-(HI-TS)-95%和 M-(HI-TS)-90%具有更大的平面尺寸和更加紧密的堆叠。表明向 TI-QS 组分加入 HI-TS 组分对其炭化产物的微晶结构有较大影响。这是因为 TI-TS 组分主要由重质分子构成，一方面，TI-QS 组分在炭化过程中会更早发生热缩聚反应生成次生 QI，次生 QI 可以充当晶核，促进中间相生长，另一方面，过量的 HI-TS 组分会增大反应体系的黏度，不利于大平面芳烃分子的重排。

(2) 组分比例对炭化产物微观形貌的影响。

图 5.30 为 HI-TS 与 TI-QS 组分按不同比例调配的混合沥青炭化产物的 SEM 图。由图 5.30 可知，M-(HI-TS)-85%和 M-(HI-TS)-80%能形成类似于片层的结构，但其厚度相差较大且排列混乱，而 M-(HI-TS)-75%完全不能形成片层结构。这表明适量的 TI-QS 组分有益于片层结构形成，这是因为 TI-QS 组分的分子尺寸相对较大，更易形成晶核生成中间相小球，加速中间相的生长和发育，生成更大尺寸的中间相结构[86]。当混合沥青中的 TI-QS 组分质量分数进一步增加时，炭化产物无法形成规整的片层结构。过量的 TI-QS 组分会导致反应体系黏度迅速增加，最终形成混乱的片层结构。因此，一定量的 TI-QS 有利于中间相结构的生长与发育，但过量的 TI-QS 会影响反应体系黏度，其中间相平面大分子排列混乱。

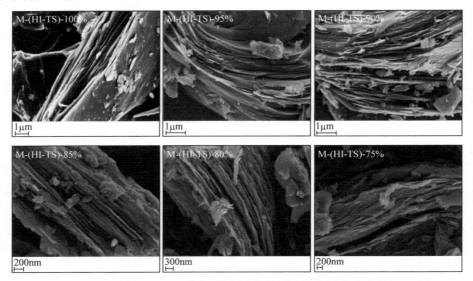

图 5.30　HI-TS 与 TI-QS 组分按不同比例调配的混合沥青炭化产物 SEM 图

(3) 组分比例对炭化产物光学结构的影响。

图 5.31 为 HI-TS 与 TI-QS 组分按不同比例调配的混合沥青炭化产物的代表性偏光显微镜图像。由图 5.31 可知，混合沥青中 TI-QS 组分质量分数的改变对

炭化产物的光学结构影响较大。过量的 TI-QS 组分不利于广流域型结构的形成，这主要是因为 TI-QS 组分中的大分子在炭化过程中易于焦化，反应体系黏度迅速增大，进而形成镶嵌结构。

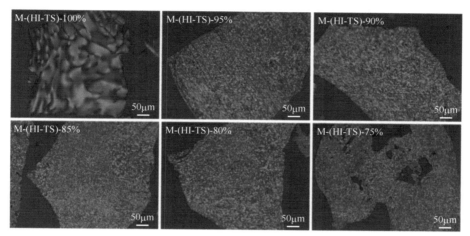

图 5.31　HI-TS 与 TI-QS 组分按不同比例调配的混合沥青炭化产物的代表性偏光显微镜图像

结合前面的分析，可以确定 HI-TS 与 TI-QS 组分之间存在一定的相互作用。炭化过程中，在 HI-TS 组分中加入≤10%(质量分数)的 TI-QS 组分，有利于中间相形成规整的微晶结构和纤维状各向异性光学结构。

3. HS 与 TI-QS 组分之间的相互影响

1) 组分比例对炭化产物中间相质量分数的影响

本小节将 $m(HS)$∶$m(TI-QS)$=1∶9 调配得到的混合沥青制备的炭化产物命名为 M-(TI-QS)-90%，其他混合沥青制备的炭化产物名称以此类推。在反应压力为 1.0MPa、炭化温度为 480℃、恒温时间为 8h 的条件下，HS 与 TI-QS 组分按不同比例调配的混合沥青炭化产物中间相质量分数如图 5.32 所示。

由图 5.32 可知，当反应条件一定时，炭化产物的中间相质量分数随混合沥青中 HS 组分质量分数的增加而减小。在 480℃恒温 8h 的反应条件下，不同混合沥青炭化得到的炭化产物中间相实际质量分数与理论质量分数之间均相差 2%～7%，这说明在炭化过程中 HS 与 TI-QS 组分之间相互影响较小。

2) HS 与 TI-QS 组分之间的交互作用

增大 HS 组分的质量分数可以增强两种组分之间的交互作用，但增强效果十分有限，见表 5.31。这主要是因为 HS 组分与 TI-QS 组分之间分子构成差异巨大，其热反应活性不同。结合两者的热重曲线分析，两者发生热反应的温度相差近 100℃。因此，两者之间较难以产生交互作用。

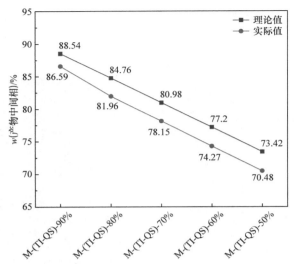

图 5.32　HS 与 TI-QS 组分按不同比例调配的混合沥青炭化产物中间相质量分数
M-(TI-QS)-x%表示样品中 TI-QS 的质量分数为 x%，下同

表 5.31　HS 与 TI-QS 组分之间的交互效应指标

样品名称	M-(TI-QS)-90%	M-(TI-QS)-80%	M-(TI-QS)-70%	M-(TI-QS)-60%	M-(TI-QS)-50%
S	0.022	0.033	0.035	0.038	0.040

3) 组分比例对炭化产物的影响

(1) 组分比例对炭化产物微晶结构的影响。

图 5.33 和表 5.32 分别为 HS 与 TI-QS 组分按不同比例调配的混合沥青炭化产物的 XRD 图和微晶结构参数。

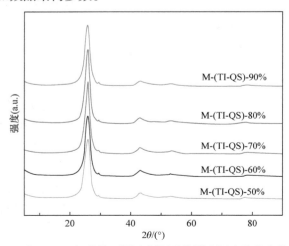

图 5.33　HS 与 TI-QS 组分按不同比例调配的混合沥青炭化产物 XRD 图

表 5.32　HS 与 TI-QS 组分按不同比例调配的混合沥青炭化产物微晶结构参数

样品名称	$2\theta_{002}/(°)$	d_{002}/nm	$\beta_{002}/(°)$	$2\theta_{100}/(°)$	$\beta_{100}/(°)$	L_c/nm	L_a/nm
M-(TI-QS)-90%	25.550	0.3482	0.982	43.081	0.982	8.1999	17.0981
M-(TI-QS)-80%	25.550	0.3482	0.980	43.074	0.987	8.2166	17.0111
M-(TI-QS)-70%	25.572	0.3479	0.975	43.110	0.978	8.2591	17.1698
M-(TI-QS)-60%	25.570	0.3480	0.981	43.015	0.979	8.2086	17.1466
M-(TI-QS)-50%	25.583	0.3478	0.975	43.125	0.969	8.2593	17.3301

由图 5.33 可知，各炭化产物均具有一定的石墨化度。由表 5.32 可知，五种混合沥青炭化产物的 d_{002} 较大，且其 L_a 较小。HS 与 TI-QS 组分调配比例对其炭化产物微晶结构影响较小。

(2) 组分比例对炭化产物微观形貌的影响。

图 5.30 为 HS 与 TI-QS 组分按不同比例调配的混合沥青炭化产物的 SEM 图。由图 5.34 可知，单一的 TI-QS 组分不能形成片层结构，随着 HS 组分的加入，炭化产物中出现片层结构，且随着 HS 组分增加，产物中片层结构逐渐增多。这主要是因为随着 HS 组分的加入，可提高反应体系黏度，降低混合沥青中杂原子质量分数，在炭化过程中中间相可以平稳生长形成有序的片层结构。

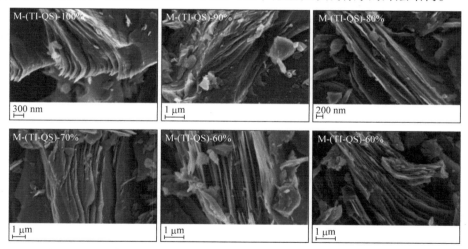

图 5.34　HS 与 TI-QS 组分按不同比例调配的混合沥青炭化产物 SEM 图

(3) 组分比例对炭化产物光学结构的影响。

图 5.35 为 HS 与 TI-QS 组分按不同比例调配的混合沥青炭化产物的代表性偏光显微镜图像。由图 5.35 可知，HS 与 TI-QS 组分调配得到的混合沥青炭化产物中间相结构同时出现广流域型和细镶嵌型结构，且随着 HS 组分质量分数的增加，其炭化产物的广流域型结构无明显增多。由此可知，在炭化过程中这两种组

分之间的相互作用效果并不明显。这一现象与前面的交互作用分析结果一致。

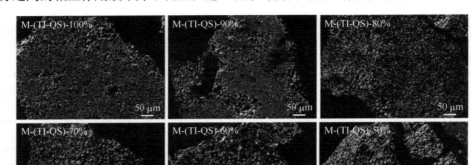

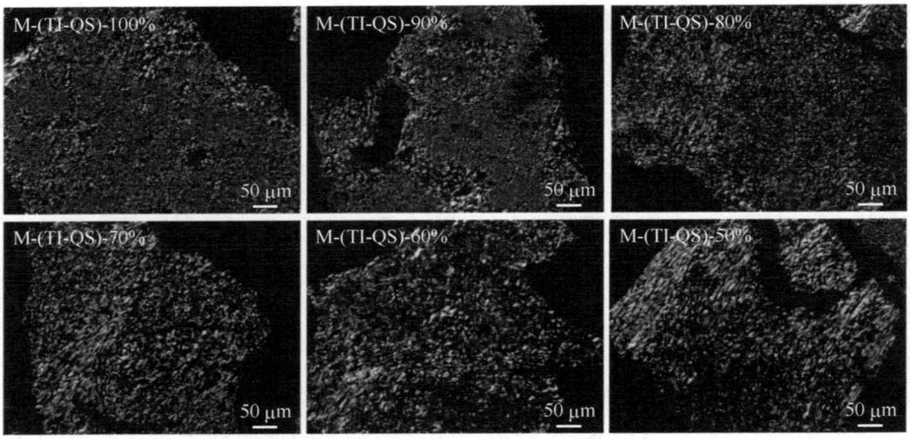

图 5.35　HS 与 TI-QS 组分按不同比例调配的混合沥青炭化产物的代表性偏光显微镜图像

综上所述，HS 与 TI-QS 组分之间相互作用较小，其调配比例对前炭化产物中间相结构影响较小。

4. QI 质量分数对煤沥青热转化影响

在本节的研究过程中，通过调控混合沥青中不同族组分的混合比例，考察各组分之间的相互作用，对比其炭化产物的相关指标，筛选出合适的组分组成[w(HS)≈28%，w(HI-TS)≈65%，w(TI-QS)≈7%]。本小节在此基础上研究 QI 质量分数对原料沥青炭化产物性能的影响，同时对比原料沥青与精制沥青炭化产物的差异。将 w(QI)≈0.05%的原料沥青命名为 NC-QI-0.05%，其他混合沥青制备的炭化产物名称以此类推。

1) QI 质量分数对炭化产物收率的影响

图 5.36 为不同 QI 质量分数的原料沥青制备的炭化产物的收率(收率为炭化产物与原料沥青质量百分比)。增加 QI 质量分数有利于提高炭化产物的收率。这主要因为 QI 含有固体炭质颗粒，在中间相形成的初期阶段，可作为中间相形成的晶核，有利于快速生成中间相小球，促进中间相的生长，进而提高炭化产物的收率。

2) QI 质量分数对炭化产物的影响

(1) QI 质量分数对炭化产物微晶结构的影响。

图 5.37 和表 5.33 分别为不同 QI 质量分数的原料沥青制备的炭化产物的 XRD 图和微晶结构参数。

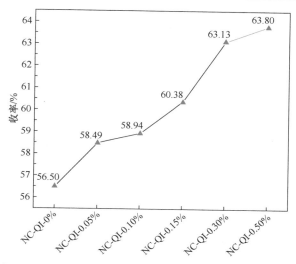

图 5.36　不同 QI 质量分数的原料沥青制备的炭化产物收率

NC-QI-x%表示样品中 QI 的质量分数为 x%，下同

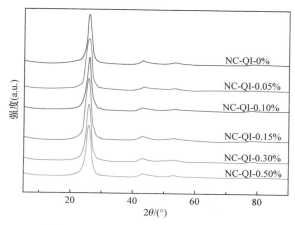

图 5.37　不同 QI 质量分数的原料沥青制备的炭化产物 XRD 图

表 5.33　不同 QI 质量分数的原料沥青制备的炭化产物微晶结构参数

样品名称	$2\theta_{002}/(°)$	d_{002}/nm	$\beta_{002}/(°)$	$2\theta_{100}/(°)$	$\beta_{100}/(°)$	L_c/nm	L_a/nm
NC-QI-0%	25.715	0.3460	0.950	43.124	0.961	8.4789	17.4743
NC-QI-0.05%	25.775	0.3452	0.941	43.250	0.953	8.5610	17.6287
NC-QI-0.10%	25.800	0.3449	0.928	43.050	0.952	8.6813	17.6350
NC-QI-0.15%	25.750	0.3456	0.967	43.000	0.965	8.3304	17.3945
NC-QI-0.30%	25.705	0.3462	0.978	43.299	0.972	8.2360	17.2870
NC-QI-0.50%	25.685	0.3464	0.983	43.147	0.977	8.1937	17.1895

由图 5.37 可知，各炭化产物均具有一定的石墨化度。由表 5.33 可知，当 $w(QI)$不超过 0.10%时，随着 $w(QI)$的增加，各炭化产物的 θ_{002}、L_c 和 L_a 不断增加，d_{002} 不断减小；当 $w(QI)$超过 0.10%时，随着 $w(QI)$的增加，各炭化产物的 θ_{002}、L_c 和 L_a 不断减小，而 d_{002} 不断增大。相较于其他 QI 质量分数的沥青炭化产物，NC-QI-0.05%和 NC-QI-0.10%具有更大的平面尺寸和更加紧密的片层堆叠。

这些现象表明，原料中 QI 组分的质量分数对炭化产物的微晶结构有较大影响。这是因为 QI 组分主要由固体炭质颗粒组成，在炭化过程的初期，适量的 QI 组分可以充当晶核，促进中间相小球的生成，但过量的 QI 组分会加速热缩聚反应的发生，造成反应体系的黏度迅速增大，不利于平面大分子的堆叠。

(2) QI 质量分数对炭化产物微观形貌的影响。

图 5.38 为不同 QI 质量分数的原料沥青制备的炭化产物 SEM 图。由图 5.38 可知，6 种混合沥青的炭化产物的表面微观结构中均含有一定的片层结构。其中，NC-QI-0.05%和 NC-QI-0.10%能形成较好的类似于石墨片层的结构，NC-QI-0% 和 NC-QI-0.15%含有的片层结构相对规整，但片层之间的厚度存在一定差异；NC-QI-0.30%和 NC-QI-0.50%虽含有一些片层结构，但片层结构不规整且厚度差异显著。高质量分数的 QI 组分会扰乱中间相平面大分子的重排。

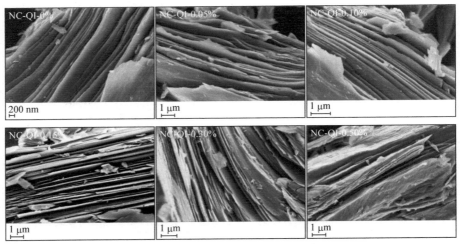

图 5.38　不同 QI 质量分数的原料沥青制备的炭化产物 SEM 图

(3) QI 质量分数对炭化产物光学结构的影响。

图 5.39 为不同 QI 质量分数的原料沥青制备的炭化产物代表性偏光显微镜图像。

由图 5.39 可知，随着沥青中 QI 组分质量分数的逐渐升高，流域状结构明显减少，镶嵌结构逐渐增多，当原料沥青的 $w(QI)$由 0%增加到 0.10%时，炭化产物

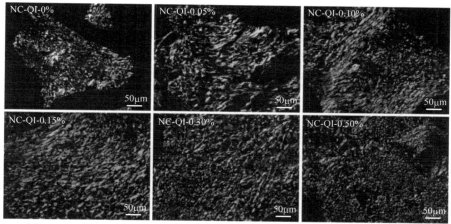

图 5.39　不同 QI 质量分数的原料沥青制备的炭化产物代表性偏光显微镜图像

结构逐渐由流域状结构转变为纤维状结构。当原料沥青的 $w(\mathrm{QI})$ 为 0.15%时，炭化产物虽然主体为流域状结构，但开始出现镶嵌结构，且随着 QI 组分质量分数的进一步增加，镶嵌状结构明显增多。低质量分数的 QI 组分有利于炭化产物中间相的生长，这是因为 QI 组分在炭化早期阶段可以作为形成中间相小球的晶核，促进了含氧芳烃分子间发生交联反应[87]，消耗了部分芳香分子提供的活性位点，同时适度增大了反应体系黏度，使小分子化合物保留在体系中。到反应中后期，这些小分子发生裂解形成气流，对流域状结构的中间相起到了“切割”作用，从而形成纤维状结构。当 QI 质量分数过大时，会使中间相小球难以融并，大量中间相小球的形成会导致反应体系黏度急剧增大，阻碍其进一步长大和融并。

5.6　中低温煤焦油制备针状焦工艺

5.6.1　中低温煤焦油与煤柴共炭化制备针状焦

本小节选择中低温煤焦油同质馏分——煤基柴油(简称“煤柴”)为共炭化剂，在煤柴添加量为 30%(质量分数)的共炭化比例下，考察炭化温度和炭化时间对中间相微观结构和分子结构转化的影响。在特征炭化条件范围内，采用热转化法，结合傅里叶变换红外光谱、^{1}H-NMR 及偏光显微镜等多种分析手段，探究混合原料的热转化规律；利用 SEM、XRD 和偏光显微镜等分析手段，研究恒温时间、炭化压力对混合原料制备针状焦结构的影响。

1. 炭化温度对中间相热转化规律的影响

本小节固定炭化时间为 2h、4h、6h 和 8h，研究特征炭化温度(380℃、

400℃、420℃和440℃)内的混合原料热转化规律。不同炭化温度下的中间相产物命名为 MP-*a-b*，其中 *a* 为炭化时间，*b* 为炭化温度。将固定炭化时间为 2h，炭化温度在 380℃、400℃、420℃和 440℃下的中间相产物分别命名为 MP-2-380、MP-2-400、MP-2-420 和 MP-2-440，其他中间相产物命名以此类推。

1) 对微观结构的影响

(1) 收率分析。

对炭化温度在 380℃、400℃、420℃和 440℃下中间相产物的收率进行分析(收率为中间相产物与原料沥青质量百分比)，结果见图 5.40。

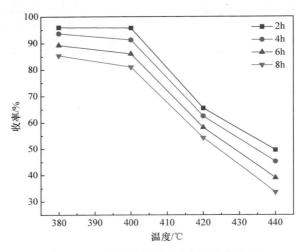

图 5.40　不同炭化温度下中间相产物收率

由图 5.40 可知，固定炭化时间，温度由 380~440℃，中间相产物收率逐渐减少，收率降幅先增后减。在 400~420℃，收率降低较快，在 380~400℃和 420~440℃之间较平缓。这是因为随着炭化温度升高，外界提供的能量不断增加，沥青分子运动程度增加，发生热分解、热裂解和缩聚等反应，可挥发轻组分不断逸出，收率降低。当温度在 380~400℃，由于温度较低，芳烃分子未发生热分解，只有部分脂肪烃化合物分解。当温度在 400~420℃，大量的芳烃和脂肪烃化合物热分解，且部分芳烃开始缩聚，故收率减小较快。当温度在 420~440℃，热分解反应已基本结束，主要发生分子间缩聚反应，故收率减小缓慢。

(2) 光学结构分析。

采用偏光显微镜观测炭化温度在 380℃、400℃、420℃和 440℃下中间相产物的光学结构，不同炭化温度下中间相代表性偏光显微镜图像见图 5.41。

由图 5.41 可知，在 MP-2-380、MP-4-380、MP-6-380 和 MP-8-380 未出现中间相，故无需对该温度下的代表性偏光显微镜图像进行分析。当恒温时间为

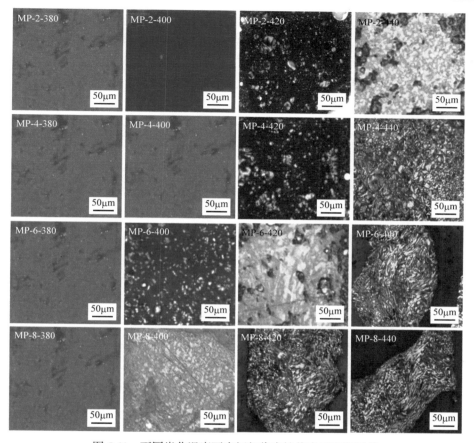

图 5.41　不同炭化温度下中间相代表性偏光显微镜图像

2h，MP-2-400 中未出现中间相。MP-2-420 中为分散程度较好的中间相小球，且数量较多，粒径较均匀。MP-2-440 中存在部分小片结构和部分已融并的中间相小球。MP-4-420 中出现大量融并的中间相小球。MP-4-440 中为大片状结构的中间相，但方向性及有序性较差，且有部分镶嵌结构，MP-6-420 中出现了方向性较好及各向异性区域分布较广的中间相。MP-6-440 中出现了粗纤维和镶嵌状结构，说明体系已经进入气流拉焦阶段，可塑性片状结构转化为纤维结构，部分非可塑性片状结构转化成镶嵌状结构[87]。MP-8-400 中的中间相小球开始融并，并发现部分小片状的中间相。MP-8-420 中中间相结构被破坏，出现了较多无序的大片结构和部分镶嵌状结构，说明此时已经超过了方向性较好及各向异性区域分布较广的中间相形成的最适温度。MP-8-440 中主要为粗纤维结构和镶嵌结构。

　　综合以上分析，当温度过低时，因无法提供芳烃分子缩聚、堆叠及定向排列所需要的能量，对中间相的形成不利。当温度过高时，混合原料中的轻组分大量逸出，体系黏度增加，流动性减小，阻碍了小球的融并和破裂，形成有序性和方向性较差的中间相，在气流拉焦阶段产生方向性紊乱的纤维结构和镶嵌状结构。

2）对分子结构的影响

（1）QI 分析。

对炭化温度在 380℃、400℃、420℃和 440℃下产物的 QI 质量分数进行分析，结果见图 5.42。

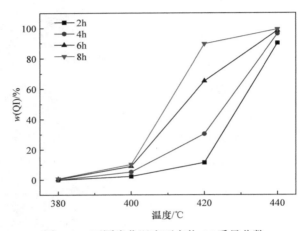

图 5.42　不同炭化温度下产物 QI 质量分数

由图 5.42 可知，固定恒温时间，温度由 380℃升至 440℃，产物 QI 质量分数逐渐增加。当温度达到 400℃产物开始出现 QI，即次生 QI。当恒温时间小于 6h，在 380～420℃的 QI 生成速率较缓慢，420～440℃的 QI 生成速率较快。当恒温时间大于 6h，在 380～400℃和 420～440℃的 QI 生成速率较慢，400～420℃QI 质量分数增加较快，并逐渐达到 100%左右。

当温度为 380℃时，部分脂肪烃和芳烃化合物发生热解和裂解反应，但未缩聚，这也解释了产物收率增加缓慢，未出现各向异性结构的中间相。当温度为 400℃时，大量轻组分热分解，且多环芳烃分子开始缩聚，形成大分子 QI，产物收率减小较快，逐渐形成了中间相小球。当温度达到 420℃时，缩聚程度进一步加深，稠环芳烃分子之间有序堆积和穿插，中间相小球开始融并，并吸收母液长大，最后破裂形成方向性较好及各向异性区域分布较广的中间相。当温度达到 440℃，已完成中间相的形成阶段，开始气流拉焦，故产物中几乎全部为 QI，产物收率增加缓慢，出现粗纤维和镶嵌状结构。这与产物收率和光学结构的结果相吻合。

(2) 傅里叶变换红外光谱分析。

对炭化温度在 380℃、400℃、420℃和 440℃下产物 QI 进行 FTIR 分析，结果见图 5.43。

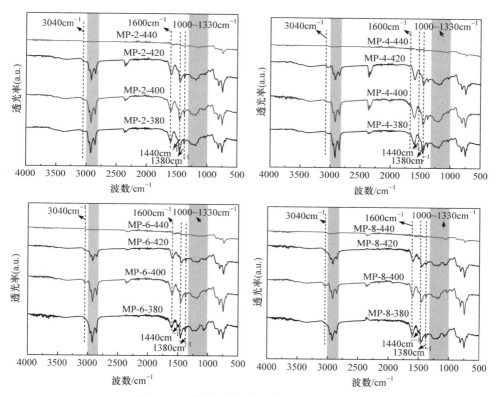

图 5.43   不同炭化温度下中间相 FTIR 谱图

由图 5.43 可知，在波数 2800～3000cm^{-1}，中间相产物均在 2925cm^{-1} 和 2875cm^{-1} 处出峰信息明显，说明中间相中均含有—CH$_2$—和—CH$_3$。随着温度的增加，峰强度逐渐减小，说明炭化过程中主要断裂的是—CH$_2$—和—CH$_3$。1440cm^{-1}、1600cm^{-1} 为多环芳烃的吸收峰，当炭化时间为 2h，峰强度随温度增加而增加，说明芳烃化合物侧链断裂形成自由基，脂肪链发生热裂解，但未发生缩聚反应。当炭化时间为 4h 和 6h，峰强度随温度增加先增后减，说明芳族化合物开始缩聚，并且缩聚程度逐渐加深。当炭化时间为 8h，峰强度随温度增加而减小，说明缩聚程度逐渐加深。在 2920cm^{-1}、3040cm^{-1} 和 1380cm^{-1} 处分别为烷基 C—H 拉伸振动、芳香族 C—H 拉伸振动和—CH$_3$ 对称振动，说明 MP-6-420 中含有一定量的脂肪族侧链，这种结构是制备优质针状焦所需的中间相结构[87]。同时，当炭化温度为 6h，随着温度的增加，在波数 1000～1330cm^{-1} 的 C—O 伸展振动、—OH 弯曲振动的苯氧基、脂肪族醚和醇的吸收峰强度逐渐变弱，说明在炭化过程中，氧原子在一定程度上被除去。

(3) ^{1}H-NMR 分析。

对炭化温度在 380℃、400℃、420℃和 440℃下产物 QI 进行 ^{1}H-NMR 分析，本小节主要针对中间相转化过程进行分析，由于在 440℃下产物已固化，无需对该温度下的产物进行 ^{1}H-NMR 分析。不同炭化温度下中间相 ^{1}H-NMR 图见图 5.44，不同炭化温度下中间相的不同类型氢含量见表 5.34～表 5.37。H_α 含量为与芳香碳直接相连的 H 占所有类型氢的摩尔分数，其他类型氢含量以此类推。

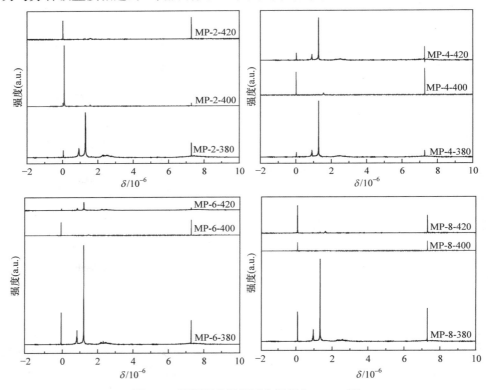

图 5.44　不同炭化温度下中间相 ^{1}H-NMR 图

表 5.34　不同炭化温度下中间相的不同类型氢含量(炭化时间 2h)

样品名称	氢含量				
	H_{ar}	H_α	H_β	H_γ	H_n
MP-2-380	0.2325	0.2186	0.2930	0.1255	0.1302
MP-2-400	0.3927	0.3312	0.1213	0.0579	0.0965
MP-2-420	0.4901	0.3186	0.0733	0.0392	0.0784

注：H_n 为环烷氢(δ 为 2.0×10^{-6}～2.6×10^{-6})[88-90]。

表 5.35　不同炭化温度下中间相的不同类型氢含量(炭化时间 4h)

样品名称	氢含量				
	H_{ar}	H_α	H_β	H_γ	H_n
MP-4-380	0.1926	0.2003	0.3410	0.1252	0.1387
MP-4-400	0.4878	0.3219	0.0682	0.0439	0.0780
MP-4-420	0.5170	0.3485	0.0550	0.0235	0.0558

表 5.36　不同炭化温度下中间相的不同类型氢含量(炭化时间 6h)

样品名称	氢含量				
	H_{ar}	H_α	H_β	H_γ	H_n
MP-6-380	0.2178	0.2069	0.3267	0.1220	0.1263
MP-6-400	0.4950	0.3217	0.0693	0.0396	0.0742
MP-6-420	0.5033	0.2893	0.0761	0.0249	0.1061

表 5.37　不同炭化温度下中间相的不同类型氢含量(炭化时间 8h)

样品名称	氢含量				
	H_{ar}	H_α	H_β	H_γ	H_n
MP-8-380	0.1953	0.2070	0.3593	0.1171	0.1191
MP-8-400	0.5128	0.3076	0.0615	0.0410	0.0769
MP-8-420	0.5405	0.3148	0.0556	0.0378	0.0510

　　由表 5.34～5.37 可知，随着温度的增加，H_{ar}、H_α 含量呈增加趋势，H_β、H_γ 和 H_n 含量呈减少趋势。温度 380～400℃，H_β 和 H_γ 减小幅度较大，H_{ar}、H_α 含量增加幅度较大，H_n 减小较平缓。说明炭化过程中主要断裂的是 H_β 和 H_γ，生成了稳定的自由基，但未开始缩聚，这也解释了产物收率减小缓慢和 QI 增加缓慢。温度 400～420℃，所有类型的氢含量增加或减小缓慢，且以 H_{ar} 和 H_α 为主。说明中间相为包含大量 H_α 的芳族中间体，可使空间位阻降低，利于芳烃化合物的有序堆积[91]，形成结构较好的中间相，这也与偏光的结果相吻合。同时，随着恒温时间的增加，中间相产物的侧链取代以 H_α、H_β为主。说明在芳族化合物侧链上存在—CH_2—和—CH_3，芳族层通过—CH_2—相互连接，这有利于低分子缩合芳烃与芳族层之间的穿插，中间相小球的重排。因此，更易形成方向性较好及各向异性区域分布较广的中间相[90]。

2. 炭化时间对中间相热转化规律的影响

　　本小节固定炭化温度为 380℃、400℃、420℃ 和 440℃，研究特征炭化时间内(2h、4h、6h 和 8h)的混合原料热转化规律。不同炭化温度下的中间相命名为

MP-*c-d*，其中 *c* 为炭化温度，*b* 为炭化时间。将固定炭化温度为 380℃，炭化时间在 2h、4h、6h 和 8h 下的中间相分别命名为 MP-380-2、MP-380-4、MP-380-6 和 MP-380-8，其他中间相产物命名以此类推。

1) 对微观结构的影响

(1) 收率分析。

对炭化时间在 2h、4h、6h 和 8h 下中间相产物的收率进行分析(收率为中间相产物与原料沥青质量百分比)，结果见图 5.45。

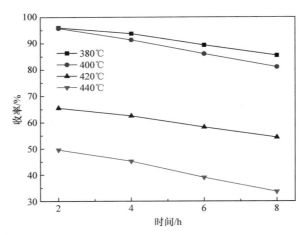

图 5.45　不同炭化时间下中间相产物收率

由图 5.45 可知，恒温时间 2～8h，产物收率逐渐减少，且幅度较平缓。在 4～6h，混合原料的热转化速度较快，而在 2～4h 和 6～8h，热转化速率较慢。这是因为在特定的温度下提供的能量有限，当恒温时间为 2～4h，体系逸出的轻组分有限，且逸出速度较缓慢。当恒温时间为 4～6h，大量芳烃分子热分解，并在不同的温度下发生缩聚反应，收率减小较快。当恒温时间为 6～8h，轻组分逸出和芳烃分子缩聚反应基本已完成，收率减小缓慢。同时，与不同炭化时间下中间相产物收率的变化相比，炭化温度对产物收率的影响程度较大。

(2) 光学结构分析。

采用偏光显微镜观测炭化时间在 2h、4h、6h 和 8h 下产物的光学结构，代表性偏光显微镜图像见图 5.46。

MP-400-6 中为少量粒径较小的中间相小球，MP-400-8 中有部分镶嵌结构，但没有方向性较好及各向异性区域分布较广的中间相，见图 5.46。当炭化温度为 420℃时，MP-420-2 中的中间相小球具有良好的分散性，且出现部分小球的融合现象。MP-420-4 中的中间相小球开始融合、长大。MP-420-6 中的中间相方向性较好，且各向异性区域分布较广，MP-420-8 中由于过度炭化破坏了晶体结构，

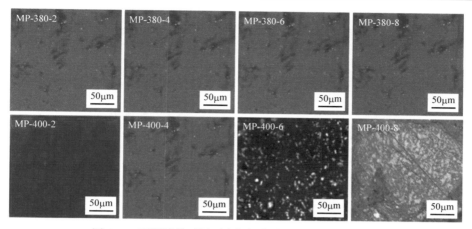

图 5.46　不同炭化时间下中间相代表性偏光显微镜图像

形成了镶嵌结构的中间相[87]。当炭化温度为 440℃时，发现已经出现部分纤维结构和镶嵌结构，体系已开始气流拉焦，并且随着恒温时间的延长，镶嵌状结构增多。

综上所述，当炭化时间较短时，热聚合和热分解反应时间较短，产物组分分布不均匀，使小球内部的相互作用力不均匀，导致小球粒径较小。当恒温时间为 6h，炭化体系中的母液组分分布逐渐均匀，内部应力和张力逐渐平衡，有利于中间相的形成。当炭化时间过长时，因为稠环芳烃过度缩合，形成镶嵌状结构，影响中间相的定向排列。相对于不同炭化时间下中间相的形成过程，炭化温度对中间相形成的影响较大。

2) 对分子结构的影响

(1) QI 分析。

对炭化时间在 2h、4h、6h 和 8h 下中间相产物的 QI 质量分数进行分析，结果见图 5.47。

由图 5.47 可知，恒温时间由 2h 到 8h，产物 QI 质量分数逐渐增加。当温度在 400～420℃，QI 在 4～6h 内增加速率均较 2～4h 和 6～8h 快。其中，温度为 420℃，QI 增加速率均大于其他炭化温度，说明中间相主要在此阶段形成。当温度在 440℃，QI 增加速率随时间的延长逐渐变慢。同时，发现恒温时间比炭化温度对产物 QI 质量分数的影响程度小。

这主要是因为在 380℃时，随着恒温时间的增加，提供的能量主要使芳烃分子和脂肪烃化合物发生热分解和裂解反应。当温度为 400℃时，芳烃分子缩聚程度逐渐加深，但提供的能量有限，部分芳烃化合物未缩聚，形成粒径较小的中间相小球，QI 增加速率先增后减，导致体系黏度较大，形成镶嵌状结构。当温度为 420℃时，体系发生剧烈的缩聚反应，故 QI 大幅度增加，中间相小球随炭化

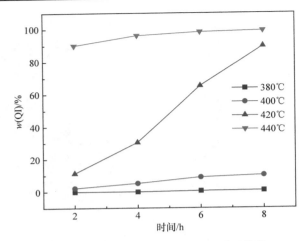

图 5.47　不同炭化时间下产物 QI 质量分数

时间的增加吸收母液或融并长大，破裂后形成片状中间相。当温度为 440℃时，由于大部分芳烃分子已形成了缩合的稠环芳烃化合物，开始气流拉焦，QI 增加缓慢。这与产物收率和中间相光学结构的分析结果相吻合。

(2) 傅里叶变换红外光谱分析。

对炭化时间在 2h、4h、6h、8h 下的产物进行 FTIR 分析，结果见图 5.48。由图 5.48 可知，炭化温度在 380～420℃，产物 QI 的 FTIR 谱图中的峰主要分布在 2800～3000cm^{-1} 和 745～1660cm^{-1}，而 440℃产物 QI 在 500～4000cm^{-1} 几乎没有峰出现。结合收率、偏光和 QI 的结果分析可知，440℃时体系已进入气流拉焦阶段，产物已固化。

3019cm^{-1}、1150cm^{-1} 和 1033cm^{-1} 弱吸收峰归因于 C—O 拉伸振动，S—H 面外振动和 N—H 拉伸振动，其相应的吸收峰均较弱，这表明杂原子在整个过程中一定程度上被除去，减小了对多环芳烃平面度及硫交联的影响[90]。2800～3000cm^{-1} 主要对应沥青中芳香环上支链的脂肪族区域，当温度在 380～420℃，

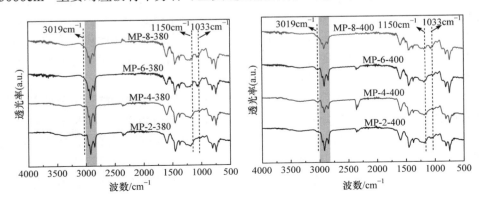

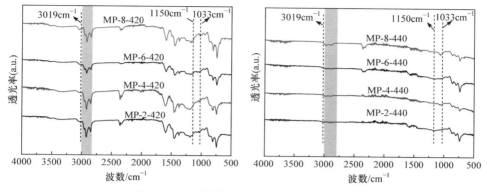

图 5.48　不同炭化时间下中间相 FTIR 谱图

随着恒温时间的增加，中间相产物均在 2925cm⁻¹ 和 2875cm⁻¹ 处出峰信息明显，说明中间相均含有—CH₂—和—CH₃，且峰强度随炭化时间增加大致呈现逐渐减小的趋势。说明炭化过程中主要断裂的是芳环侧链的—CH₂—和—CH₃。1440cm⁻¹、1600cm⁻¹ 为多环芳烃的吸收峰，当温度为 420℃，其峰强度随炭化时间的增加变化较明显，峰强度逐渐减小，说明芳族化合物缩聚程度逐渐加深。同时，与不同炭化时间下芳族化合物的转化过程相比，炭化温度对芳族化合物转化的影响程度较大。

(3) ¹H-NMR 分析。

对炭化时间在 2h、4h、6h、8h 下的中间相产物进行 ¹H-NMR 分析。不同炭化时间下中间相 ¹H-NMR 图见图 5.49，不同炭化时间下中间相的不同类型氢含量见表 5.38~表 5.40。H_α 含量为与芳香碳直接相连的 H 占所有类型氢的摩尔分数，其他类型氢含量以此类推。

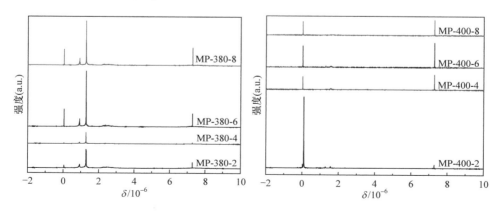

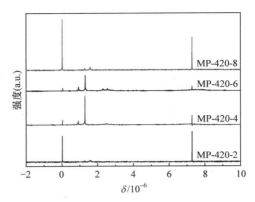

图 5.49　不同炭化时间下中间相 ^{1}H-NMR 图

表 5.38　不同炭化时间下中间相的不同类型氢含量(炭化温度 380℃)

样品名称	氢含量				
	H_{ar}	H_α	H_β	H_γ	H_n
MP-380-2	0.2325	0.2186	0.2930	0.1255	0.1302
MP-380-4	0.1926	0.2003	0.3410	0.1252	0.1387
MP-380-6	0.2178	0.2069	0.3267	0.1220	0.1263
MP-380-8	0.1953	0.2070	0.3593	0.1171	0.1191

表 5.39　不同炭化时间下中间相的不同类型氢含量(炭化温度 400℃)

样品名称	氢含量				
	H_{ar}	H_α	H_β	H_γ	H_n
MP-400-2	0.4014	0.3326	0.1053	0.0713	0.0883
MP-400-4	0.4878	0.3219	0.0682	0.0439	0.0780
MP-400-6	0.4950	0.3217	0.0693	0.0396	0.0742
MP-400-8	0.5128	0.3076	0.0615	0.0410	0.0769

表 5.40　不同炭化时间下中间相的不同类型氢含量(炭化温度 420℃)

样品名称	氢含量				
	H_{ar}	H_α	H_β	H_γ	H_n
MP-420-2	0.4946	0.3186	0.0689	0.0392	0.0784
MP-420-4	0.5170	0.3485	0.0550	0.0235	0.0558
MP-420-6	0.5033	0.2951	0.0766	0.0206	0.1041
MP-420-8	0.5405	0.2648	0.0756	0.0378	0.0810

　　由表 5.38~表 5.40 可知，当温度为 380℃，随着恒温时间的增加，各类氢分布均未有明显变化。说明此时芳族化合物还未开始发生裂解及缩聚反应。这也与

FTIR、QI 及光学结构分析结果一致。当温度为 400℃，H_{ar} 含量增加，H_{α} 含量略微增加、H_{β}、H_{γ} 和 H_n 含量减少，再次说明炭化过程中主要去除的是 H_{β} 和 H_{γ}，生成稳定的自由基，这也与 FTIR 的分析一致。中间相产物以 H_{ar} 和 H_{α} 为主，包含 H_{α} 的芳族中间体使空间位阻降低，利于芳烃化合物的有序堆积[91]。当温度为 420℃，H_{ar} 含量增加，H_{α} 含量略微减少，其余无明显变化，说明随着恒温时间的增加，大分子的芳族化合物互相堆叠，并通过—CH_2—相互连接，且低分子缩合芳烃与芳族层之间进行穿插，形成片状中间相。

综合炭化温度和炭化时间对中间相热转化规律的影响分析，混合原料在 420℃恒温 6h，因含有一定量的烷基和环烷基，可以引发氢转移反应，自由基得到稳定，保证了中间相的发展环境，获得了大面积的流线型中间相结构。因此，共炭化方案能有效地降低原料沥青的热反应活性，反应体系保持低黏度。这与 Li 等[88]和 Garcia 等[92,93]的研究结论基本一致。经上述分析可知，与不同炭化时间下中间相的转化过程相比，炭化温度对中间相微观结构和分子结构的转化影响较显著。

5.6.2 中低温煤焦油与高温沥青共炭化制备针状焦

本小节将>350℃中低温煤沥青(以下简称"CTP")和>300℃高温煤沥青(以下简称"HCTP")经混合溶剂[m(正庚烷)：m(甲苯)= 3：1]萃取精制处理后，分别命名为 RCTP 和 RHCTP。

将 RHCTP 质量分数分别占 10%、15%和 20%的混合精制沥青分别命名为 R-C-10、R-C-15 和 R-C-20。

由 RCTP 得到的针状焦命名为 N-RCTP；由 RHCTP 得到的针状焦命名为 N-RHCTP；由混合精制沥青得到的针状焦依次命名为 N-R-C-10、N-R-C-15、N-R-C-20。

1. 精制沥青的基本属性

1) 元素分析

表 5.41 为 RCTP、RHCTP 和混合精制沥青的基本特性。由表 5.41 可知，经混合溶剂萃取后，CTP 和 HCTP 的杂原子及 QI 的质量分数降低。随着 RHCTP 在 RCTP 中质量分数的增加，沥青的元素组成得到改善。

表 5.41 原料的基本特性[94]

样品名称	$w(C)$/%	$w(H)$/%	$w(O)$/%	$w(N)$/%	$w(S)$/%	碳氢原子比	$w(QI)$/%
RCTP	85.85	7.26	5.87	0.76	0.26	0.98	<0.1
RHCTP	92.02	4.64	1.69	0.92	0.73	1.65	<0.1

续表

样品名称	$w(C)/\%$	$w(H)/\%$	$w(O)/\%$	$w(N)/\%$	$w(S)/\%$	碳氢原子比	$w(QI)/\%$
R-C-10	86.19	6.84	5.64	0.81	0.52	1.05	<0.1
R-C-15	86.84	6.75	5.31	0.83	0.27	1.07	<0.1
R-C-20	87.05	6.65	5.14	0.86	0.3	1.09	<0.1

2) 傅里叶变换红外光谱分析

图 5.50 为 RCTP、RHCTP 和混合精制沥青的 FTIR 谱图。由图 5.50 可知，混合精制沥青的 FTIR 谱图变化显著，说明在 RCTP 中添加 RHCTP 对其化学结构和官能团有影响。混合精制沥青中含氧结构减少，有助于降低热缩聚过程中反应体系的活性和芳香大分子的非平面交联程度，促进炭质结构的取向。

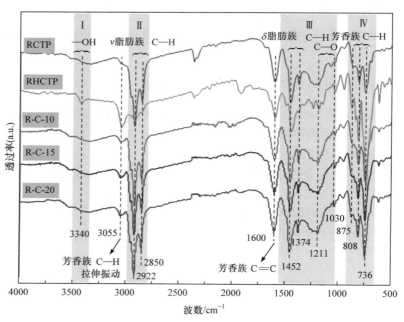

图 5.50　原料的 FTIR 谱图

3) ^{1}H-NMR 分析

图 5.51(a)为 RCTP、RHCTP 和混合精制沥青的 ^{1}H-NMR 图。对不同化学位移处氢进行积分，将得到的不同类型氢含量列于表 5.42 中。$H\alpha$含量为与芳香碳直接相连的 H 占所有类型氢的摩尔分数，其他类型氢含量以此类推。图 5.51(b)为 RCTP、RHCTP 和混合精制沥青的不同类型氢分布。由图 5.51 知，在 RCTP 中添加 RHCTP 可以增大其芳香族质量分数，减少原料中的亚甲基氢和芳环α碳直接相连的氢，饱和氢增多。饱和氢可以降低反应体系的活性，有利于稠环芳烃

大分子有序堆叠。表明混合精制沥青比 RCTP 具有更高的芳烃质量分数，反应活性低。

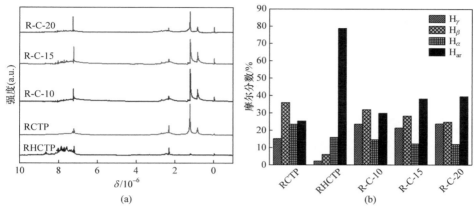

图 5.51 原料的 ^{1}H-NMR 图；原料的不同类型氢分布

(a) ^{1}H-NMR 图；(b) 不同类型氢分布

表 5.42 原料的不同类型氢含量[94]

样品名称	氢含量			
	H_{ar}	H_α	H_β	H_γ
RCTP	0.2532	0.2354	0.3595	0.1519
RHCTP	0.7876	0.1591	0.0606	0.0227
R-C-10	0.2985	0.1463	0.3194	0.2358
R-C-15	0.3817	0.1221	0.2824	0.2137
R-C-20	0.3947	0.1192	0.2479	0.2382

2. 共炭化对针状焦微观结构的影响

1) 偏光显微镜分析

图 5.52 为针状焦的代表性偏光显微镜图像。由图 5.52 可知，针状焦的微观结构与原料的组成密切相关。在 RCTP 中添加 RHCTP 可以调节其组成分布(2～3 环芳烃和 4 环芳烃质量分数增加)，促进芳香烃分子有序排列，使得共炭化产物具有明显的纤维结构，取向性好。

采用 HD 型全自动显微镜光度计软件，结合偏光显微镜采集 400 个光学组织有效点，测定针状焦光学组织的含量和焦炭光学组织指数(OTI)。OTI 由公式(5.25)计算，f_i 表示不同光学结构的百分比，OTI_i 表示不同结构的光学组织指数，其中，镶嵌型 $OTI_i=1$，小域 $OTI_i=5$，大域 $OTI_i=50$，针域 $OTI_i=100$。图 5.53(a)为针状焦经过抛光得到的样品。图 5.53(b)为针状焦光学组织的含量和 OTI_i。

$$OTI = \sum f_i \times OTI_i \tag{5.25}$$

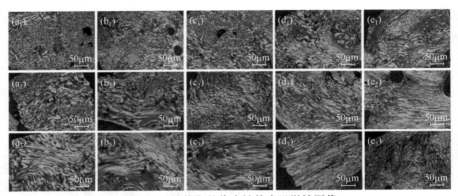

图 5.52　针状焦的代表性偏光显微镜图像

(a₁)～(a₃) N-RCTP；(b₁)～(b₃) N-RHCTP；(c₁)～(c₃) N-R-C-10；(d₁)～(d₃) N-R-C-15；(e₁)～(e₃) N-R-C-20

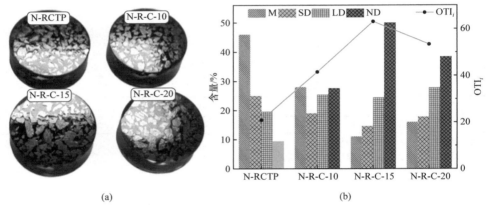

图 5.53　针状焦经过抛光得到的样品及其光学组织的含量和 OTI$_i$[94]

(a) 针状焦经过抛光得到的样品；(b) 针状焦光学组织的含量和 OTI$_i$

针状焦代表性微结构分类：①镶嵌型(M，特征尺寸<10μm，OTI$_i$=1)；②小域(SD，特征尺寸 10～60μm，OTI$_i$=5)；③大域(LD，长度尺寸 60～100μm，宽度尺寸>10μm，OTI$_i$=50)；④针域(ND，长度尺寸>100μm，宽度尺寸<10μm，OTI$_i$=100)

　　由图 5.53(b)可知，对于 RCTP 与 RHCTP 共碳化制备的针状焦，其大域结构和针域结构多于 N-RCTP，且其 OTI 比 N-RCTP 高，结构取向得到了很大改善。随着 RHCTP 比例的增加，相应针状焦中针域结构逐渐增多。

　　2) 扫描电子显微镜分析

　　图 5.54 为针状焦的 SEM 图。由图 5.54 可知，在 RCTP 中添加 RHCTP 更有利于制备出具有大面积纤维结构且纤维结构致密、取向性好的针状焦。RCTP 与 RHCTP 共碳化很大程度上可以改善碳质结构的取向，优化片层结构的堆积。

　　3. 共炭化对针状焦石墨化性能的影响

　　1) X 射线衍射分析

　　图 5.55 为不同共炭化比例针状焦的 XRD 图。根据公式(5.22)～公式(5.24)，

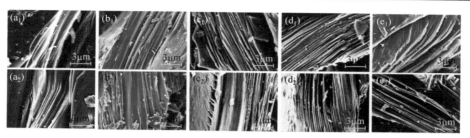

图 5.54　针状焦的 SEM 图

(a₁)、(a₂) N-RCTP；(b₁)、(b₂) N-RHCTP；(c₁)、(c₂) N-R-C-10；(d₁)、(d₂) N-R-C-15；(e₁)、(e₂) N-R-C-20

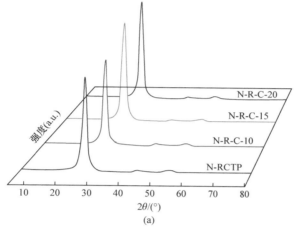

(a)

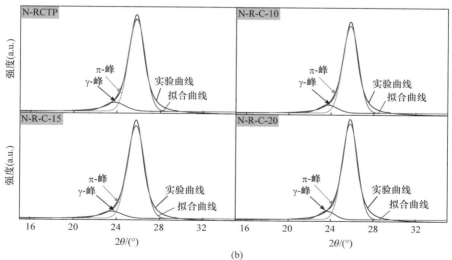

(b)

图 5.55　不同共炭化比例针状焦的 XRD 图

(a) 针状焦的 XRD 图；(b) 针状焦在 15°～34°的 XRD 分峰拟合曲线

以及公式(5.26)计算微晶结构参数。通过对(002)峰分峰拟合可以计算出针状焦中排列规整的碳微晶含量(I_g)，$I_g=A_\pi/(A_\pi+A_\gamma)$，其中 A_π 和 A_γ 分别指π-峰和γ-峰的积分面积。不同共炭化比例针状焦的微晶结构参数见表 5.43。

$$N=\frac{L_c}{d_{002}}+1 \qquad\qquad (5.26)$$

表 5.43　不同共炭化比例针状焦的微晶结构参数[94]

样品名称	$2\theta_{002}/(°)$	d_{002}/nm	$\beta_{002}/(°)$	$2\theta_{100}/(°)$	L_a/nm	L_c/nm	N	I_g
NCG	25.96	0.3368	0.943	43.56	21.700	28.100	83.41	—
N-RCTP	25.78	0.3429	0.974	43.10	17.113	8.281	25.17	0.8914
N-R-C-10	25.80	0.3427	0.962	43.20	17.459	8.384	25.29	0.9028
N-R-C-15	25.78	0.3427	0.969	43.26	18.170	8.387	25.49	0.9117
N-R-C-20	25.81	0.3426	0.958	43.28	18.459	8.415	25.48	0.9178

注：N 为碳晶层数；I_g 为排列规整的碳微晶含量；NCG 为高功率石墨电极的原材料(在 2000℃煅烧后的针状焦)。

由图 5.55(a)可知，与 N-RCTP 相比，共碳化产物在(002)处衍射峰吸收强度明显增大，谱峰更尖锐，说明共炭化制备的针状焦芳香层片在空间的平行定向和方位定向程度更好，芳香层片尺度更大[95]。

由表 5.43 可知，随着 RHCTP 比例的增加，共炭化产物的 L_c 和 L_a 逐渐增大，I_g 增加，而 d_{002} 逐渐减小，表明共炭化产物内部碳微晶排列更加规整，更易石墨化[96]。RHCTP 可以提高 RCTP 中 2～4 环芳烃分子的质量分数，改善 RCTP 体系的碳化性能，使其更容易有序堆叠形成类石墨晶体结构。

2) 拉曼光谱分析

图 5.56 为不同共炭化比例针状焦拉曼光谱及拟合曲线图。由图 5.56(a)可知，共炭化产物的吸收强度比 N-RCTP 的高，这可能与共碳化产物的石墨化结构更完

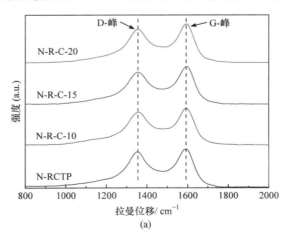

(a)

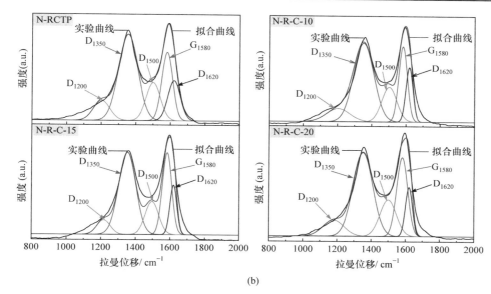

图 5.56　不同共炭化比例针状焦拉曼光谱及拟合曲线图

(a) 针状焦的拉曼光谱；(b) 拉曼光谱拟合曲线

整有关。进一步对拉曼谱图进行分峰拟合处理，结果如图 5.56(b)所示。所有针状焦的拟合结果中都有 G_{1580}(G)、D_{1350}(D1)、D_{1620}(D2)、D_{1500}(D3)和 D_{1200}(D4)5个碳峰。G 峰表示石墨晶体，D1 峰表示无序石墨晶体(石墨边缘碳原子的缺陷造成)，D2 峰表示碳微晶的结构排列不规整，D3 峰表示石墨晶体间的无定形碳(3~5 环的芳香碳)，D4 峰表示 sp^2-sp^3 或 sp^3 富碳结构[97]。

表 5.44 为不同共炭化比例针状焦的不同碳结构参数。I_{D1}、I_{D3} 和 I_G 分别为 D_{1350}、D_{1500} 和 G_{1580} 峰的峰面积，I_{all} 为 G_{1580}(G)、D_{1350}(D1)、D_{1620}(D2)、D_{1500}(D3) 和 D_{1200}(D4)5 个碳峰的峰面积之和。

表 5.44　不同共炭化比例针状焦的不同碳结构参数[94]

样品名称	I_{D1}/I_{all}	I_{D3}/I_{all}	I_G/I_{all}	I_{D1}/I_G
N-RCTP	46.00	15.09	18.81	2.45
N-R-C-10	43.71	14.44	19.82	2.21
N-R-C-15	44.60	14.12	24.37	1.83
N-R-C-20	43.45	15.66	22.94	1.89

注：I_{D1}/I_{all} 为缺陷石墨微晶含量；I_{D3}/I_{all} 为无定形碳含量；I_G/I_{all} 为已发育成熟的石墨晶体含量；I_{D1}/I_G 为判断碳质结构石墨化度和缺陷程度的参数[95]。

由表 5.44 可知，N-RCTP 中石墨晶体的缺陷程度高，N-R-C-15 的石墨化度高，随着 RHCTP 在 RCTP 中比例的增大，针状焦的 I_G/I_{all} 增加，且混合精制沥青

制备的针状焦的 I_{D1}/I_{all} 均小于 N-RCTP，表明在 RCTP 中添加 RHCTP 可以降低石墨晶格的缺陷程度，提高针状焦的石墨化性能，与 XRD、SEM 分析结果一致。

3) 粉末电阻率和压实密度分析

图 5.57 为不同共炭化比例针状焦的电阻率-压力性能曲线。由图 5.57 可知，所有针状焦的电阻率都随压力的增加而减小。

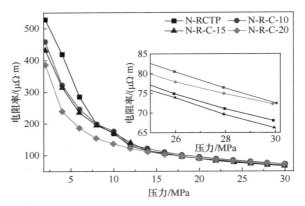

图 5.57　不同共炭化比例针状焦的电阻率-压力性能曲线

图 5.58 显示了不同共炭化比例针状焦的粉末电阻率及压实密度。由图 5.58 可知，在 RCTP 中添加 RHCTP 一定程度上可以降低针状焦的粉末电阻率。共炭化提高了针状焦结构的取向，石墨结构增多，使得针状焦内部在传输电流时阻力减小，最终导致电阻率减小。在 RCTP 中添加 RHCTP 一定程度上可以增大针状焦的压实密度，这可能与 I_{D1}/I_{all} 降低有关，将其作为负极材料有助于提高电池的容量[98]。综上所述，对于石墨负极材料(针状焦)而言，其 I_{G}/I_{all} 越高，石墨化度越好，则材料的电阻率越低，容量越高。

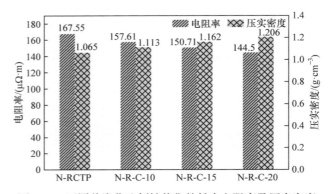

图 5.58　不同共炭化比例针状焦的粉末电阻率及压实密度

参 考 文 献

[1] IGURDSON S, DALAI A K, ADJAYE J. Hydrotreating of light gas oil using carbon nanotube supported NiMoS catalysts: Kinetic modelling[J]. Canadian Journal of Chemical Engineering, 2011, 89(3): 562-575.

[2] BHASKAR M, VALAVARASU G, MEENAKSHISUNDARAM A, et al. Application of a three phase heterogeneous model to analyse the performance of a pilot plant trickle bed reactor[J]. Petroleum Science and Technology, 2002, 20(3): 251-268.

[3] TREJO F, ANCHEYTA J, RANA M S, et al. Characterization of asphaltenes from hydrotreated products by SEC, LDMS, MALDI, NMR, and XRD[J]. Energy & Fuels, 2007, 21(4): 2121-2128.

[4] PEI L J, LI D, LIU X, et al. Investigation on asphaltenes structures during low temperature coal tar hydrotreatment under various reaction temperatures[J]. Energy & Fuels, 2017, 31(5): 4705-4713.

[5] MENG J P, WANG Z Y, MA Y H, et al. Hydrocracking of low-temperature coal tar over NiMo/Beta-KIT-6 catalyst to produce gasoline oil[J]. Fuel Processing Technology, 2017, 165: 62-71.

[6] RAMBABU N, BADOGA S, SONI K K, et al. Hydrotreating of light gas oil using a NiMo catalyst supported on activated carbon produced from fluid petroleum coke[J]. Frontiers of Chemical Science and Engineering, 2014, 8(2): 161-170.

[7] LI D, CUI W G, ZHANG X P, et al. Production of clean fuels by catalytic hydrotreating a low temperature coal tar distillate in a pilot-scale reactor[J]. Energy & Fuels, 2017, 31(10): 11495-11508.

[8] ABAD-ZADE K I, VELIEVA F M, MUKHTAROVA G S, et al. Mechanisms of hydrocracking of heavy oil residues[J]. Chemistry and Technology of Fuels and Oils, 2009, 45(4): 249-253.

[9] MAGOMEDOV R N, PRIPAKHAYLO A V, DZHUMAMUKHAMEDOV D S, et al. Solvent deasphalting of vacuum residue using carbon dioxide-toluene binary mixture[J]. Journal of CO₂ Utilization, 2020, 40: 101206.

[10] 朱永红, 黄江流, 淡勇, 等. 中低温煤焦油沥青质的分析表征[J]. 石油学报(石油加工), 2016, 32(2): 334-342.

[11] JAMEEL A G A, ELBAZ A M, EMWAS A H, et al. Calculation of average molecular parameters, functional groups, and a surrogate molecule for heavy fuel oils using ^{1}H and ^{13}C nuclear magnetic resonance spectroscopy[J]. Energy & Fuels, 2016, 30(5): 3894-3905.

[12] KANG Y H, WEI X Y, LI J, et al. Green and effective catalytic hydroconversion of an extractable portion from an oil sludge to clean jet and diesel fuels over a mesoporous Y zeolite-supported nickel catalyst[J]. Fuel, 2020, 287(11): 119396.

[13] XIONG G, LI Y S, JIN L J, et al. In situ FT-IR spectroscopic studies on thermal decomposition of the weak covalent bonds of brown coal[J]. Journal of Analytical and Applied Pyrolysis, 2015, 115: 262-267.

[14] GABRIENKO A A, MARTYANOV O N, KAZARIAN S G. Effect of temperature and composition on the stability of crude oil blends studied with chemical imaging in situ[J]. Energy & Fuels, 2015, 29(11): 7114-7123.

[15] KANG Y H, WEI X Y, LIU G H, et al. Catalytic hydroconversion of soluble portion in the extraction from Hecaogou subbituminous coal to clean liquid fuel over a Y/ZSM-5 composite zeolite-supported nickel catalyst[J]. Fuel, 2020, 269(3): 117326.

[16] FURIMSKY E. Catalytic hydrodeoxygenation[J]. Applied Catalysis A: General, 2000, 199(2): 147-190.

[17] GAUTHIER T, FORTAIN P D, MERDRIGNAC I, et al. Studies on the evolution of asphaltene structure during hydroconversion of petroleum residues[J]. Catalysis Today, 2007, 130(2): 429-438.

[18] 孙智慧, 李稳宏, 马海霞, 等. 中低温煤焦油重组分分离与表征[J]. 煤炭学报, 2015, 40(9): 2187-2192.

[19] ZHU Y H, TIAN F, LIU Y Q, et al. Comparison of the composition and structure for coal-derived and petroleum heavy subfraction by an improved separation method[J]. Fuel, 2021, 292(2): 120362.

[20] ROGEL E, WITT M. Asphaltene characterization during hydroprocessing by ultrahigh-resolution Fourier transform ion cyclotron resonance mass spectrometry[J]. Energy & Fuels, 2017, 31(4): 3409-3416.

[21] MULLINS O C. The asphaltenes[J]. Annual Review of Analytical Chemistry, 2011, 4(1): 393-418.

[22] CHACÓN-PATIÑO M L, ROWLAND S M, RODGERS R P. Advances in asphaltene petroleomics. Part 3. Dominance of island or archipelago structural motif is sample dependent[J]. Energy & Fuels, 2018, 32(9): 9106-9120.

[23] CHACÓN-PATIÑO M L, BLANCO-TIRADO C, ORREGO-RUIZ J A, et al. Tracing the compositional changes of asphaltenes after hydroconversion and thermal cracking processes by high-resolution mass spectrometry[J]. Energy & Fuels, 2015, 29(10): 6330-6341.

[24] CHACÓN-PATIÑO M L, ROWLAND S M, RODGERS R P. Advances in asphaltene petroleomics. Part 1: Asphaltenes are composed of abundant island and archipelago structural motifs[J]. Energy & Fuels, 2017, 31 (12): 13509-13518.

[25] MA Z Z, XIE J G, GAO N B, et al. Pyrolysis behaviors of oilfield sludge based on Py-GC/MS and DAEM kinetics analysis[J]. Journal of the Energy Institute, 2019, 92(4): 1053-1063.

[26] CHACÓN-PATIÑO M L, ROWLAND S M, RODGERS R P. Advances in asphaltene petroleomics. Part 2: Selective separation method that reveals fractions enriched in island and archipelago structural motifs by mass spectrometry[J]. Energy & Fuels, 2018, 32(1): 314-328.

[27] FAN X, DONG X M, WEI W H, et al. Monitoring single-heteroatom loss during deoxygenation and denitrogenation of soluble organic matter in coal using mass spectrometric methods[J]. Fuel, 2021, 292: 120294.

[28] FAN X, ZHANG X Y, DONG X M, et al. Structural insights of four thermal dissolution products of Dongming lignite by using in-source collision-activated dissociation mass spectrometry[J]. Fuel, 2018, 230: 78-82.

[29] FAN X, LI G S, DONG X M, et al. Tandem mass spectrometric evaluation of core structures of aromatic compounds after catalytic deoxygenation[J]. Fuel Processing Technology, 2018, 176: 119-123.

[30] THOMAS M J, JONES H E, PALACIO LOZANO D C, et al. Comprehensive analysis of multiple asphaltene fractions combining statistical analyses and novel visualization tools[J]. Fuel, 2021, 291: 120132.

[31] 董环. 中低温煤焦油沥青质缔合推动力及加氢动力学的研究[D]. 西安: 西北大学, 2021.

[32] 刘建新. 乙炔加氢反应器动态模拟与操作优化[D]. 北京: 中国石油大学, 2008.

[33] 罗雄麟, 刘建新, 许锋, 等. 乙炔加氢反应器二维非均相机理动态建模及分析[J]. 化工学报, 2008, 59(6): 1454-1461.

[34] JARULLAH A T, MUJTABA I M, WOOD A. Improving fuel quality by whole crude oil hydrotreating: A kinetic model for hydrodeasphaltenization in a trickle bed reactor[J]. Applied Energy, 2012, 94(6): 182-191.

[35] 敖晗, 周先锋, 张利军, 等. 滴流床反应器数值模拟的研究进展[J]. 石油化工, 2015, 44(6): 653-662.

[36] BROOKS B W. Chemical Reactor Analysis and Design[M]. New York: Wiley, 1990.

[37] DUDUKOVIĆ M P, LARACHI F, MILLS P L. Multiphase catalytic reactors: A perspective on current knowledge and future trends[J]. Catalysis Reviews, Science and Engineering, 2002, 44(1): 123-246.

[38] REID R C, PRAUSNITZ J M, POLING B E. The Properties of Gases and Liquids[M]. New York: McGraw-Hill Inc, 1987.

[39] AHMED T. Hydrocarbon Phase Behavior[M]. Houston: Gulf Pub. Co, 1989.

[40] 牛传峰. 不同芳香性重馏分油对渣油加氢过程影响的研究[D]. 北京: 石油化工科学研究院, 2001.

[41] MEDEROSA F S, ANCHEYTAA J. Mathematical modeling and simulation of hydrotreating reactors: Cocurrent

versus countercurrent operations[J]. Applied Catalysis A: General, 2007, 332(1): 8-21.

[42] MACÍAS M J, ANCHEYTA J. Simulation of an isothermal hydrodesulfurization small reactor with different catalyst particle shapes[J]. Catalysis Today, 2004, 98(1): 243-252.

[43] KORSTEN H, HOFFMANN U. Three-phase reactor model for hydrotreating in pilot trickle-bed reactors[J]. AIChE Journal, 1996, 42(5): 1350-1360.

[44] SHOKRI S, ZARRINPASHNE S. A mathematical model for calculation of effectiveness factor in catalyst pellets of hydrotreating process[J]. Petroleum & Coal, 2006, 48 (1): 27-33.

[45] SHAH Y. Gas Liquid Solid Reactor Design [M]. New York: Mcgraw-Hill Book Company, 1979.

[46] FROMENT G F, BISCHOFF K B. Chemical Reactor Analysis and Design[M]. New York: John Wiley & Sons Canada, Limited, 2010.

[47] MARROQUÍN G, ANCHEYTA J, ESTEBAN C. A batch reactor study to determine effectiveness factors of commercial HDS catalyst[J]. Catalysis Today, 2005, 104(1): 70-75.

[48] SATTERFIELD C N. Trickle-bed reactors[J]. AIChE Journal, 1975, 21(2): 209-228.

[49] CARBERRY J J. Chemical and Catalytic Reaction Engineering[M]. New York: McGraw-Hill, 1976.

[50] TREJO F, ANCHEYTA J. Kinetics of asphaltenes conversion during hydrotreating of Maya crude[J]. Catalysis Today, 2005, 109(1): 99-103.

[51] MARTÍNEZ M T, BENITO A M, CALLEJAS M A. Kinetics of asphaltene hydroconversion: 1. Thermal hydrocracking of a coal residue[J]. Fuel, 1997, 76(10): 899-905.

[52] OHBA A, MIZUSHIMA T, KATAYAMA T, et al. Kinetics of asphaltene hydroconversion: 2. Catalytic hydrocracking of a coal residue [J]. Fuel, 1997, 76(10): 907-911.

[53] CHANG N, GU Z. Kinetic model of low temperature coal tar hydrocracking in supercritical gasoline for reducing coke production[J]. Korean Journal of Chemical Engineering, 2014, 31(5): 780-784.

[54] JIA W, SHUAI Y, PENG P, et al. Kinetic study of hydrocarbon generation of oil asphaltene from Lunnan area, Tabei uplift[J]. Chinese Science Bulletin, 2004, 49(1): 83-88.

[55] ALVAREZ A, ANCHEYTA J. Modeling residue hydroprocessing in a multi-fixed-bed reactor system[J]. Applied Catalysis A: General, 2008, 351(2): 148-158.

[56] 裴亮军, 沈紫薇, 马亚军, 等. 反应温度对煤焦油沥青质加氢转化性能影响[J]. 化学工程, 2018, 46(10): 62-68.

[57] 邵瑞田, 卢翠英, 裴亮军, 等. 剂油质量比对低温煤焦油加氢沥青质组成和结构的影响[J]. 石油化工, 47(11): 1184-1189.

[58] WIEHE, IRWIN A. A phase separation kinetic model for coke formation[J]. Industrial & Engineering Chemistry Research, 1993, 32(11): 2447-2454.

[59] ZHAO Y, GRAY M R, CHUNG K H. Molar kinetics and selectivity in cracking of Athabasca asphaltenes[J]. Energy & Fuels, 2001, 15(3): 751-755.

[60] MARTINEZ M T. Thermal cracking of coal residues: Kinetics of asphaltene decomposition[J]. Fuel, 1997, 76(9): 871-877.

[61] WANG J S, ANTHONY E J. A study of thermal-cracking behavior of asphaltenes[J]. Chemical Engineering Science, 2003, 58(1): 157-162.

[62] FENG X, LI D, CHEN J H, et al. Kinetic parameter estimation and simulation of trickle-bed reactor for hydrodesulfurization of whole fraction low-temperature coal tar[J]. Fuel, 2018, 230(15): 113-125.

[63] FENG X, SHEN Z W, LI D, et al. Kinetic parameter estimation and simulation of trickle-bed reactor for hydrodenitrogenation of whole-fraction low-temperature coal tar[J]. Energy Sources, Part A: Recovery, Utilization,

and Environmental Effects, 2019, 41(7-12): 802-810.

[64] NIU M L, ZHENG H A, SUN X H, et al. Kinetic model for low-temperature coal tar hydrorefining[J]. Energy & Fuels, 2017, 31(5): 5441-5447.

[65] 韩忠祥, 孙昱东, 杨朝合. 氢初压对塔河沥青质加氢反应过程的影响[J]. 石油炼制与化工, 2014, 45(5): 21-24.

[66] 赵辉. 渣油加氢转化规律研究[D]. 东营:中国石油大学, 2009.

[67] JARULLAH A T. Kinetic modelling simulation and optimal operation of trickle bed reactor for hydrotreating of crude oil. Kinetic parameters estimation of hydrotreating reactions in trickle bed reactor (TBR) via pilot plant experiments; optimal design and operation of an industrial TBR with heat integration and economic evaluation[D]. Bradford: University of Bradford, 2012.

[68] NOVAES L D R, RESENDE N S D, SALIM V M M, et al. Modeling, simulation and kinetic parameter estimation for diesel hydrotreating[J]. Fuel, 2017, 209: 184-193.

[69] BROOKS J D, TAYLOR G H.The formation of graphitizing carbons from the liquid phase[J]. Nature, 1965, 3(2): 185-193.

[70] 钱树安. 略论炭素科学的形成和进展——Ⅴ. 液相炭化机理研究的历史和现状[J]. 炭素, 1996(2): 6-17.

[71] YOON S H, KORAI Y, MOCHIA I, et al. Axial nano-scale microstructures in graphitized fibers inherited from liquid crystal mesophase pitch[J]. Carbon, 1996, 34(1): 83-88.

[72] 李同起. 碳质中间相结构的形成及其相关材料的应用研究[D]. 天津: 天津大学, 2005.

[73] 王永涛. 煤系针状焦制备及结构调控[D]. 大连: 大连理工大学, 2021.

[74] 田志强, 杨清程, 毛羽丰, 等. 不同煤沥青对针状焦结构性能的影响[J]. 燃料与化工, 2020, 51(6): 29-31.

[75] 李磊, 林雄超, 刘哲, 等. 煤系针状焦偏光显微结构的识别及定量分析[J]. 燃料化学学报, 2021, 49(3): 265-273.

[76] 大谷杉郎, 真田雄三. 炭化工学基础[M]. 张大名, 杨俊英, 译. 兰州: 兰州新华出版社, 1985.

[77] MARSH H, EDWARDS L A S, MENENDEZ R. Introduction to Carbon Science[M]. Amsterdam:Elsevier Science & Technology Books, 1989.

[78] MARSH H, CORNFORD C. Petroleum derived carbons[J]. ACS Symposium Serirs, 1976, 21: 266.

[79] ZHU Y M, LIU H M, XU Y L, et al. Preparation and characterization of coal-pitch-based needle coke (Part Ⅲ): The effects of quinoline insoluble in coal tar pitch[J]. Energy & Fuels, 2020, 34(7): 8676-8684.

[80] ZHANG Z C, DU H, GUO S H, et al. Probing the effect of molecular structure and compositions in extracted oil on the characteristics of needle coke[J]. Fuel, 2021, 301(9): 120984.

[81] ALVAREZ E, MARROQUIN G, TREJO F, et al. Pyrolysis kinetics of atmospheric residue and its SARA fractions[J]. Fuel, 2011, 90(12): 3602-3607.

[82] LEE J, KIM Y, WANG Y J, et al. Carbon nanosheets by the graphenization of ungraphitizable isotropic pitch molecules[J]. Carbon, 2017, 121: 479-489.

[83] LI M, LIU D, MEN Z W, et al. Effects of different extracted components from petroleum pitch on mesophase development[J]. Fuel, 2018, 222: 617-626.

[84] LIU D, LOU B, LI M, et al. Study on the preparation of mesophase pitch from modified naphthenic vacuum residue by direct thermal treatment[J]. Energy & Fuels, 2016, 30(6): 4609-4618.

[85] ZHANG X W, MA Z K, MENG Y C, et al. Effects of the addition of conductive graphene on the preparation of mesophase from refined coal tar pitch[J]. Journal of Analytical and Applied Pyrolysis, 2019, 140(6): 274-280.

[86] 林雄超, 盛喆, 邵苛苛, 等. 煤焦油沥青族组成对针状焦中间相结构的影响[J]. 燃料化学学报, 2021, 49(2): 151-159.

[87] 仝配配, 王子军. 石油加工过程中焦炭形成的原因、类型及影响因素[J]. 化工进展, 2016, 35(S1): 101-108.

[88] LI L, LIN X C, ZHANG Y K, et al. Characteristics of the mesophase and needle coke derived from the blended coal

tar and biomass tar pitch[J]. Journal of Analytical and Applied Pyrolysis, 2020, 150: 104889.

[89] CHENG X L, ZHA Q F, ZHONG J T, et al. Needle coke formation derived from co-carbonization of ethylene tar pitch and polystyrene[J]. Fuel, 2009, 8(11): 2188-2192.

[90] LI M, LIU D, LV R, et al. Preparation of the mesophase pitch by hydrocracking tail oil from a naphthenic vacuum residue[J]. Energy & Fuels, 2015, 29(7): 4193-4200.

[91] LI M, ZHANG Y D, YU S T, et al. Preparation and characterization of petroleum-based mesophase pitch by thermal condensation with in-process hydrogenation[J]. RSC Advances, 2018, 8(53): 30230-30238.

[92] GARCIA R, CRESPO J L, MARTIN S C, et al. Development of mesophase from a low-temperature coal tar pitch[J]. Energy Fuels, 2003, 17(2): 291-301.

[93] GARCIA R, ARENILLAS A, CRESPO J L, et al. A comparative TG-MS study of the carbonization behavior of different pitches[J]. Energy Fuels, 2002, 16: 935-943.

[94] XU X, CUI L W, SHI J H, et al. Effects of co-carbonization of medium and low temperature refined pitch and high temperature refined pitch on the structure and properties of needle coke[J]. Journal of Analytical and Applied Pyrolysis, 2023, 169: 105783.

[95] YU Y Y, WANG F, BERNARD W B, et al. Co-carbonization of ethylene tar and fluid catalytic cracking decant oil: Development of high-quality needle coke feedstock[J]. Fuel, 2022, 322: 124170.

[96] DOPITA M, RUDOLPH M, SALOMON A, et al. Simulations of X-ray scattering on two-dimensional, graphitic and turbostratic carbon structures[J]. Advanced Engineering Materials. 2013, 15(12): 1280-1291.

[97] CHEN K, ZHANG H, IBRAHIM U, et al. The quantitative assessment of coke morphology based on the Raman spectroscopic characterization of serial petroleum cokes[J]. Fuel, 2019, 246: 60-68.

[98] SAGAR R U R, MAHMOOD N, STADLER J F, et al. High capacity retention anode material for lithium ion battery[J]. Electrochimica Acta, 2016, 211: 156-163.

第6章　中低温煤焦油分质利用

目前，低阶煤分质利用技术网络已经初步形成，具体路线如图 6.1 所述。分质利用的本质是目标产品的经济选择和工艺过程技术选择的优化组合，由煤的四级分质转化技术耦合集成，包括煤矿开采协同矿井水、煤层气利用，煤炭分级洗选及产品处置利用，产品煤的分粒径干化、热解，热解产物的加工利用。

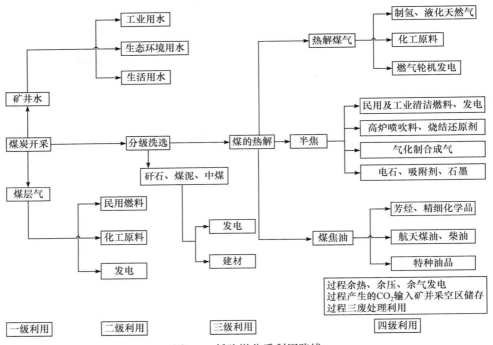

图 6.1　低阶煤分质利用路线

一、二级分质的理念已在实践中广泛应用，三、四级分质技术作为低阶煤分质利用理念的核心，仍处于技术攻关的关键时期。狭义的分质利用技术主要针对低阶煤的三、四级分质，即按照科学高效利用的原则，转变煤炭传统利用方式，将低阶煤通过热解为核心的分质转化和物质、能量的梯级利用，经济环保地实现油、气、化、电、热的高效多联产，从而促进经济和资源、环境和谐发展的煤炭高效清洁转化利用方式。这也是本章主要论述的内容。

中低温煤焦油的馏程分布及其四组分质量分数见表 2.3，其他性质见表 6.1。

中低温煤焦油是一种密度比水略大、氢碳原子比低、杂原子质量分数大的重质油。中低温煤焦油中含有大量杂质，主要包括金属(Fe、Ga、Na、Mg 等)、无机盐、灰分、水分，以及较多的 N、S、O 等非金属杂原子。不同类型的杂质会对煤焦油深加工工艺造成不同程度的危害，因此对其进行预处理是极为重要的环节。

表 6.1　中低温煤焦油性质

物理量	数值	物理量	数值
$w(C)/\%$	83.16	$c(Fe)/(\mu g \cdot g^{-1})$	75.11
$w(H)/\%$	7.94	$c(Ca)/(\mu g \cdot g^{-1})$	29.59
$w(N)/\%$	1.12	$c(Na)/(\mu g \cdot g^{-1})$	9.81
$w(S)/\%$	0.35	$c(Mg)/(\mu g \cdot g^{-1})$	13.68
$w(O)/\%$	7.43	$w(残炭)/\%$	6.52
氢碳原子比	1.15	含水量/%	0.63
20℃密度/$(g \cdot mL^{-1})$	1.02	$w(甲苯不溶物)/\%$	1.17
80℃黏度/$(mm^2 \cdot s^{-1})$	7.15	—	—

注：本书含水量均为质量含水量。

6.1　煤焦油中杂质脱除及预处理技术

6.1.1　煤焦油中杂质的危害

所有类型煤焦油中都含有相当比例的杂质，但不同种煤焦油中杂质的质量分数相差较大。中低温煤焦油中杂质的存在形式和分布规律见第 2 章，杂质的存在会对煤焦油深加工工艺、产品质量和环境保护等方面造成严重的影响，本小节介绍煤焦油中杂质的危害。

1. 水的危害

煤焦油含水量高会引起设备腐蚀，反应温度波动，装置压力变化，使煤焦油受热不均匀。特别是在煤焦油加氢处理过程，含水量高会间接引起反应温度的波动，使产品质量受到影响。大量水气化后，引起装置压力变化，影响回路运行。水与催化剂长时间接触，易使其活性和强度下降，甚至发生粉化现象，堵塞反应器。因此，煤焦油进入加氢设备前必须进行脱水处理[1]。

2. 固体不溶物的危害

在热解过程中，小的焦炭颗粒和无机物进入煤焦油，这些固体杂质影响了煤焦油的后续加工和使用。其中，煤焦油中喹啉不溶物(QI)和甲苯不溶物(TI)的质量分数是影响煤焦油加工利用的主要指标。QI 中有机 QI 质量分数占 95%以上，主要是厚膜聚合性芳香烃，是具有活性表面性质的微米级小颗粒，容易融入煤焦油的油性部分。TI 可分为无机和有机成分。无机成分主要是金属的无机矿物盐，而有机成分是由 C、O、S 和 N 元素组成的复杂化合物，其中 C 和 O 元素主要以苯酚和醚的形式存在，S 元素主要以硫酸盐、一些亚硫酸盐和噻吩的形式存在，N 元素主要以吡啶、吡咯和氧化氮的形式存在。

QI 和 TI 都是粗大的固体、复杂的有机和无机化合物的混合物，它们参与了焦炭沉积的形成，因此会对煤焦油加氢过程产生重大影响。

3. 金属杂质的危害

1) 堵塞、腐蚀管道及换热设备

煤焦油中的大部分无机盐类金属杂质溶于其夹带的少量乳化水中。在煤焦油经过换热设备时，其中的水分会因温度的骤升而气化，导致 Fe、Ca、Na 等无机盐类浓缩析出，在换热设备的管束、壳体内壁逐渐沉积、结垢。这不仅影响煤焦油的正常流通，而且严重降低换热效率。同时，这些无机盐类金属杂质会在高温作用下分解，生成强腐蚀性物质并产生垢下腐蚀，严重时可能导致管束、壳体破裂[2-3]。煤焦油中的 $CaCl_2$ 和 $MgCl_2$ 等无机盐类金属杂质，在温度升至 120℃时与水反应生成 HCl。当温度降低、水蒸气凝结成水后，HCl 溶于水而产生盐酸，对管道和冷凝系统等设备金属表面造成严重腐蚀。

$$MgCl_2 + 2H_2O = Mg(OH)_2 + 2HCl\uparrow \qquad (6.1)$$

$$CaCl_2 + 2H_2O = Ca(OH)_2 + 2HCl\uparrow \qquad (6.2)$$

$$Fe + 2HCl = FeCl_2 + H_2\uparrow \qquad (6.3)$$

2) 导致催化剂中毒、失活及床层堵塞

在煤焦油深加工过程中，金属杂质沉积在催化剂上，严重危害催化剂性能。其中，碱土金属类，如 Ca 在催化剂上沉积量(质量分数)超过 1%时，在苛刻的水热条件下会与沸石发生离子交换反应，破坏沸石结构，降低反应转化率。Fe 一般呈环状分布在催化剂表面，减小催化剂的表观堆积密度，并黏结成不规则的大颗粒。FeO 还可与 SiO_2、金属 Na 相结合，混合相的熔点低于 500℃，使 SiO_2 易于流动，堵塞催化剂孔道并限制大分子物质的扩散，从而降低重油转化率、增加油浆产率[4]。

此外，加氢催化剂经预硫化后常吸附大量 H_2S，且煤焦油中的噻吩及其衍生物类、砜类、硫醇和硫醚类等有机类含硫化合物经催化加氢后也会生成 H_2S，这些 H_2S 与金属杂质在高温条件下发生反应，生成固态金属硫化物并沉积在催化剂的外表面和孔道内，覆盖催化剂表面的活性中心，导致催化剂中毒失活[2]。不同

的金属硫化物对催化剂的毒化机理不同，如 Fe_2S_3 会堵塞催化剂孔道，污染其活性位，使其中毒失活；CaS 不会严重影响催化剂的活性，但会与其他金属硫化物、焦炭等黏结，填充催化剂间隙，导致催化剂颗粒相互黏结、结块，继而增加流体在催化剂床层中的流动阻力，增大反应器床层压降，严重时迫使深加工装置停工，造成极大的经济损失[5-8]。

$$M_xB_y + H_2S + H_2 \longrightarrow M_2S_y + H_xB \tag{6.4}$$

式中，M 表示金属离子；M_xB_y 表示煤焦油中的各种金属杂质。

中低温煤焦油中金属杂质不仅对反应设备有影响，而且还能危害到催化剂。一方面，中低温煤焦油中的金属无机盐类(特别是 $MgCl_2$ 和 MgO 等)，在 120℃时开始与煤焦油中的水发生水解反应，生成 HCl，当温度降低、水蒸气凝结成水时，HCl 溶于水生成盐酸，造成管道、冷凝系统的腐蚀[9]。另一方面，煤焦油加氢过程中，煤焦油中的金属化合物在高温条件下与 H_2S 反应生成固态金属硫化物，并沉积在催化剂的外表面和孔道内，覆盖催化剂表面的活性中心，导致催化剂中毒失活[9-10]。

4. 非金属杂质的危害

氮杂原子化合物虽然不是煤焦油中的主要组分，但也会对煤焦油深加工造成不利影响。氮是油品中参与成渣的主要成分，会导致氮氧化物的排放，使催化剂中毒，降低加氢处理效率，并影响产品的稳定性。油品储存过程中，氮化合物与空气接触而氧化生成胶质，导致油品颜色变深，质量变差，降低油品的安定性，影响油品的正常使用。因此，许多油品精制方法主要是针对氮的脱除。硫化氢腐蚀管道及设备产生的硫化亚铁，油水界面处会形成油水过渡层，胶态硫化亚铁会沉积在过渡层并形成稳定的刚性界面膜，可阻碍水滴的聚集[11]，进而阻碍煤焦油中水的脱除。如果产品油中硫、氮质量分数过高，在使用过程中排放出硫氧化物、氮氧化物，能形成酸雨，造成环境污染[5-6]。

6.1.2　煤焦油中水的脱除方法

煤焦油在蒸馏前必须将水分除去，脱水的煤焦油可以减少蒸馏过程的热量消耗，增加设备的生产能力，降低连续蒸馏加热的系统阻力。煤焦油脱水分为初步脱水和最终脱水，经最终脱水的煤焦油称作无水煤焦油。煤焦油初步脱水一般采用加热静置脱水法，即煤焦油在贮槽内用蛇管加热保温在 80℃左右，静置 36h 以上，煤焦油与水因密度上的差异而分离。静置脱水可使煤焦油中含水量初步脱至 4%以下。此外，煤焦油初步脱水还有超级离心脱水法和加压脱水法等。

1. 煤焦油脱水方式

煤焦油最终脱水,依据生产规模不同,主要有以下几种方式:

1) 间歇釜脱水

间歇蒸馏系统中,专设脱水釜进行煤焦油最终脱水。釜内煤焦油温度加热至100℃以上,使水分蒸发脱除。脱水釜容积与蒸馏釜相同,一釜脱水煤焦油供一釜蒸馏用。脱水釜蒸汽管温度加热至 130℃时,最终脱水完成,釜内煤焦油含水量可降至 0.5%以下。

2) 管式炉脱水

连续煤焦油蒸馏工艺采用管式炉脱水。经初步脱水的煤焦油送入管式炉连续加热到 125~130℃,然后送入一次蒸发器(脱水塔),脱除部分轻油和水。此时煤焦油含水量降至 0.3%~0.5%。国内连续式管式炉煤焦油蒸馏工艺中,绝大多数厂家最终脱水是在管式炉的对流段进行的。

3) 加压脱水法脱水

在专设的密闭分离器内,加压(0.3~1.0MPa)和加热(130~135℃)的条件下对煤焦油进行脱水。加压脱水法中水不会气化,分离水以液态去除,降低了能耗。由于脱水温度的提高,煤焦油和水乳化液能够很容易破乳,使分离简单化。该法可以使煤焦油含水量小于 0.5%。加压脱水法的显著特点不仅在于脱除了水分,同时也脱除了大部分腐蚀性铵盐[12]。

4) 化学破乳法脱水

化学破乳法主要利用化学破乳剂改变油水界面性质或界面膜的强度。从结构上讲,破乳剂同时具有亲水亲油两种基团,亲油部分为碳氢基团,特别是长链的碳氢基团构成;亲油部分则由离子或非离子型的亲水基团组成。破乳剂比乳化剂具有更高的表面活性,更小的表面张力。使用极少量的破乳剂便能有效快速地脱去原油中的水分。化学破乳法运用于煤焦油脱水减少了脱水时间,因此就会降低能量的消耗,而且药剂的添加对煤焦油的后续加工没有影响。目前为止,利用化学破乳法进行煤焦油脱水的公司还是有限的,因为大多破乳剂是根据原煤焦油的性质而合成的,寻找适合煤焦油特性的破乳剂,需要大量的科学研究才能实现。目前常用的煤焦油脱水方法中,加热静置脱水法脱水时间较长、效率低,管式炉脱水能耗较高,采用微波辐射法、超声波辐射法和化学破乳法进行脱水,这样可以大大提高破乳效果,加速油水分离,缩短时间,节省能源。这也将是未来煤焦油脱水的发展方向,其应用前景和经济效益十分可观[12]。

2. 煤焦油脱水及动力学

目前,关于煤焦油的脱水在技术和应用方面报道较多,本书采用加热静置法对陕北某焦化厂中温煤焦油进行脱水工艺研究,采用陕北某焦化厂已初步脱水处理的煤焦油进行实验，测得原料煤焦油含水量后注入去离子水，配置成含水量为2.38%、3.22%的试样，分别记作 A 和 B。在耐压的具塞三角瓶中，分别加入100mL 煤焦油试样 A 和 B，考察不加破乳剂和加入 $30\mu g \cdot g^{-1}$ 的 XD-2 型破乳剂的脱水率。采用可控温电热套加热，控制温度为 90℃、110℃、130℃，在不同的时间点上，用针管小心地取出上层的水相，并测定煤焦油中的含水量。以Smolu-chowski[13]聚沉理论和 Stokes-Einstein 碰撞理论为基础，建立中温煤焦油脱水的脱水动力学模型，并通过实验对模型的可靠性进行验证[1]。

实验仪器和方法：煤焦油的黏度根据《石油产品运动粘度①测定法和动力粘度计算法》(GB/T 265—88)，用符合《玻璃毛细管粘度计技术条件》(SH/T 0173—92)的玻璃毛细管黏度计测定。煤焦油的含水量根据《石油产品水含量的测定　蒸馏法》(GB/T 260—2016)测定[1]。本小节在实验时根据《石油产品水分测定法》(GB/T 260—77)测定煤焦油的含水量。

1) 动力学建模

(1) 模型Ⅰ。

对 Smolu-chowski 提出的快速聚沉理论，作出以下几点假设：①内相水滴是大小均一的球粒；②水滴的运动完全由布朗运动控制，不存在任何斥力势垒；③水滴粒子除了发生相互接触外不发生相互作用；④当水滴粒子碰撞时相互黏结成一个运动单元。图 6.2 为 2 个半径为 R 的球形水滴粒子碰撞黏结的模型[1]。

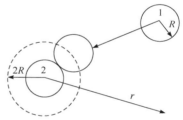

图 6.2　球形水滴粒子碰撞黏结模型

若将水滴粒子 2 固定在坐标原点，粒子 1 向静止的中心粒子 2 扩散时，单位时间、单位面积上的扩散粒子数，可由菲克扩散定律给出：

$$\frac{1}{A}\frac{\mathrm{d}n}{\mathrm{d}t} = -D\frac{\mathrm{d}n}{\mathrm{d}r} \tag{6.5}$$

式中，A 为扩散所通过的面积，cm^2；D 为扩散系数，$cm^2 \cdot s^{-1}$；n 为球形粒子的浓度；$\mathrm{d}n/\mathrm{d}r$ 为在 r 方向上的浓度梯度。因为 $A=4\pi r^2$，则式(6.5)可写为

$$J = \frac{\mathrm{d}n}{\mathrm{d}t} = -\left(4\pi r^2\right)D\frac{\mathrm{d}n}{\mathrm{d}r} \tag{6.6}$$

式中，J 为单位时间内穿过球面的粒子数，在稳态扩散条件下，J 为常数。因此，可设开始时球形粒子的浓度为 n_0，边界条件为 $r=\infty$ 时，$n=n_0$；$r=2R$ 时，$n=0$，对式(6.6)进行积分得

$$J = -8\pi RDn_0 \tag{6.7}$$

---

① "粘度"应为"黏度"，为保留标准原文，本书相关标准名未做修改。

因为所有粒子运动之中都伴随布朗运动，所以在实际的碰撞聚沉过程中，情况是复杂的。假设所有聚沉都是一级聚结引起的，则其聚沉速度的通式可表示为

$$\frac{\mathrm{d}n}{\mathrm{d}t} = -8\pi RDn^2 \tag{6.8}$$

根据边界条件：当 $t=0$ 时，$n=n_0$；$t=t$ 时，$n=n_1$，n_1 为 t 时刻后的粒子浓度。对式(6.8)进行积分得

$$n_1 = \frac{n_0}{1 + 8\pi Rn_0 t} \tag{6.9}$$

式(6.9)为快速聚沉的动力学方程。但是，在大多数情况下粒子之间的斥力势垒并不为 0，DLVO(Derjaguin-Landau-Verwey-Overbeek)理论认为对有势垒存在的聚沉速度，依然可用式(6.9)进行描述，但需乘以一个指数因子，则式(6.9)可变为

$$n_1 = \frac{n_0}{1 + 8\pi RDn_0 \exp\left(\dfrac{-E^*}{k_\mathrm{B}T}\right) t} \tag{6.10}$$

式中，E^* 为最大斥力势能，J；k_B 为玻尔兹曼常数，J/K；T 为温度，K。

则脱水率 x_w 可表示为

$$x_\mathrm{w} = 1 - \frac{n_1}{n_0} \frac{8\pi RDn_0 \exp\left(\dfrac{-E^*}{k_\mathrm{B}T}\right) t}{1 + 8\pi RDn_0 \exp\left(\dfrac{-E^*}{k_\mathrm{B}T}\right) t} \tag{6.11}$$

将 Stocks-Einstein 扩散系数方程 $D=k_\mathrm{B}T/(6\pi R\eta)$ 带入式(6.11)，得

$$x_\mathrm{w} = \frac{\dfrac{4k_\mathrm{B}T}{3\eta} \exp\left(\dfrac{-E^*}{k_\mathrm{B}T}\right) n_0 t}{1 + \dfrac{4k_\mathrm{B}T}{3\eta} \exp\left(\dfrac{-E^*}{k_\mathrm{B}T}\right) n_0 t} \tag{6.12}$$

式中，η 为黏度，$\mathrm{mm}^2 \cdot \mathrm{s}^{-1}$。

令 $M_1 = (4k_\mathrm{B}n_0)/3$，$M_2 = E^*/k_\mathrm{B}$，则脱水率可表示为

$$x_\mathrm{w} = \frac{M_1 \dfrac{T}{\eta} \exp\left(-\dfrac{M_2}{T}\right) t}{1 + M_1 \dfrac{T}{\eta} \exp\left(-\dfrac{M_2}{T}\right) t} \tag{6.13}$$

式(6.13)是中温煤焦油脱水率模型 I，该模型反映了温度、黏度、初始液滴数、脱水时间等与脱水率之间的关系。

(2) 模型Ⅱ。

对 Smolu-chowski 碰撞速率和微粒聚结方程进行修改，引入碰撞效率、作用半径等参数。

$$n_1 = \frac{n_0}{\left(1 + \xi H t\right)^2} \tag{6.14}$$

式中，$H=DR_a n_0$，R_a 为作用半径，cm；ξ 为碰撞效率。假定碰撞效率采用 DLVO 理论解释，ξ 可表示为

$$\xi = \xi_0 \exp\left(-\frac{E^*}{k_B T}\right) \tag{6.15}$$

将式(6.15)代入式(6.14)可得

$$n_1 = n_0 \times \left[1 + \xi_0 \exp\left(-\frac{E^*}{k_B T}\right) D R_a n_0 t\right]^{-2} \tag{6.16}$$

则脱水率 x_w 可表示为

$$x_w = 1 - \left[1 + \xi_0 \exp\left(-\frac{E^*}{k_B T}\right) D R_a n_0 t\right]^{-2} \tag{6.17}$$

将 Stocks-Einstein 扩散系数方程带入式(6.17)，得

$$x_w = 1 - \left[1 + \frac{\xi_0 k_B R_a n_0 T}{6\pi R} \frac{T}{\eta} \exp\left(-\frac{E^*}{k_B T}\right) t\right]^{-2} \tag{6.18}$$

令 $N_1 = (\xi_0 k_B R_a n_0)/6\pi R$，$N_2 = E^*/k_B$，则脱水率可表示为

$$x_w = 1 - \left[1 + N_1 \frac{T}{\eta} \exp\left(-\frac{N_2}{T}\right) t\right]^{-2} \tag{6.19}$$

式(6.17)为中温煤焦油脱水率模型Ⅱ，该模型反映了温度、黏度、初始液滴数、脱水时间、碰撞效率、作用半径和脱水率之间的关系。

2) 实验及验证讨论

(1) 直接静置加热。

在 90℃、110℃和 130℃的条件下，考察煤焦油 A 和 B 脱水率随时间的变化情况，用 Matlab 软件求得脱水动力学参数并绘图，结果见图 6.3。

由图 6.3 可知，直接静置加热时，在 110℃和 130℃下模型Ⅱ和Ⅰ更接近脱水实验结果。在 90℃下脱水，前 30min 模型Ⅰ和Ⅱ的拟合曲线都接近实验测定值，但在 30min 以后脱水率与实验结果偏差较大。在同一温度下随着脱水时间的延

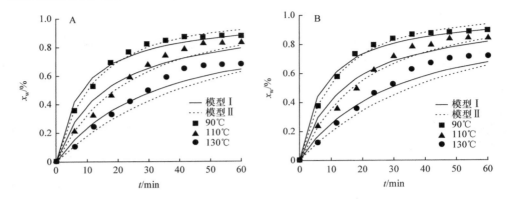

图 6.3 直接加热对煤焦油 A 和 B 脱水率的影响[1]

长，煤焦油的脱水率逐渐提高；同时煤焦油含水量越高，脱水速率相对较快且达到脱水平衡所用的时间越短。在相同的脱水时间内，温度越高煤焦油的脱水率也越高。脱水模型参数用 Matlab 软件拟合求得，由拟合结果求出模型与实测数据的相对残差。模型Ⅱ比模型Ⅰ表现得更好，相对残差小于 0.5%，这与 130℃的实验结果接近。

(2) 加破乳剂静置加热。

在 90℃、110℃和 130℃的条件下，考察在煤焦油 A 和 B 中分别加入 30μg·g^{-1}的 XD-2 型破乳剂加热脱水，其脱水率随时间的变化情况，用 Matlab 软件求得脱水动力学参数并绘图，结果见图 6.4。

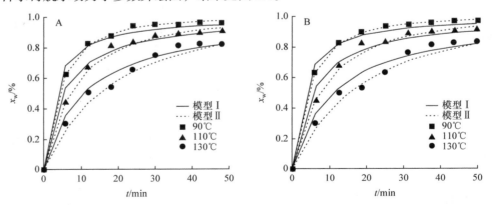

图 6.4 加破乳剂静置加热对煤焦油 A 和 B 脱水率的影响[1]

由图 6.4 可看出，加入破乳剂后，脱水率随之有很大提高，脱水很快达到平衡，并且随温度的升高，脱水率也在增加。在 130℃和 110℃下，脱水约 30min 即可达到平衡，而在 90℃下，脱水要 40min 左右才达到平衡，且脱水率比前二者都低。在各温度下前 10min 脱水率均不高，可能因为破乳剂在试样中未扩散和混合均匀。脱水模型参数用 Matlab 软件拟合求得，由拟合结果，求出模型与实测数据的相对残差，由相对残差可以看出，在同温度下，模型Ⅱ相对残差均小于模型Ⅰ，比较接近实验结果。模型Ⅱ的总体相对残差小于 0.3%，这更接近 130℃下的实验结果。

3) 研究结论

煤焦油加热脱水时，随着温度的升高，脱水速率逐渐提高，温度越高脱水达到平衡所需的时间越短。加入破乳剂后，脱水率和脱水平衡时间都比未加破乳剂的时间明显缩短。煤焦油含水量的不同会直接影响其脱水率，且含水量较高的油品最终脱水率也相对较高。假设煤焦油的聚沉脱水为一级聚结是可行的，基本符合实验结果。尤其在高温下直接静置加热时，模型Ⅱ吻合较好，相对残差均小于 0.3%。

6.1.3　煤焦油中固体不溶物的脱除方法

过滤法净化煤焦油在工业上的应用较为广泛，通过过滤主要脱除其中的有害固体杂质，减轻其后续处理的负荷。过滤的核心技术在于滤芯，它要具有高强度且孔径小的特点，以保证其稳定而高效地运行。但是，滤芯孔径的大小与过滤的速率成反比，这就要求在选择滤芯的时候不能只一味地追求孔径小，应该综合考虑滤芯孔径与过滤速率对过滤效率的影响，最终选取一个合适精度的滤芯。通常煤焦油过滤的主要流程依次为过滤、反冲洗、浸泡、退油、再过滤，但实验室一般采用间歇式操作，即过滤、反冲洗、再过滤[14-15]。唐课文等[16]采用间歇式操作对高温煤焦油进行了过滤分离的研究，考察了滤芯精度、数量等对过滤特性的影响，结果表明：平均孔径 5μm 的滤芯过滤效果最佳，其喹啉不溶物脱除率高达 94.7%。中低温煤焦油热过滤前后的主要杂质含量列于表 6.2。滤渣与中低温煤焦油 TI、TI-QI 组分的元素组成见表 6.3。

表 6.2　中低温煤焦油热过滤前后的主要杂质含量

类型	$w(Fe)/(\mu g \cdot g^{-1})$	$w(Ca)/(\mu g \cdot g^{-1})$	$w(灰分)/\%$	$c(盐)/(mg \cdot L^{-1})$
煤焦油	75.11	29.59	0.047	10.19
热过滤后煤焦油	51.18	11.89	0.035	8.13

表 6.3　滤渣与中低温煤焦油 TI、TI-QI 组分的元素组成

类型	$w(C)/\%$	$w(H)/\%$	$w(O)/\%$	$w(N)/\%$	$w(S)/\%$	氢碳原子比	$c(Fe)/(\mu g \cdot g^{-1})$	$c(Ca)/(\mu g \cdot g^{-1})$	$w(灰分)/\%$	收率/%
滤渣	78.17	4.68	15.66	0.92	0.57	0.72	5215	3039	8.97	0.34
TI	72.98	2.24	21.99	1.06	1.72	0.37	8562	4082	15.49	0.50
TI-QI	71.73	1.77	23.60	1.03	1.87	0.30	9877	4822	16.99	0.42

　　由表 6.2 可知，经热过滤后，煤焦油中主要杂质含量明显下降，热过滤可对煤焦油中的主要杂质实现一定程度的预处理脱除效果。计算杂质脱除率可知，物理过滤对 Ca 的脱除效果明显优于 Fe，说明中低温煤焦油 Ca 杂质中氧化物、无机盐类等无机固体类所占比例远高于 Fe，同时也证明甲苯不溶性 Ca 中主要为氧化物、无机盐类固体含 Ca 化合物。

　　由表 6.3 可知，滤渣中的 C、H 元素质量分数低于煤焦油平均值、高于中低温煤焦油 TI、TI-QI 组分，说明滤渣中含有少量的有机组分。滤渣的氢碳原子比较小，说明其中含有大量碳粉、炭渣类，可能存在少量的稠环芳烃类物质。c(Fe)远小于 TI、TI-QI 组分，而 c(Ca)接近 TI、TI-QI 组分，说明滤渣中 Ca 的富集程度高于 Fe，证明煤焦油中以氧化物、无机盐类等无机固体形式存在的 Ca 占总 Ca 的比率大于 Fe。

　　1) 滤芯精度对过滤效果的影响

　　本小节选择 6 种规格不同的滤芯(5μm、10μm、20μm、40μm、50μm 和60μm)进行煤焦油热过滤实验，考察其对煤焦油中 QI 质量分数的影响。图 6.5 为煤焦油中 QI 质量分数与滤芯精度的关系。

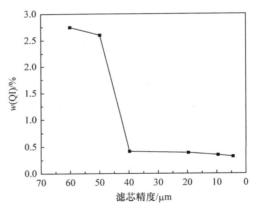

图 6.5　煤焦油中 QI 质量分数与滤芯精度的关系

　　由图 6.5 可知，随着滤芯精度的升高，煤焦油中 QI 质量分数不断降低。上述结果说明，煤焦油中 QI 的粒径绝大部分分布在 40～50μm，仅有少部分粒径分布在大于 50μm 和小于 10μm 附近。根据上述实验结果，最终选取精度为 5μm 和40μm 的滤芯进行煤焦油热过滤实验研究。下面重点研究这两个滤芯对煤焦油 QI 脱除的影响，这不仅缩小了筛选滤芯精度的范围，也减小了实验的工作量，更加有利于实验的研究进展。

　　表 6.4 为使用不同精度滤芯过滤后煤焦油中 QI 质量分数。从表 6.4 可知，采用精度分别为 5μm 和 40μm 的滤芯进行煤焦油的热过滤时，其对 QI 的脱除效果

相差甚微。为了更好地研究滤芯精度与 QI 组分的关系，下面实验针对 5μm 和 40μm 的滤芯所得滤渣中的 QI 组分进行表征分析，研究其各自 QI 组分的组成与结构变化。以下均用 QI-a、QI-b 分别代表精度为 5μm 和 40μm 的滤芯所得滤渣中的 QI 组分。

表 6.4　使用不同精度滤芯过滤后煤焦油中 QI 质量分数

类别	煤焦油质量/g	过滤后煤焦油中 QI 组分	
		质量/g	w(QI)/%
QI-a	10.02	0.0381	0.38
QI-b	10.04	0.0422	0.42

注：以煤焦油总质量为基准。

2) 过滤产物的分析和表征

(1) 元素分析。

表 6.5 为中低温煤焦油经不同精度滤芯过滤所得滤渣中 QI 组分的杂质金属元素浓度。

表 6.5　滤渣中 QI 组分的杂质金属元素浓度

类别	c(金属元素)/(mg·L^{-1})				
	Fe	Ca	Al	Mg	Na
QI-a	4258.6	2863.9	275.3	359.1	165.5
QI-b	7317.3	4103.5	385.8	370.5	159.1

由表 6.5 可知，两种 QI 中均含有 Fe、Ca、Al、Mg、Na 等杂质金属元素，其中 Fe、Ca 元素浓度明显高于其他元素，这些元素的存在对煤焦油后续加工会造成很大危害。QI-b 组分比 QI-a 组分的杂质金属元素浓度高，尤其是 Fe、Ca、Al 等金属元素。这是因为 QI-b 的平均粒径较 QI-a 大，大颗粒物由煤灰一类的无机物构成，其中含有 CaO、Fe$_2$O$_3$ 等金属氧化物[17]。另外，大颗粒物上附着较多强极性的小颗粒有机物，很难用喹啉将其冲洗掉，而金属杂原子会与这些有机物形成稳定的配位化合物。因此，为了较好地脱除这些杂质金属元素，在热过滤时，应避免选择精度较高的滤芯[18]。

(2) 滤渣中 QI 组分的 XPS 分析。

图 6.6 为中低温煤焦油经过滤所得滤渣中 QI 组分的 XPS 全谱。

由图 6.6 可知，两种 QI 组分中均含有 C、O、S、Si、Ca 等元素。其中，C、O 的峰均比其他元素明显，表明煤焦油 QI 中以 C、O 元素为主，这一结果同元素分析、EDS 能谱分析结果相吻合。采用归一化法后可知，QI-a 中 C、O、S、

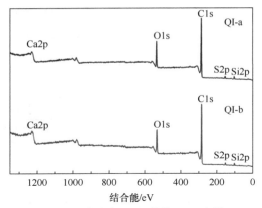

图 6.6　滤渣中 QI 组分的 XPS 全谱

Si、Ca 元素的质量分数依次为 62.63%、29.97%、2.04%、2.54%、2.82%，QI-b 中 C、O、S、Si、Ca 元素的质量分数依次为 63.43%、26.85%、2.78%、3.24%、3.70%。然后采用 XPS 分峰软件对各个峰进行拟合分峰。

图 6.7 为中低温煤焦油经过滤所得滤渣中 QI 组分的 XPS C1s 对比谱图。表 6.6 为滤渣中 QI 的不同碳形态分布及百分含量。QI-a 石墨 C 的百分含量为石墨 C 占 QI-a 中所有碳形态的百分比，其他碳形态的百分含量以此类推。

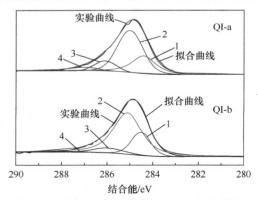

图 6.7　滤渣中 QI 组分的 XPS C1s 对比谱图

表 6.6　滤渣中 QI 的不同碳形态分布及百分含量[18]

特征峰	结合能/eV	碳形态	百分含量/%	
			QI-a	QI-b
1	284.5	石墨 C	26.8	25.6
2	285.1	C—C、C—H	55.0	64.4
3	286.1	C—OH、C—O、C—O—C	10.7	5.3
4	287.6	C=O	7.5	4.7

由图 6.7 可知，QI-a 和 QI-b 中均存在四种类型的碳[19-21]。其中，结合能为 284.5 eV 的峰 1 是石墨 C；结合能为 285.1eV 的峰 2 是碳氢化合物 C—C、C—H 型碳；结合能为 286.1eV 的峰 3 是酚碳或醚碳(C—OH，C—O，C—O—C)；结合能为 287.6eV 的峰 4 是羰基 C(C=O)。由表 6.6 可知，QI-a 中的 C—C、C—H 型碳较 QI-b 低，其原因在于 QI-b 的缩聚程度较高。另外，QI-a 中的酚碳和醚碳近乎是 QI-b 的两倍，这说明 QI-a 组分的芳环结构中存在更多的碳氧单键 C。

图 6.8 为中低温煤焦油经过滤所得滤渣中 QI 组分的 XPS O1s 对比谱图。表 6.7 为滤渣中 QI 的不同氧形态分布及百分含量。QI-a 中 C=O 氧形态的百分含量为 C=O 占 QI-a 中所有氧形态的百分比，其他氧形态的百分含量以此类推。

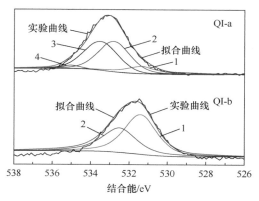

图 6.8　滤渣中 QI 组分的 XPS O1s 对比谱图

表 6.7　滤渣中 QI 的不同氧形态分布及百分含量[18]

特征峰	结合能/eV	氧形态	百分含量/%	
			QI-a	QI-b
1	531.4	C=O	11.3	58.7
2	532.8	C—O—C、C—O、C—OH	43.6	41.3
3	533.8	—COOH	42.0	—
4	535.5	吸附氧	3.1	—

由图 6.8 可知，QI-a 中存在四种类型的氧，QI-b 中存在两种类型的氧[22]。其中，结合能为 531.4 eV 的峰 1 是羰基氧(C=O)；结合能为 532.8 eV 的峰 2 是碳氧单键氧(C—OH、C—O、C—O—C)；结合能为 533.8 eV 的峰 3 是羧基氧(—COOH)；结合能为 535.5eV 的峰 4 是吸附氧。

由表 6.7 可知，QI-a 中 85.6%的氧以碳氧单键氧和羧基氧的形式存在，11.3%的氧以羰基氧的形式存在；QI-b 中氧主要以羰基氧和碳氧单键氧的形态存在，其百分含量分别为 58.7%、41.3%。这就表明缩聚度低的 QI-a 中主要含有酚类、醚类和羧酸类有机物,含酮类较少;缩聚度较高的 QI-b 中则主要含酚类、醚类和酮类有机物。然而,酚类、酮类和羧酸类均可提供配体,然后与金属杂原子形成配位化合物。其中,酚羟基和羧基可离解出 H$^+$,与金属杂原子形成配位化合物,而酮基氧含有孤电子对,也可与金属 Fe、Ca 杂原子形成配位化合物[18]。

　　3) 滤芯精度的优化和选择

　　综合上述对比分析结果可知,滤芯精度为 40μm 时,能够更加有效地滤除煤焦油中含氧官能团多且芳环缩聚度高的物质和金属元素及 O、S 杂原子质量分数高的物质,这些不仅给煤焦油的加氢反应带来困难并影响产品的品质,而且增大了加氢的成本。另外,相比精度为 5μm 的滤芯,它的过滤阻力小,过滤速度快,工作效率高。因此,煤焦油热过滤的最佳滤芯精度为 40μm,并且不宜选精度在 5μm 以下的滤芯。

6.1.4　预处理技术

1. 电脱盐脱水技术

　　电脱盐脱水技术最先应用于石油炼制领域,近年来,研究者将其应用到煤焦油预处理领域。电脱盐脱水过程如下:首先,在煤焦油中加入一定量的新鲜水和适量破乳剂充分混合洗涤破乳;然后,在高压电场发生偶极聚集和电泳聚集作用下,使含盐的小水滴极化,逐渐聚结为大水滴;最后,根据油水密度差异而发生沉降,实现脱水脱盐效果。煤焦油电脱盐脱水技术原理如图 6.9 所示。

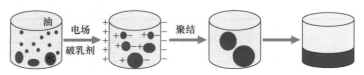

图 6.9　煤焦油电脱盐脱水技术原理示意图

　　影响电脱盐脱水技术的因素较多,如破乳剂类型及添加量、设备防腐及耐压性能、电场梯度等。崔楼伟等采用响应面优化了煤焦油电脱盐脱水工艺参数,得到了优化的条件为:电脱盐温度 110.97℃,电场强度 983.06V·cm^{-1},破乳剂注入量 9.65μg·g^{-1},电脱后煤焦油的含水量<300μg·g^{-1},金属浓度为 24～25μg·g^{-1}。李学坤等也运用响应面法考察影响煤焦油电化学脱水效果,其影响的大小顺序为去离子水加入量>破乳剂加入量>脱水时间>脱水温度。中石化(大连)石油化工研究院有限公司刘纾言等采用电脱盐脱水技术,在脱金属剂和破乳剂共同作用下,对一种中低温煤焦油进行预处理研究,确定最佳工艺条件:电场强度为 1000V·cm^{-1},处理温度为 140℃,注水比例为 6%,破乳剂加入量为 30～

$50\mu g \cdot g^{-1}$，处理时间为 20min，脱盐量达到 34%以上，含水量由 100%降低到 13%，总金属脱除率仅为 27%。

2. 酸精制技术

酸精制技术主要依据酸水助剂的强酸作用、络合作用和螯合作用等脱除煤焦油中的杂原子化合物。其中，煤焦油中的金属杂原子可与酸水助剂中释放出的 H^+、羧酸根离子或酚基离子结合，从而使金属离子浓度降低；另外，煤焦油中的氮杂原子多以碱性氮存在，可通过酸碱中和络合反应去除。酸精制剂主要为无机强酸和有机酸，如硫酸、盐酸、磷酸、甲酸等。典型的脱除机理如下：

$$(RCOO)_2 M + 2H^+ \longrightarrow 2RCOOH + M^{2+} \tag{6.20}$$

$$\left[\begin{array}{c} O \\ \text{R} \end{array} \right]_2 M + 2H^+ \rightleftharpoons 2\left[\begin{array}{c} OH \\ \text{R} \end{array} \right]_2 + M^{2+} \tag{6.21}$$

$$\left[\begin{array}{c} O \\ \text{R} \end{array} \right]_2 M + Y \rightleftharpoons 2\left[\begin{array}{c} O \\ \text{R} \end{array} \right]^- + [MY]^{2+} \tag{6.22}$$

式(6.20)~式(6.22)中，M 为金属 Fe、Ca；Y 为有机酸。

$$\underset{S}{\bigcirc} + H_2SO_4 \rightleftharpoons \underset{S}{\bigcirc}\!\!-\!SO_3H + H_2O \tag{6.23}$$

$$\underset{N}{\bigcirc} + H^+ \rightleftharpoons \underset{N^+ H}{\bigcirc} \tag{6.24}$$

丹麦托普索公司推出了世界首套煤焦油酸洗预处理技术，可有效的脱除 90%以上的 Fe、Ca 等金属杂质和有机氮，同时对 C、H 分子无影响，预处理过程中煤焦油的损失极小，且可适用于不同的煤焦油。酸精制技术预处理工艺流程如图 6.10 所示。

相比其他煤焦油预处理技术，酸精制技术相对简单、易操作，不仅可以脱除金属原子，还可附带脱除部分硫、氮杂原子，但其对设备的耐腐蚀性要求高。本节探索了酸类型对煤焦油中金属 Fe、Ca 原子脱除的工艺优化。

1) 酸精制分离时间优化

取一定量的煤焦油，煤焦油与水的质量比(油水质量比)为 1∶0.2，酸精制剂为质量分数为 5%的 H_2SO_4，破乳剂的加入量为 $200\mu g \cdot g^{-1}$，脱金属剂的加入量为 $400\mu g \cdot g^{-1}$，将混合物在 80℃下搅拌 0.5h，在 90℃的分离罐中分离。调整进

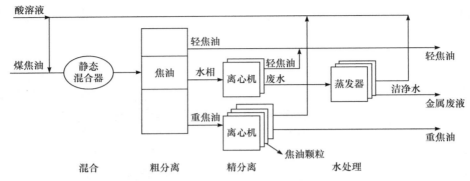

图 6.10　煤焦油酸精制技术预处理工艺流程

料泵的流量和分离时间，研究不同分离时间对预处理后煤焦油中含水量及杂原子质量分数的影响，结果见图 6.11 和图 6.12。进一步分析确定了最佳分离时间。

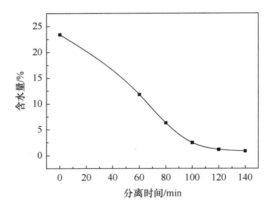

图 6.11　不同分离时间对预处理后煤焦油含水量的影响

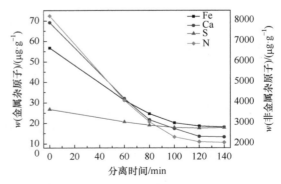

图 6.12　不同分离时间对预处理后煤焦油杂原子质量分数的影响

由图 6.11 和图 6.12 可知，随着分离时间的延长，煤焦油中的含水量呈现出先下降后平稳的趋势，Fe、Ca、S、N 质量分数也呈现出先下降后平稳的趋势。分离时间的延长，有利于水滴克服煤焦油黏度阻力与油滴发生相对运动，进而和其他水滴碰撞融并形成大液滴，这些大液滴在适宜的环境下逐步完成油水分离过程。但分离时间>120min，含水量变化不明显，煤焦油中杂原子质量分数几乎也达到最低值，说明仅通过延长分离时间，并不能有效降低煤焦油中含水量，这是因为煤焦油与助剂经过充分酸化、络合、螯合反应后，煤焦油中的杂原子继而转移到水相中，油水分离的程度直接影响了预处理后煤焦油中杂原子的脱除效果，可认为油水基本分离完全。

2) 酸精制分离温度优化

取一定量的煤焦油，油水质量比为 1：0.2，酸精制剂为质量分数 5%的 H_2SO_4，破乳剂的加入量为 $200\mu g \cdot g^{-1}$，脱金属剂的加入量为 $400\mu g \cdot g^{-1}$，将混合物在 80℃下搅拌 0.5h，调整进料泵流量，使分离时间为 120min。改变分离室的温度，研究不同分离温度对预处理后煤焦油中含水量及杂原子质量分数的影响，结果见图 6.13 和图 6.14。进一步分析确定了最佳分离温度。

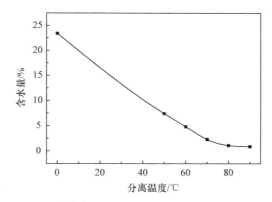

图 6.13 不同分离温度对预处理后煤焦油含水量的影响

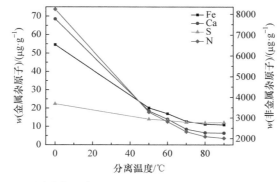

图 6.14 不同分离温度对预处理后煤焦油杂原子质量分数的影响

由图 6.13 和图 6.14 可知，随着分离温度的升高，煤焦油中的含水量逐渐下降，但随着分离温度的进一步升高，即分离温度>80℃之后，含水量几乎不再降低。煤焦油中的 Fe、Ca、S、N 质量分数也呈现出先下降后平稳的趋势，此变化趋势与含水量变化趋势基本相同。一方面是因为随着分离温度的增加，混合体系的黏度逐渐降低，油水之间的界面张力减弱，使得油水分子运动受到的阻力减小，加速了油水聚结；另一方面是因为分离温度升高，油水分子内能增大，大大加剧了分子热运动，水分子之间的碰撞融并概率增加，同时，油水两相密度差增大，有助于油水两相的分离。然而，在一定温度范围内，油水两相密度差的增大是有限的，所以当温度高于 80℃后，煤焦油中含水量降幅不明显而趋于平稳。

结合实验得到的不同分离温度对预处理后煤焦油中含水量和杂原子质量分数的影响情况，优选出最佳的分离温度为 80℃，得到的煤焦油中含水量为 0.9%，杂原子 Fe、Ca、S、N 脱除率分别为 78.2%、90.5%、25.1%、74.6%，预处理的煤焦油能满足后续深加工要求。

3. 化学络合技术

化学络合技术原理就是在向油品注水的条件下，将脱金属剂溶液与待处理的油品充分混合，脱金属剂在油水界面与金属杂质接触并发生反应，生成配合物、螯合物或沉淀物等，通过油水相的分离使金属杂质随水一起排出，从而达到脱除金属杂质的目的。

目前，国内外公开文献和工业上使用的脱金属剂的作用机理大致可以分为三种：强酸作用、络合作用、沉淀作用。络合脱金属剂最先应用于原油处理脱金属方面，由美国某公司开发。早在 20 世纪 60 年代，美国贝克尔、雪佛龙等公司就开发出了一系列无机酸类、有机酸及其盐类的脱金属剂，可在电脱盐过程中脱除原油中的部分金属杂质。随着原油开采与加工业的快速发展，历年来相继有多种原油脱金属剂问世。针对原油中 Ca、Ni、V 等质量分数较高的问题，国外脱金属剂的研发进程可分为以下三个阶段：

(1) 以氨基羧酸类、碳酸及碳酸盐类、柠檬酸等羟基羧酸类、二元羧酸及其盐类等为主剂的脱金属剂。

(2) 开发出以硫酸及硫酸盐类、一元有机羧酸及其盐类为主的脱金属剂。

(3) ①研发新型高效脱金属剂，主要有聚乙烯酸、聚丙烯酸等水溶性有机高分子聚合物型脱金属剂；②开发丙烯酸与醚类、磺酸类等有机物的共聚物型脱金属剂；③不同种类、不同比例的酸类及其盐类配制成的混合型脱金属剂，如以水溶性的羟基酸为脱金属剂主剂时，加入某些无机酸可有效促进油水相分离，提高脱金属效率。

　　我国于 20 世纪 90 年代末期才开始有络合脱金属剂问世，从报道情况看，我国脱金属剂在脱金属效果和用量上与国外脱金属剂无较大差异。我国推出的脱金属剂多为复配型脱金属剂，着重于各种酸性物质的搭配，以提高脱金属效率。尽管我国针对原油的酸类复配型脱金属剂的脱金属效果较佳，但在我国脱金属剂的供应与使用过程中，关于减少酸性物质引起的设备腐蚀、降低换热器结垢方面的配套技术较为落后。

　　对煤焦油脱金属剂的研制从 2008 年才开始，由于煤焦油与原油在密度、黏度、组成及金属杂质赋存形态等多方面差异较大，性能优异的原油脱金属剂可能并不适用于煤焦油，在工业应用上对煤焦油中的 Fe、Ca 等金属杂质的脱除效果不佳。有学者借鉴了原油脱金属剂的复配技术，开发出具有一定脱金属效果的煤焦油复配型脱金属剂，但这些脱金属剂仍多以有机/无机类强酸性物质为主要成分，将造成煤焦油预处理设备腐蚀、结垢等危害。

　　1) 脱金属剂主剂的筛选

　　基于脱金属剂研发进展，选用国内外脱金属剂研发进程中具有代表性的无机酸、有机酸、螯合剂类脱金属剂，如无机酸类、烃基羧酸类、羟基羧酸类、氨基羧酸及其盐类、磷酸类，以及工业预处理过程中常用的工业剂，对热过滤后煤焦油进行脱金属预处理，预处理后煤焦油的含水量及金属杂原子脱除率如图 6.15 所示。

　　由图 6.15 可知，无机酸类、烃基羧酸类、羟基羧酸类、膦酸类脱金属剂对煤焦油中油溶性金属杂原子的脱除效果较工业剂差，而氨基羧酸及其盐类中的 HEDTA、EDTA-2Na、DTPA-5Na 对油溶性金属杂原子表现出较佳的脱除性能，整体脱除率约为 80%。在电脱盐脱水技术的油水分离条件下，经大部分脱金属剂处理后的煤焦油含水量低于原料煤焦油，与工业剂处理后煤焦油中的含水量基本持平，说明实验所用大部分脱金属剂对煤焦油与水相的油水分离过程不会产生显著影响。聚丙烯酸、MA-AA 属于大分子聚合物，处理后的煤焦油含水量明显增大，说明大分子聚合物类脱金属剂由于其油溶性和水溶性均较强，可能阻碍破乳剂对油水界面的破坏过程，影响煤焦油中水滴的聚集分离过程。因此，在高效复合脱金属剂的开发过程中，不宜采用大分子聚合物类脱金属剂。

　　2) 脱金属剂主剂的配比优化

　　HEDTA、EDTA-2Na 和 DTPA-5Na 脱金属剂对煤焦油中水分及油溶性金属杂原子的脱除性能较佳。在预处理过程中，三种脱金属剂对金属杂原子的作用规律不同。为研究脱金属剂不同作用基团间的协同作用，本小节在脱金属剂总注入量为 $800\mu g \cdot g^{-1}$ 的情况下，考察了三种脱金属剂间的不同配比(质量比)，对热过滤后煤焦油的含水量及金属杂原子质量分数的影响，结果见图 6.16～图 6.18。

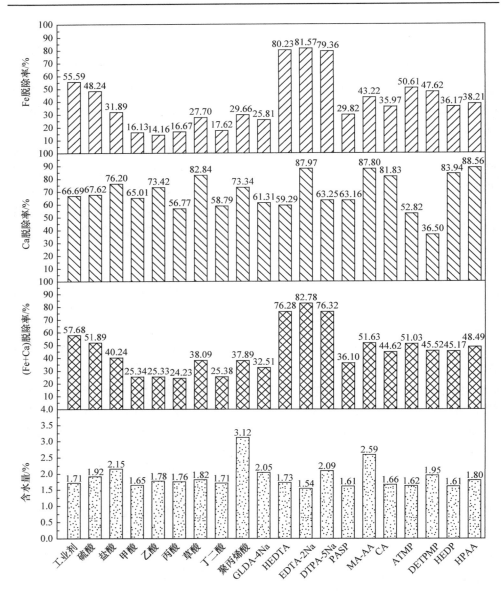

图 6.15　不同种类脱金属剂对热过滤后煤焦油的含水量及金属杂原子脱除率的影响

金属杂原子脱除率=1−$\dfrac{w(预处理后煤焦油中金属杂原子)}{w(预处理前煤焦油中金属杂原子)}$×100%；GLDA-4Na-谷氨酸二乙酸钠；HEDTA-N-β-羟

基基乙二胺三乙酸；EDTA-2Na-乙二胺四乙酸二钠；DTPA-5Na-二乙烯三胺五乙酸五钠；PASP-聚天冬氨酸

钠；MA-AA-丙烯酸-马来酸共聚物；CA-柠檬酸；ATMP-氨基三亚甲基磷酸；DETPMP-二乙烯三胺五亚甲基膦

酸；HEDP-羟基乙叉二膦酸；HPAA-2-羟基膦酰基乙酸

由图 6.16～图 6.18 可知，HEDTA/DTPA-5Na 复合脱金属与 EDTA-2Na/

HEDTA、EDTA-2Na/DTPA-5Na 复合脱金属剂对 Fe 及 Fe+Ca 的脱除规律相类似，均呈现质量分数先降低后升高的趋势。但对 Ca 的脱除规律差异较大，$w(Ca)$不再呈现先平缓后升高的趋势，而 $w(Fe)$先降低后升高。结合复合脱金属剂对煤

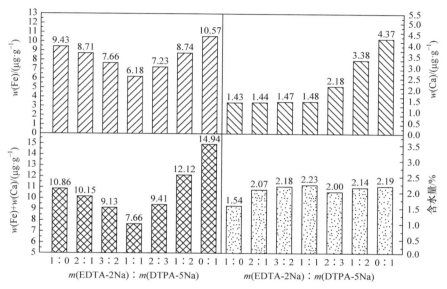

图 6.16　EDTA-2Na 与 DTPA-5Na 不同配比对热过滤后煤焦油的含水量及金属杂原子质量分数的影响

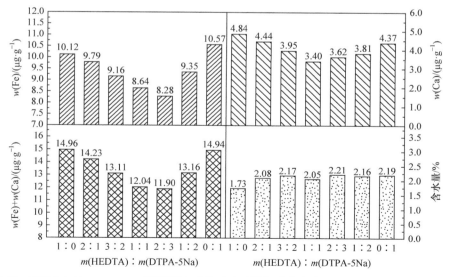

图 6.17　HEDTA 与 DTPA-5Na 不同配比对热过滤后煤焦油的含水量及金属杂原子质量分数的影响

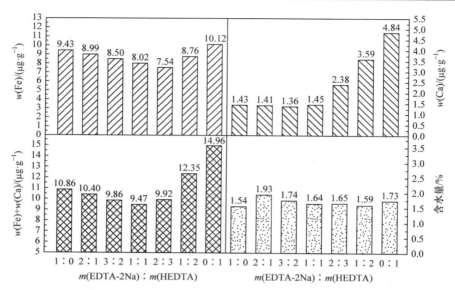

图 6.18　EDTA-2Na 与 HEDTA 不同配比对热过滤后煤焦油的含水量及金属杂原子质量分数的影响

焦油中油溶性金属杂原子的脱除规律，应选用 EDTA-2Na/DTPA-5Na 复合脱金属剂作为高效复合脱金属剂的主剂，其较佳配比为 m(EDTA-2Na)：m(DTPA-5Na)=1：1。在这个比例下，油溶性 Ca 的去除效果已经接近极限，几乎没有优化的空间；预处理过的煤焦油的油溶 w(Fe) 约为 6.18μg·g⁻¹，w(Fe)+w(Ca) 为 7.66μg·g⁻¹。

3）脱金属剂辅剂的考察与优化

EDTA-2Na/DTPA-5Na 复合脱金属剂的水溶性较好，但油溶性较差，若能通过添加助溶辅剂(简称"辅剂")，在一定程度上促进反应过程中复合脱金属剂在油水界面膜的溶解性、增大与金属杂质的接触浓度，有利于促进脱金属剂与金属杂质间的反应速率，加深反应程度，则可能进一步提升其脱金属效果。

部分醇类物质的油溶性与水溶性均较佳，可增大脱金属剂在油水界面膜的溶解性，且成本低廉。因此，本小节选用二乙醇胺、三乙醇胺、乙二醇、三乙二醇、丙三醇、2-甲氨基乙醇等 6 种醇类辅剂，在 EDTA-2Na/DTPA-5Na 复合脱金属剂注入量为 800μg·g⁻¹、辅剂注入量为 300μg·g⁻¹ 的条件下，考察了辅剂种类，对热过滤后煤焦油的含水量及金属杂原子质量分数的影响，结果如图 6.19 所示。并对辅剂丙三醇注入量在 0～400μg·g⁻¹ 的条件下进行了优化研究，结果如图 6.20 所示。

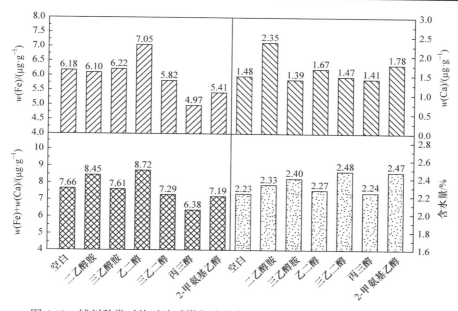

图 6.19　辅剂种类对热过滤后煤焦油的含水量及金属杂原子质量分数的影响

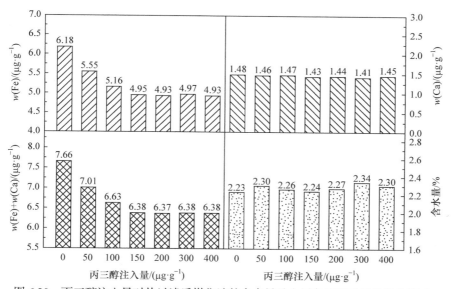

图 6.20　丙三醇注入量对热过滤后煤焦油的含水量及金属杂原子质量分数的影响

　　由图 6.19 可知，由于 EDTA-2Na/DTPA-5Na 复合脱金属剂对 Ca 的脱除效果已接近极限值，添加多种辅剂后对 Ca 的脱除效果无进一步提升。其中，丙三醇对 EDTA-2Na/DTPA-5Na 复合脱金属剂脱 Fe 性能的促进作用十分明显，使预处理后煤焦油中 $w(Fe)$ 接近理论脱 Fe 效果的极限值。因此，可选用丙三醇作为理想的脱金属剂辅剂，以开展进一步的高效复合脱金属剂的研究开发。由图 6.20 可知，随着辅剂丙三醇注入量的增加，预处理后煤焦油中 $w(Ca)$ 无明显变化，但 $w(Fe)$ 逐渐下降，Fe 的脱除效果明显提升；当注入量超过 $150\mu g \cdot g^{-1}$ 时，预处理后煤焦油中 $w(Fe)$ 不再随注入量的增加而降低，对 Fe 的脱除效果已接近极限值，$w(Fe)$ 基本保持稳定。因此，考虑辅剂丙三醇用量及助剂成本因素，丙三醇的较佳注入量为 $150\mu g \cdot g^{-1}$。

综上所述，经过对脱金属剂主剂、辅剂的筛选及配比的考察与优化，开发出的三元复合脱金属剂基于煤焦油用量的配比为：EDTA-2Na $400\mu g \cdot g^{-1}$、DTPA-5Na $400\mu g \cdot g^{-1}$、丙三醇 $150\mu g \cdot g^{-1}$，即三元复合脱金属剂的质量配比为：$m(\text{EDTA-2Na}) : m(\text{DTPA-5Na}) : m(\text{丙三醇}) = 8 : 8 : 3$。在实验条件下，三元复合脱金属剂对热过滤后煤焦油中油溶性 Fe、Ca 的脱除率分别为 90.33%、87.97%，对 Fe+Ca 总的脱除率为 89.88%。

4. 其他预处理技术

1) 加氢处理技术

加氢处理技术是通过加氢化学反应去除煤焦油中金属及非金属杂原子的一种方法，通常根据煤焦油加氢反应脱除效果分为加氢脱硫、加氢脱氮、加氢脱氧、加氢脱金属等。加氢处理工艺的重点及难点在于加氢处理催化剂的设计。煤焦油中存在的各种杂原子对加氢处理催化剂和设备的危害很大，故需要设计出符合抗积碳和金属富集的加氢处理催化剂及耐腐蚀设备。目前，加氢处理催化剂主要属于非贵金属加氢催化剂，载体一般是 Al_2O_3，负载的活性金属一般是 Ni、Mo、Co、W 四种金属中的两种或三种。

加氢处理技术虽然也能有效的脱除煤焦油中金属及非金属杂原子，但是在催化剂研制、氢气消耗及设备长时间运转等方面存在较大问题。同时，加氢脱氮需使杂环完全加氢，氮杂原子才能被脱除，在氮杂环化合物中，碳氮键不能通过氢解直接裂解，因此加氢处理技术对于氮的脱除有较大的困难。不同类型的金属和非金属化合物具有不同的反应行为，因此加氢催化剂的设计比较困难。前面已提到杂质对于催化剂的危害非常大，而且一般催化剂在加氢过程中容易积碳造成床层压降上升快的问题，因此还要求催化剂具有抗积碳性能。目前的技术很难能制备出能满足上述要求加的氢预处理催化剂。综上，由于加氢处理技术对设备要求严格、催化剂难再生、能耗及投资成本较高，在煤焦油预处理工业上仍未广泛使用。

2) 萃取分离技术

萃取分离技术是根据煤焦油中的杂原子化合物在特定萃取剂中具有较好的溶解性能，从而将杂原子脱除的一种方法。例如，金属卟啉化合物能被甲苯、甲醇、乙腈、二甲基甲酰胺等有机溶剂萃取出来；醇类溶剂可作为脱除汽油中含硫或含氮化合物的理想萃取剂。该方法虽然能将油品中的杂原子化合物和母体物质无损地分开，但是单纯的萃取脱除率较低且选择性较差，因此为了提高脱除硫氮化合物效果，研究出了氧化-萃取技术和离子液体萃取技术等。

氧化-萃取技术可分催化氧化和萃取两个步骤，首先利用氧化剂或催化剂将杂原子氧化为极性较大的物质，增加其在萃取剂中的溶解性，然后通过萃取方法将杂原子脱除。使用的氧化剂一般为过氧无机酸、催化裂化的氢化过氧化物和无机过氧酸等，催化剂可为多金属含氧酸盐、过渡金属氧化物和非金属催化剂等。李金瑞等以 H_2O_2 为氧化剂，磷钨酸为催化剂，四乙基溴化铵为催化剂，糠醛为萃取剂，研究了氧化萃取法脱除焦化柴油中硫氮化合物的工艺条件，最后硫脱除率为90.33%，氮脱除率高达 96.15%，且氧化溶液与萃取剂均可回收重复利用。

离子液体是一种新型的绿色环保有机溶剂，由于结构可调的性质，广泛用于化工生产各个方面。其中，咪唑类离子液体因具有芳香结构常用于脱除油品中硫氮化合物，其依据π-π作用和氢键作用，以π-π作用为主，噻吩类含硫化合物或吡咯类含氮化合物π电子云密度均较大。与离子液体接触后，电子离域能力增强，离散π键产生极化作用，极化后则会产生络合作用[23]，从而使得离子液体与硫氮化合物间的作用力增强，更容易进入离子液体相中[24]，进而完成对硫氮化合物的脱除。萃取分离技术虽然在脱金属和硫氮方面具有诸多优点，但是也存在单次萃取脱除率不高、选择性不强及油品收率较低等问题。

3) 静置沉降分离技术

静置沉降分离技术是使煤焦油在储罐中长时间静置，依靠密度差和重力沉降来分离煤焦油中的水分和固体杂质等。余兆祥等采用重力沉降法对煤焦油进行预处理，在 70℃条件下静置 20h，可将煤焦油中的大颗粒喹啉不溶物脱除 20%~25%。由于煤焦油黏度较大，静置沉降分离技术效率较低，一些研究者采用溶剂降黏、稀释沉降的方法来提高分离效率。魏忠勋研究了助剂类型、用量，以及实验条件对煤焦油重力静置沉降净化效果的影响，优选出了轻油+洗油混合型稀释剂、洗油+正构烷烃混合型黏结助剂、表面活性剂及絮凝剂，配合离心沉降工艺后，可将煤焦油中的固体质量分数降至 0.1%以下。静置沉降分离技术对煤焦油中大颗粒固体杂质具有一定的脱除效果，且工艺简单，设备及操作成本低，但效率较低。通过添加稀释溶剂、黏结助剂等可大幅提升沉降分离效果，但预处理成本较高，不适宜实际工业生产。

由于在煤热解焦化过程中，煤灰颗粒、炉壁耐火砖粉末和原煤中的一些矿石物质会随煤气进入煤焦油中，形成粒径较大、组成复杂的固体杂质，如甲苯不溶物(TI)、喹啉不溶物(QI)等，静置沉降分离技术主要是针对以上固体杂质和较高水量煤焦油开发出的工艺。此工艺主要通过长时间静止放置，根据固体杂质、煤焦油和水三者密度不同，依靠重力将其分离，从而达到净化的目的。由于煤焦油比较黏稠，从而降低净化分离效率，因此一些研究者则采用加温、稀释加温沉降(主要添加降黏剂或脱水剂)等手段提高分离效率。大庆油田设计院有限公司董珂设计了一套静置沉降分离装置，此装置加装升降温和搅拌功能，可实现药剂与煤焦油充分混合和高温静置分离。

此工艺虽然能去除大部分机械杂质和水分，但是效率低下，无法有效脱除粒径较小的杂质，且无法满足煤焦油后续深加工的需求。

4) 离心分离技术

离心分离技术是利用物质间密度的差异，通过离心力将不同物质进行分离的技术。但是该技术存在一定的缺点，如煤焦油的处理量少，能耗高，设备运行费用高，投资大。

离心分离技术是在高速旋转的过程中，将具有密度差异的固液两相进行分离。煤焦油中的固体杂质粒径大到几十微米，小到仅有几微米，从而增大了分离的难度。影响离心效果的主要因素是离心转速和离心时间，离心转速和离心时间的提高有利于离心，但同时也会增大能耗，延长分离时间，增加成本。卧螺离心机在焦油脱渣脱水方面已得到广泛应用。日本某厂采用卧螺离心机将焦油中的残渣减少了 25%[25]。在制备针状焦原料时，常采用离心分离技术脱除焦油或沥青质中的喹啉不溶物(QI)，最终将 w(QI)降至 0.1%以下，以满足制取优质针状焦的工业要求[26-27]。有时，为了提高离心分离效果，采用溶剂–离心法可达到理想的效果[28]，但溶剂的加入会改变原料的组成，使工艺变得复杂，并且会缩小原料的处理量。从总体上看，离心分离技术最大的缺点是处理量太小，工业化成本较高。

目前，基于离心分离技术的卧螺离心机在煤焦油脱渣方面已有广泛应用。李应海采用离心分离技术对攀钢集团有限公司焦油进行预处理，研究了离心转速、离心时间对焦油脱渣的效果，结果显示，较佳的离心转速为 3000r·min⁻¹，离心时间越长脱渣效果越好，预处理后焦油含渣量≤0.3%(质量分数)、除渣率≥90%(质量分数)，含水量<2.0%。在某些工况下，采用溶剂–离心法可进一步提高离心分离效果，但加入溶剂会改变物料组成，并使分离工艺复杂化，减小原料的处理量并增加预处理成本。离心分离技术对煤焦油中的焦粉等大颗粒固体杂质类具有较佳的脱除效果，但对于粒径较小的颗粒、金属杂质脱除效果不佳，单纯依靠离心分离技术难以达到期望的预处理脱金属效果。

6.2 电脱盐技术

煤焦油电脱盐技术，就是在电场、注剂、温度、注水、混合强度等因素的综合作用下，破坏煤焦油的乳化状态，实现油水分离的过程，由于煤焦油中的大多数盐溶于水，这样盐类就会随水一起脱除。本技术有以下特点。

(1) 首先需要表面活性较强的化学混合物注剂来打破煤焦油的乳化状态，它相对于煤焦油乳化液的表面活性更强、表面张力更小。加入注剂后，其首先分散在煤焦油乳化液中，然后逐渐到达油水界面，代替乳化剂吸附在油水界面，并积聚在油水界面，改变原来的界面性质，使其能够破坏原有乳化液牢固的吸附膜，将水分子夺过来，形成新的、不稳定的乳化液。

(2) 当煤焦油乳化液通过高压电场时，其中微小水滴立即被电场感应极化，产生感应电荷，这些带电荷的偶极分子之间形成了不同强度的偶极电场。在外加电场和偶极电场的作用下，微小水滴趋向电力线方向定向排列，相邻水滴之间异性相吸，同性相斥，产生聚结力，在聚结力作用下，微小水滴的运动被加速，水滴的运动速度增加，可以帮助它冲破乳化膜的约束，增加水滴碰撞的概率。电场越强，水滴越大，水滴间距越小，聚结力就越大，小水滴越容易互相碰撞合并成大水滴。

(3) 水比煤焦油密度小，加之煤焦油在一定的温度下使得油水的密度差进一步增大，大水滴逐渐上升到电脱盐罐顶部，大量的水滴聚结成水层。脱出的水从罐顶流出，而煤焦油的密度较大，下沉并从罐底流出。这样，油和水就分离开来，油中的盐类被水带走，实现了电脱盐的目的。

6.2.1 盐类的赋存形式与特征

中低温煤焦油盐类(金属杂质)的赋存形态较为复杂，对金属杂质分布特征的研究结论差异较大，且其赋存规律尚不明确，制约着煤焦油高效复合脱金属剂及预处理技术的发展。因此，为揭示煤焦油中主要金属杂质 Fe、Ca 的赋存规律，本小节基于金属杂质赋存形态及常规煤焦油预处理技术对不同类型金属杂质的脱除效果，采用甲苯抽提、水洗、盐酸萃取等方法将金属杂质划分为四种类型，即甲苯不溶性、水溶性、有机盐类和螯合类，通过萃取、柱层析等方法进行分离及表征分析，研究四种类型 Fe、Ca 化合物的分布规律及组成。在常规煤焦油预处理技术中，过滤分离、沉降分离和离心分离预处理技术仅能脱除富集于甲苯不溶性物质中的无机固体类杂质；电脱盐脱水技术仅能脱除乳化水中夹带的水溶性金属杂质，配合使用脱金属剂时可脱除羧酸盐、酚盐等有机盐类金属杂质。同时，这些预处理技术对煤焦油中与稠环芳烃类重质组分形成结构稳定螯合物的金属杂质脱除效果较差。图 6.21 为煤焦油各类型组分中 Fe、Ca 化合物的浓度。

由图 6.21 可知，$c(Fe)$ 呈现甲苯不溶性>有机盐类>螯合类>水溶性，而 $c(Ca)$ 呈现甲苯不溶性>螯合类>有机盐类>水溶性。二者均为甲苯不溶性金属杂质最多，水溶性金属杂质最少。甲苯不溶性 Fe 和 Ca 的浓度为 43.06μg·g^{-1} 和 20.53μg·g^{-1}，分别相当于 Fe 和 Ca 总量的 57.33%和 69.38%。这表明煤焦油中无

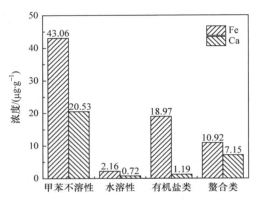

图 6.21　煤焦油各类型组分中 Fe、Ca 化合物的浓度

机颗粒金属杂质的浓度高于油溶性金属杂质的浓度。水溶性 Fe 和 Ca 的浓度为 $2.16\mu g \cdot g^{-1}$ 和 $0.72\mu g \cdot g^{-1}$，分别相当于 Fe 和 Ca 总量的 2.88%和 2.43%。这些水溶性金属杂质被认为主要是水溶性金属盐，如煤焦油乳化水中的金属氯化物和金属硫酸盐。

　　除甲苯不溶性的金属杂质外，各类型 Fe 以有机盐类 Fe 居多，其浓度为 $18.97\mu g \cdot g^{-1}$，占 Fe 总量的 25.26%，这类化合物可能主要以羧酸盐及酚盐等形式存在。对于 Ca 而言，除甲苯不溶物中的 Ca 外，主要以螯合类 Ca 形式存在，质量分数为 $7.15\mu g \cdot g^{-1}$，占 Ca 总量的 24.16%。这些螯合类 Ca 主要是 Ca 与多环缩合芳烃、稠环芳烃等含硫、氮、氧等杂原子化合物形成的螯合物，往往具有分子量大、沸点高等特点，且作用力较强，不易被盐酸萃取[29-30]。

6.2.2　工艺药剂的筛选和优化

　　对于预处理工艺来说，助剂的类型及添加量、工艺操作条件对煤焦油脱杂效果有直接影响。最优的酸精制工艺条件为酸精制剂为质量分数 5%的 H_2SO_4，油水质量比 1：0.5，混合温度 80℃，混合时间 0.5h。由于煤焦油中杂原子结构复杂且较难采用单一助剂对其充分脱除，且存在油水比例较大，油水分离不连续等问题。因此，本研究采用控制变量法在改进的预处理装置上探究了破乳剂和脱金属剂类型及添加量、分离时间、分离温度对煤焦油脱除杂原子的效果。

　　1. 破乳剂类型筛选

　　本小节着重筛选了适用于中低温煤焦油的破乳剂类型及其添加量，实验方法参考《原油破乳剂使用性能检测方法(瓶试法)》SY/T 5281—2000)。取中低温煤焦油适量，在油水质量比 1：1，混合温度 80℃的条件下乳化搅拌，分别加入 $200\mu g \cdot g^{-1}$ 不同的市售聚醚类破乳剂(P1、P2、P3)，80℃下恒温静置脱水，记录煤焦油在不同静置时间、不同破乳剂作用下的含水量，实验结果如图6.22所示。

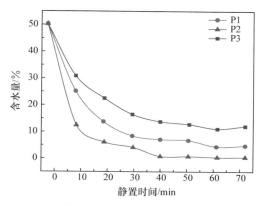

图 6.22　煤焦油在不同破乳剂作用下的含水量

由图 6.22 可知，三种破乳剂脱水效果趋势相似，煤焦油的含水量均随着静置时间的延长，呈现逐渐降低而后平缓的趋势。其中，破乳剂 P2 的破乳效果最好，在静置时间为 40min 时，煤焦油中含水量在 1.3%左右，脱水率为 97.4%；在静置时间为 60min 时，煤焦油中含水量可达 0.8%；脱水率为 98.5%。延长时间煤焦油含水量降低不明显，故本小节选取破乳剂 P2。

2. 破乳剂添加量优化

取中低温煤焦油适量，在油水质量比 1∶0.5，混合温度 80℃的条件下乳化搅拌，分别加入 50μg·g⁻¹、100μg·g⁻¹、150μg·g⁻¹、200μg·g⁻¹、250μg·g⁻¹破乳剂 P2，80℃下恒温静置 2h，破乳剂添加量对煤焦油含水量的影响如图 6.23 所示。

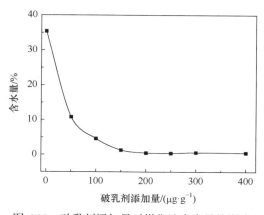

图 6.23　破乳剂添加量对煤焦油含水量的影响

由图 6.23 可知，随着破乳剂添加量的增加，煤焦油含水量先减少而后基本保持不变。当破乳剂添加量小于 200μg · g⁻¹ 时，随着添加量的增加，含水量逐渐下降，说明在此范围内，破乳剂添加量的增加可以提高脱水效果。破乳剂加入后可吸附在界面上，界面上活性物质被排出，界面膜变薄，使得界面破坏，从而分散相能相互聚合，达到脱水效果。破乳剂添加量越大，界面破坏程度越高。当破乳剂添加量为 200μg · g⁻¹ 时，煤焦油含水量较低。当破乳剂添加量大于 200μg · g⁻¹ 时，煤焦油中含水量几乎不下降，可能原因是破乳剂用量较大，达到了破乳剂临界胶束浓度，使得破乳效果不变。因此，在保证脱水效果的同时兼顾经济可行，选择最佳破乳剂添加量为 200μg · g⁻¹。

3. 脱金属剂类型优化

由于煤焦油中金属 Fe、Ca 大部分以油溶性化合物存在，根据煤焦油理化性质选用工业上常用的聚胺羧酸盐类脱金属剂(T1、T2、T3)，以杂原子 Fe、Ca、S 和 N 的质量分数为指标，筛选出效果较好的脱金属剂。

取适量中低温煤焦油，油水质量比为 1：0.2，酸精制剂为质量分数 5%的 H_2SO_4，破乳剂添加量为 200μg · g⁻¹，脱金属剂添加量为 400μg · g⁻¹，在 80℃下搅拌，搅拌 0.5h 后在 80℃的分离槽中分离。脱金属剂为 T1、T2、T3，探究不同种类的脱金属剂对煤焦油(重油出口，下同)中杂原子质量分数的影响，初步优选出较佳脱金属剂，实验结果如图 6.24 所示。

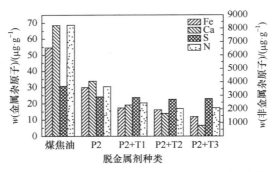

图 6.24　不同种类的脱金属剂对煤焦油中杂原子质量分数的影响

由图 6.24 可知，在酸精制剂存在的条件下，单一添加破乳剂、破乳剂分别与 3 种脱金属剂组合均能对煤焦油中杂原子进行有效的脱除，且破乳剂与脱金属剂共同作用下的整体脱除效果均高于单一破乳剂。因此，添加脱金属剂后，在增强强酸作用、增加螯合和络合协同的作用下，煤焦油中的杂原子脱除效果显著提升。通过对 3 种脱金属剂对杂原子整体脱除效果的对比发现，三种组合整体脱除效果大小顺序为 P2+T3>P2+T2>P2+T1，其原因可能是 3 种脱金属剂酸性的差异,即 3 种脱金属剂提供的 H⁺含量不同。因此,本小节选择 T3 作为该工艺最佳脱金属剂。

4. 脱金属剂添加量优化

取适量中低温煤焦油,油水质量比为 1∶0.2,加入酸精制剂(质量分数 5%的 H_2SO_4)和 $200\mu g \cdot g^{-1}$ 的破乳剂,在 80℃下搅拌,搅拌 0.5h 后在 80℃的分离槽中分离。

为了研究脱金属剂对去除煤焦油中各种杂原子的影响,初步确定了最佳脱盐添加剂,脱金属剂添加量[w(脱金属剂)]对煤焦油中杂原子质量分数的影响如图 6.25 所示。

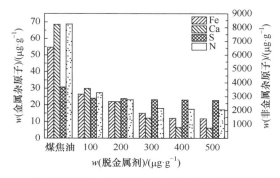

图 6.25 脱金属剂添加量对煤焦油中杂原子质量分数的影响

由图 6.25 可知,随着脱金属剂添加量的增加,煤焦油中杂原子质量分数均呈现先下降而后平稳的趋势,当脱金属剂添加量继续增加时,煤焦油中杂原子脱除效果不明显。因此,结合实验结果发现,$400\mu g \cdot g^{-1}$ 的脱金属剂添加量为中低温煤焦油预处理工艺较为合适的用量。

6.2.3 电脱盐技术优化

中低温煤焦油电脱盐工业技术工艺流程如图 6.26 所示。

影响电脱盐效果的因素主要有电脱盐罐结构、混合强度、电脱温度、电场强度、破乳剂类型、破乳剂注入量、脱金属剂类型、脱金属剂注入量、水注入量、注水性质、界面高度等[10]。本小节实验采用两级电脱工艺,通过单因素实验考虑电脱温度、电场强度、破乳剂注入量、脱金属剂注入量和水注入量 5 个影响因素对中低温煤焦油电脱效果的影响。

1. 电脱温度对电脱效果的影响

本部分在电场强度为 $900V \cdot cm^{-1}$、破乳剂注入量为 $10\mu g \cdot g^{-1}$、脱金属剂注

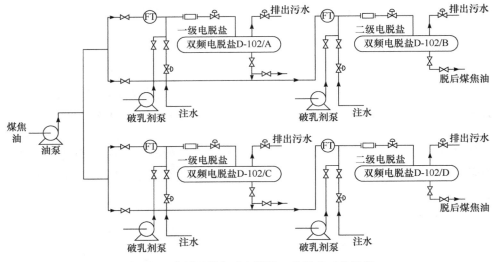

图 6.26 中低温煤焦油电脱盐工业技术工艺流程

入量为 30μg·g⁻¹、水注入量(质量分数)为 9%和总电脱时间为 8min 的条件下,研究不同脱盐温度对煤焦油电脱效果的影响,结果见图 6.27。

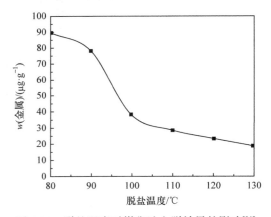

图 6.27 脱盐温度对煤焦油电脱效果的影响[31]

由图 6.27 可知,温度的升高有利于煤焦油的脱盐、脱水。但当温度达到 110℃后电脱效果变化不明显,继续升温反而增加能耗。其原因为温度增高,煤焦油黏度随之降低,水与油的界面张力降低,水滴热膨胀使乳化膜强度减弱,水滴凝聚作用增强。

2. 电场强度对电脱效果的影响

本部分在脱盐温度为 110℃、破乳剂注入量为 10μg·g⁻¹、脱金属剂注入量为

30μg·g⁻¹、水注入量(质量分数)为 9%和总电脱时间为 8min 的条件下，研究不同电场强度对煤焦油电脱效果的影响，结果见图 6.28。

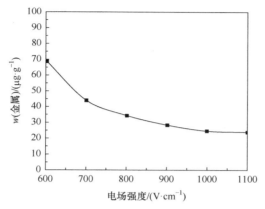

图 6.28　电场强度对煤焦油电脱效果的影响[31]

由图 6.28 可知，电场强度的增加有利于煤焦油的脱盐、脱水，随着当电场强度达到 900V·cm⁻¹ 后变化不明显，继续增大电场强度反而会增加电耗。其原因为原油中水滴之间的静电作用力[$F=6KE^2r^2(r·L^{-1})^4$]与电场强度 E 的平方成正比，提高电场强度加强了水滴的凝聚，对脱水、脱盐有利。

3. 破乳剂注入量对电脱效果的影响

本部分在脱盐温度为 110℃、电场强度为 900V·cm⁻¹、脱金属剂注入量为 30μg·g⁻¹、水注入量(质量分数)为 9%和总电脱时间为 8min 的条件下，研究不同破乳剂注入量[w(破乳剂)]对煤焦油电脱效果的影响，结果见图 6.29。

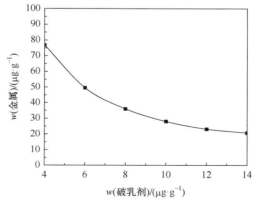

图 6.29　破乳剂注入量对煤焦油电脱效果的影响[31]

由图 6.29 可知，在达到单位相界面破乳剂极限值之前，破乳剂注入量的增大有利于脱水、脱盐。当破乳剂注入量为 $10\sim12\mu g \cdot g^{-1}$ 时达到其临界值。证明多胺型聚醚类破乳剂水溶性好、分散速度快、低温效果优良、破乳剂用量少，具有良好的破乳效果，其满足煤焦油这种胶质、沥青质质量分数高的劣质油品电脱盐工艺要求。

4. 脱金属剂注入量对电脱效果的影响

本部分在脱盐温度为 110℃、电场强度为 $900V \cdot cm^{-1}$、破乳剂注入量为 $10\mu g \cdot g^{-1}$、水注入量(质量分数)为 9%和总电脱时间为 8min 的条件下，研究不同脱金属剂注入量[w(脱金属剂)]对煤焦油的电脱效果的影响，结果见图 6.30。

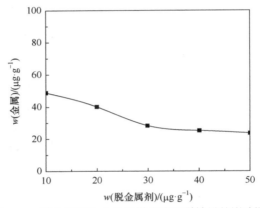

图 6.30　脱金属剂注入量对煤焦油电脱效果的影响[31]

由图 6.30 可知，当脱金属剂注入量达到 $30\mu g \cdot g^{-1}$ 以后变化不甚明显并且脱金属剂注入量对电脱效果的影响不是很大。其原理为加入脱金属剂使金属卟啉和非卟啉油溶性有机螯合物转化为亲水的化合物在电脱条件下将其脱除。

5. 水注入量对电脱效果的影响

本部分在脱盐温度为 110℃、电场强度为 $900V \cdot cm^{-1}$、破乳剂注入量为 $10\mu g \cdot g^{-1}$、脱金属剂注入量为 $30\mu g \cdot g^{-1}$ 和总电脱时间为 8min 的条件下，研究不同水注入量[w(水)]对煤焦油的电脱效果的影响，结果见图 6.31。

由图 6.31 可知，水注入量的增加有利于煤焦油的脱盐、脱水。但继续增加水注入量，w(金属)反而会上升。水注入量为 8%～9%时煤焦油具有良好的电脱盐效果。随着水注入量的增加，煤焦油含盐量逐步减少。但随着水注入量的继续增加，由于乳化液的导电性增强使电极电压不能保持，脱盐效果变差。

6.2.4　电脱盐技术应用

热过滤-电脱盐耦合技术主要负责为反应单元提供合格的净化煤焦油，本单

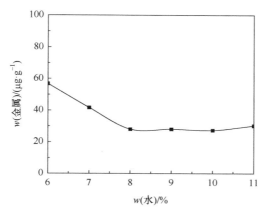

图 6.31　水注入量对煤焦油电脱效果的影响[31]

元负责将罐区送来的原料煤焦油，经卧螺离心机三相分离，除去煤焦油中携带的水分、杂质，经电脱盐罐处理，脱除煤焦油中含有的水分及盐类，经自动反冲洗过滤器过滤，除去煤焦油中携带的粒径大于 15μm 的焦粉、机械杂质，再经过脱水塔闪蒸脱水使净化煤焦油的含水量降至 0.5%以下，以满足加氢反应的工艺要求。

1. 工程技术操作流程

热过滤–电脱盐耦合技术工艺流程见图 6.32。

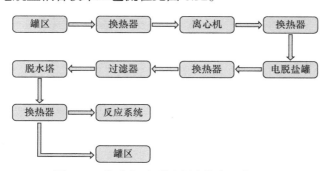

图 6.32　热过滤–电脱盐耦合技术工艺流程

中低温煤焦油热过滤电脱盐耦合技术工艺流程如下：

(1) 自罐区送来的原料煤焦油，进入原料煤焦油–净化煤焦油换热器换热后分别进入离心机，在离心力作用下进行煤焦油、油渣和含氨废水三相分离；

(2) 分离后的煤焦油自流至煤焦油缓冲罐，脱水煤焦油经煤焦油升压泵加压至 2.2MPa，经煤焦油–回流换热器、开工加热器加热到 145℃后分别进入电脱盐罐，脱除煤焦油中的盐分和水分，使煤焦油含盐量降至 15mgNaCl · L⁻¹ 以下；

(3) 然后经脱盐煤焦油–循环油换热器、脱盐煤焦油–常二线换热器、脱盐煤焦油蒸汽加热器加热至 170℃，再经自动反冲洗过滤器，除去粒径大于 15μm 的杂质，进入脱水塔进行闪蒸脱水，顶部出来的闪蒸气经脱水塔顶冷却器冷凝后，进入脱水塔顶分液罐进行油、水、气三相分离，不凝气体送至反应系统，轻污油经轻煤焦油泵加压送至轻污油罐，污水经含酚污水泵升压至 0.5MPa 送至一期污水储罐；

(4) 脱水塔底部出来的净化煤焦油(含水量降至 0.5%以下)，经脱水塔底泵升压至 0.8MPa，正常工况下经原料煤焦油–净化煤焦油换热器冷却至 153℃反应单元，非正常工况下经原料煤焦油–净化煤焦油换热器、净化煤焦油换热器冷却至 80℃送至罐区。

2. 工艺条件及技术指标

1) 原料煤焦油

设计加工原料油为自罐区来的中低温煤焦油，其主要性质见表 6.8。

表 6.8　原料煤焦油性质一览表

项目	设计值	限值
密度(20℃)/(g·cm^{-3})	1.035	≤1.06
w(残炭)/%	8.06	≤10
w(沥青质)/%	17.69	≤25
w(水分)/%	1.32	≤3.0
c(Na)/(μg·g^{-1})	6.67	≤10
c(Mg)/(μg·g^{-1})	4.45	≤100
c(Ca)/(μg·g^{-1})	22.38	≤150
c(K)/(μg·g^{-1})	45.10	≤100
c(Fe)/(μg·g^{-1})	54.01	≤100

2) 电脱盐工艺影响因素

(1) 水注入量。

注水是电脱盐脱水的必要条件，水注入量一般控制在原料煤焦油量的 2%～15%，增大水注入量有利于脱盐效果的提高，但超过这个范围，脱盐率会下降。由于水是导电的，水注入量太高，容易形成导电桥，发生事故。对于含盐量非常高的煤焦油，可以选用较大比例的水注入量。

(2) 混合强度。

混合强度是指煤焦油、水、脱水剂在混合阀内的混合程度，这是混合阀压力降造成的，混合强度不足(压力降不足)造成混合程度不充分而影响脱盐率。混合阀的压力降过大会产生难破乳的顽固乳化液。一旦形成顽固乳化液，高压电场破乳困难，部分没有脱除的水会被带出罐体，造成脱后含水量超标[32]。

(3) 脱水剂。

煤焦油脱水剂的使用，是电脱盐过程的重要环节。一旦形成顽固乳化液，将增加电场中介质的导电性能，严重时会造成高压电场的短路或击穿，对电脱盐设备的平稳运行构成严重威胁。破乳效果好的脱水剂，在水滴快速沉降分离过程中能使油水界面膜减薄，降低界面膜的稳定性，同时减少水中带油和油水乳化液的产生，消除罐内乳化现象，达到最佳脱盐、脱水效果[32]。

(4) 油水界位。

电脱盐罐内油水界面必须与电极板保持适合的距离。如果水位降低到电极区，电极就会发生短路。如果水位太高，将有可能造成脱后排水含油量过高。

油水界面太低会引起罐内弱电场强度的提高，高电压会击穿水滴出现电分散现象，这种现象非常不利于脱水和脱盐效果。另外，当油水界面太低并接近高压电极时，还会出现高压电极对地的短路，短路不但使设备电耗剧增，罐内介质温度提高，而且不利于电脱盐罐的平稳运行。

(5) 温度。

电脱盐系统操作温度应保持在系统设计规定的范围内。在此范围之外操作电脱盐系统，脱盐效率会降低。如果脱盐系统操作温度过低，煤焦油黏度加大，将不利于油水之间的分离。

操作温度是煤焦油脱盐、脱水过程的主要工艺参数，影响过程中的大部分操作参数：①对水滴聚结和分散的影响。操作温度升高时，煤焦油的黏度下降，因而减小了水滴运动的阻力，加快了水滴运动的速度，同时降低了油水界面张力，促使水滴热膨胀，减弱了乳化膜强度，从而减小了水滴聚结阻力。②对电耗的影响。煤焦油乳化液电导率随温度升高而增加，且电耗也随电导率增加而增大。一般来说，在温度小于 145℃时，电耗因温度而变化的幅度较小；大于 145℃时，电耗急剧增加[33]。但对不同的煤焦油，其变化的规律有所不同。为了平稳操作，脱盐温度应保持恒定。进料温度突然升高将会严重干扰电脱盐操作。进入电脱盐罐上部的热油比重较轻，容易造成热油置换电脱盐罐下部的冷油，引起所谓的"热搅动"。因此，在生产操作中应保持电脱盐系统的温度稳定，这就要求煤焦油的换热系统稳定。

(6) 压力。

电脱盐罐的压力必须高于罐内油水混合物的饱和蒸气压，防止电脱盐罐内油和水气化。如果系统后部压力因某种原因降低，罐内可能发生气化，在电脱盐罐顶部形成气化区。过量气化现象预示脱后煤焦油含水量过多，且电脱盐效果差。

如果电脱盐罐内煤焦油发生气化，在电脱盐罐体顶部形成气化区，则安装在罐体顶部的液位开关会自动切断变压器的一次供电回路，使电脱盐罐体内部解除高压电场。

(7) 电场强度。

在一定范围内，提高电场强度可以提高脱水效率，但是电场强度也不宜过高。电场强度过高会产生电分散，反而不利于脱水，并增加电耗，合适的电场强度需在调试时根据脱水效果确定。

3) 工艺条件与技术指标

在优化工艺条件下，热过滤–电脱盐耦合技术可有效脱除原料油中的各类金属及无机氯等杂原子，工艺条件、技术指标见表 6.9～表 6.12。

表 6.9　电脱盐主要操作条件

项目	一级电脱盐罐	二级电脱盐罐
操作压力/MPa(G)	1.1 ± 0.1	1.1 ± 0.1
操作温度/℃	90～140	90～140
注水温度/℃	90 ± 5	90 ± 5

注：G 表示表压，即相对压力。

表 6.10　脱水塔主要操作条件

塔底温度/℃	140～170
进料温度/℃	160～170

表 6.11　控制中心技术指标

名称	项目	单位	指标
SR-102～105	压差	MPa	≤0.3
D-102A 进口	压力	MPa	1.1 ± 0.1
D-102A/B/C/D	温度	℃	90～140
E-302	换后温度	℃	130～150
E-306	换后温度	℃	160～180
C-101	塔底温度	℃	140～170
系统压力(PIC-10301)	压力	MPa(G)	1.1 ± 0.1
SR-101A/B/C/D	主轴温度	℃	≤130
	清洗水温度	℃	≤80
	入口温度	℃	≤90

表 6.12　装置实际物料平衡表

类型	名称	质量分数/%	质量流率/(kg·h⁻¹)	年处理量/(10⁴t·a⁻¹)	备注
入方	原料油	100.00	69800	50.26	自罐区
	预处理注水	15.37	10729.17	7.73	—
	合计	115.37	80529.17	57.98	—
出方	干气	0	0	0	正常无流量，去火炬
	轻油	0	0	0	至轻污油罐
	含酚污水	15.97	11148.07	8.03	去 I 期装置
	净化煤焦油	99.40	69381.10	49.95	去反应系统
	合计	115.37	80529.17	57.98	—

热过滤–电脱盐耦合技术净化后的中低温煤焦油完全满足煤焦油加氢装置进料要求，具体技术指标见表 6.13。

表 6.13　技术指标

项目	指标
净化后煤焦油盐浓度/(mg NaCl·L⁻¹)	≤15
净化后煤焦油含水量/%	≤0.5
w(喹啉不溶物)/%	≤0.03

6.3　预处理耦合技术开发与装备模拟

6.3.1　热过滤–复合酸精制耦合技术

1. 耦合技术工艺流程

热过滤–复合酸精制耦合工艺为原料与助剂的混合–分离过程，煤焦油和助剂在一定温度下由计量泵分别泵入静态混合器中，经充分混合接触后，完成传热传质反应。混合物进入油水分离器，通过控制停留时间和分离温度等条件，重油相、水相和轻油相在水油分离器中分层，各相从各自的出口排出而被分离。该系统采用串联的多级静态混合器，分离器中间室的设计便于设备拆除和工艺变更。油水分离装置配备了液位和温度监测器，以显示物料的状况，装置的外表面被加热并绝缘，以减少热损失。

煤焦油预处理工艺装置由加料段、混合段和分离段组成，其中混合段为杂原子脱除阶段，分离段为油水相；这两个部分对煤焦油预处理的效率尤为重要。实验装置工艺流程见图 6.33。

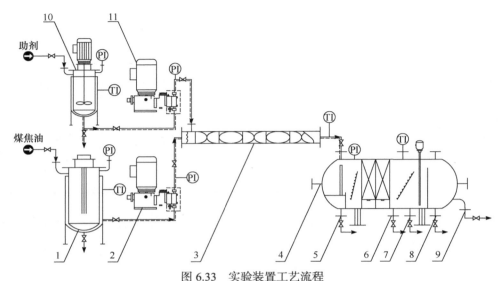

图 6.33　实验装置工艺流程

1-煤焦油储罐；2-煤焦油泵；3-静态混合器；4-高效油水分离器；5-排污口 1；6-排污口 2；7-排水口；
8-排污口 3；9-出油口；10-助剂储罐；11-助剂泵；TI-温度指示；PI-压力指示

　　具体工艺流程如下：①进料段，将煤焦油储罐中的煤焦油用加热棒预热到预定温度，将添加剂罐中的添加剂按一定的油与添加剂质量比在混合器中混合，用进料泵送入静态混合器；②混合段，静态混合器中，两种材料在恒定的反应温度和流速下完全混合，以完成杂原子去除反应。重油相从排水口排出，水相从排水口排出，轻油相从出油口排出，并取样进行分析。

　　实验设备为自制的连续式煤焦油预处理中试装置，实物见图 6.34，整个装置操作流程简单且自动化程度高，温度控制安全可靠且伴热保温效果良好，整体性能及各项指标不低于国内外同类装置水平。

　　2. 耦合技术工艺条件

　　1) 停留时间的影响

　　在系统温度 90℃，$m(油)：m[水(质量分数为 5\%的 H_2SO_4 溶液)]=1：0.2$，破乳剂注入量 $200\mu g \cdot g^{-1}$，脱金属剂注入量 $400\mu g \cdot g^{-1}$ 的条件下，通过调整油泵和辅助泵的行程，控制油水分离器进口流量，研究混合物在油水分离器中不同停留时间对煤焦油预处理脱除杂原子效果的影响。经过计算，不同停留时间下对应的流量见表 6.14，不同停留时间对样品含水量及杂原子质量分数的影响分别见图 6.35 和图 6.36。

图 6.34　煤焦油预处理中试装置

表 6.14　不同停留时间下对应的流量　　　　　　　（单位：L·h⁻¹）

位置	停留时间					
	2.0h	2.5h	3.0h	3.5h	4.0h	5.0h
油泵	25.0	20.0	16.7	14.3	12.5	10.0
水泵	5.0	4.0	3.3	2.8	2.5	2.0
分离器进口	30.0	24.0	20.0	17.1	15.0	12.0

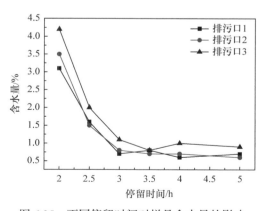

图 6.35　不同停留时间对样品含水量的影响

由图 6.35 可知，随着停留时间的增加，从排污口 1～3 取的重油含水量均呈现先下降后平缓的趋势，当停留时间为 3h 时，含水量达到较低的水平，即 0.7%

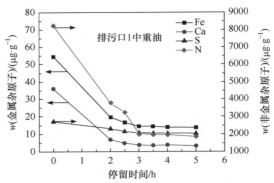

图 6.36　不同停留时间对样品杂原子质量分数的影响

左右。这是因为物料在一定量的助剂条件下，经静态混合器充分混合后，物料中油滴和水滴粒径大部分趋向一稳定值，随后进入油水分离器，在前 3h，含水量随着停留时间的增加而降低；当停留时间大于 3h，各排污口中样品含水量降低幅度很小，是由于混合物料中剩余的一小部分粒径小于稳定值的液滴，需要更长的时间克服煤焦油黏度阻力到达油水界面。分析图 6.35 还可知，三个排污口取出样品含水量存在差异，混合物料在排污口 1 的停留时间最长，故油水分离效果最好，油中含水量最低；在排污口 3 的停留时间最短，故油水分离效果最差，油含水量最高；值得注意的是，随着停留时间的增加，3 个排污口取出油样的含水量有逐渐接近的趋势。

　　由图 6.36 可知，随着停留时间的增加，排污口 1 取出的重油杂原子质量分数先快速下降，然后趋于平衡；样品中含水量越低，杂原子脱除率越高，因此表现出与含水量随停留时间相对应的规律。当停留时间大于 3h，各杂原子质量分数均有少量下降，其原因如下：一方面样品中含水量进一步降低；另一方面可能是在油水分离过程中，延长了助剂与煤焦油接触时间，使得反应继续进行，提高了杂原子脱除率，但从图 6.36 看出这部分作用很弱，各杂原子质量分数降低不显著。根据上述分析得知，停留时间是影响煤焦油含水量的一个重要因素，为尽可能降低煤焦油中含水量及杂原子质量分数，但又从耗能耗等方面综合考虑，选择预处理工艺最优的停留时间为 3h。

　　2) 分离温度的影响

　　在 $m(油):m[水(质量分数为 5\%的 H_2SO_4 溶液)]=1:0.2$，停留时间 3h，破乳剂注入量 $200\mu g \cdot g^{-1}$，脱金属剂注入量 $400\mu g \cdot g^{-1}$ 的工艺条件下，研究不同分离温度对样品含水量及杂原子质量分数的影响，结果显示在图 6.37 中。

　　由图 6.37 可知，随着分离温度的增加，样品中含水量和杂原子质量分数均呈现先降低而后轻微上升趋势。当分离温度小于 90℃时，随着分离温度的增加，样品中含水量和杂原子质量分数均减少；当分离温度处于 90℃时，样品中含水量及杂原子质量分数最低，而后继续增加分离温度，样品中含水量和杂原子

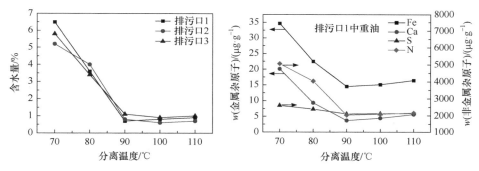

图 6.37　不同分离温度对样品含水量及杂原子质量分数的影响

质量分数反而有所上升。当温度过高时，煤焦油的密度降低且与水的密度接近，由斯托克斯公式可知，两物相密度差较小，不利于油水的分离，故样品中含水量有所增加。另外，温度过高，油水分离器内饱和蒸气压相应提高，操作会更加危险。因此，该油水分离器的最佳分离温度为 90℃。

3. 耦合技术指标

通过调整工艺参数，如停留时间和分离温度，重油相、水相和轻油相在水油分离器中被分层，各相从各自的出口排出，达到油水分离的目的。

在此中试装置上进行了煤焦油预处理实验，优化了中试实验预处理参数，再选用 5%(质量分数)的 H_2SO_4 溶液为精制剂，油水质量比为 1∶0.2，破乳剂(P2)注入量为 $200\mu g \cdot g^{-1}$，脱金属剂(T3)注入量为 $400\mu g \cdot g^{-1}$，混合温度为 80℃条件下，以预处理后煤焦油含水量和杂原子质量分数为指标，优化出最佳的油水分离时间和分离温度，分别为 3h 和 90℃。在此条件下，煤焦油中 Fe、Ca、S 和 N 的脱除率分别为 73.4%、89.7%、23.8%和 75.6%，含水量为 0.7%。

6.3.2　热过滤–相转移耦合技术

1. 耦合技术工艺流程

本小节在酸精制工艺装置的基础上，通过对混合器内构件进行改动设计，完成原料与相转移助剂的混合–相转移分离过程，煤焦油和助剂在一定温度下由计量泵分别泵入静态混合器中，经充分混合接触后，完成传热传质反应。混合物进入水油分离器，通过控制停留时间和分离温度等条件，重油相、水相和轻油相在水油分离器中分层，各相从各自的出口排出而被分离。该系统使用一个串联的多级静态混合器，分离器的中间室设计便于设备拆卸和工艺转换。油水分离系统配备了液位和温度监测器，以显示物料的状况，系统的外表面是加热和绝缘的，以减少热损失。

1) 关键构建类型的筛选

在建模和优化过程中，创建了长度为 40mm 的四个混合构件(SV 型、SX 型、SL 型和 SK 型)的物理模型，这四个混合构件被安装在距离主管道入口 80mm 的初始安装位置，每组混合构件的安装没有间隙，并以 90°的偏移量交错排列，以建立静态混合器的三维模型。主管长 400mm，支管长 30mm，大致布局如图 6.38 所示。

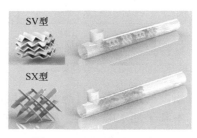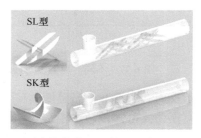

图 6.38　SV 型、SX 型、SL 型和 SK 型混合构件模型及静态混合器

煤焦油预处理装置由加料段、混合段和分离段组成，其中混合段为杂原子去除阶段，分离段为水油相，这两个阶段对煤焦油预处理的效率尤为重要。

2) 关键设备改造

优化图 6.33 中所使用的静态混合器中内构件的数量、类型及交错排列形式，以此调整该静态混合器对两种不同流体的混合效果，研究混合器内不同位置的流体分布，寻找最优的内构件形式。

2. 耦合技术工艺优化

基于 6.1 节对三元复合脱金属剂的研究开发。本小节以热过滤后的煤焦油为原料，采用煤焦油预处理脱金属小试实验方法，对三元复合脱金属剂注入量、工艺水注入比例以及油水分离条件等工艺条件进行考察优化。

1) 三元复合脱金属剂注入量

在工艺水注入比例为 20%(质量分数)的条件下，研究三元复合脱金属剂注入量[c(三元复合脱金属剂)]对热过滤后煤焦油的含水量及金属杂原子浓度的影响，结果见图 6.39。

由图 6.39 可知，随着三元复合脱金属剂注入量的增加，预处理后煤焦油中的金属杂原子浓度显著下降，脱除效果明显提升。当三元复合脱金属剂注入量达到 800μg · g⁻¹ 后，随着注入量的增大，金属杂原子浓度不再发生明显变化。这是因为三元复合脱金属剂注入量增大时，预处理体系中的 H^+、螯合基团浓度增大，能与更多的金属杂质反应，从而增强脱金属效果。当三元复合脱金属剂注入量达到 800μg · g⁻¹ 后，几乎所有的金属杂质均被转移至水相，受油水分离效果的限制，残留在煤焦油相乳化水中金属杂原子浓度变化趋于平缓。此外，经过复配

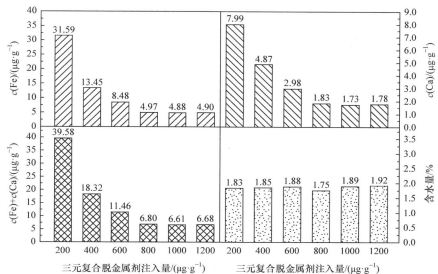

图 6.39　三元复合脱金属剂注入量对热过滤后煤焦油的含水量及金属杂原子浓度的影响

开发，脱金属剂间产生了协同效应，使得三元复合脱金属剂的脱金属性能明显优于单一脱金属剂。因此，为合理控制预处理脱金属工艺中的助剂成本，选择三元复合脱金属剂的较佳注入量为 $800\mu g\cdot g^{-1}$。

2）工艺水注入比例

在三元复合脱金属剂注入量为 $800\mu g\cdot g^{-1}$ 的条件下，研究工艺水注入比例(质量分数)对热过滤后煤焦油的含水量及金属杂原子浓度的影响，结果见图 6.40。

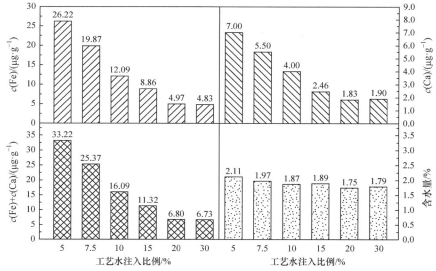

图 6.40　工艺水注入比例对热过滤后煤焦油的含水量及金属杂原子浓度的影响

由图 6.40 可知，随着工艺水注入比例的增大，金属杂质脱除效果显著提升，预处理后煤焦油中金属杂原子浓度明显下降，最终趋于稳定。当工艺水注入比例较低时，煤焦油与水相的混合不充分，脱金属剂与金属杂质间的反应不充分，脱金属性能未完全显现。此外，预处理后煤焦油中的含水量基本稳定在 2%左右，煤焦油中残留的水占工艺水注入量的比例较大，导致残留在水滴中的金属杂质较多。当工艺水注入比例增加至20%后，煤焦油与水相的混合难度减小，混合更为均匀，脱金属剂与金属杂质的反应充分，金属杂质几乎均被转移至水相中。由于工艺水注入比例较大，煤焦油中残留的水及金属杂质的比例较低，金属杂质脱除效果较佳。但当工艺水注入比例继续增大后，这种对残留水、金属杂质的"稀释效应"明显减弱，预处理后煤焦油中金属杂原子质量分数的变化趋于平缓。因此，为达到较佳的金属杂质脱除效果，合理控制废水处理成本，选择较佳的工艺水注入比例为 20%。

3) 油水分离条件

在三元复合脱金属剂注入量为 800μg·g⁻¹、工艺水注入比例为 20%的条件下，研究了静置分离的温度、分离时间和分离压力对煤焦油相与水相分离效果的影响。

(1) 分离温度。

在分离时间为 2h，分离压力为 1MPa 的条件下，研究分离温度对热过滤后煤焦油的含水量及金属杂原子浓度的影响，结果见图 6.41。

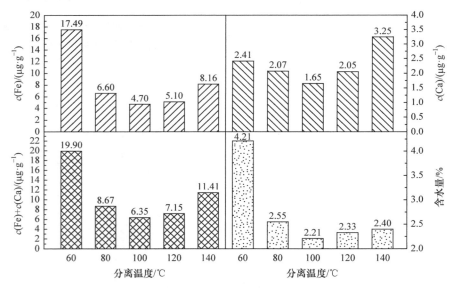

图 6.41　分离温度对热过滤后煤焦油的含水量及金属杂原子浓度的影响

从图 6.41 可以看出，预处理后的煤焦油含水量及金属杂原子浓度随着分离温度的升高呈先下降后上升的趋势，在分离温度为 100℃时达到最低，其中 $c(\text{Fe})$

和 $c(Ca)$ 分别为 4.70μg·g^{-1} 和 1.65μg·g^{-1}，$c(Fe)+c(Ca)$ 为 6.35μg·g^{-1}，含水量为 2.21%。当分离温度低于 100℃时，随着分离温度的升高，煤焦油-工艺水混合物料的黏度逐渐降低，油水之间界面膜的张力减弱，使得混合物料分子运动受到的阻力减小，加速了油相、水相的聚结；另外，分离温度升高，使得混合物料的分子内能增大，大大加剧了分子间的热运动，水分子、小水滴之间的碰撞融合概率增加，促进了水相的聚集，有助于油水两相的分离。当温度超过 100℃后，水的气化现象加剧，水分子由于气化加速聚集，少量三元复合脱金属剂与金属杂质的反应产物无法气化、相转移速率相对较低而残留在油相中，导致预处理后煤焦油中的金属杂原子质量分数略微有所增加。因此，为了保证预处理后的煤焦油有较高的金属去除率和较低的含水量，要适当控制混合物分离过程中的热功耗，选择最佳分离温度为 100℃。

(2) 分离时间。

在分离温度为 100℃、分离压力为 1MPa 的条件下，研究分离时间对热过滤后煤焦油的含水量及金属杂原子浓度的影响，结果见图 6.42。

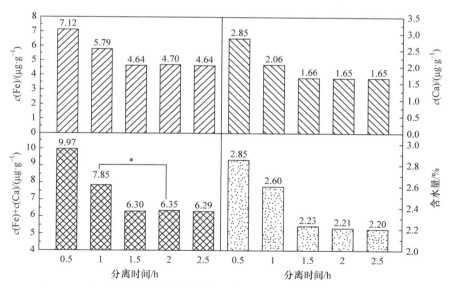

图 6.42　分离时间对热过滤后煤焦油的含水量及金属杂原子浓度的影响

由图 6.42 可知，随着分离时间的延长，预处理后煤焦油含水量及金属杂原子浓度显著降低，最终趋于平缓。分离时间的延长，有利于水滴克服混合物料中煤焦油的黏度阻力，与油滴发生相对运动，进而与其他水滴碰撞、融合形成大水滴，这些大水滴逐步聚集并最终完成油水分离过程。当分离时间<1.5h 时，由于混合物料中的油水分子初始分布比较均匀，水滴或油滴之间的碰撞概率较高，能

快速融并、聚集分离，与三元复合脱金属剂反应后的金属杂质也不断转移到水层中。此时，随着分离时间的延长，预处理后煤焦油中的含水量及金属杂原子浓度下降幅度较大。当分离时间超过 1.5h 后，体系中剩余水滴直径较小且占比少，移动到油水界面达到相同分离效果所需的时间更长，故此时煤焦油中的含水量下降速率极为缓慢，仅通过延长静置分离时间，并不能有效降低煤焦油中的含水量。因此，预处理后煤焦油中的金属杂原子浓度也无明显变化，脱除效果无明显提升。综上所述，选择最佳的分离时间为1.5h，以保证预处理后煤焦油的金属脱除性能和含水量的降低，并合理控制混合物分离过程中的能量消耗。

(3) 分离压力。

在分离温度为100℃、分离时间为 1.5h 的条件下，研究分离压力对热过滤后煤焦油的含水量及金属杂原子浓度的影响，结果见图 6.43。

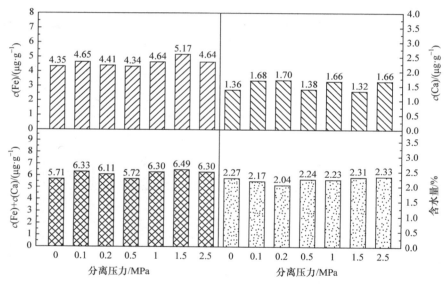

图 6.43　分离压力对热过滤后煤焦油的含水量及金属杂原子浓度的影响

从图 6.43 可以看出，在实验条件下，分离压力对预处理后的金属杂质浓度和含水量没有明显影响。预处理后的煤焦油的 $c(Fe)$约为 $4.60\mu g \cdot g^{-1}$，$c(Ca)$约为 $1.54\mu g \cdot g^{-1}$，$c(Fe)+c(Ca)$约为 $6.14\mu g \cdot g^{-1}$，含水量约为 2.23%。在 100℃的分离温度下，工艺水容易气化，若不抑制水的气化现象，工艺水的快速气化容易导致金属杂质在油相中的残留，降低脱除效果。在小试实验中，煤焦油和工艺水占据了高压反应釜96%的容积，水的气化空间小，气化现象弱，对金属杂质脱除效果的影响极小。由于水在100℃时的饱和蒸气压为0.1MPa，在其他需抑制气化现象的工况下，需将分离压力控制在 0.2MPa 左右。

3. 耦合技术性能

随着三元复合脱金属剂注入量、工艺水注入比例的增加及分离时间的延长，预处理后煤焦油中金属杂质及含水量显著降低。随着分离温度的升高，预处理后煤焦油中金属杂质及含水量呈现先降低、后升高的趋势。在实验条件下，分离压力对处理后煤焦油中的金属杂原子浓度及含水量无显著影响。

(1) 优化出的煤焦油预处理脱金属工艺条件如下：脱金属剂注入量为 $800\mu g \cdot g^{-1}$、工艺水注入比例为 20%、静置分离的温度、时间和压力分别为 100℃、1.5h 和 0.2MPa。在小规模实验条件下，该预处理工艺可以将热过滤煤焦油中的油溶性铁和钙杂质浓度从 $51.18\mu g \cdot g^{-1}$、$11.89\mu g \cdot g^{-1}$ 脱除至 $4.60\mu g \cdot g^{-1}$、$1.64\mu g \cdot g^{-1}$，预处理后含水量为 2.23%。

(2) 中试验证实验结果显示，SX 型静态混合器对煤焦油与助剂的混合效果最佳，预处理后煤焦油中金属杂原子浓度最低；随着 SX 型混合构件数量的增加，预处理后煤焦油中金属杂原子浓度逐渐降低，较佳的混合构件数量为 3 组，实验规律与模拟结论的吻合度较高。在实验的预处理条件下，煤焦油中的油溶性杂质 Fe 浓度、Ca 浓度可以从 $51.18\mu g \cdot g^{-1}$、$11.89\mu g \cdot g^{-1}$ 脱除至 $7.35\mu g \cdot g^{-1}$、$2.28\mu g \cdot g^{-1}$，预处理后含水量为 1.97%，金属杂质去除率得到提高，实验证实，金属杂质的脱除效果达到最佳。

6.3.3　关键设备的设计与模拟

煤焦油与助剂的混合操作是预处理工艺中的重要过程之一，混合的均匀程度及混合的稳定性都直接影响金属杂质的脱除效果，进而影响煤焦油的后续深加工利用。因此，煤焦油预处理装置关键设备混合器的筛选及模拟优化显得尤为重要。

1. 关键技术研究进展

1) 静态混合器结构特点及适用范围

静态混合器具有连续性好、混合效率高、混合稳定可靠、放大效应良好、结构简单、能耗小、空间成本低等优点而广泛应用于各种行业。众多学者对静态混合器的原理进行了研究，其内置的混合构件使管内流体的流动状态发生改变，实现多种流体的混合或反应。其中，国产的 SV 型、SX 型、SL 型和 SK 型静态混合器均可应用于液–液混合，其结构特点、适用范围与技术特性列于表 6.15[34-36]。

表 6.15　静态混合器结构特点、适用范围与技术特性

类型	结构特点	适用范围	技术特性
SV 型	单元由若干制成 V 形波纹片排列组合成圆柱体，每个圆柱体交错 90°组装在管道内	适用于黏度≤0.1Pa·s 的液–液、液–气、气–气混合，反应、吸收、萃取、强化传热等问题	不均度系数 $\frac{1}{\sigma_x^2} \leqslant 1\% \sim 5\%$

类型	结构特点	适用范围	技术特性
SX 型	单元由金属板条按 45°角组合完成多 X 形的几何结构，每个单元交错 90° 组装在管道内	适用于黏度<10^3Pa·s 的液-液反应、混合、吸收过程或生产高聚物质流体的混合、反应过程	混合不均度系数 $\frac{1}{\sigma_x^2} \leqslant 5\%$
SL 型	单元由金属板条按 30°角组合成简单 X 形几何结构组装在管道里	适用于黏度<10Pa·s 或伴有高聚物混合；进行传热、混合和反应热交换、加热或冷却黏性产品等单元操作	液-液、液-固混合不均度系数 $\frac{1}{\sigma_x^2} \leqslant 5\%$
SK 型	单元由双孔道左右扭旋的螺旋片组焊而成	适用于较小流量并伴有杂质或黏度<10Pa·s 的高黏度介质	液-液、液-固混合不均度系数 $\frac{1}{\sigma_x^2} \leqslant 5\%$

2) 静态混合器 CFD 模拟研究进展

对静态混合器的计算流体力学(CFD)模拟可追溯至 1982 年，主要通过研究流体的速度与压力分布等因素对混合器进行优化。近年来，随着计算机技术的迅猛发展，使用 CFD 对静态混合器进行流场模拟研究越来越普遍。赵建华等基于 CFD 数值模拟和基本实验对 SMV 型静态混合器进行了分析，获得了混合单元横截面上的速度分布。李君等采用 SIMPLEC 算法对 SK 型、SX 型和 SD 型 3 种静态混合器中农药和水的混合情况进行模拟计算，结果表明，SX 型静态混合器的实时混合性能更优，较佳混合单元个数为 5 个，且验证实验结果与模拟结果一致。Theron 等研究了 SMX 型、SMV 型和 SMX Plus 型三种静态混合器中，环己烷和水在湍流状态下混合的压降和乳化性能，发现 SMX 型静态混合器的压降最高，当分散相体积分数在 10%~60%时，液滴分布没有明显聚结现象。尽管众多学者运用 CFD 及流场模拟来研究静态混合器取得了许多具有实际应用价值的结论与成果，极大地推广了静态混合器的应用，但这些研究主要集中于原油、废水、农药等行业内密度差较大或相溶性好的流体，对于煤焦油与水这类密度差小、相溶性差的流体混合过程研究较少。并且，混合流体密度的差异可能导致混合度发生显著变化。

因此，运用 CFD 对煤焦油与水在静态混合器中的混合过程进行模拟研究不仅可直观描述其混合状况，还能指导适用于煤焦油与水的静态混合器设计开发，促进静态混合器在低密度差流体混合领域的应用。

由于煤焦油与助剂混合的均匀程度及稳定性直接影响金属杂质的脱除效果，为保证煤焦油与助剂较佳的混合效果，基于 CFD 模拟分析了煤焦油与助剂在静态混合器中的混合效果，对混合构件的类型及安装数量进行模拟优化。

2. 数学建模部分

1) 物理建模

物理建模方法详见 6.3.2 小节所述。

2) 网格划分

采用非结构化网格划分静态混合器几何模型，为确保数值结果与网格无关，针对含 3 个 SX 型混合构件的静态混合器模型，建立 7 种不同尺寸的网格，以流体流过混合构件后的混合效果为标准检验网格无关性，结果如图 6.44 所示。

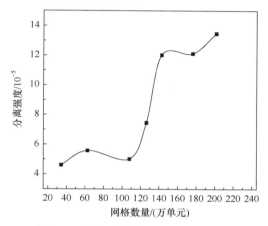

图 6.44　分离强度随网格数量的变化

由图 6.44 可知，随着网格数量的增加，分离强度逐渐趋于稳定。当网格数量超过 150 万单元时，分离强度不再发生明显变化，说明此时计算精度已基本不受网格数量影响。网格数量越多，模拟计算过程的负荷就越大。因此，综合考虑计算精度及负荷，选择较佳的网格数量为 150 万单元。

3) 数学模型

模拟研究高黏度煤焦油与助剂在静态混合器内的恒温混合情况，可不考虑温度影响，为降低计算难度，节约计算空间，对计算流体作出以下假设：①煤焦油和助剂均为不可压缩流体；②流体进口管道截面的速度分布均匀；③流体组成是均匀的；④流体是连续流动的。根据质量守恒、能量守恒及动量守恒等方程组要求，结合假设，构建的数学模型如下：

质量守恒方程为

$$\frac{\partial \rho}{\partial t} + \frac{\partial (\rho u_x)}{\partial x} + \frac{\partial (\rho u_y)}{\partial y} + \frac{\partial (\rho u_z)}{\partial z} = 0 \tag{6.25}$$

能量守恒方程为

$$\frac{\partial(\rho E)}{\partial t} + \nabla \cdot [u(\rho E + p)] = \nabla \cdot [k_{\text{eff}} \nabla T - \sum_j h_j J_j + (\tau_{\text{eff}} \cdot u)] + S_{\text{h}} \tag{6.26}$$

动量守恒方程为

$$\frac{\partial(\rho u_i)}{\partial t} + \nabla \cdot (\rho u_i u) = \frac{\partial p}{\partial i} + \frac{\partial \tau_{xi}}{\partial x} + \frac{\partial \tau_{yi}}{\partial y} + \frac{\partial \tau_{zi}}{\partial z} + \rho f_i \tag{6.27}$$

式中，ρ 为流体密度，$\text{kg} \cdot \text{m}^{-3}$；$t$ 为时间，s；u_x、u_y、u_z 为 x、y、z 方向的速度分量，$\text{m} \cdot \text{s}^{-1}$；$p$ 为压力，Pa；τ_{xi}、τ_{yi}、τ_{zi} 为黏性应力分量，Pa；E 为流体微团总能，$\text{J} \cdot \text{kg}^{-1}$；$h_j$ 为组分 j 的焓，$\text{J} \cdot \text{kg}^{-1}$；$k_{\text{eff}}$ 为有效热传导系数，$\text{w} \cdot (\text{m} \cdot \text{K})^{-1}$；$J_j$ 为组分 j 的扩散通量；S_{h} 为化学反应热及其他用户定义的体积热源项，J；T 为流体温度，K；u 为速度矢量，$\text{m} \cdot \text{s}^{-1}$。

4) 边界条件

由于煤焦油与助剂具有一定的密度差、速度差，选用 Fluent 多相流模型中的 Mixture 模型对油水两相流速场及浓度场进行数值计算。根据实验条件将两个入口相均设置为速度入口，设置煤焦油为主相，其进口速度为 $0.0245\text{m} \cdot \text{s}^{-1}$，助剂为第二相，其进口速度为 $0.0049\text{m} \cdot \text{s}^{-1}$。管道出口设置为静压出口，壁面边界条件设置为无滑移的固壁边界条件(WALL)，油水表面系数为 $0.018\text{N} \cdot \text{m}^{-1}$，油气表面系数为 $35\text{N} \cdot \text{m}^{-1}$，气水表面系数为 $0.0728\text{N} \cdot \text{m}^{-1}$。

5) 数值计算方法

在 Fluent19.2 软件中选择三维双精度分离求解器，速度和压力耦合项采用 SIMPLE 算法，体积分数、动量、湍动能、湍动能耗散率、雷诺应力均采用一阶迎风(first order up wind)形式离散。以 Realizable k-ε 模型作为湍流模型，松弛因子、收敛残差等采用软件推荐值。

3. 混合构件数量的优化

1) 混合构件类型选型优化

理想状态下，当工艺注水比例(质量分数)为 20%时，煤焦油与助剂充分混合后，煤焦油相的体积分数为 0.830。经不同类型静态混合器混合后煤焦油相的体积分数云图如图 6.45 所示。

由图 6.45 可知，SX 型静态混合器对煤焦油与助剂的混合效果最佳；SK 型静态混合器对煤焦油与助剂的混合效果最差。在静态混合器中，SV 型、SX 型、SL 型和 SK 型混合构件均可实现物料逐渐分隔、旋转、汇合的变化，通过改变各位置流体速度的大小和方向，实现流体的均匀混合。其中，SK 型与 SV 型混合构件能将流体切割，但主要引导流体在轴向维度上流动，在其他维度上引导流动的幅度较小。SX 型与 SL 型混合构件能够在管道中利用自身的复杂结构对流体切

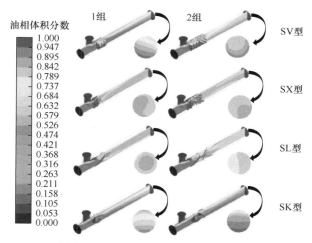

图 6.45 经不同类型静态混合器混合后煤焦油相的体积分数云图

割，引导流体朝轴向和径向两个维度流动。在加装双构件时，采用呈 90°对立安装可改善流体流动方向单一的问题，使得流体流动更快趋于稳定，但此时四种静态混合器的总体混合效果仍与安装单构件时呈现相同的规律。

基于 CFD 模拟研究的不同类型静态混合器及构件安装数量，采用煤焦油预处理脱金属中试实验方法，其中，高效三相分离器中的分离温度为 100℃、分离时间为 1.5h。由于煤焦油与助剂的混合物料几乎充满高效三相分离器，水的气化程度低，无需进行充压处理。

2) 体积分数分析

在 SX 型静态混合器中，经不同数量混合构件混合后煤焦油相在轴向垂直截面上的体积分数云图如图 6.46 所示。

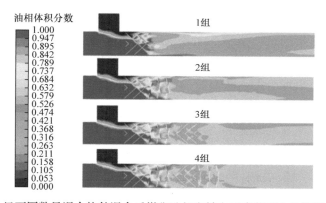

图 6.46 经不同数量混合构件混合后煤焦油相在轴向垂直截面上的体积分数云图

由图 6.46 可知，当 SX 型构件数量为 1 组时，煤焦油与助剂已经开始混合，但管道边缘底部明显有煤焦油聚集，上部明显有助剂聚集。随着构件数的增加，管道边缘的聚集现象逐渐消失，表明煤焦油与助剂已基本混合均匀。图 6.47 显示了经不同数量的混合器构件混合后出口处煤焦油相的体积分数云图。随着静态混合器中 SX 型混合构件数量的增加，煤焦油和添加剂混合物的均匀化效果明显增加。当静态混合器中只安装单组 SX 型构件时，煤焦油和添加剂的混合效果很弱，煤焦油相的体积分数明显偏离 0.830 的理想值。当在静态混合器中安装三组 SX 型构件时，煤焦油相的体积分数非常接近 0.830 的理想值，煤焦油和助剂的混合效果较好。当 SX 型构件数增加至 4 组时，煤焦油相体积分数与理想值 0.830 差距更小，煤焦油与助剂的混合效果进一步提升。

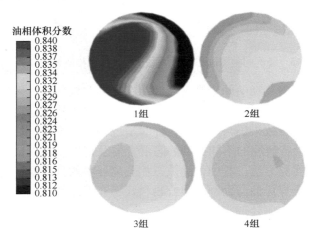

图 6.47　经不同数量混合器构件混合后煤焦油相在出口截面上的体积分数云图

3) 压力降分析

混合构件数量对 SX 型静态混合器轴向压力降的影响见图 6.48。

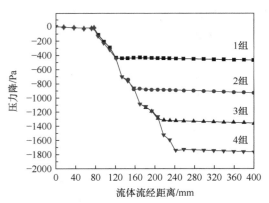

图 6.48　混合构件数量对 SX 型静态混合器轴向压力降的影响

由图 6.48 可知，混合物料在静态混合器内的压力随流体流经距离的增加呈现下降趋势，每经过一个混合构件，都会出现一次显著的压力降。SX 型混合构件影响了混合物料在各方向的流速，使波动加剧，增加了物料的湍动程度，进而导致静态混合器内出现显著的压力降。

综上所述，随着静态混合器内 SX 型混合构件数量的增加，煤焦油与助剂的混合效果逐渐增强，混合程度逐渐趋于均质化。但是，混合构件也会导致混合物料产生压力降，混合构件数量越多，对混合物料造成的压力损失也越大。过大的压力损失将降低能源的有效利用率，违背节能生产原则。因此，综合考虑实际混合效果及经济效益，在静态混合器中安装 3 组 SX 型混合构件较为适宜。

4. 中试验证实验

基于 CFD 模拟研究的不同类型静态混合器及构件安装数量，以热过滤后煤焦油中油溶性金属杂质的脱除效果为指标，在中试实验设备上对模拟优化结论及三元复合脱金属剂性能进行中试实验验证。采用 6.3.1 小节煤焦油预处理脱金属中试实验方法，其中，高效三相分离器中的分离温度为 100℃、分离时间为 1.5h。煤焦油与助剂的混合物料几乎充满高效三相分离器，水的气化程度低，故无需进行充压处理。

1) 混合构件类型验证实验

混合构件类型对热过滤后煤焦油的含水量及金属杂原子浓度的影响见图 6.49。

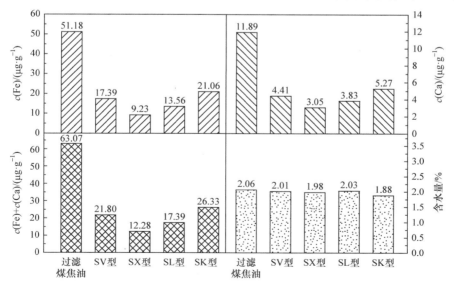

图 6.49 混合构件类型对热过滤后煤焦油的含水量及金属杂原子浓度的影响

不同类型静态混合器混合及预处理后煤焦油中金属杂原子浓度的变化规律与

静态混合器对煤焦油和助剂混合效果的模拟结果相符。由于煤焦油与助剂的混合效果直接影响金属杂质的脱除效果，在四种静态混合器中，SK 型对煤焦油与助剂的混合效果最差，经 SK 型静态混合器混合及预处理后的煤焦油中的金属杂原子浓度最高。SX 型静态混合器的混合效果最佳，经 SX 型静态混合器混合及预处理后煤焦油中的金属杂原子浓度最低。

　2) 混合构件安装数量验证实验

　　混合构件安装数量对热过滤后煤焦油的含水量及金属杂原子浓度的影响见图 6.50。

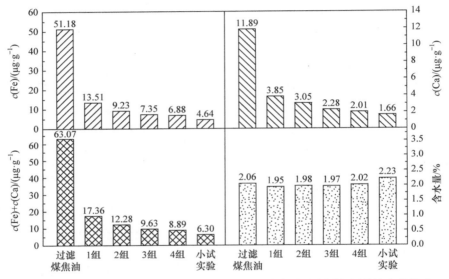

图 6.50　混合构件安装数量对热过滤后煤焦油的含水量及金属杂原子浓度的影响

　　由图 6.50 可知，随着 SX 型静态混合器中混合构件数量的增加，混合及预处理后煤焦油中金属杂原子浓度显著较少。当混合构件数量增至 3 组后，金属杂原子浓度降低的趋势明显减缓，说明继续增加混合构件数量对煤焦油与助剂的混合效果及金属杂质脱除效果并无明显提升作用。因此，考虑到增加混合构件数量会导致压力降及能耗增加，选择较佳的混合构件数量为 3 组，这与基于 CFD 模拟结果的吻合度较高。预处理后煤焦油中 Fe 浓度、Ca 浓度及 Fe+Ca 总浓度与小试实验结果存在一定差距，可能是由于煤焦油与助剂在静态混合器中混合反应的时间较短，煤焦油中部分与重质组分形成螯合物的金属杂质与脱金属剂的反应不完全、相转移率低，脱除效果降低。

　　综上所述，预处理中试实验表明，三元复合脱金属剂在放量实验条件下仍对煤焦油中的油溶性金属杂质具有较佳的脱除效果，且实验规律与模拟结论的吻合度较高。但中试实验与小试实验的设备及反应条件存在差异，导致三元复合脱金属剂的脱金属性能未充分显现，中试实验及设备有待进一步优化。

3) 分离强度分析

从煤焦油相体积分数云图(图 6.45)可以初步看出 SK 型、SV 型、SL 型和 SX 型静态混合器的混合效果，而研究者常用 Danckwerts 提出的分离强度(I)来表征混合效果，其值越小，代表混合效果越好。混合均匀时 $I=0$；完全分离时(未混合)$I=1$。为精确分析四种静态混合器混合效果的差异，采用分离强度进行分析。从静态混合器入口 80mm 处，每间隔一个混合构件长度的截面上，根据公式求解并绘制出煤焦油和助剂的分离强度随混合轴向位置的变化关系，结果见图 6.51。

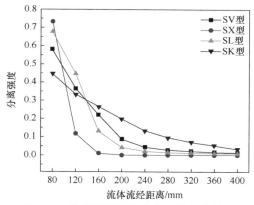

图 6.51　分离强度随轴向位置的变化关系

由图 6.51 可知，SK 型、SV 型混合构件的特殊结构易造成反混，其对煤焦油和助剂的混合效果优于 SL 型、SX 型。当流经两个混合构件后，四种静态混合器中混合物料的分离强度都降至 0.3 以下，其中流经 SX 型静态混合器混合物料的分离强度低于另外 3 种静态混合器出口截面的分离强度，说明 SX 型静态混合器对煤焦油和助剂的混合效果更佳。随着混合物料的轴向流动，SL 型静态混合器混合后的物料在出口截面的分离强度也降低至 0.01 以下。相比较而言，若需达到分离强度低于 0.01 的混合要求，选择 SX 型静态混合器较 SL 型静态混合器节省了约 6 个混合构件，这有利于降低能耗及开发具有紧凑结构的煤焦油预处理设备。

综上所述，SX 型静态混合器对煤焦油和助剂的混合效果最佳，其次分别为 SL 型、SV 型、SK 型。因此，选用 SX 型静态混合器作为煤焦油和助剂的关键混合设备开展后续研究。

6.4　中低温煤焦油制备特种燃料

中低温煤焦油组成性质与石油差异巨大，具备诸多石油类原料不具备的优势，如芳烃、环烷烃质量分数高等独特的性质，因而在某些特殊领域具有巨大潜力，特种燃料就是中低温煤焦油最为重要的一种高端化产物。本节主要介绍通过中低温煤焦油加氢精制、加氢异构化、加氢裂化和催化裂化等方法制备高品质特种燃料。

6.4.1　富环状烃馏分生产航空煤油

本小节采用低分子烷烃萃取–芳烃抽提–加氢改质三级耦合工艺，充分利用中低温煤焦油中富环状烃馏分的价值，生产出高附加值的航空煤油，具有比重大、高热值、低凝点等特点，具体工艺路线如图 6.52 所示。

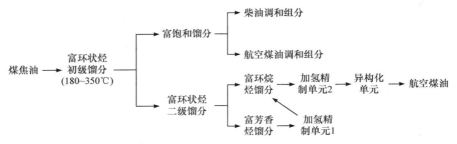

图 6.52　煤焦油富环状烃馏分生产航空煤油的工艺路线

煤焦油生产航空煤油主要包括以下步骤。

(1) 以中低温煤焦油为原料，通过常减压蒸馏处理切割出 180～350℃段的馏分，得到煤焦油富环状烃初级馏分。

(2) 煤焦油富环状烃初级馏分(油)通过 C_6 低分子烷烃(剂)萃取，分离出富饱和馏分和富环状烃二级馏分；富饱和馏分可用于航空煤油调和，剂油质量比为 3∶1，萃取温度为 55℃，萃取时间为 30min。

(3) 对于富环状烃二级馏分，在填料层高度 800mm，抽提温度 50℃、剂油质量比 2∶1，抽提压力 0.3MPa，进料流量 900mL·h⁻¹[其中 m(溶剂)∶m(原料油)=2∶1]的工艺条件下，使用复合萃取油(剂)对富环状烃二级馏分(进行液–液抽提)，分离得到富芳香烃馏分和富环烷烃馏分。其中，复合萃取剂为二甲基亚砜与 N-甲酰吗啉按体积比为 9∶1 调配的混合物。

(4) 富芳香烃馏分通过加氢精制后并入富环烷烃馏分，最后将富环烷烃馏分依次通过加氢精制、加氢裂化和异构化反应；其中，采用加氢精制脱除原料中的 S、N、O 及金属杂原子，加氢裂化使多环烷烃发生开环、脱除部分侧链形成小分子环烷烃；异构化反应生成更多二元烷烃、三元环烷烃，然后异构化产物进入分馏塔分馏得到质量分数 70%～90%的航空煤油(航天煤油)、质量分数 10%～30%的汽油。

加氢精制反应温度为 330℃，加氢压力 8MPa，氢油体积比为 800∶1，液体体积空速为 0.6h⁻¹，加氢精制剂由 12%保护剂、20%脱金属剂、30%脱硫剂、38%脱氮剂级配而成。加氢裂化反应温度为 380℃、加氢压力 8MPa、氢油体积比为 600∶1、液体体积空速为 0.4h⁻¹。异构化反应温度为 380℃、加氢压力为 10MPa、氢油体积比为 600∶1、液体体积空速为 0.4h⁻¹。

此技术所得到的航空煤油冰点为-53℃，热值为 45.2MJ·kg⁻¹，密度为 823kg·m⁻³，实际胶质质量分数为 0.2mg·(100mg)⁻¹。其性能指标见表 6.16。

表 6.16　航空煤油产品与检测标准要求[37]

组别	冰点/℃	热值/(MJ·kg⁻¹)	密度/(kg·m⁻³)	c(实际胶质)/[0.2mg·(100mg)⁻¹]
富环状烃馏分三级耦合工艺	-53	45.2	823	0.2
直接加氢改质	-47	42.9	789	2.3
标准要求	≤-47	≥42.8	775~830	2.0
检测标准	GB/T 2430—2008	GB/T 384—81	GB/T 1884—2000	GB/T 8019—2008

由表 6.16 可知，对比两种方法得到的航空煤油性能参数，并与标准要求进行分析比较，在冰点、热值、密度和实际胶质浓度等方面均优于直接加氢改质。说明通过中低温煤焦油富环状烃馏分提供的低分子烷烃萃取-芳烃抽提-加氢改质(精制、裂化和异构化)三级耦合工艺，相较于直接加氢改质，该技术能生产出大比重、高热值、低凝点的航空煤油。综上所述，采用该技术提供的生产技术可以提高煤焦油富芳烃成分转化为航空煤油燃料的比率，操作条件缓和，收率高，产品质量好，运行稳定。

6.4.2　加氢生产大比重喷气燃料

本小节针对煤焦油加氢产品具有大量环烷烃和芳烃的特点，使用加氢-白土精制耦合工艺，在特定工艺参数和特定催化剂的条件下，制备具有抗氧化安定性好、抗乳化性好和绝缘性良好的高密度 6 号喷气燃料，该技术主要包括以下步骤：

(1) 煤焦油加氢处理。将中低温煤焦油与氢气混合送入加氢反应器中，加热至反应温度后，依次通过加氢保护催化剂床层和加氢精制催化剂床层进行加氢反应，氢分压为 12~14MPa，保护剂床层反应温度为 180~210℃，精制剂床层反应温度为 360~390℃，氢油体积比为 1200∶1~1500∶1，加氢保护催化剂床层的平均液体体积空速为 0.8~1.1h⁻¹，加氢精制催化剂床层的平均液体体积空速为 0.4~0.5h⁻¹，反应后气液分离，得到加氢生成油。

(2) 加氢产物的分馏。将加氢生成油送入分馏塔进行分馏，得到小于 180℃

的石脑油、180～300℃的粗喷气燃料及大于 300℃的尾油，将尾油的 20%～30%
与原料中低温煤焦油混合后重新进入加氢反应器。

(3) 粗喷气燃料的白土精制。在氮气保护下，将所分馏的粗喷气燃料与白土
混合，白土加入量(质量分数)为粗喷气燃料的 7%～9%，搅拌，135～150℃下反
应 30～40min，冷却，过滤，得到大比重喷气燃料，白土精制的收率约为 96%。

分馏所得石脑油见表 6.17，各组分的收率见表 6.18。

表 6.17   分馏所得石脑油组成[38]

项目		石脑油馏分	GB 17930—2016
密度(20℃)/(g·mL⁻¹)		0.775	—
c(氮)/(μg·g⁻¹)		19	—
c(硫)/(μg·g⁻¹)		5.85	<10
胶质含量/(mg·100mL⁻¹)		2.9	≤5
研究法辛烷值(RON)		76.1	≥90
马达法辛烷值(MON)		61.7	—
馏程/℃	IBP	59	
	10%	64	<70
	50%	112	<120
	90%	174	<190
	FBP	198	<205
石脑油各族组成	v(饱和分)/%	79.25	—
	v(烯烃)/%	0.04	<24
	v(芳香分)/%	20.66	<40

注：v 表示体积分数。

表 6.18   各组分的收率[38]   (单位：%)

石脑油	粗喷气燃料	其他
10.5	62	29

由表 6.17 可知，此石脑油馏分的硫、氮、烯烃的含量很低，v(芳香分)满足
小于 40%的要求(GB 17930—2016)。由表 6.18 可知分馏塔内分馏的各馏分收率，
其中粗喷气燃料可达 62%。

该技术应用的中低温煤焦油加氢技术可以生产出各项指标均符合《大比重喷
气燃料规范》(GJB 1603—1993)喷气燃料，最终得到加氢精制大比重喷气燃料的
性质见表 6.19。

表 6.19　煤焦油精制加氢得到的喷气燃料馏分的性质[38]

项目		要求	GJB 1603—1993	产物
外观		—	清澈透明	清澈透明
密度 20℃/(kg·m⁻³)		不小于	835	910
馏程/℃	IBP	不低于	195	210
	10%	不高于	220	190
	90%	不高于	290	253
	98%	—	315	313
运动黏度/(mm²·s⁻¹)	20℃	不小于	4.5	5.6
	−20℃	不大于	60	48
闪电(闭口)/℃		不低于	60	73
冰点/℃		不高于	−47	−48
v(芳烃)/%		不大于	10	7
碘值/[gI·(100mL)⁻¹]		不大于	0.8	0.5
酸度(以 KOH 计)/[mg·(100mL)⁻¹]		不大于	0.5	0.3
w(总硫)/%		不大于	0.05	0.03
w(硫醇性硫)/%		不大于	0.0010	0.0007
博士实验		—	通过	通过
铜片腐蚀(100℃，2h)/级		不大于	1	0.8
净热值/(MJ·kg⁻¹)		不小于	42.9	51.2
烟点/mm		不低于	20	27
v(萘系烃)/%		不低于	0.5	0.8
辉光值		不小于	45	52
实际胶质含量/[mg·(100mL)⁻¹]		不大于	4	3
w(灰分)/%		不大于	0.003	0.003
水溶性酸碱		—	—	—
固体颗粒物含量/(mg·L⁻¹)		不大于	1.0	0.9
水反应	体积变化/mL	不大于	1	1
	界面情况/级	不大于	1b	1b
静态热安定性	沉淀量/[mg·(100mL)⁻¹]	不大于	6	6
	过滤后燃料中可溶性胶质含量/[mg·(100mL)⁻¹]	不大于	60	50
热氧化安定性(260℃,2.5%)	压力降/kPa	不大于	3.3	3.0
	管壁评级	小于	3	3

本小节对煤焦油加氢和白土精制工艺进行了合理的耦合，充分利用白土具有吸附色素和有机分子的能力对其煤焦油加氢产物中粗喷气燃料带正电荷杂质的吸附来脱除溶剂中残余溶剂、胶质及碱性氮等有害物质，提高了油品的抗氧化安定性，改善了油品的颜色、抗乳化性、绝缘性和残炭值，进而得到了石脑油、喷气燃料等高附加值产品，延伸了煤焦油加氢产业链，提高了煤焦油的利用价值。

该技术针对煤焦油加氢产品含有大量环烷烃和芳烃，以及高温热解稳定性和高密度的特点，制备的高密度燃料具有更大的密度和体积热值，在发动机燃料箱体积受限的情况下，能有效增加所携带的能量，降低发动机油耗比，满足高航速、大载荷和远射程的要求，提高其机动性和突防能力，具有良好的军事应用前景。

6.4.3　制备航空煤油联产清洁燃料

本小节以中低温煤焦油为原料，选择重质馏分，并复配一定比例的高温煤焦油蒽油或煤炭液化产生的蒽油，采用商用保护剂、精制剂、饱和剂和异构催化剂，通过加氢精制-深度加氢饱和-加氢异构三级耦合加氢系统生产航空煤油，并通过产物分馏得到汽柴油产品，该技术主要包括以下步骤：

(1) 原料精制。以中低温煤焦油为原料，经常减压蒸馏处理切割出<400℃馏分，与 25%～45%(质量分数)的高温煤焦油蒽油段或煤炭直接液化产生的蒽油进行复配，得到精制原料。

(2) 一级加氢精制。采用商用加氢保护剂和精制剂，在加氢温度为 320～400℃，压力为 4～12MPa，氢油体积比为 900：1～1600：1，液体体积空速为 0.3～0.6h^{-1} 条件下，进行加氢精制反应，脱除 S、N、O 及金属杂原子，脱除率可达 95%以上。

(3) 二级深度加氢饱和。采用商用加氢饱和剂，在温度为 380～420℃，加氢压力为 8～14MPa，氢油体积比为 900：1～1600：1，液体体积空速为 0.3～0.6h^{-1}，进行深度加氢饱和反应，使多环芳烃和少量稠环芳烃转变为环烷烃和部分芳烃。

(4) 三级加氢异构。采用商用加氢异构剂，在温度为 320～380℃，加氢压力为 8～10MPa，氢油体积比为 600：1～1300：1，液体体积空速为 0.3～0.6h^{-1} 进行加氢异构反应，使得到的航空煤油冰点更低。

(5) 产物分馏。可得到 60%～70%(质量分数)的 3 号喷气燃料、10%～20%(质量分数)的汽油和 15%～30%(质量分数)的柴油，其 3 号喷气燃料产品符合《3 号喷气燃料》(GB 6537—2018)，且冰点为-53℃，热值为 45.2MJ·kg^{-1}，密度为 823kg·m^{-3}。

与传统技术相比，该技术充分利用重质馏分，可在一定程度上解决重质馏分多用于生产低附加值和直接外销的问题，增加蒽油的高附加值利用，并联产一定量的汽柴油产品，同时减少化学氢耗量，成本低。得到的航空煤油产品性能见表 6.20，其各项指标均符合《3 号喷气燃料》(GB 6537—2018)，冰点为 −53℃，热值为 45.2MJ·kg^{-1}，密度为 823kg·m^{-3}，具有很大的使用价值。

表 6.20　所得航空煤油的产品性能[39]

项目		GB 6537—2018	航空煤油
颜色		清澈透明	清澈透明
酸度(以 KOH 计)/(mg·g^{-1})		不大于 0.015	0.0015
v(芳烃)/%		不大于 20.0	10
v(烯烃)/%		不大于 5.0	4
v(总硫)/%		不大于 0.20	0.10
w(硫醇硫)/%		不大于 0.002	0.002
博士实验		通过	通过
馏程/℃	10%	不高于 205	204
	50%	不高于 232	230
	FBP	不高于 300	300
v(残留量)/%		不大于 1.5	1.7
v(损失量)/%		不大于 1.5	1.6
闪电(闭口)/℃		不低于 38	35
密度 20℃/(kg·m^{-3})		775～830	828
冰点/℃		不高于−47	−52
运动黏度 20℃/(mm^2·s^{-1})		不小于 1.25	1.32
净热值/(MJ·kg^{-1})		不小于 42.8	43.0
烟点/mm		不小于 25.0	25.0
v(萘系烃)/%		不大于 3.0	2.0
铜片腐蚀(100℃，2h)/级		不大于 1	1
银片腐蚀(50℃，2h)/级		不大于 1	1
热安定性(260℃，2.5h)		—	260℃, 2.5h
压力降/kPa		不大于 3.3	3.3
管壁评价/级		小于 3	2
胶质含量/[mg·(100mL)$^{-1}$]		不大于 7	5
界面情况/级		不大于 1b	1b
分离程度/级		不大于 2	2
固体颗粒污染物含量/(mg·L^{-1})		不大于 1.0	1.0
电导率/(pS·m^{-1})		50～600	200
水分离指数(未加抗静电剂)		不大于 85	85
磨痕直径(WSD)/mm		不大于 0.65	0.65

6.5　中低温煤焦油制备针状焦

针状焦是一种大力发展的炭素材料，它具有热膨胀系数(CTE)低、杂质含量少、石墨化性能好、导电性能好、耐热强度与机械强度高、抗氧化性能优异等优良性能，广泛应用于国防和冶金工业，是生产超高功率电极、动力锂电池负极材料、特种炭素材料、碳纤维及其复合材料等高端炭素制品的原料。

优质针状焦主要通过原料预处理、组分优化、热聚和煅烧等工艺制备，本节主要介绍精制处理原料沥青、复合调配优化原料组分和热处理工艺优化等方法制备针状焦的技术。

6.5.1　沥青改性制备针状焦

本小节提出了一种利用中低温煤焦油制备针状焦的技术方案，主要包括制备精制原料、制备共碳化三元体系、制备半焦混合物、形成针状焦四个步骤。利用该技术制备的针状焦纤维取向性和有序性都很好，同时，通过加入均质剂和共碳化剂避免了热反应性差异带来的影响，中间相体系黏度好，提高了生焦质量。该技术主要包括以下步骤：

(1) 在精馏反应釜中对中低温煤焦油进行蒸馏，蒸馏出馏分>300℃的中低温煤焦油，制备精制原料。

(2) 按照 1：0.5～1：2 的质量比将精制原料与均质剂复配，均质剂为减压渣油沥青、石油沥青或高温焦油沥青中的一种；再加入共碳化剂，共碳化剂为二乙烯基苯、聚苯乙烯和聚乙烯中的一种或两种及两种以上的混合物，进行沥青改性，制备共碳化三元体系。

(3) 以氮气作为保护气，在高压反应釜中对共碳化三元体系进行热聚合反应，制备半焦混合物。

(4) 以氮气作为保护气，在煅烧炉中将半焦混合物在升温速率为 2～7℃/min，恒压的条件下，升温至 1300～1600℃，煅烧 2～5h，冷却后得针状焦。表 6.21 为制备的针状焦产品的具体参数。

表 6.21　所得针状焦的产品参数[40]

项目	产品 1	产品 2	产品 3	产品 4	产品 5	产品 6
m(精制沥青)：m(均质剂)	1：1	1：1	1：1	1：0.5	1：1.5	1：2
w(共炭化剂)/%	10	5	15	15	5	10
ΔT_{80}/℃	50	50	45	45	46	42
w(中间相)/%	100	100	100	100	100	99
收率/%	58	56	56	50	50	48

项目	产品 1	产品 2	产品 3	产品 4	产品 5	产品 6
真密度/(g·cm⁻³)	2.13	2.13	2.13	2.12	2.12	2.12
电阻率/(μΩ·m)	560	553	551	549	549	545
CTE/($10^{-6}℃^{-1}$)	1.41	1.43	1.43	1.48	1.48	1.49

注：ΔT_{80} 为热聚合反应过程中中间相转化 80%的温度差。

根据《煤系针状焦》(GB/T 32158—2015)对针状焦产品的规定，针状焦的真密度≥2.12g·cm⁻³，电阻率≤600μΩ·m，CTE≤$1.5\times10^{-6}℃^{-1}$。由表 6.21 中各针状焦产品的真密度、电阻率、CTE 的数据可以得到，所制备的针状焦各产品均为合格产品。

从制备针状焦的代表性偏光显微镜图像(图 6.53)和宏观 SEM 图像(图 6.54)可以看出，该技术采用的均质剂和共碳化剂共同促进形成广域、有序的纤维状结构中间相，避免了热反应性差异带来的影响，形成的中间相体系黏度好，提高了生焦质量。采用减压渣油沥青、石油沥青或高温焦油沥青中的一种作为均质剂，可以提供 2~5 环芳烃，均质剂可以调节热聚合反应过程中形成的中间相体系黏度；共碳化剂可以作为热聚合反应过程中形成的中间相炭微球的成核剂，且成核后不需要分离。

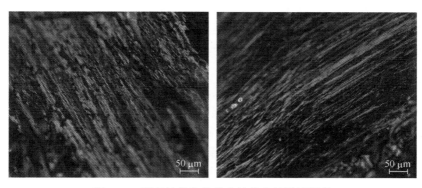

图 6.53　制备针状焦的代表性偏光显微镜图像

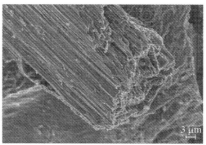

图 6.54　制备针状焦的宏观 SEM 图

6.5.2　精制沥青原料制备煤系针状焦

本小节提供了一种以中低温煤焦油沥青为原料生产煤系针状焦的技术方案，将中低温煤焦油经减压蒸馏、萃取脱除，在非金属同质缓和加氢催化剂作用下与加氢处理、热聚合、煅烧工艺结合，制得性能优良、收率较高的煤系针状焦，该技术主要包括以下步骤：

(1) 将中低温煤焦油经减压蒸馏切割得到 350～450℃馏分的中低温煤焦油沥青。

(2) 对中低温煤焦油沥青进行萃取脱除喹啉不溶物，萃取剂与中低温煤焦油沥青的质量比为 1∶1～5∶1，萃取温度为 65～85℃，萃取时间为 10～18h。

(3) 将萃取处理后的中低温煤焦油沥青送入反应釜中，利用非金属同质缓和加氢催化剂进行缓和加氢处理，其中非金属同质缓和加氢催化剂占中低温煤焦油沥青质量的 2%～8%，主要组成为质量分数 55%～79%的兰炭，质量分数 20%～40%的焦炭，质量分数 1%～5%的石墨烯。升温速率为 0.3～3℃/min，反应温度为 240～360℃，反应压力为 5～10MPa，反应时间为 2～5h，得到精制沥青。

(4) 缓和加氢后的精制沥青在 400～500℃温度下进行热聚合，热聚合时间为 10～15h。

(5) 热聚结束后，继续恒压升温至 1300～1600℃进行煅烧，煅烧时间为 2～5h，得到针状焦。

利用该技术制备得到的针状焦经过性能测定，结果见表 6.22。主要测定方法如下：真密度按照《炭素材料真密度、真气孔率测定方法　煮沸法》(GB/T 24203—2009)的方法测定；灰分按照《炭素材料灰分含量的测定方法》(GB/T 1429—2009)的方法测定；挥发分采用《炭素材料挥发分的测定》(YB/T 5189—2000)的方法测定；硫按照《炭素材料全硫含量测定方法》(GB/T 24526—2009)的方法测定；CTE 按照《石墨电极氧化性测定方法》(GB/T 3074.4—2008)的方法测定；收率=针状焦质量/煤焦油沥青的质量×100%。可以看出，以优质的煤焦油沥青原料和独特的预处理工艺使生产的针状焦产物性能优良且收率较高。

表 6.22　所得针状焦组别参数[41]

项目	产品 1	产品 2	产品 3	产品 4
真密度/(g·cm^{-3})	2.14	2.13	2.13	2.13
w(灰分)/%	0.03	0.05	0.05	0.04
w(挥发分)/%	0.28	0.30	0.31	0.29
w(硫)/%	0.09	0.10	0.12	0.11
CTE(室温至 600℃)/(10^{-6}℃$^{-1}$)	1.03	1.09	1.11	1.10
收率/%	75.6	73.8	74.3	74.7

缓和加氢催化剂在反应结束后无需分离，而且石墨烯组分还可促进热聚过程中间相形成广域、有序的纤维状结构，促使煅烧后得到各项应用指标优异的针状焦产物。另外，采用溶剂萃取脱除和缓和加氢脱除组合的方式实现原料的预处理，保证预处理后的精制沥青中的 $w(\text{QI})$ 低至 0.01%以下，在针状焦产品性能优良的基础上使收率大大提高。

6.5.3　三级串联精制原料制备针状焦

本小节提出了一种用三级串联精制原料制备针状焦的技术方案，其制备方法包括精制原料、热聚合反应、煅烧制备针状焦。其中，半焦体的软化温度在适合的温度区间内，使得半焦体有较好的流动性，并能保持较长时间，形成较好的广域流线型半焦体，在气流拉焦阶段具有更好的体系黏度，提高了针状焦的成焦质量，该技术主要包括以下步骤。

(1) 精制原料。在反应釜中，对中低温煤焦油进行 300～400℃馏分段的切割，以 10～20L/h 的流速给切割出来的馏分中通入氧化介质，以 2～4℃/min 的升温速率升温至 150～200℃，保持 2～5h，制备改性沥青(一级氧化改性)；之后向反应釜中通入氮气或惰性气体将改性沥青中的氧化介质置换出来(二级脱除游离氧)；在沙浴环境下，向改性沥青中加入质量分数为 5%～10%的改性剂，分离出酚醛树脂大分子不溶物，制备改性沥青反应原料(三级酚醛反应)。

(2) 热聚合反应。在沙浴环境下，保持搅拌速率为 150～200r/min，压力为 1～5MPa，以 3～4℃/min 的升温速率升温至 200～360℃，恒温保持 2～5h；保持搅拌速率为 50～150r/min，压力为 0～2MPa，以 1.5～2℃/min 的升温速率升温至 300～500℃，恒温保持 6～7h，泄压，制备半焦体。

(3) 煅烧制备针状焦。在氮气或惰性气体的保护下，保持 0.02MPa 的恒压，以升温速率为 2～7℃/min 升温至 1300～1600℃，冷却至室温，制备得到针状焦，其偏光显微镜图像和扫描电镜图分别见图 6.55 和图 6.56。

 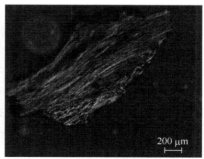

图 6.55　制备针状焦的代表性偏光显微镜图像

图 6.56　制备针状焦的扫描电镜图

　　利用该技术制备的针状焦收率较高，具有较好的广域流线型，能够形成纤维取向性好和有序性好的针状焦。

　　不同氧化介质流速、不同改性剂添加量、不同氧化时间制备的针状焦的物理特性见表 6.23。

表 6.23　所得针状焦产品的各物理特性[42]

项目	产品 1	产品 2	产品 3	产品 4	产品 5	产品 6
改性剂添加量/%	10	10	10	8	8	5
空气流速/(L·h^{-1})	15	15	10	20	18	15
氧化时间/h	3	3	3	2	2	2
收率/%	61	60	58	58	55	56
ΔT/℃	180	180	180	175	175	175
真密度/(g·cm^{-3})	2.13	2.13	2.13	2.12	2.12	2.12
CTE(室温至 600℃)/(10^{-6}℃$^{-1}$)	1.40	1.41	1.43	1.42	1.43	1.44

注：ΔT 为半焦体的软化温度，$\Delta T = T_0 - T_g$，T_0 为半焦体的玻璃态温度，T_g 为半焦体的热聚合温度。

　　该技术的三级酚醛反应和热聚合反应均是在沙浴环境中进行的，能够保证成焦过程平稳，制备出来的半焦体成分均匀度较好；半焦体的软化温度为 175℃和 180℃，在 150～200℃，属于适合的温度区间。另外，利用一级氧化改性，可将煤焦油中轻组分充分利用，形成更多含有短侧链结构的多环芳烃，提供更多的成焦原料组分；通过二级脱除游离氧和三级酚醛反应，最大化降低氧元素对制备针状焦的影响，利用该技术中的操作参数范围制备的针状焦，其收率较高，能够形成纤维取向性好和有序性好的针状焦，且真密度为 2.12～2.13g·cm^{-3}、CTE 为 1.40×10^{-6}～1.44×10^{-6}℃$^{-1}$，小于 1.45×10^{-6}℃$^{-1}$。

6.5.4　洗油、蒽油及沥青组分复合调配原料制备针状焦

本小节提供了一种以中低温煤焦油中洗油、蒽油及沥青组分复合调配原料生产针状焦的技术方案，以煤焦油各馏分通过复合调配为针状焦制备的理想原料，合理的原料组分将大大促进热聚过程中间相形成广域、有序的纤维状结构，煅烧后得到性能优异的针状焦产物，该技术主要包括以下步骤。

(1) 对中低温煤焦油进行溶剂萃取。溶剂萃取采用的萃取剂为芳香烃和烷烃按照质量比为 1.2：1～1.8：1 的比例形成的混合物，其中的芳香烃为甲苯、糠醛、N-甲基吡咯烷酮中的一种或多种，烷烃为正己烷、正庚烷、环己烷中的任一种。其中，溶剂萃取中所采用的萃取剂与中低温煤焦油中的沥青质量比为 1：1～3：1，萃取温度为 60～80℃，萃取时间为 6～8h；处理后的中低温煤焦油中喹啉不溶物质量分数<0.1%。将萃取后的中低温煤焦油经减压馏分切割，得到 230～300℃的洗油馏分、300～350℃的蒽油馏分以及 350～450℃的沥青馏分。

(2) 以洗油馏分、蒽油馏分、沥青馏分的质量比为 1：(1～1.5)：(5.5～7.5)的比例混合调配成煤系针状焦原料，使原料中喹啉不溶物质量分数<0.1%、3～4 环芳香烃质量分数大于65%。

(3) 调配原料置于反应釜中，在 400～500℃下进行热聚生焦 10～14h，继续升温至 1400～1600℃，煅烧 2～5h，得到针状焦产物。

通过该技术得到针状焦的物理参数如表6.24、表6.25所示，XRD图如图6.57所示。

表 6.24　所得针状焦产品的性能[43]

产品编号	真密度/(g·cm⁻³)	w(水分)/%	w(灰分)/%	w(挥发分)/%	w(硫分)/%	CTE(室温至600℃)(10⁻⁶℃⁻¹)	电阻率/(μΩ·m)	收率/%
产品 1	2.13	0.06	0.08	0.25	0.19	1.15	6.7	70.3
产品 2	2.08	0.07	0.08	0.23	0.21	1.21	8.2	68.4
产品 3	2.10	0.07	0.09	0.20	0.20	1.18	7.5	73.5

表 6.25　所得针状焦的产物结构[43]

$2\theta_{002}$/ (°)	d_{002}/nm	L_c/nm	G/%
26.05	0.3420	1.78	23.23

注：G 为石墨化度。

结合表 6.25 和图 6.57 可以看出，通过该方法得到的状焦产物平均层间距(D)小，平均微晶尺寸(L)大，半峰宽(B)小，峰高高且尖锐，石墨化度(G)高，说明针状焦的生长尺寸较大，其中含类石墨微晶较多，针状焦片层结构及纤维状组织的

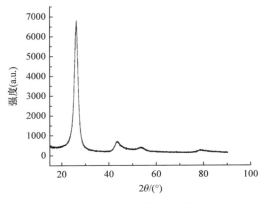

图 6.57　针状焦 XRD 图

发展趋于完整。综上所述，以独特的煤焦油各轻重馏分复合调配原料制备的针状焦产物性能优良，且收率较高。

6.5.5　沥青复合萃取改质制备针状焦

本小节提供一种中低温煤焦油沥青复合萃取改质制备针状焦的技术方案，以中低温煤焦油沥青为原料，采用复合萃取改质工艺得到精制沥青，实现原料有效定向调控，提高中间相形成过程中体系的供氢能力，降低炭化体系黏度，制备出的产品结构稳定，纤维质量分数高，该技术主要包括以下步骤：

(1) 馏分切割。从中低温煤焦油全馏分中切割出 360～540℃馏分段的沥青。

(2) 沥青精制。依次采用有机混合溶剂萃取工艺、离子液体萃取工艺和组分改质工艺，上一步切割的沥青中得到精制沥青；其中，切割的沥青与有机混合溶剂(正己烷和甲苯)以 1∶1.5～1∶5 的质量比混合，温度 60～90℃下，搅拌 15～40min，静置 20～50min 分层，取上层液，得到有机萃取液；将得到的有机萃取液与离子液体以质量比 1∶1～1∶3 混合，温度 40～90℃，搅拌 10～30min，冷却至室温、抽滤得到滤液；并向滤液中加入去离子水，依次经过反萃取、分离、减压蒸馏得到萃取沥青，滤液与去离子水的体积比为 1∶4～1∶10；离子液体是 [Bmim] [Cl]、[Bmim] [PF$_6$]、[C$_4$mim] [SCN]、[Bmpym] [Cl]、[Bmmim] [Tf$_2$N]、[Emim] [EtSO$_4$]、[Bmim]FeC1$_4$、[Bmim] [C(CN)$_3$]和[3-mebupy] [C(CN)$_3$]中的一种或多种。

(3) 向得到的萃取沥青中添加改质剂，混合后置于反应釜中，改质剂是四氢萘、一蒽油、二氢蒽、二氢菲和十氢萘中的一种或多种，其添加量为萃取沥青添加量的 5%～15%；温度 180～200℃，恒温反应 1～3h，蒸馏出轻组分，冷却至室温，釜底得到精制沥青。

(4) 在磁场条件下，上一步得到的精制沥青进行热聚合得到半焦；磁场磁感应强度为 15～30mT，在反应温度为 400～440℃时外加磁场，每隔 10min 加磁 5～10s。

(5) 在氮气氛围下，将得到的半焦经煅烧、冷却得到针状焦。煅烧条件是升温速率为 1～3℃/min，压力为 0.01～0.03MPa，升温至 1400～1600℃，煅烧 6～10h。

采用相应的方法，测定所制备的针状焦的热膨胀系数、真密度和电阻率，具体结果参见表 6.26。图 6.58 为针状焦偏光显微结构图，图 6.59 为针状焦扫描电镜图。

表 6.26　所制备的针状焦的物理特性[44]

产品编号	w(离子液体)/ %	w(改质剂)/ %	CTE/($10^{-6}℃^{-1}$)	真密度/($g \cdot cm^{-3}$)	电阻率/($\mu\Omega \cdot m$)
产品 1	100	5	1.54	2.12	596
产品 2	142	7	1.52	2.12	584
产品 3	169	8	1.36	2.13	568
产品 4	163	10	1.48	2.13	576
产品 5	131	9	1.58	2.12	592
产品 6	137.5	15	1.61	2.11	598

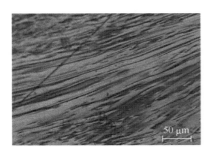
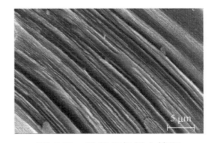

图 6.58　针状焦偏光显微结构图　　　　图 6.59　针状焦扫描电镜图

由图 6.58 可知，图中针状焦的纤维呈广域型结构。由于采用复合萃取改质对原料进行精制，得到的原料具有芳香度高和杂原子质量分数低的特性，且可提高中间相形成过程中体系的供氢能力，维持低黏度体系，有利于中间相的有序排列。由图 6.59 可知，图中针状焦的纤维外貌结构纹理清晰，无镶嵌结构，片层之间空隙小，定向排列。

该技术以 360～540℃馏分段的中低温煤焦油沥青为原料，通过复合萃取改质三步工艺得到精制沥青，然后在磁场条件下热聚得到半焦，最后通过高温煅烧得到针状焦产品，该方法得到的产品结构稳定，纤维质量分数高，为针状焦的制备提供了一种新的思路和方法。

6.5.6　沥青四阶变温精制一步法制备针状焦

本小节提出中低温煤焦油沥青四阶变温精制一步法制备针状焦的技术方案。通过四阶变温精制能够将中低温煤焦油沥青中热反应性能高的物质脱除，再经特定的热聚合反应过程制备半焦，随后经过特定条件煅烧得到的产物不仅收率高、收率稳定，而且品质高，该技术主要包括以下步骤。

(1) 在反应釜中，将中低温煤焦油进行减压馏分蒸馏，蒸馏出 360～520℃ 馏分段的中低温煤焦油沥青，将中低温煤焦油沥青冷却后粉碎。

(2) 将粉碎后的中低温煤焦油沥青进行四阶变温精制，得到精制原料软沥青；四阶变温精制包括一阶改质精制、二阶溶剂精制、三阶酚醛反应精制和四阶调配精制。一阶改质精制步骤为给粉碎后的中低温煤焦油沥青加入调和剂调和中低温煤焦油沥青的组成成分并升温至 40～60℃。二阶溶剂精制步骤为将完成一阶改质精制的中低温煤焦油沥青升温至 80～120℃，恒温静置 3～8h，萃取，富集出原料芳烃，将不溶于萃取剂的大分子杂质从反应釜底部排出；三阶酚醛反应精制步骤为在富集的原料芳烃中加入改性剂，升温至 140～160℃，恒温静置 3～8h，利用改性剂与原料芳烃中的高反应活性酚类化合物发生酚醛反应，生成酚醛树脂大分子不溶物，从反应釜底排出酚醛树脂大分子不溶物；四阶调配精制步骤为将三阶酚醛反应精制完的原料芳烃升温至 180～220℃，蒸馏出轻组分，调整原料芳烃的黏度，得到精制原料软沥青。

调和剂为 C_5～C_{16} 正构烷烃与柴油馏分按质量比为 1∶2～1∶5 调制而成的混合物，占中低温煤焦油沥青质量的 300%～400%；改性剂为脱氧剂羧基化合物与反应调节剂按质量比 50∶1～100∶1 组成的混合物。反应调节剂为碳酸氢钠溶液、碳酸氢钾溶液、醋酸钠溶液中的一种或两种及两种以上组合，以及氢氧化钠溶液、氢氧化钾溶液中的一种或两种组合按质量比为 10∶1～30∶1 组成的混合物。

(3) 精制原料软沥青进行热聚合反应制备半焦。热聚合反应分为三个阶段，第一阶段为用氮气置换出反应釜中的空气，在 2～3℃/min 的升温速率、2.5～3.5MPa 的压力条件下，升温至 400～420℃；第二阶段为在 0.5～1℃/min 的升温速率、2.5～3.5MPa 的压力条件下，升温至 450～480℃；第三阶段为在 1.5～2.0MPa 的压力条件下，恒温保持 6～8h，排空泄压。

(4) 将半焦在保护气的保护下，移入煅烧炉中，在 2～5℃/min 的升温速率、0.01～0.03MPa 的恒压条件下煅烧 3～7h，升温至 1400～1500℃，冷却至室温，得针状焦。表 6.27 为各实验制备的针状焦收率及物理特性。

表 6.27　所制备针状焦的收率及物理特性[45]

产品编号	收率/%	真密度/(g·cm⁻³)	电阻率/(μΩ·m)	CTE/(10⁻⁶℃⁻¹)
产品 1	58	2.13	583	1.41
产品 2	58	2.12	591	1.50
产品 3	60	2.14	545	1.21
产品 4	56	2.12	571	1.50
产品 5	57	2.12	588	1.48
产品 6	58	2.13	582	1.49

由表6.27可得，利用该技术制备的针状焦收率高，且收率基本集中在56%～60%，收率变化范围小，比较稳定，同时该技术在四阶变温精制过程中先后分别加入了调和剂和改性剂，调和剂将中低温煤焦油沥青的组成成分进行重新调和，使中低温煤焦油沥青中各个成分比例均匀。同时，根据《煤系针状焦》(GB/T 32158—2015)对针状焦产品的规定，针状焦的真密度≥2.12g·cm⁻³，电阻率≤600μΩ·m，CTE≤1.5×10⁻⁶℃⁻¹。所制备的针状焦均为合格产品，满足国家标准的要求。其中，调和剂的添加量为中低温煤焦油沥青质量的 400%；改性剂的添加量为中低温煤焦油沥青质量的 0.3%，其针状焦品质比较好。

6.5.7　中低温煤焦油制备负极材料

本小节提供一种利用中低温煤焦油制备锂电池负极材料的技术及其应用，以中低温煤焦油为原料，经分离、调配、炭化、石墨化制备锂电池负极材料，该技术主要包括以下步骤。

(1) 原料预处理：将中低温煤焦油原料进馏分切割，得到 350～520℃馏分段沥青。

(2) 分离调配：依次采用正构烷烃溶液(C₇～C₁₀)、单环碳氢芳烃溶液(苯、甲苯、二甲苯)及喹啉溶液对 350～520℃馏分段沥青进行三次萃取分离，并分别对应得到正构烷烃可溶物 HS 组分、正构烷烃不溶单环芳烃可溶物 HI-TS 组分及单环芳烃不溶喹啉可溶物 TI-QS 组分；再将正构烷烃可溶物 HS 组分、正构烷烃不溶单环芳烃可溶物 HI-TS 组分及单环芳烃不溶喹啉可溶物 TI-QS 组分进行调配。

萃取分离的具体过程如下：将 350～520℃馏分段沥青与正构烷烃溶液混合，在搅拌条件下发生一次萃取反应，静置得到一次上层清液和下层沥青 HI；从一次上层清液中分离出正构烷烃可溶物 HS，下层沥青 HI 烘干；得到的下层沥青 HI 与单环碳氢芳烃溶液混合，在搅拌条件下发生二次萃取反应，静置得到二次上层清液和下层沥青 TI，从二次上层清液中分离出正构烷烃不溶单环芳烃可溶物溶物 HI-TS；下层沥青 TI 烘干；得到的下层沥青 TI 与喹啉溶液混合，在搅拌条件下发生三次萃取反应，静置得到三次上层清液和下层沥青；从三次上层清液分离出单环芳烃不溶喹啉可溶物 TI-QS；取下层沥青烘干，即为喹啉不溶物 QI。三次萃取反应的条件均相同，条件为萃取温度 60～80℃、搅拌转速 1800～2200r/min、搅拌时间 10～60min、静置时间 0.5～3h。正构烷烃可溶物 HS 组分、正构烷烃不溶单环芳烃可溶物 HI-TS 组分及单环芳烃不溶喹啉可溶物 TI-QS 组分的质量比为(2～4)：(6～7.5)：(0.1～1)。

(3) 将得到的调配原料经过炭化反应生成半焦，炭化条件如下：在压力 3～5MPa 下，以 3～5℃/min 的升温速率升温至 380～440℃，恒温 6～10h；然后在压力 0.2～1MPa 下，以 0.5～1.5℃/min 的升温速率升温至 480～520℃，恒温 8～12h。

(4) 半焦进行石墨化反应得到锂电池负极材料，其扫描电镜图片如图 6.60 所示，石墨化反应的温度 2800～3200℃，升温速率为 5～8℃/min，石墨化时间为 6～12h。

图 6.60　制备的锂电池负极材料扫描电镜图片

采用制备的材料作为负极，制备得到锂电池，并对锂电池的性能进行检测。选择采用该技术生产的 6 组锂电池材料，分别作为负极，正极均采用锂片，制成纽扣锂电池；然后，采用组合电池测试系统分别对纽扣锂电池进行测试，得到 6 组锂电池材料的性能参数，结果参见表 6.28。

表 6.28　负极材料制备锂电池的性能参数[46]

产品编号	首次充电容量/(mA·h/g)	首次放电容量/(mA·h/g)	首次充放电效率/%	循环 300 周保持率/%
产品 1	343	353	96.11	91.23
产品 2	355	382	97.68	96.23
产品 3	345	351	95.34	93.76
产品 4	331	346	93.71	91.24
产品 5	328	343	93.42	91.05
产品 6	343	372	96.88	94.73

从表 6.28 可知，本实验制备的电极材料，在作为锂电池负极应用时，首次放电容量最高达 382mA·h/g；首次充放电效率高最高可达 97.68%，经 300 周循

环，其最大保持率在 96.23%。与市场上现有的同类锂电池负极材料相比，其电性能稳定，循环性能优良，抗衰减能力突出。

在实验时，通过两次不同的炭化条件来控制炭化过程，得到优化的调配原料在适宜的反应条件下经过炭化，制备的半焦作为负极材料前驱体，保证了前驱体的稳定性，有利于石墨化和后续处理，从而保证最终负极材料的性能和稳定性。

该技术提供的利用中低温焦油制备锂电池负极材料的方法，以中低温煤焦油为原料，通过调整原料组成、调控炭化过程中体系黏度等来控制负极材料的结构，制备出优质负极材料。该技术制备工艺过程简单可行，易于操作，产品稳定性强。

6.6　中低温煤焦油加氢制备基础油

煤焦油加氢精制后的生成油，进一步深度精制后可完全脱除氧、氮、硫等杂质，将芳烃饱和化并将少部分开环形成的直链烃异构降凝可制取低凝点的航空煤油、低凝柴油、环烷基基础油。本节主要介绍通过对中低温煤焦油加氢处理制备性能优良的各种高品质基础油产品。

6.6.1　加氢制备柴油

本小节提供一种多产柴油的煤焦油加氢技术方案，将煤焦油采用稀释分离、预加氢反应、上流式加氢反应、电脱净化、加氢裂化反应、内装分馏塔板的热高压分离、冷高压分离和分馏的工艺过程，生产高质量的柴油，该技术主要包括以下步骤。

(1) 稀释分离。将煤焦油与稀释油按质量比为 1∶0.3～1∶0.8 送入分离罐，在 50～90℃条件下，在分离罐中进行混合稀释和分离，由分离罐上部引出轻质焦油，从分离罐下部输出重质焦油。上述的煤焦油为低温煤焦油、中温煤焦油和中低温煤焦油中的一种，稀释油为加氢生成油或密度<0.85g·cm^{-3}的石油。

(2) 预加氢反应。轻质焦油与混合氢按体积比 1∶900～1∶1500 进入装填有 RG-10A 型加氢保护剂、RMS-1 型脱硫催化剂和 RSN-1 型脱氮催化剂的预加氢反应器中，反应总压力为 9～12MPa，反应温度为 220～300℃，体积空速为 0.8～2.2h^{-1}，脱除轻质焦油中的金属、硫和氮后得到预加氢流出物，RG-10A 型加氢保护剂、RMS-1 型脱硫催化剂和 RSN-1 型脱氮催化剂由中国石油化工股份有限公司催化剂分公司生产。

(3) 上流式加氢反应。预加氢流出物与混合氢按体积比为 1∶800～1∶2000 混合进入装填有 FZC-11U 型上流式加氢催化剂的上流式加氢反应器中进行加氢改质反应，反应总压力为 9～15MPa、反应温度为 300～420℃、体积空速为 1.2～2.6h^{-1}，由上流式加氢反应器的顶部将加氢生成油送入内装分馏塔板的热高压分离器。

(4) 电脱净化。由分离罐下部引出的重质焦油进入电脱净化罐中脱除重质焦油中的水分、固体杂质和金属,杂质由排出水带出,电脱净化罐的强电场强度700~1100V/cm,电脱温度 110~150℃,混合强度 50~80kPa,强电场总作用时间 6~15min。

(5) 加氢裂化反应。由电脱净化罐输出的净化重质焦油与由内装分馏塔板的热高压分离器底部送来的重质馏分油按体积比为 7:1~10:1在管道中混合为混合油,混合油与混合氢按体积比 1:1100~1:2200 进入装填有 RT-5 型加氢裂化催化剂的加氢裂化反应器,反应总压力为 9~15MPa、反应温度 320~420℃、体积空速 1.1~2.5h^{-1}。

(6) 热高压分离。由加氢裂化反应器输出的裂化产物与由加氢反应器输出的加氢生成油都进入内装分馏塔板的热高压分离器,大于 370℃的重质馏分油从内装分馏塔板的热高压分离器的底部返回与净化重质焦油混合,轻质馏分油从内装分馏塔板的热高压分离器的顶部送入冷高压分离器。

(7) 冷高压分离。轻质馏分油在冷高压分离器中进行分离,从冷高压分离器顶部分离出的循环氢与新鲜氢在管道中混合后为混合氢,由压缩机将混合氢分别送入预加氢反应器、上流式加氢反应器和加氢裂化反应器。从冷高压分离器底部输出的馏分油进入分馏塔。

(8) 分馏。在分馏塔中对馏分油进行分离,由分馏塔顶部切割出小于 70℃的气体、塔的上部切割出 70~180℃的石脑油、塔下部输出的柴油能达到《轻柴油》(GB 252—2000)中-10 号柴油的技术质量指标要求。以无水煤焦油质量为基准计算,柴油的收率为 84%~90%。

使用的煤焦油性质和组成见表 6.29,各保护剂催化剂的型号及物理特性见表 6.30。

表 6.29　煤焦油的性质和组成[47]

性质	低温煤焦油	中温煤焦油	中低温煤焦油
密度(20℃)/(g·cm^{-3})	0.9427	1.0293	0.9742
运动黏度(100℃)/(mm²·s^{-1})	59.6	124.3	114.6
w(总氮)/%	0.69	0.75	0.71
w(总硫)/%	0.29	0.32	0.31
w(总氧)/%	8.31	7.43	8.11
w(水分)/%	2.13	2.46	2.54
w(烷烃)/%	25.12	22.68	22.71
w(芳烃)/%	28.43	27.69	22.99

续表

性质	低温煤焦油	中温煤焦油	中低温煤焦油
w(胶质)/%	28.49	27.12	30.94
w(沥青质)/%	17.96	22.24	23.36
w(机械杂质)/%	2.35	2.61	2.55
c(Fe)/(μg · g^{-1})	37.42	64.42	55.84
c(Na)/(μg · g^{-1})	4.04	3.96	4.12
c(Ca)/(μg · g^{-1})	86.7	90.58	91.43
c(Mg)/(μg · g^{-1})	4.12	3.64	4.93
馏程/℃　IBP	205	208	210
10%	250	252	250
30%	329	331	329
50%	368	372	370
70%	429	433	430
90%	486	498	496
FBP	531	542	539

表 6.30　各保护剂催化剂的型号及物理特性[47]

名称	型号	活性金属	比表面积/(m² · g^{-1})	孔容/(mL · g^{-1})	压碎强度/(N · mm^{-1})
加氢保护剂	RG-10A	NiMo	≥120	≥0.55	≥10
脱硫催化剂	RMS-1	MoCo	≥160	≥0.47	≥12
脱氮催化剂	RSN-1	WNi	≥100	≥0.25	≥14
上流式加氢催化剂	FZC-11U	MoNi	≥120	≥0.70	34.5
加氢裂化催化剂	RT-5	WNi	≥380	≥0.22	≥18

　　根据《轻柴油》(GB 252—2000)中-10 号柴油的技术质量指标要求，本小节所制备的柴油均符合该指标要求，并且在柴油收率方面可达 84%～90%。

6.6.2　加氢制备燃料油和润滑油基础油

　　本小节提供一种全馏分煤焦油加氢制燃料油和润滑油基础油的技术，将全馏分煤焦油加氢处理通过减压阀降压，闪蒸分离出轻质产物与重质产物，重质产物进一步异构脱蜡，再与轻质产物相继经过热高分离器、冷高分离器、冷低分分离器及分馏塔分馏，从而得到质量好且达到国家标准要求的燃料油和润滑油基础油，该技术主要包括以下步骤。

(1) 按常规方法对中低温煤焦油进行脱水脱渣操作。

(2) 脱水脱渣后的中低温煤焦油与氢气混合后送入第一加氢反应器中，加氢保护剂的入口温度为 230～240℃，加氢脱金属剂的反应温度为 240～260℃，压力为 12～18MPa，液体空速为 0.2～0.9h^{-1}，氢油体积比 1500∶1～2600∶1，送入第二加氢反应器中，加氢脱硫剂的反应温度为 310～350℃，加氢改质催化剂的反应温度为 380～420℃，压力为 12～18MPa，液体空速为 0.2～0.9h^{-1}，氢油体积比 1500∶1～2600∶1，在加氢反应器中脱除杂质，得到加氢产物。

(3) 加氢产物通过减压阀降压后在闪蒸塔中将轻质产物与重质产物分离，轻质产物从闪蒸塔的顶部出口通过管道进入热高分分离器，重质产物由闪蒸塔底部出口通过管道进入精制异构脱蜡反应器进行反应，反应温度为 360～400℃，压力为 10～16.5MPa，液体空速为 0.2～0.9h^{-1}，氢油体积比为 1500∶1～2600∶1，反应产物通过管道进入热高分分离器与闪蒸塔输出的轻质产物混合，且在热高分分离器中分离出气相产物和液相产物。

(4) 气相产物通过管道进入冷高分分离器，在冷高分分离器中分离出氢气通过管道返回加氢反应器和异构脱蜡反应器中，分离出来的高分油通过管道进入冷低分分离器中，在冷低分分离器中分离出低分油与热高分分离器分离出的液相产物在管道中混合进入分馏塔中分离，制得燃料油和润滑油基础油。

本小节依据国家标准《车用汽油》(GB/T 17930—2006)、《车用柴油》(GB/T 19147—2003)，以及《通用润滑油基础油》(Q/SY 44—2009 HVI—400 型)中对相应的车用汽油、车用柴油及润滑油基础油的质量要求的相关规定，采用该技术所制得的汽油馏分、柴油馏分、润滑油基础油分别按照标准相关规定进行检测，结果分别见表 6.31、表 6.32 和表 6.33。

表 6.31　产品汽油馏分的主要性质[48]

项目		质量指标(GB/T 17930—2006)	产品
馏程/℃	10%	不高于 70	62
	50%	不高于 120	111
	90%	不高于 190	180
	FBP	不高于 205	203
v(残留量)/%		不大于 2	1.4
实际胶质含量/[mg · (100mL)$^{-1}$]		不大于 5	3.9
诱导期/min		不小于 480	495
w(硫)/%		不小于 0.05	0.03
铜片腐蚀(50℃，3h)/级		不小于 1	1
v(苯)/%		不小于 2.5	2.2

续表

项目	质量指标(GB/T 17930—2006)	产品
v(芳烃)/%	不小于 40	33
v(烯烃)/%	不小于 35	30
w(氧)/%	不小于 2.7	2.1

表 6.32　产品柴油馏分的主要性质[48]

项目		质量指标(GB/T 19147—2003)	产品
氧化安定性(以总不溶物计)/[mg · (100mL)^{-1}]		不大于 2.5	2.1
w(硫)/%		不大于 0.05	0.03
w(10%蒸余物残炭)/%		不大于 0.3	0.25
w(灰分)/%		不大于 0.01	0.007
铜片腐蚀(50℃，3h)/级		不大于 1	1
v(水分)/%		痕迹	痕迹
凝点/℃		不高于−10	−8
冷滤点/℃		不高于−5	−4
闪点(闭口)/℃		不低于 55	60
馏程/℃	50%	不高于 300	291
	90%	不高于 355	333
	95%	不高于 365	358
机械杂质		无	无
运动黏度(20℃)/(mm² · s⁻¹)		3.0～8.0	6.3
密度(20℃)/(kg · m⁻³)		820～860	841

表 6.33　产品润滑油基础油的主要性质[48]

项目	质量指标(Q/SY 44—2009 HVI—400 型)	产品
运动黏度(40℃)/(mm² · s⁻¹)	74.0～90.0	80
外观	透明	透明
色度/号	不大于 3.0	2.4
黏度指数	不小于 95	102
闪点(开口)/℃	不低于 225	234
倾点/℃	不高于−7	−10

续表

项目	质量指标(Q/SY 44—2009 HVI—400 型)	产品
酸度(以 KOH 计)/(mg · g⁻¹)	不大于 0.03	0.02
w(残炭)/%	不大于 0.10	0.7
氧化安定性(旋转氧弹法, 150℃)/min	不小于 190	210

6.6.3　精制高辛烷值汽油、航空煤油和环烷基基础油

本小节以全氢型煤焦油制备高辛烷值汽油、航空煤油和环烷基基础油,由煤焦油精制装置、馏分油深度精制、异构降凝和后精制装置、石脑油脱氢和芳烃抽提装置构成,该技术主要包括以下步骤。

(1) 煤焦油精制。经脱渣、脱水、脱盐预处理后的全馏分中低温煤焦油,以及部分中低温煤焦油的馏分油或蒽油混氢后经焦油加热炉加热到 220~260℃,依次进入焦油一级反应器、焦油换热器、焦油二级反应器、焦油三级反应器、生成油高压分离器、生成油常压分馏塔、生成油减压分馏塔;两个焦油一级反应器并列安装,焦油一级反应器均是填装保护催化剂和脱金属催化剂的,进行烯烃饱和脱金属反应,反应平均温度为 220~280℃,反应的压力为 12~16MPa,氢油体积比为 1500:1~2300:1,焦油一级反应器的流出物与焦油换热器进行换热升温到 280~310℃,进入焦油二级反应器。焦油二级反应器内装填脱沥青催化剂和预精制催化剂,反应平均温度为 280~350℃,进行脱沥青、残炭、脱氧、脱硫、脱氮,反应的压力为 12~16MPa,氢油体积比为 1500:1~2300:1,流出物进入焦油三级反应器。焦油三级反应器装填精制催化剂,进行进一步脱硫、脱氮、芳烃饱和,焦油三级反应器反应平均温度为 330~390℃,反应的压力为 12~16MPa,氢油体积比为 1500:1~2300:1,总液体体积空速为 0.15~0.5h⁻¹,焦油三级反应器的生成油经生成油高压分离器分离氢气后进入生成油常压分馏塔,经生成油常压分馏塔分馏为塔顶驰放气、侧线小于 180℃石脑油、180~365℃的馏分油和塔底馏分油;塔底馏分油进入生成油减压分馏塔,经生成油减压分馏塔分馏为 365~510℃的高温馏分油和塔底大于 510℃的馏分油,将所有分馏油混合直接通入馏分油深度精制、异构降凝和后精制装置中。

(2) 馏分油深度精制、异构降凝和后精制。煤焦油精制装置分馏出来的 180~365℃的馏分油和 365~510℃的馏分油混合后,在管道中混氢,进入深度精制加热炉升温到 340~380℃,进入深度精制反应器。进一步加氢脱硫、脱氮、芳烃饱和,精制剂反应平均温度为 340~380℃,液体体积空速为 0.25~0.7h⁻¹,压力为 14~21MPa,氢油体积比为 800:1~1200:1,反应产物通过热高压汽提塔,经新氢汽提,将小于 180℃的石脑油、氨氮、硫化氢分离,再经冷

高压分离器分离小于 180℃石脑油和氢气，将热高压汽提塔塔底馏分油的硫浓度控制在 2μg·g⁻¹ 以下，氮浓度控制在 2μg·g⁻¹ 以下，塔底馏分油混氢后调整温度为 320～350℃进入异构降凝反应器。该反应器装填异构降凝催化剂，反应平均温度为 320～350℃，液体体积空速为 0.6～2.2h⁻¹，压力为 14～21MPa，氢油体积比为 500∶1～1000∶1；经换热后温度降为 220～260℃，进入后精制反应器。后精制反应器内装填后精制催化剂，反应平均温度为 220～260℃，液体体积空速为 0.6～2.6h⁻¹，压力为 14～21MPa，氢油体积比为 500∶1～1000∶1；反应产物经高压分离器分离后，进入常压分馏塔和减压分馏塔切割为小于 180℃石脑油、180～365℃冷冻机油、365～420℃的化装级白油 10#，以及 420～510℃的化装级白油 15#；或者反应产物切割为小于 180℃石脑油馏分油、180～365℃的低凝柴油、大于 365℃的润滑油基础油。

(3) 石脑油脱氢、芳烃抽提。将步骤(1)和步骤(2)分馏所得小于 180℃的石脑油混合，经石脑油加热炉加热进入一级脱氢反应器，反应产物再加热进入二级脱氢反应器，经石脑油脱氢催化剂催化脱氢，反应平均温度为 420～450℃，液体体积空速为 2.0～6.0h⁻¹，压力为 1.0～3.5MPa，反应产物经常规芳烃抽提后作为高辛烷值汽油，产生的氢气作为煤焦油精制装置的补充氢，循环利用。表 6.34和表 6.35 为产品油性质分析。

表 6.34　柴油馏分油检测结果及国家标准[49]

项目		柴油馏分	GB 252—2011
密度(20℃)/(kg·m⁻³)		851	报告
w(氮)/%		0	—
w(硫)/%		0	不大于 0.001
冷滤点/℃		−32	不大于 0
闪点(闭口)/℃		56	不小于 55
w(灰分)/%		<0.001	不大于 0.01
十六烷值		49	不小于 47
馏程/℃	IBP	185	—
	50%	280	不大于 300
	90%	345	不大于 355
	95%	350	不大于 365
	EBP	385	—
运动黏度(20℃)/(mm²·s⁻¹)		3.5	3.0～8.0
酸度(以 KOH 计)/(mg·g⁻¹)		0.2	不大于 7
铜片腐蚀(50℃, 3h)/级		1	不大于 1

表 6.35 环烷基变压器基础油的主要性质[49]

项目		变压器基础油(45#)	GB 2536—2011(45#)	实验方法
密度(20℃)/(kg·m⁻³)		890	不大于895	GB/T1884 和 GB/T1885
运动黏度 /(mm²·s⁻¹)	40℃	5.8	不大于12	GB/T265
	−30℃	120	不大于1800	
凝点/℃		−48	不大于−40	GB/T3535
闪点(闭口)/℃		138	不小于135	GB/T261
酸度(以 KOH 计)/(mg·g⁻¹)		0.001	不大于0.1	NB/SH/T0836
腐蚀性硫		非腐蚀性	非腐蚀性	SH/T0804
水溶性酸或碱		无	无	GB/T259
击穿电压/kV		42	不小于30(未处理油) 不小于70(经处理油)	GB/T507
介质损耗因数(90℃)		0.0016	不大于0.005	GB/T5654
界面张力/(mN·m⁻¹)		44.6	不小于40	GB/T6541
含水量/(mg·kg⁻¹)		15	不大于30/40	GB/T7600

该技术的原料适应性强，产品方案可根据市场灵活调整，产品附加值更高，非贵金属加氢催化剂开车时要预硫化，同时要在反应过程中不断补硫来维持活性，贵金属催化剂反应开始要氢化脱氧，反应进料的硫浓度、氮浓度要控制在 $2\mu g·g^{-1}$ 以内。使用该技术制备的高辛烷值汽油、航空煤油和环烷基础油等，产品按国家测试标准进行检测，达到了国家车用高辛烷值汽油、低凝柴油、变压器油、冷冻机油、橡胶油填充油、工业级/化装级白油、Ⅱ类润滑油基础油的标准。

6.6.4 加氢制备环烷基变压器油基础油

本小节提供一种煤焦油生产环烷基变压器油基础油的技术方案，其通过煤焦油加氢处理、加氢产物的分馏、变压器馏分油的溶剂精制及变压器馏分油的白土精制步骤，得到了石脑油、柴油和变压器油基础油等高附加值产品，该技术主要包括以下步骤。

(1) 煤焦油一级加氢精制。将煤焦油和氢气混合后进入一级加氢反应器进行一级加氢精制，所用一级加氢精制催化剂为以三氧化二铝为载体的钼-镍型催化剂，反应温度为 300~400℃，反应压力为 10~15MPa，氢油体积比为 800:1~1500:1，液体体积空速为 0.3~0.6h⁻¹，得到一级煤焦油加氢精制产物。

(2) 一级加氢精制产物分馏。将煤焦油一级加氢精制产物在分馏塔中进行分馏，得到小于180℃的石脑油馏分、180~350℃的柴油馏分及大于350℃的渣油馏分。

(3) 渣油馏分的二级加氢精制。将渣油馏分与氢气混合后在二级加氢反应器中进行二级加氢精制，所用二级加氢精制催化剂为以三氧化二铝为载体的钨-镍型催化剂，温度为 280～380℃，压力为 10～15MPa，氢油体积比为 800∶1～1500∶1，液体体积空速为 0.5～1h^{-1}，得到二级加氢精制油。

(4) 二级加氢精制产物分馏。将二级加氢精制产物在分馏塔中分馏，得到小于 180℃的石脑油馏分、180～350℃的柴油馏分及大于 350℃的冷冻机油馏分。

(5) 冷冻机油馏分的白土精制。将冷冻机油馏分和白土混合搅拌，白土加入量(质量分数)为 5%～10%，100～200℃反应 20～50min，冷却、过滤，得到冷冻机油基础油。图 6.61 为其工艺流程，表 6.36 为所得冷冻机油基础油性质。

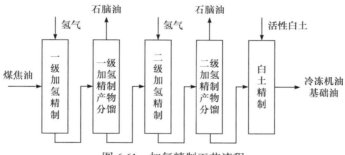

图 6.61　加氢精制工艺流程

表 6.36　所得冷冻机油基础油性质[50]

项目		GB/T 16630—2012(L—DRA46)	产品
运动黏度/(mm^2·s^{-1})	40℃	41.6～50.6	46.68
	100℃	报告	6.018
闪点(开口)/℃		不小于 160	185
倾点/℃		不大于−33	−40
密度(20℃)/(kg·m^{-3})		报告	896.7
U 型管流动性/℃		不大于−20	−24.5
含水量/(mg·kg^{-1})		不大于 30	16
酸度(以 KOH 计)/(mg·g^{-1})		不大于 0.02	<0.01
w(硫)/%		不大于 0.3	0.0066
w(残炭)/%		不大于 0.05	0.0031
w(灰分)/%		不大于 0.005	0.0014
颜色/号		不大于 1.5	1.0
腐蚀实验(铜片，100℃，3h)/级		不大于 1	1
w(机械杂质)/%		无	无
化学稳定性(250℃)/h		无沉淀	通过

由表6.36可知，依据本小节技术所制备的冷冻机油基础油的指标均符合《冷冻机油》(GB/T 16630—2012)中 L—DRA46 号冷冻机油的规定，延伸了煤焦油加氢产业链，合理利用了煤焦油资源，提高了煤焦油的利用价值。

6.6.5　加氢产物制备白油

本小节提供一种利用煤焦油加氢产物制取白油的技术方案，实现全氢型煤焦油加氢产物进一步加氢制取白油，为煤焦油的利用开辟了新的途径。全过程采用全氢型加氢工艺，可一次通过，也可分段加工，同时可生产轻质白油和重质白油，该技术主要包括以下步骤。

煤焦油加氢产物分别在管道中混氢，进入深度精制加热炉升温到 340～380℃时进入深度精制反应器，利用深度精制催化剂催化进一步加氢脱金属、脱硫、脱氮、芳烃饱和，且深度精制催化剂的反应平均温度 340～380℃，质量空速 0.2～1.0h^{-1}，压力 15～22MPa，氢油体积比 500：1～1000：1。

深度精制反应产物经高压分离、常压汽提或者经热高压汽提、高压分离处理后所得氢气进入深度精制循环氢管线循环回用，液相组分升温至 320～360℃，进入异构降凝反应器中，通过异构降凝催化剂的催化作用完成重质馏分异构脱蜡、深度降凝，异构降凝催化剂的反应平均温度 320～360℃，质量空速 0.6～1.8h^{-1}，压力 15～22MPa，氢油体积比 300：1～800：1。

异构降凝反应产物经后精制换热器换热后温度降为 180～260℃，进入后精制反应器，经后精制催化剂催化作用得到后精制反应产物，后精制催化剂的反应平均温度 180～260℃，质量空速 0.3～3.0h^{-1}，压力 15～22MPa，氢油体积比 300：1～800：1。

后精制反应产物经高压分离器分离，气相组分进入后精制循环氢气管道，液相组分进入常压分馏塔和减压分馏塔分离，并进入精馏塔进一步处理。产品经精馏塔根据温度和闪点切割为石脑油、粗白油、轻质白油、重质白油产品。表 6.37 为中低温煤焦油制取白油的工艺条件。

表 6.37　中低温煤焦油制取白油的工艺条件[51]

项目		产品 1	产品 2
原料		低温煤焦油加氢产物	全馏分中低温煤焦油加氢产物
深度精制	反应平均温度/℃	340	360
	质量空速/h^{-1}	1.0	0.6
	压力/MPa	15	18
	氢油体积比	500	800
热高压汽提	温度/℃	340	360
	压力/MPa	15	18

续表

项目		产品 1	产品 2
原料		低温煤焦油加氢产物	全馏分中低温煤焦油加氢产物
异构降凝	反应平均温度/℃	320	340
	质量空速/h^{-1}	1.8	1.2
	压力/MPa	16	19
	氢油体积比	300	550
后精制反应	反应平均温度/℃	180	240
	质量空速/h^{-1}	1.0	0.6
	压力/MPa	16	19
	氢油体积比	500	800
精馏产物	石脑油	—	—
	轻质白油 Ⅱ	—	—
	食品级白油		1#食品级白油
			2#食品级白油
	化妆品级白油	15#化妆品白油	—

该技术全过程采用全氢型加氢工艺，可一次通过，也可分段加工，同时可生产轻质白油和重质白油，整个工艺流程短、环境友好。少量的正构烷烃异构后，可产低倾点、低毒性富环烷烃的高溶解性白油系列产品，产品质量稳定性好，各项指标优于国家及行业标准，该工艺可利用煤焦油经加氢精制或加氢改质后所得的产物或加氢后切割得到的某馏分段制取粗白油、轻质白油和重质白油，开辟了煤焦油新的利用途径。

6.6.6　加氢制备中间相沥青和油品

本小节通过煤焦油预处理、煤焦油加氢脱沥青、重质组分热缩聚制备中间相沥青、轻质组分加氢精制制备油品，提出采用缩合度较低的中低温煤焦油作为原料，通过改变预处理工艺、合理的催化剂级配加氢改质，将分子量较小的沥青转化为胶质，同时脱出灰分；产物分馏后将重质部分与交联剂混合热缩聚生产中间相沥青，轻质组分进一步加氢生产合格的燃料油品或特种油品，可同时得到高质量的中间相沥青和油品，该技术主要包括以下步骤。

(1) 煤焦油预处理。利用脱金属剂、破乳剂在高压电场作用下脱除原中低温煤焦油中的金属离子和氯离子，之后经自动反冲洗过滤装置进行过滤，完成中低温煤焦油预处理。

(2) 煤焦油加氢脱沥青。经预处理后的中低温煤焦油与氢气混合预热后在保护催化剂和脱金属催化剂的催化作用下进行缓和加氢、烯烃饱和及脱金属反应，反应产物经升温后在脱沥青催化剂作用下进行脱沥青、脱残炭、脱氧、脱硫、脱氮等反应，之后分馏处理，得到馏程<280℃的轻质组分和馏程>280℃的重质组分，根据反应条件调整重质组分的灰分和组成。

(3) 重质组分热缩聚制备中间相沥青。将重质组分与交联剂按比例混合后再进行热缩聚反应，热缩聚反应生成的物料闪蒸得到的轻质组分与惰性气体吹扫带出的轻质组分混合进一步精制加热处理，而闪蒸得到重质组分经冷却破碎即中间相沥青。

(4) 轻质组分加氢精制制备油品。将馏程<280℃的轻质组分与闪蒸得到的轻质组分、惰性气体吹扫带出的轻组分与氢气混合，预热后经精制催化剂进行进一步脱胶质、脱硫、脱氮、脱氧及芳烃饱和反应，生成油再经二次高压分离，液相经分馏即得到目标油品。

加氢制备的中间相沥青和油品的性能指标见表 6.38 和表 6.39。

表 6.38　所得中间相沥青的性能指标[52]

项目	产品 1	产品 2	产品 3	产品 4	产品 5	测量方法
软化点/℃	224	215	232	212	221	GB/T 4507—2014
w(中间相)/%	100	100	100	100	100	偏光显微镜
w(QI)/%	31.7	32.1	33.5	31.4	32.6	GB/T 2293—2019
c(灰分)/($\mu g \cdot g^{-1}$)	15	28	15	21	8	GB/T 2295—2008

表 6.39　所得油品的性能指标[52]

项目		产品 1	产品 2	产品 3	产品 4	产品 5	测量方法
密度		0.857	0.860	0.855	0.847	0.851	GB/T 1884—2000
馏程/℃	IBP	121.0	109.5	121.0	112.5	113.0	GB/T 26984—2011
	5%	143.5	139.5	155.5	151.5	148.5	
	10%	160.5	161.0	176.0	167.5	177.5	
	30%	225.0	232.5	243.0	210.0	247.0	
	50%	259.5	271.0	262.5	245.5	251.0	
	70%	289.5	311.5	287.0	275.0	284.5	
	90%	327.0	356.0	329.5	314.5	325.5	
	95%	342.5	372.5	345.0	326.5	336.5	
c(硫)/($mg \cdot L^{-1}$)		3.5	8.7	5.4	2.0	2.2	SH/T 0689—2000
c(氮)/($mg \cdot L^{-1}$)		33.6	58.4	37.3	18.5	20.6	SH/T 0657—2007
柴油馏分氧化安定性/[$mg \cdot (100mL)^{-1}$]		0.30	0.34	0.31	0.25	0.25	SH/T 0715—2002
柴油馏分十六烷值		47	45	46	51	49	GB/T 386—2021

由表 6.38 和表 6.39 可知，采用该技术可以得到软化点低、灰分浓度低、中间相质量分数很高的中间相沥青；与此同时，还能获得硫氮浓度很低、氧化安定性及十六烷值完全符合标准的轻质油品，即该技术能够同时制取出高品质中间相沥青和油品。

6.6.7　加氢制备低凝柴油和液体石蜡

本小节采用缓和加氢-脱蜡耦合工艺对煤焦油进行处理，由煤焦油的缓和加氢精制、加氢产物的分馏、柴油馏分的尿素络合脱蜡、尿素络合物的分解等步骤组成，以获得优质的低凝柴油和液体石蜡，低凝柴油和液体石蜡均符合相关标准，该技术主要包括以下步骤。

(1) 煤焦油的缓和加氢精制。将煤焦油和氢气混合后在加氢反应器中钼-镍型催化剂的催化作用下进行缓和加氢精制，反应温度为 300～350℃，反应压力为 8～10MPa，氢油体积比为 800：1～1000：1，液体体积空速为 0.5～1.0h^{-1}，得到加氢精制生成油。

(2) 加氢产物的分馏。将加氢精制生成油在分馏塔中进行分馏，得到馏程<180℃的石脑油馏分、180～360℃的柴油馏分和>360℃的渣油组分。

(3) 柴油馏分的尿素络合脱蜡。将异丙醇、尿素和水混合制成尿液，在反应器中 50～60℃进行尿液饱和，按照柴油和尿液体积比为 1：3～1：5 的比例加入柴油，搅拌，络合脱蜡反应 1～3h，反应终温为 25～33℃，静置 0.5～2h，分离出低凝柴油和尿素络合物；上述尿液中异丙醇质量分数占 30%～45%，尿素质量分数占 30%～45%，余量为水。

(4) 尿素络合物的分解。将步骤(3)所得尿素络合物加热到 60～70℃在分解反应器中分解，得到液体石蜡。表 6.40 和表 6.41 为低凝柴油和液体石蜡的性质分析。

表 6.40　所得低凝柴油的性质[53]

分析项目	低凝柴油	GB/T 19147—2003(-50 号车用柴油)
密度(20℃)/(g·cm^{-3})	0.8385	0.80～0.84
运动黏度(20℃)/(mm^2·s^{-1})	3.564	1.8～7.0
c(硫)/(μg·g^{-1})	11.5	<500
十六烷值	45.8	>45
w(10%蒸馏物残炭)/%	0.03	<0.3
铜片腐蚀(50℃，3h)/级	合格	1
闪点(闭口)/℃	70	>45

分析项目		低凝柴油	GB/T 19147—2003(-50 号车用柴油)
凝点/℃		−58	<0.3
冷滤点/℃		−50	1
w(灰分)/%		<0.001	<0.01
氧化安定性(以总不溶物计)/[mg·(100mL)⁻¹]		0.3	<2.5
机械杂质		无	无
水溶性酸碱		无	无
馏程/℃	IBP	179	—
	10%	205	—
	30%	239	—
	50%	280	<300
	70%	307	—
	90%	328	<355
	95%	339	<365
	FBP	341	—

表 6.41　所得液体石蜡的性质[53]

分析项目		液体石蜡	SH/T 0416—1992(一等品)
馏程/℃	IBP	234	>220
	98%	302	<310
密度(20℃)/(g·mL⁻³)		0.7859	—
c(硫)/(μg·g⁻¹)		3	40
闪点(闭口)/℃		128	>90
颜色(赛氏号)		+20	>+20
w(芳香烃)/%		0.58	0.7
w(Br)/%		0.71	<2.0
水分及机械杂质		无	无
水溶性酸碱		无	无

　　由表 6.40 可知，采用本小节技术所得到的低凝柴油符合《车用柴油》(GB/T 19147—2003)中-50 号柴油标准，可用在高寒地区，所得到的液体石蜡符合《重质液体石蜡》(SH/T 0416—1992)2 号的标准。该技术合理利用煤焦油资源，有效地解决了煤焦油加氢柴油组分凝点较高的问题，延长了煤焦油的加氢产业链，提

高了煤焦油的利用价值，适用于工业化应用，大大提高经济效益。

6.7　中低温煤焦油制备中间相炭微球

中间相炭微球是一种大力发展的新型炭素材料，是稠环芳烃化合物(如煤沥青、煤焦油、石油沥青、萘等)在炭化过程中形成的一种向列液晶结构。在中间相转化的初期由于表面张力的作用呈球形，随着时间的延长，中间相小球长大、融并，最后得到具有各向异性的中间相沥青，将中间相转化初期形成的小球用适当的方法从母液中分离出来即为中间相炭微球，其具有优良的化学稳定性、热稳定性、导电导热性能等，制备方法主要有热缩聚法、乳化法、悬浮法等。

1. 以中低温煤焦油为原料生产中间相炭微球的方法

本小节针对中低温煤焦油中难以加工利用的软沥青，经过简单的工艺处理得到制备中间相炭微球优质原料，此馏分中含有大量的芳烃，且多为 2～5 环，分子量分布窄，灰分、硫、氮质量分数也相对较低，主要包括以下步骤。

以中低温煤焦油为原料，经过常减压蒸馏处理切割出 330℃以上的软沥青，加入 0.05%～40%(质量分数)的高温焦油 320～380℃窄馏分，以调和软沥青中的γ树脂与β树脂质量比至 4.5：1～6.5：1，之后在温度为 280～380℃，压力为 4～15MPa，同质缓和加氢催化剂的催化条件下对调和软沥青进行缓和加氢处理0.5～5h，所得精制软沥青在温度为 300～480℃分级升温热聚合处理并以同质缓和加氢催化剂为成核剂生长转化成型，再用常减压蒸馏处理切割出温度低于300℃的轻质组分进行萃取、抽提、洗涤、干燥，形成中间相炭微球。

其中，同质缓和加氢催化剂中包含 65%～90%(质量分数)兰炭和 1%～10%(质量分数)石墨烯、0%～20%(质量分数)焦炭，形成由 65%～90%(质量分数)兰炭、0%～20%(质量分数)焦炭和 1%～10%(质量分数)石墨烯的复配后粉碎成粒径为 1～10μm 的粉末。

分级升温热聚合处理的条件是：第一阶段由常温升至 300～350℃，恒温0.5～1.5h，恒温结束后 N_2 置换，压力为 0～3MPa，搅拌速率 150～350r/min，升温速率 2～10℃/min；第二阶段由第一阶段终温升至 350～390℃，恒温 0～1.5h，压力控制为 0.1～2.5MPa，搅拌速率 100～300r/min，升温速率 1～5℃/min；第三阶段由第二阶段终温升至 350～480℃，压力控制为 0.1～2.5MPa，搅拌速率 80～300r/min，升温速率 0～3℃/min，升至终温后恒温时间 2～10h，恒压 0.1～2.5MPa。

原料预处理与之前相同，热聚过程采用快速升温、自升压、高速率搅拌，得到热聚产物进行分离，具体性质见表 6.42。所制备的中间相炭微球宏观 SEM 照片见图 6.62。

表 6.42　产品热聚的原料性质及收率[54]

序号	热聚原料性质					分离剂不溶物性质	
	$w(S)/\%$	$w(N)/\%$	$w(O)/\%$	$w(QI)/\%$	$m(\gamma$树脂$):m(\beta$树脂$)$	收率/%	粒径/μm
产品 1	0.11	0.17	4.2	5.3	5.7:1	39.3	5～1(表面光滑)
产品 2	0.14	0.16	4.9	3.2	6.1:1	36.3	4～12(表面光滑)
产品 3	0.09	0.13	4.8	10.1	6.5:1	43.5	3～10(表面少量颗粒物)
产品 4	0.16	0.17	0.49	1.7	5.3:1	23.7	4～10(表面光滑)

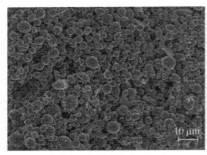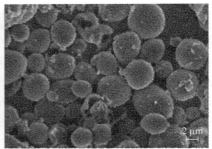

图 6.62　所制备的中间相炭微球宏观 SEM 照片

通过表 6.42 和图 6.62 可以看出，经该技术对中低温煤焦油进行预处理、热聚、分离得到的中间相炭微球收率较高，粒径分布均匀，且经高温煅烧后的小球石墨化度达到 11.6%，层间距较小，经进一步石墨化处理后，其性能会进一步提高，适用于生产优质电极材料；该技术中的中间相炭微球粒径较小且相对均匀、比表面积大，因此也适用于制备高比表面积活性炭。

2. 用乳化−加氢−热聚三元耦合体系制备中间相炭微球的方法

该技术所用的乳化−加氢−热聚三元耦合反应体系，将乳化反应、加氢催化和热聚合反应在同一反应体系中同时进行，相互影响，是一种全新的一锅法乳化体系，为中间相炭微球生长提供良好的环境，该技术主要包括以下步骤。

(1) 将供氢溶剂、改性催化剂及乳化溶剂按照供氢溶剂质量分数 10%～15%、改性催化剂质量分数 0.01%～0.5%、其余为乳化溶剂的比例混合形成乳化−加氢−热聚三元耦合溶剂体系。其中，供氢溶剂为二氢蒽或二氢菲中的任一种，改性催化剂由 55%～85%(质量分数)兰炭、0.1%～10%(质量分数)油溶性分散催化剂、0%～15%(质量分数)焦炭和 5%～25%(质量分数)石墨烯复配后粉碎制成粒径为 1～10μm 的粉末。油溶性分散催化剂为环烷酸镍、环烷酸钴、环烷酸铁等中的任意一种或任意混合物，乳化溶剂为酰胺基胺类沥青乳化溶剂，具体为聚丙烯酰胺、N-N 二甲基甲酰胺、烷基吡咯烷酮等中的任一种。

(2) 将馏分大于300℃的中低温煤焦油沥青按照 1∶3～1∶5 的质量比加入乳化–加氢–热聚三元耦合溶剂体系中，在保护气气氛下进行乳化–加氢–热聚三级升温热聚合反应，得到中间相沥青；其中，乳化–加氢–热聚三级升温热聚合反应具体如下：第一阶段由常温升至 200～250℃，恒温 1～3h，升温速率为 5～10℃/min，搅拌速率为 100～500r/min，压力控制为 0～1MPa，以乳化溶剂在供氢溶剂、改性催化剂的辅助作用下对中低温煤焦油沥青进行乳化分散，同时供氢溶剂为反应提供 2～3 环芳烃并降低反应体系的黏度，乳化分散的中低温煤焦油沥青以改性催化剂和2～3 环芳烃为核进行初步热聚合反应。第二阶段在 H$_2$ 气氛下，由常温升至 280～300℃，恒温 1～4h，升温速率为 2～6℃/min，搅拌速率为 50～150r/min，压力控制为 5～10MPa，恒温结束后，体系泄压，压力控制为 0～1MPa；初步热聚合反应的中间产物在改性催化剂的催化作用下使氢原子有效脱除。第三阶段在 N$_2$ 气氛下，由第二阶段终温升至 370～390℃，恒温 3～5h，升温速率为 0～3℃/min，搅拌速率为 50～250r/min，压力控制为 0～1MPa，脱除氢原子的中间产物进行热聚合反应。

(3) 将所得的中间相沥青依次经有机溶剂抽提、干燥，空气气氛下预氧化、N$_2$ 气氛下炭化、石墨化，即得到中间相炭微球。氧化条件为在鼓风烘箱中300℃，空气气氛下进行预氧化 1～5h。所得产品中间相炭微球照片如图 6.63、图 6.64 所示。

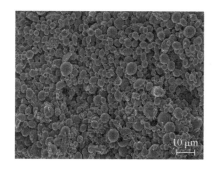 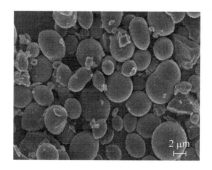

图 6.63　中间相炭微球宏观 SEM 照片　　　图 6.64　中间相炭微球局部放大 SEM 照片

通过表 6.43 对比说明，本实验用乳化–加氢–热聚三元耦合反应体系所制备的中间相炭微球球形度好，表面光滑，粒径分布均匀，石墨化度高。

表 6.43 产品热聚的原料性质及收率[55]

产品编号	收率/%	粒径/μm	石墨化度/%	球形度
产品 1	38.5	5~10	89	光滑
产品 2	37.4	5~15	88	光滑
产品 3	35.9	5~14	87	光滑
产品 4	35.3	4~15	87	较光滑
产品 5	34.6	4~18	85	较光滑
产品 6	33.8	4~20	84	较光滑

参 考 文 献

[1] 李宏, 赵立党, 李冬, 等. 煤焦油脱水动力学[J]. 化学工程, 2011, 39(9): 57-60.

[2] 张佩甫. 原油中金属杂质的危害及脱除方法[J]. 石油化工腐蚀与防护, 1996, 13(1): 9-13.

[3] BRANDAO G P, CAMPOS R C D, CASTRO E V R D, et al. Determination of copper, iron and vanadium in petroleum by direct sampling electrothermal atomic absorption spectrometry[J]. Spectrochimica Acta Part B, 2007, 62(9): 962-969.

[4] 宋丽. 石油中油溶性铁化合物的分布和萃取脱除[D]. 上海: 华东理工大学, 2008.

[5] BRIKER Y, RING Z, IACCHELLI A, et al. Miniaturized method for separation and quantification of nitrogen species in petroleum distillates[J]. Fuel, 2003, 82(13): 1621-1631.

[6] PAUL B, ALAN A H, ERNEST P. Investigation of nitrogen compounds in coal tar products. 1. Unfractionated materials[J]. Fuel, 1983, 62(1): 11-19.

[7] FRANCISCO H B, JUAN C M M, ROBERTO Q S, et al. Sulfur reduction in cracked naphtha by a commercial additive: Effect of feed and catalyst properties[J]. Applied Catalyst B: Environmental, 2001, 34(2): 137-148.

[8] MAITY S K, PÉREZ V H, ABCHEYTA J, et al. Catalyst deactivation during hydrotreating of Maya crude in a batch reactor[J]. Energy & Fuels, 2007, 21(2): 636-639.

[9] 次东辉, 王锐, 崔鑫, 等. 煤焦油中金属元素的危害及脱除技术[J]. 煤化工, 2016, 44(5): 29-32.

[10] REYNOLDS J G, FINGER T F. Decalcification of hydrocarbonaceous feedstocks using amino-carboxylic acids and salts thereof[P]. US: 4778590, 1988.

[11] 吴迪, 孟祥春, 张瑞泉, 等. 胶态FeS颗粒在电脱水器油水界面上的沉积与防治[J]. 油田化学, 2001, 18(4): 317-319.

[12] 谢全安, 冯兴磊, 郭欣, 等. 煤焦油脱水技术进展[J]. 化工进展, 2010, 29(S1): 345-348.

[13] VON SMOLUCHOWSKI M Z. Mathematical theory of the kinetics of the coagulation of colloidal solutions[J]. Zeitschrift für Physikalische Chemie, 1917, 92: 129-135.

[14] 古映莹, 刘磊, 唐课文, 等. 煤焦油过滤分离的研究[J]. 过滤与分离, 2007, 17(2): 25-27.

[15] 冯映桐, 余兆祥. 离心沉降法净化煤焦油[J]. 华东冶金学院学报, 1992, 9(4): 30-35.

[16] 唐课文, 刘磊, 袁意, 等. 高温煤焦油过滤分离的研究[J]. 化学工程, 2008, 36(10): 45-47.

[17] LI D, LIU X, SUN Z H, et al. Characterization of toluene insolubles from low-temperature coal tar[J]. Energy Technology, 2014, 2(6): 548-555.

[18] 王磊, 李冬, 毕瑶, 等. 过滤精度对煤焦油QI的组成和结构的影响[J]. 煤炭学报, 2017, 42(4): 1043-1049.

[19] KOZLOWSKI M. XPS study of reductively and non-reductively modified coals[J]. Fuel, 2004, 83(3): 259-265.

[20] JOHN F, MOULDER W F, STICKLE P E. Handbook of X-ray Photoelectron Spectroscopy: A Reference Book of

Standard Spectra for Identification and Interpretation of XPS Data[M]. Eden Prairie: Perkin-Elmer Corporation Physical Electronic Division, 2000.

[21] 徐秀峰, 张蓬洲. 用 XPS 表征氧、氮、硫元素的存在形态[J]. 煤炭转化, 1996, 19(1): 73-77.

[22] WANG J Q, LI C, ZHANG L L, et al. The properties of asphaltenes and their interaction with amphiphiles[J]. Energy & Fuels, 2009, 23(7): 3625-3631.

[23] 吴冰洋, 李东胜, 李晓鸥, 等. 离子液体脱硫研究[J]. 当代化工, 2014, 43(6): 948-950.

[24] 彭东岳, 管翠诗, 王玉章. 离子液体柴油脱氮的研究进展[J]. 石化技术, 2018, 25(2): 94-95.

[25] 古家宽之, 张国富. 煤焦油脱渣设备的稳定操作方法[J]. 燃料与化工, 2003, 34(4): 221-223.

[26] 方国, 熊杰明, 孙国娟, 等. 煤沥青制备针状焦的研究[J]. 炭素技术, 2012, 31(2): 4-6.

[27] 邱江华, 胡定强, 王光辉. 溶剂–离心法脱除煤焦油中的喹啉不溶物[J]. 炭素技术, 2012, 6(31): 6-8.

[28] 余文凤. 煤系针状焦的制备及其电化学性能评价[D]. 上海: 华东理工大学, 2012.

[29] 马洪玺, 朱洪. 中低温煤焦油中金属元素分析研究[J]. 煤化工, 2017, 45(5): 40-43.

[30] 孙智慧, 郑敏燕, 张卫红, 等. 预处理后煤焦油中甲苯不溶物的组成分析[J]. 石油化工, 2017, 46(12): 1487-1490.

[31] 崔楼伟, 李冬, 李稳宏, 等. 响应面法优化煤焦油电脱盐工艺[J]. 化学反应工程与工艺, 2010, 26(3): 258-263, 268.

[32] 卢秋旭, 宋国啟. 常减压装置运行末期应对高盐重油水冲击的经验与措施[J]. 石油石化绿色低碳, 2021, 6(5):63-67.

[33] 武俊平. 电脱盐操作优化及设备改造[J]. 内蒙古石油化工, 2006(11): 163-166.

[34] 沈瞳瞳. 稠油掺稀均质化流场模拟及混合元件改进[D]. 成都: 西南石油大学, 2017.

[35] MUTSAKIS M, SCHNEIDER G, STREIFF F A. Advances in static mixing technology[J]. Chemical Engineering Progress, 1986, 82(7): 42-48.

[36] THAKUR R K, VIAL C, NIGAM K D P, et al. Static mixers in the process industries—A review[J]. Chemical Engineering Research and Design, 2003, 81(7): 787-826.

[37] 朱永红, 李冬, 刘介平, 等. 利用煤焦油富环状烃馏分生产航空煤油的方法: CN113372952B[P]. 2022-09-02.

[38] 李冬, 裴亮, 薛凤凤, 等. 一种中低温煤焦油加氢生产高密度喷气燃料的方法: CN105694970B[P]. 2017-09-26.

[39] 田育成, 李冬, 刘杰, 等. 一种煤焦油制备航空煤油联产清洁燃料的方法: CN111978983A[P]. 2020-11-24.

[40] 李冬, 田育成, 刘杰, 等. 一种利用中低温煤焦油制备针状焦的方法: CN111377428B[P]. 2021-12-03.

[41] 李冬, 郑金欣, 黄晔, 等. 一种以中低温煤焦油沥青为原料生产煤系针状焦的工艺: CN107694552B[P]. 2019-05-14.

[42] 黄晔, 高生辉, 毕亚军, 等. 一种用三级串联精制原料制备针状焦的方法: CN111778050B[P]. 2021-03-16.

[43] 任军哲, 黄晔, 李冬, 等. 以中低温煤焦油中洗油、蒽油及沥青组分复合调配原料生产针状焦的工艺: CN107868671A[P]. 2018-04-03.

[44] 李冬, 徐贤, 施俊合, 等. 中低温煤焦油沥青复合萃取改质制备针状焦的方法: CN113604241B[P]. 2022-08-30.

[45] 李冬, 刘杰, 田育成, 等. 中低温煤焦油沥青四阶变温精制一步法制备针状焦工艺: CN111607420B[P]. 2021-04-06.

[46] 黄晔, 李冬, 高生辉, 等. 利用中低温煤焦油制备锂电池负极材料的方法和应用: CN113979432A[P]. 2022-01-28.

[47] 杨占彪, 王树宽. 一种多产柴油的煤焦油加氢方法: CN101020846[P]. 2007-08-22.

[48] 王树宽, 杨占彪. 全馏分煤焦油加氢制燃料油和润滑油基础油的方法: CN103146424B[P]. 2015-11-11.

[49] 杨占彪, 王树宽. 全氢型煤焦油制备高辛烷值汽油、航煤和环烷基基础油的系统及方法: CN105419864B[P]. 2017-05-03.

[50] 王树宽, 杨占彪. 一种煤焦油生产环烷基变压器油基础油的方法: CN103436289B[P]. 2015-06-17.

[51] 王树宽, 杨占彪. 煤焦油加氢产物制取白油的系统及方法: CN105820837B[P]. 2017-11-03.

[52] 王树宽, 杨占彪. 一种基于中低温煤焦油加氢制取中间相沥青和油品的系统及方法: CN107603671B[P]. 2019-03-01.

[53] 杨占彪, 王树宽. 一种煤焦油生产低凝柴油和液体石蜡的方法: CN103450937B[P]. 2015-06-24.

[54] 李冬, 郑金欣, 田育成, 等. 以中低温煤焦油为原料生产中间相炭微球的方法: CN109970038B[P]. 2021-01-12.

[55] 李冬, 田育成, 郑金欣, 等. 用乳化-加氢-热聚三元耦合体系制备中间相炭微球的方法: CN110357069B[P]. 2020-12-04.

第7章 反应与转化技术的工业化实践

煤炭是我国的主体能源，要按照绿色低碳的发展方向，立足国情、控制总量、兜住底线，有序减量替代，推进煤炭消费转型升级[1-5]。煤化工产业潜力巨大、大有前途，要提高煤炭作为化工原料的综合利用效能，促进煤化工产业高端化、多元化、低碳化发展，把加强科技创新作为最紧迫任务，加快关键核心技术攻关，积极发展煤基特种燃料、煤基生物可降解材料等[6]。中低温煤焦油的分级分质利用思想，站在了国家能源安全和现代化建设的高度，深刻揭示了我国煤化工产业的发展规律，指出了我国煤化工产业的发展方向，对指导我国煤化工产业高质量发展具有深远意义[7]。

本书通过对中低温煤焦油结构与反应进行的系统介绍，为中低温煤焦油的分级分质利用新路径提供了一定科学依据和技术支撑。同时，基于陕北地区有着丰富的煤炭资源及已成规模的兰炭产业，煤炭分质利用企业副产大量的煤焦油为本书相关研究的转化和实践提供了充足的原料资源和需求，本书也将为国内的中低温煤焦油分质利用提供一条产业利用新思路。在陕西煤业化工集团有限责任公司(简称"陕煤集团")尚建选副总经理和陕煤集团富油能源科技有限公司杨占彪总经理的领导下，在李冬教授、李稳宏教授、崔楼伟高级工程师、牛梦龙博士的技术支撑下，2011年10月，神木富油能源科技有限公司在神木锦界工业园区 12 万 t·a⁻¹ 中低温煤焦油全馏分加氢制汽柴油项目试车成功[8]，2018 年在原装置基础上扩能改造至 16.8 万 t·a⁻¹，取得了良好的社会效益和经济效益，该技术于 2013 年通过了中国石油和化学工业联合会鉴定，鉴定结果为系世界首创，居领先水平[9,10]。

该技术的成功落地，使煤焦油加氢生产轻质燃料油成为新兴产业，中低温煤焦油加氢项目在国内如雨后春笋般繁盛[9]。2012 年，陕煤集团认识到在陕北榆林地区开发煤热解耦合煤焦油加氢生产特种油品及化学品分级分质利用技术的重要性和迫切性，在神木锦界工业园区建设了 50 万 t·a⁻¹ 煤焦油全馏分加氢制环烷基特种油品项目[11]。煤焦油全馏分加氢多产中间馏分油成套工业化技术(FTH)和中低温煤焦油全馏分加氢制环烷基特种油品成套工业化技术(SM-FU)是陕煤集团煤炭分质利用项目核心支撑技术[9,10]。SM-FU 于 2022 年通过了中国石油和化学工业联合会鉴定，鉴定结果为该技术创新性强，整体技术居于国际领先水平[9,10]。

7.1 中低温煤焦油全馏分加氢制备汽柴油

7.1.1 工业化背景和实施历程

神木富油能源科技有限公司(简称"富油科技")创建于2006年，位于国家级循环经济示范区神木高新技术产业开发区，2008 年成为陕煤集团控股的混合所有制企业，是国内煤焦油全馏分加氢技术创始者，煤焦油全馏分加氢系统解决方案的提供商、服务商，煤焦油全馏分加氢产业特种油品、流体材料供应商。中低温煤焦油全馏分加氢多产中间馏分油成套工业化技术(FTH)采用自主研发的煤焦油热过滤杂质脱除，电场净化脱盐、脱水、脱金属耦合预处理组合工艺。自主研发系列催化剂及级配技术，根据煤焦油组分加氢的难易程度和目标产品性质进行分级加氢、分段加氢。采用自主研发多级多床层固定床反应器及内构件、反应床层智能温控技术及产品分离技术，进行催化加氢预处理、加氢精制、加氢脱芳、加氢裂化。

2009 年 7 月，采用该成套技术的"12 万 t·a⁻¹ 中低温煤焦油综合利用工程"开工建设，该项目为国内外首套中低温煤焦油全馏分工业化示范装置，2011 年10 月建成试车，如图 7.1 所示，实现了安全环保、稳定长周期运行，经优化改进于 2012 年 7 月 6 日投产。该技术主要优势如下：一是煤焦油全馏分加氢，总液体产品收率 98.3%；二是自主开发的加氢脱硫、氮、胶质、沥青质和残炭等专

图 7.1 12 万 t·a⁻¹ 中低温煤焦油综合利用工程

用系列催化剂活性高、选择性好,解决了煤焦油中沥青质、胶质难以加氢转化的世界性难题[10];三是中低温煤焦油全馏分加氢预处理、加氢精制、加氢脱芳、产品分离等为全氢型、短流程、清洁新型工艺[10];四是智能化控制催化剂床层超温或飞温组合技术,实现了反应床层温差精确控制;五是装备国产化率99%以上[12];六是与煤焦油加氢工艺相比,投资少、收益高。

FTH 已建成的 "12 万 t·a⁻¹ 中低温煤焦油综合利用工程" 是国家煤炭分质清洁高效转化利用重点实验室核心支撑的项目,拥有两项世界级煤化工核心技术。拥有煤焦油全馏分加氢多产中间馏分油成套工业化技术(FTH)的自主知识产权,已获得 "煤焦油全馏分加氢的方法" "煤焦油的电场净化方法" "煤焦油加氢改质反应装置" 等 3 项专利;获得 2012 年度国家能源科技进步奖二等奖和 2014 年度中国煤炭工业协会科学技术奖二等奖等科学技术奖项[10]。

2012 年 7 月~2017 年 7 月,富油科技原 "12 万 t·a⁻¹ 中低温煤焦油综合利用工程" 项目连续运行 5 年,由于该装置规模小,单位产品的固定资产折旧、人员薪酬、财务费用等固定成本高,原料煤焦油采购和产品销售市场份额小,缺乏市场话语权,严重影响企业经济效益,难以支撑企业可持续发展。2018 年,富油科技计划利用内蒙古建丰煤化工有限责任公司订制的闲置加氢反应器,充分利用现有公用工程和装置动、静设备的富余能力,配套挖潜增效、填平补齐,能够确保挖潜增效后煤焦油加氢装置加工能力达到 16.8 万 t·a⁻¹,该装置如图 7.2 所示,图 7.3 为 16.8 万 t·a⁻¹ 煤焦油全馏分加氢工艺流程简图。

图 7.2   16.8 万 t·a⁻¹ 工业扩能改造装置

以 17.3 万 t·a⁻¹ 煤焦油为原料,首先通过预处理脱除掉水分和杂质,预处理后的 16.8 万 t·a⁻¹ 无水煤焦油进入加氢单元,反应产物经分馏塔分离出不同馏分的中间产品,继续深加工为环己烷、变压器油、橡胶增塑剂等产品。

7.1.2 技术路线和特点

1. 全馏分加氢的特性分析

煤焦油所用煤炭产地、煤种、质量、生产方法及工艺条件不同,使其不同品

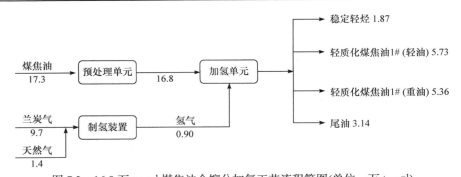

图 7.3　16.8 万 t · a⁻¹ 煤焦油全馏分加氢工艺流程简图(单位：万 t · a⁻¹)

种焦油的组成和特性具有很大的差异，表 7.1 为不同产地煤焦油性质的分析。

表 7.1　不同产地煤焦油性质分析

项目	$w(C)$/%	$w(H)$/%	$w(S)$/%	$w(N)$/%	$w(O)$/%	氢碳原子比
高温焦油(河南天宏)	91.99	5.81	0.46	1.07	0.67	0.75
烟煤低温焦油(辽宁古城子)	79.60	8.02	0.39	1.00	10.99	1.21
长焰煤低温焦油(陕西神木)	81.44	9.28	0.22	0.84	8.22	1.37
中低温焦油(内蒙古鄂尔多斯)	83.12	8.53	0.37	3.47	4.07	1.23
长焰煤中温焦油(陕西神木)	86.28	8.31	0.36	1.11	3.86	1.16
褐煤中低温焦油(山东龙口)	82.67	9.30	0.65	1.06	6.32	1.39
褐煤低温焦油(内蒙古赤峰)	80.32	9.30	0.30	0.73	9.27	1.38

　　由表 7.1 可知，①氢碳原子比由大到小的顺序大致为低温焦油→中低温焦油→中温焦油→高温焦油[8]。由此说明，在焦油加氢改质过程中，低温焦油耗氢量最少，而高温焦油耗氢量最多。②焦油中的含氧量由大变小的顺序与①相同，由此可知，低温焦油中酚类质量分数远大于高温焦油[8]。中低温煤焦油物化分析与减压渣油和高温煤焦油的对比如表 7.2 所示。

表 7.2　中低温煤焦油物化分析与减压渣油和高温煤焦油的对比

项目		减压渣油(>500℃)	高温煤焦油	中低温煤焦油
密度(20℃)/(g · mL⁻¹)		0.97	1.14	1.06
运动黏度(100℃)/(mm² · s⁻¹)		862	14.52	8.2
各主要元素质量分数/%	C	85.50	92.16	84.07
	H	11.60	5.38	7.20
	S	1.35	0.34	0.55
	N	0.85	1.65	1.48

续表

项目	减压渣油(>500℃)	高温煤焦油	中低温煤焦油
氢碳原子比	1.63	0.70	1.03
凝点/℃	>50	—	—
w(残炭)/%	13.9	14.20	7.81
各族组成质量分数/% 饱和烃	21.4	25.03	23.25
芳烃	31.3	28.42	27.88
胶质	47.1	18.01	33.52
沥青质	0.2	28.54	15.35
各金属元素浓度/(μg·g⁻¹) 钒	2.2	0.27	0.12
镍	46	0.68	1.38
铁	—	21.80	142.3
钙	—	—	45.99
钠	—	—	35.71
镁	—	—	9.75
铝	—	—	3.89

由表 7.2 可知，虽然煤焦油的组成和性质与石油中的渣油具有相似性，但是：①焦油与渣油相比较，具有较高的密度和较低氢碳原子比，在杂原子中 N 质量分数较高。由此说明，在焦油加氢制燃料油品过程中，比渣油加氢要消耗更多的氢气。②焦油中所含沥青质的质量分数远大于渣油，由于沥青质的结构复杂、分子大。虽然在加氢过程中有一部分沥青质转化成轻质油，但也会有缩聚反应，进而形成焦炭，并堵塞催化剂使其失活，从而给焦油加氢催化剂提出更高的要求。③焦油中的金属浓度远比渣油中的复杂，其 Ni、V 浓度低，而 Fe、Pb、Ca 的浓度却很高，从而给其脱除带来了困难，并对催化剂的活性造成影响。焦油中的主要产物组成如表 7.3 所示。

表 7.3　焦油主要产物组成

项目	低温焦油(600℃)	中温焦油(800℃)	高温焦油(1000℃)
w(中性油)/%	60	51	35~40
w(酚类)/%	25	15~20	1.5
w(沥青质)/%	12	30	57
中性油成分	脂肪烃、芳烃	脂肪烃、芳烃	芳烃

由表 7.3 可知，高温焦油中所含沥青质质量分数最高，其酚类质量分数最低，从而增加了其加氢的难度，即高温焦油加氢所需的操作压力、温度和耗氢均高于低温焦油。

根据国内外煤焦油加氢的研究现状分析，煤焦油全馏分加氢技术因其轻质油收率高、生产质量优良等优点受到煤化工企业的青睐[11]。项目组首次大胆提出了中低温煤焦油全馏分加氢的新方法，以求通过此技术将煤焦油全部转化为高附加值产品。该技术中需要解决的主要技术问题和难点如下：

(1) 中低温煤焦油中的沥青质质量分数高达 12%～30%、胶质质量分数高达 35%，如何将其加氢转化将是全馏分加氢技术要解决的最为关键的技术问题；

(2) 中低温煤焦油中的氮质量分数高达 1.1%～1.6%，远高于现有石油馏分的氮质量分数，达到较高的脱氮率及催化剂在高氮环境中的活性、稳定性问题是本技术需要重点考虑的；

(3) 中低温煤焦油以芳烃化合物为主而饱和烃较少，所以油品中芳烃的深度饱和也为本技术的难点之一；

(4) 中低温煤焦油中的硫、氮、氧、金属等杂质元素较多，在加氢精制过程中将会有大量的反应热产生，那么对于反应热的移除、反应器床层结构的设计等问题也将超出现有的石油经验的范畴。

2. 煤焦油预处理技术分析

本书介绍的电脱净化法与现有的煤焦油净化方法相比，具有工艺过程简单、生产运行费用低、净化率高等优点。在预处理技术中需要解决的技术问题和难点主要有：①在过滤单元中关键工艺参数(过滤温度、精度、速度、过滤设备的结构等)的选择和优化；②中低温煤焦油和水的密度差较小，需要寻找在电脱净化单元中如何对油包水的乳状液进行破乳分离的方法；③针对煤焦油中金属离子的特点(低镍钒、高钠镁铁钙)，选择合理的电脱工艺参数以获得较高的金属脱除率(尤其是脱铁率)。电脱盐主要操作条件见表 7.4。脱水塔主要操作条件见表 7.5。

表 7.4　电脱盐主要操作条件

项目	一级电脱盐罐	二级电脱盐罐
操作压力/MPa(G)	0.6～0.8	0.6～0.8
原料油温度/℃	110～150	110～150
脱盐水温度/℃	约 40	约 40

表 7.5　脱水塔主要操作条件

项目	脱水塔
塔顶温度/℃	100~150
塔底温度/℃	100~150
进料温度/℃	>200
塔顶压力/MPa(G)	0.01
塔底压力/MPa(G)	0.03
进料压力/MPa(G)	0.30

7.1.3　操作单元物料平衡分析

16.8 万 $t \cdot a^{-1}$ 中低温煤焦油全馏分加氢多产中间馏分油成套工业化技术(FTH)工艺过程主要由制氢单元、预处理单元、加氢单元、分馏单元等组成，下面分别介绍部分主要单元物料平衡。

1. 制氢单元物料平衡

制氢单元物料平衡见表 7.6。

表 7.6　制氢单元物料平衡

类型	项目	质量流率/(kg · h⁻¹)	日处理量/(t · d⁻¹)	年处理量/(10⁴t · a⁻¹)
入方	兰炭气	12125	291.0	9.7
	天然气	1754	42.1	1.4
	水蒸气	13205	316.9	10.6
	氧气	3534	84.8	2.8
	合计	30618	734.8	24.5
出方	产品氢气	1159	27.8	0.9
	解吸气	19452	466.8	15.6
	变换冷凝液	10007	240.2	8.0
	合计	30618	734.8	24.5

2. 预处理单元物料平衡

罐区来的煤焦油，经煤焦油泵升压，与净化煤焦油换热后进入过滤器，继续与柴油换热升温后进入电脱盐罐，脱盐后的煤焦油进入脱水塔，脱水后的煤焦油经塔底泵升压送至净化煤焦油罐。预处理单元物料平衡见表 7.7。

表 7.7　预处理单元物料平衡

类型	项目	收率/%	质量流率/(kg·h⁻¹)	日处理量/(t·d⁻¹)	年处理量/(10⁴t·a⁻¹)
入方	原料油	100.00	21.63	519.12	17.30
	预处理注水	14.98	3.24	77.76	2.59
	助剂	0.05	0.01	0.26	0.01
	合计	115.03	24.88	597.14	19.90
出方	净化煤焦油	97.09	21.00	504.01	16.80
	含酚污水	17.44	3.77	90.53	3.01
	预处理重煤焦油	0.50	0.11	2.60	0.09
	合计	115.03	24.88	597.14	19.90

3. 加氢单元物料平衡

原料油经反应进料泵加压后与压缩单元的混合氢混合换热,经一级反应器反应后进入加热炉,再依次进入二级、三级、四级反应器进行加氢精制反应,将原料中的硫、氮、氧等化合物转化为硫化氢、氨气和水,将原料油中芳烃、烯烃进行加氢饱和,并脱除原料中的金属杂质,床层之间、反应器之间设冷氢和冷油措施[12-14]。由四级反应器出来的反应产物分别与混氢油、汽提塔底油、一反产物换热,以尽量回收热量,再经反应产物空冷器冷却后进入冷高分罐,进行油、气、水三相分离[13]。自高分罐顶部出来的循环氢经高分气相冷却器冷却后进入循环氢压缩机入口分液罐,进入循环氢压缩机升压,与来自新氢压缩机出口的新氢混合成混合氢。混合氢自高分罐油相进入低分罐,其顶部冷低分气脱硫后至制氢装置变压吸附(PSA)单元,低分油进入分馏单元。自高分罐和低分罐底部出来的含硫污水降压后进入酸性水汽提单元。自加氢单元来的低分油经换热升温后进入汽提塔,塔顶分离出的干气并入燃气管网,塔底油经加热炉升温后送入分馏塔。分馏塔顶分离出的气体脱硫后送至燃气管网。分馏塔侧线采出馏分分别进入轻质化煤焦油 1#轻、重汽提塔,塔底油经泵升压、冷却后出装置,分馏塔底尾料经冷却后进入罐区。加氢单元物料平衡见表 7.8。

表 7.8　加氢单元物料平衡

类型	项目	收率/%	质量流率/(kg·h⁻¹)	日处理量/(t·d⁻¹)	年处理量/(10⁴t·a⁻¹)
入方	原料油	100.00	21.00	504.00	16.80
	新氢	4.95	1.04	24.95	0.83

续表

类型	项目	收率/%	质量流率 /(kg·h⁻¹)	日处理量/(t·d⁻¹)	年处理量 /(10⁴t·a⁻¹)
入方	CS₂	0.17	0.04	0.86	0.03
	除盐水	14.29	3.00	72.02	2.40
	蒸汽	10.48	2.20	52.82	1.76
	合计	129.89	27.28	654.65	21.82
出方	低分气	0.78	0.16	3.93	0.13
	干气	0.48	0.10	2.42	0.08
	分馏塔顶冷凝水	7.56	1.59	38.10	1.27
	含硫污水	25.24	5.30	127.21	4.24
	稳定轻烃	11.14	2.34	56.15	1.87
	轻质化煤焦油 1#(轻油)	34.12	7.17	171.96	5.73
	轻质化煤焦油 1#(重油)	31.90	6.70	160.78	5.36
	尾料	18.67	3.92	94.10	3.14
	合计	129.89	27.28	654.65	21.82

7.1.4　技术水平和推广前景

1. 主要技术性能指标

中低温煤焦油全馏分加氢多产中间馏分油成套工业化技术(FTH)在陕西神木锦界工业园建成了国内外首套 12 万 t·a⁻¹ 工业化示范装置[12]，后扩能至 16.8 万 t·a⁻¹，该技术提出的电场净化脱盐、脱水、脱金属耦合预处理组合工艺，以及自主研发分级分段加氢技术实现了安全环保、长周期稳定生产运行。该技术工艺流程如下：煤焦油经过电场净化等预处理后，进行加氢反应，最后分馏出柴油馏分、石脑油(稳定轻烃)馏分和液化气等产品。焦油预处理采用神木富油能源科技有限公司专利技术将煤焦油中机械杂质、金属杂质、水分处理至规定标准。在加氢工段，净化后的煤焦油与氢气混合，进行加氢反应，生成低分油。低分油经汽提塔使轻组分、重组分分离，生成油由塔底引出，经加热炉预热到 370℃后，进入分馏塔。在分馏塔的上部、中部引出石脑油(稳定轻烃)馏分和柴油馏分，作为成品送到罐区。分馏塔塔底引出尾油。

装置技术可实现：

(1) 预处理过程。开发出专用于中低温全馏分煤焦油脱除固体杂质、重金属铁离子和水预处理组合工艺。流程简单、能耗低、净化煤焦油收率 98%以上，喹啉不溶物、Ca、Mg、Na 脱除率大于 95%，Fe 脱除率大于 70.6%，含盐量小于 5μg·g^{-1}，原料煤焦油中沥青质脱除率 98.24%，胶质脱除率 99.13%，残碳脱除率 99.19%，S 脱除率 99.68%，N 脱除率 99.84%。

(2) 加氢过程。研制出加氢脱氧、硫、氮、胶质、沥青质和残炭等活性高、选择性好的系列催化剂。成功开发了多台、多床层组合反应器及内构件，开发的智能化控制催化剂床层超温或飞温组合技术，实现精确控制反应床层温差[15]。加氢单元具有短流程和清洁新型工艺优点，装备国产化率99%以上。催化剂活性高、选择性好，干气产率低。以反应进料煤焦油计算，C$_3$ 以上液体收率达 98.3%，C$_5$ 以上液体收率达 97.4%，其中汽柴油收率大于 90%，高中馏分油收率达 85%，吨加工焦油能耗 85.23kg 标油，能量转化率为 92.71%。

中低温煤焦油全馏分加氢多产中间馏分油成套工业化技术(FTH)示范装置，集成了大量的专利、专有技术，充分解答了加氢工艺中运行稳定、可靠的问题，是煤焦油加氢领域的一大跨越，实现了煤焦油组分的全氢型、短流程、清洁生产工艺。

2. 技术推广与应用前景

中低温煤焦油全馏分加氢多产中间馏分油成套工业化技术(FTH)流程配置合理，充分实现热量等级回收，具有装置相对一次投入小、运行稳定、安全环保、自动化程度高等特点，主要设备完全国产化。目前，国内外运行的煤焦油加氢制取清洁燃料油装置，均通过延迟焦化或切分等途径，先去除煤焦油沥青，再对轻质煤焦油加氢处理得到最终产品[柴油+石脑油+尾油+LPG(液化石油气)]收率最多不超过 80%。

以加氢预处理装置为例，采用本装置技术，50 万 t·a^{-1} 中低温煤焦油预处理装置总投资约 2000 万元，是目前其他装置根本无法比拟的，加氢装置总投资降低 20%以上，且能耗大幅度降低。FTH 有效解决煤焦油中沥青质等重组分加氢转化的难题，预处理后净化煤焦油直接作为加氢反应进料，原料煤焦油净化收率高达 98%。液体商品收率高于其他装置20%以上，且无黑色产物。通过气相色谱-质谱联用对产品组分进行分析，产品中环烷烃、芳香组分含量高，是润滑油理想基础油，可在大规模装置上对产品进行精细化工产品加工延伸，实现煤焦油加氢分质利用，增加产品品种，提高产品附加值，进一步提高装置的社会效益和经济效益。

截止到 2022 年，我国在建、拟建的中低温煤焦油加工项目，其总产能达 1000 万 t·a^{-1}，若采用 FTH，每年即可获得超过 980 万 t 清洁油品，对缓解我国石油供应压力将产生积极的影响。FTH 具有良好的推广前景和宽广的市场空间。

7.2　中低温煤焦油全馏分加氢制备环烷基特种油品

7.2.1　工业化背景和实施历程

以中低温煤焦油全馏分加氢多产中间馏分油成套工业化技术(FTH)所生产的中高馏分油为原料,采用拥有自主知识产权的"中低温煤焦油全馏分加氢制环烷基特种油品成套工业化技术(SM-FU)"对中高馏分油原料,进行加氢改质–异构降凝–补充精制处理,生产煤基航天煤油、军用柴油、轻质白油系列产品、工业白油系列产品、橡胶增塑剂系列产品、冷冻机油系列产品、变压器油系列产品、燃料油品、煤焦产品等环烷基特种油品。以 FTH 与 SM-FU 联用技术成果为核心建设的"50 万吨/年煤焦油全馏分加氢制环烷基油项目"入选国家发展改革委、国家能源局公布的《能源技术革命创新行动计划(2016—2030 年)》中"建设 50 万吨/年中低温煤焦油全馏分加氢制芳烃和环烷基油工业化示范工程"[16];入选国家能源局《煤炭深加工产业示范"十三五"规划》中"开展 50 万吨级中低温煤焦油全馏分加氢制芳烃和环烷基油工业化示范"[17];入选《陕西省 2019 年省级重点建设项目(续建)》中"产业转型升级工程"[18]。

2021 年"50 万吨/年煤焦油全馏分加氢制环烷基油项目"全面建成并顺利投产,可以生产销售煤基航天煤油、军用柴油、环己烷系列化工品、轻质白油系列产品、工业白油系列产品、橡胶增塑剂系列产品、冷冻机油系列产品、变压器油系列产品、燃料油品、煤焦产品等 10 大类 30 余种精细化、高附加值产品,可广泛应用于工业、农业、军工、航空航天、医疗及生活用品等领域[10]。在生产期间,公用工程、安全、消防、环保和职业卫生等设施总体运行情况良好;各种原辅材物料供应正常,产品质量符合相关标准要求,实现了安全、稳定、长周期、满负荷、优质运行。2022 年 6 月,中国石油和化学工业联合会对"中低温煤焦油全馏分加氢制环烷基特种油品成套工业化技术(SM-FU)"科技成果进行评审鉴定,以谢克昌、何鸣元、孙丽丽三位院士及业内权威专家组成的鉴定委员会一致认为该技术成果创新性强,整体技术居国际领先水平。图 7.4 为 50 万 $t \cdot a^{-1}$ 煤焦油全馏分加氢制环烷基特种油品成套工业化厂区全景。

以"50 万吨/年煤焦油全馏分加氢制环烷基特种油品成套工业化装置"为例,主要工艺装置有煤焦油全馏分加氢装置、环烷基油加氢装置、环烷基油精馏装置、石脑油加氢及精馏装置。其中,环烷基油装置由加氢处理、临氢降凝、常压分馏、减压分馏及公用工程等部分组成。

图 7.4　50 万 t·a⁻¹ 煤焦油全馏分加氢制环烷基特种油品成套工业化厂区全景

7.2.2　技术路线和特点

1. 50 万 t·a⁻¹ 煤焦油全馏分加氢装置

以低阶煤热解得到的煤焦油为原料,采用神木富油能源科技有限公司拥有自主知识产权的 FTH 加工全馏分煤焦油,煤焦油经过预处理、加氢改质生产石脑油、中高馏分油。

2. 51 万 t·a⁻¹ 环烷基油加氢装置

以 50 万 t·a⁻¹ 煤焦油全馏分加氢装置生产的中高馏分油(42.26 万 t·a⁻¹)及一期工程生产的中高馏分油(8.74 万 t·a⁻¹)为原料,建设 51 万 t·a⁻¹ 环烷基油加氢装置。采用神木富油能源科技有限公司拥有自主知识产权的中高馏分油加氢制环烷基油技术(FTH 二代技术),进行加氢改质、异构降凝等反应,生产烯烃裂解料、轻质白油 W2-TA、变压器油、冷冻机油、工业白油(Ⅱ)7 号、工业白油(Ⅱ)22 号、橡胶增塑剂环烷基矿物油 N4006 及 N4010、煤基航天煤油、高闪点喷气燃料、军用柴油等 11 种环烷基特种油品。轻质白油 W2-TA 产物,经 25 万 t·a⁻¹ 环烷基油精馏装置精密分馏可生产 W2-40、W2-60、W2-70、W2-80、W2-100、W2-110、W2-140 等 7 种轻质白油系列产品。

3. 8 万 t·a⁻¹ 石脑油加氢及精馏装置

以煤焦油全馏分加氢装置生产的石脑油为原料,采用神木富油能源科技有限公司拥有自主知识产权的一步法加氢制环己烷、甲基环己烷等化学品技术,经加氢精制和分子炼油技术生产环己烷、甲基环己烷、C_8 环己烷、石油醚Ⅱ类、石油醚Ⅲ类、烯烃裂解料等 6 种化工产品。

7.2.3　工艺流程

　　图 7.5 为煤焦油加氢反应系统工艺流程，其主要由预处理工段、全馏分加氢工段、分馏工段、环烷基油加氢工段及分馏工段等组成。

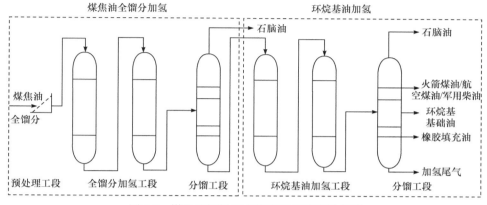

图 7.5　煤焦油加氢反应系统工艺流程示意图

1.　加氢部分

　　原料油自罐区进入装置原料油缓冲罐，经原料油升压泵升压，再经换热升温进入过滤器。滤后原料油进入滤后原料油缓冲罐，由加氢处理反应进料泵加压升温后，依次进入串联的加氢处理一级反应器和加氢处理二级反应器[19]。各级反应器主要反应条件如表 7.9 所示。加氢处理反应产物经降温后进入热高压分离器，并在其中进行气液两相分离，分离出的液体自热高压分离器底部流出经降压进入热低压分离器，生成油自热低压分离器底部进入汽提塔。中低温煤焦油全馏分加氢生成油基础理化性质及馏分分布见表 7.10，煤焦油加氢中高馏分油与油品性质见表 7.11。

表 7.9　各级反应器主要反应条件

项目	一级加氢反应器	二级加氢反应器
平均反应温度/℃	300～400	300～400
入口氢油比	500：1～1500：1	
体积空速(对进料)/h⁻¹	0.1～0.5	
系统总压/MPa	13～18	

表 7.10　中低温煤焦油全馏分加氢生成油基础理化性质及馏分分布

项目		典型数据
$\rho_{20}/(g \cdot cm^{-3})$		0.89~0.92
S 质量浓度/$(mg \cdot L^{-1})$		0~50
N 质量浓度/$(mg \cdot L^{-1})$		0~500
不同馏分质量分数/%	C_5初馏点~145℃	11.11
	145~195℃	6.21
	195~280℃	27.91
	280~360℃	31.85
	360~486℃	17.73
	>486℃	0.93

表 7.11　煤焦油加氢中高馏分油与油品性质

组成	石油基	直接液化	间接液化	煤焦油加氢
链烷烃质量分数/%	50~60	<10	>85	<20
环烷烃质量分数/%	20~30	>85	<10	>80
芳烃质量分数	10%~30%	<3%	百万分之一级	百万分之一级
硫、氮质量浓度/$(\mu g \cdot g^{-1})$	<10	<1	<1	<1

　　热高压分离器顶部分离出来的气体经冷却后注入除盐水以防止铵盐析出，注水后的热高分气体经冷却进入冷高压分离器。热高分气体在冷高压分离器中进行汽、油、水三相分离，分离出的含氢气体经升压后与新氢混合换热，返回反应系统反应。冷高压分离器油相自罐中部流出经降压后进入冷低压分离器。冷高压分离器水相减压后进入冷低压分离器。冷低压分离器顶部冷低分气送至煤焦油全馏分加氢装置脱硫后，进入 PSA 系统回收氢气。含硫污水自冷低压分离器底部流出，经减压后送至污水汽提装置处理。冷低分油与热低分油混合进入汽提塔，经汽提除去 H_2S 和少量轻烃，塔顶气经冷却后进入汽提塔顶分液罐进行分离。塔顶含硫干气经升压送至煤焦油全馏分加氢装置脱硫，塔顶酸性水经含硫污水泵升压后送至酸性水汽提装置。

　　2. 降凝部分

　　汽提塔底油经进料泵升压，与反应产物换热升温，进入加热炉加热后依次进入一级反应器及二级反应器。反应产物进入热高压分离器后，分离出的液体经降压进入热低压分离器。生成油自热低压分离器底部流出后，进入常压分馏部分。

热高压分离器顶部分离出来的气体经冷却后注入除盐水防止铵盐析出，注水后的热高分气体经冷却进入冷高压分离器。

热高分气体在冷高压分离器中进行汽、油、水三相分离，分离出的含氢气体升压后与新氢混合换热，返回反应系统。冷高压分离器油相自罐中部流出后进入低压分离器。冷高压分离器水相减压后进入冷低压分离器。冷高分油和水在冷低压分离器进一步进行分离。

3. 常压分馏部分

常压分馏部分主要由常压炉、常压塔及常压侧线塔组成。

降凝部分的热低分油及冷低分油混合后直接送入常压塔。常压塔顶油气经冷却后进入常压塔顶回流罐进行油、气、水三相分离，分离出的不凝气送出装置。油相经常压回流泵升压后，一部分作为常压塔回流，另一部分送出装置。常压塔底油一部分经升压后送至常压炉加热后返回常压塔；另一部分塔底油经常压塔底泵升压降温后，部分产品不经过冷却直接送至环烷基油分离装置，其余部分产品经冷却后送至罐区储存。

4. 减压分馏部分

减压分馏部分主要由减压炉、减压分馏塔及减压侧线塔组成。

常压塔底油自常压塔底泵送入减压塔。减顶油经减顶油泵升压后送出装置。减压分馏塔一中经冷却后部分送出装置，部分返回减压塔顶。减压分馏塔二中经冷却后全部返回减压塔。减压分馏塔三中回流由泵抽出，发生低压蒸汽后全部返回减压塔。减压塔设有减压侧线塔。上段侧线塔设有减压侧线塔重沸器。侧线塔上段产品经升压、冷却送出装置。侧线塔中段产品经升压、冷却送出装置。减压塔底油经升压，部分返回减压炉，部分产生低压蒸汽后经空冷器冷却送出装置。

5. 环烷基油产品指标

以中低温煤焦油为原料，通过中低温煤焦油全馏分加氢多产中间馏分油成套工业化技术(FTH)与中低温煤焦油全馏分加氢制环烷基特种油品成套工业化技术(SM-FU)耦合生产的环烷基特种油品包括：煤基航天煤油、军用柴油、环己烷系列化工品、轻质白油系列产品、工业白油系列产品、橡胶增塑剂系列产品、冷冻机油系列产品、变压器油系列产品、燃料油品、煤焦产品等 10 大类 30 余种精细化、高附加值产品。这些产品可广泛应用于工业、农业、军工、航空航天、医疗及生活等领域[20]，部分产品指标如表 7.12 和表 7.13 所示。

表 7.12　轻质白油Ⅱ类产品指标

项目		典型指标								实验方法
		W2-20	W2-40	W2-60	W2-70	W2-80	W2-100	W2-110	W2-140	
馏程	初馏点/℃　不低于	120	155	185	195	205	230	245	280	GB/T 6536
	终馏点/℃　不高于	160	200	225	235	245	270	285	320	
闪点(闭口)/℃　不低于		实测	40	60	70	80	100	110	140	GB/T 261
运动黏度 (40℃)/(mm²·s⁻¹)		—	—	—	1.2~1.5	1.3~1.7	1.6~1.9	2.1~2.7	2.3~3.0	3.5~5.0	GB/T 265
芳烃质量分数/%　不大于		0.01				0.05				紫外分光光度法
倾点/℃　不高于		—							−3	GB/T 3535
易炭化物		—						通过		GB/T 11079
颜色(赛氏号)　不低于		+30								GB/T 3555
硫浓度/(mg·kg⁻¹)　不大于		1								SH/T 0689
铜片腐蚀(50℃, 3h)/级　不大于		1								GB/T 5096
溴指数 /(mgBr·100g⁻¹)　不大于		50								SH/T 0630
机械杂质及水		—			无					目测

表 7.13　环烷基橡胶增塑剂产品指标

项目		指标			实验方法
		N4006	N4010	N4016	
外观		清澈透明			目测
运动黏度/(mm²·s⁻¹)	40℃	报告	报告	报告	GB/T 265
	100℃	5~7	9~11	15~17	
颜色(赛氏号)	≥	+26	+26	+20	GB/T 3555
闪点(开口)/℃	≥	185	210	220	GB/T 3536
倾点/℃	≤	−18	−15	−10	GB/T 3535
紫外吸光系数 (260nm)/(L·g⁻¹·cm⁻¹)	≤	0.20	0.30	0.40	NB/SH/T 0415
硫浓度/(mg·kg⁻¹)	≤	10			SH/T 0689
氮浓度/(mg·kg⁻¹)	≤	10			SH/T 0657
稠环芳烃(PCA)质量分数/%	<	3			NB/SH/T 0838
紫外光安定性		+15	+15	+5	HG/T 5085—2016 附录 A

续表

项目			指标		实验方法
		N4006	N4010	N4016	
热安定性/赛氏号		+20	+18	+10	HG/T 5085—2016 附录 B
碳型分析/%	C_A ≤	1	1	1	SH/T 0725
	C_N ≥	40	40	40	
	C_P —	报告	报告	报告	
16 种多环芳烃(PAHs)浓度之和/(mg·kg⁻¹) ≤		10			SN/T 1877.3—2007 第一法

6. 特种燃料产品指标

使用 FTH、SM-FU 技术制备的煤焦油基航空、航天、军用燃料,通过三段加氢反应(煤焦油全馏分加氢、深度加氢精制、加氢改质)实现了煤焦油中不饱和组分的超深度加氢,几乎全部脱除了油品中的有害杂质及不安定组分,最终可以将产品油中的硫、氮、金属离子、芳烃等质量分数降至百万分之一甚至亿分之一的水平。大量环烷烃使油品具有良好的体积热值、物理热沉及热安定性,具有作为军事和航空航天领域特种油品的潜质[20]。已实验的数据显示,利用煤焦油深度转化制得的煤基特种燃料主要性能指标达到国内领先水平,既可拓展军民燃料来源,又可满足武器装备燃料需求,有效服务国民经济,增强部队战斗能力,应用前景极为广阔,将在能源转型发展中作出突出贡献。

1) 航天煤油

航天煤油是一种无色、均匀、透明的液体,其理想组分为异构烷烃和 1~2 环环烷烃,族组成分析显示主要含有链烷烃、一环烷烃、二环烷烃、少量三环烷烃及芳烃,宏观理化性质表现出大密度、低冰点和高热值的优良特性。煤焦油中富含大量环状化合物,经过加氢脱芳、异构脱蜡等工艺可将这些化合物深度加氢转化,形成富含环烷烃的产品正好符合航天煤油对烃类组成、密度、低温流动性、洁净性等多方面的要求,部分性能指标如表 7.14 所示。2020 年 12 月 8 日和 2022 年 10 月 23 日,经煤焦油深度转化生产的航天煤油被中国航天六院 165 所先后成功应用于 18t 级航天火箭发动机整机热试车和 120t 级火箭发动机 300s 长程热试车[20]。实验结果表明,煤焦油基航天煤油性能优良,除具有比重大、低冰点、低硫、低氮、低芳烃、高比冲、高热值、高比热容、高热安定性等良好特性外,还具有传热性能优越、抗结焦性能强等特点。满足现役大推力液体火箭发动机使用要求。使我国成为世界首个将煤焦油应用到航天领域的国家,煤焦油基航天煤油成本低、原料足、可持续,将解决现役石油基航天煤油资源稀少,加工成本高昂等问题，有力保障我国高速发展的航天工业燃料需求[21]。

表 7.14　煤焦油基航天煤油部分性能指标

项目	产品参数	技术指标
密度/(kg·m⁻³)	835	830~836
结晶点/℃	−88	≤−60
酸度/(mgKOH·100mL⁻¹)	0.1	≤0.5
实际胶质/(mg·100mL⁻¹)	0.5	≤2.0

2) 煤焦油基军用柴油

目前，我国市场上的轻柴油产品根据使用地区和季节的不同，按照凝点高低主要分为 10、0、−10、−20、−35、−50 等几个牌号，其中−20 号以下的低凝柴油主要适用于高原与寒冷地区[20]。由于低凝柴油的原料主要是比较稀缺的环烷基原油，而且需要特定的加工工艺或采用添加降凝剂的方式进行改进才能得到，生产成本有所增加。

煤焦油加氢生成油因其独特的烃类组成特性，在各项理化指标上能够满足军用柴油的要求，非常有希望代替现有 13 种不同规格的军用柴油，达到简化油料保障体系的目的。结合《军用柴油》(GJB 3075—1997)的要求，通过对煤焦油基中高馏分油进行馏分切割的方法了解其内部组成，分析不同馏分段的理化性质及组成，初步建立了不同温度馏分段与宏观性能的相关性，综合分析确定适合作为煤焦油基通用柴油的馏分基础油。结合煤焦油全馏分加氢制环烷基油技术，成功制备了低温流动性好的煤焦油基军用柴油，并进行了理化性能分析，分析结果满足《军用柴油》(GJB 3075—1997)的要求。基于以上成果进行了发动机台架实验及高原高寒车辆应用实验，发动机台架实验表明，煤焦油基军用柴油低温流动性表现突出，发动机动力性、燃烧性能等与现役国Ⅵ柴油基本相当，排放特性优于现役柴油，完全满足发动机使用要求；高原高寒车辆应用实验表明，煤焦油基军用柴油相比石油基军用柴油明显降低，动力明显提高，指标相当。该油品富含环烷烃、硫、氮、芳烃质量分数极低，使其具有凝点极低、密度大、体积热值高、安定性好、碳数分布集中等特点。该油品凝点达到了−70℃以下，具有良好的低温流动性，可满足北方和高原地区极端天气及地域的使用，让地面装备行得更远，保障部队在极度严寒地域作战需求。

3) 煤焦油基喷气燃料

我国喷气燃料的生产可以追溯到 20 世纪 50 年代，先后制定过 6 个牌号，其中 1~3 号喷气燃料为煤油型，民航与军工通用；4 号为宽馏分型，作为备用燃料；5 号、6 号为重煤油型，为军用燃料。目前，在役的燃料中 3 号最为普及，5

号主要是海军舰载机体系使用，6 号处于技术开发和推广阶段，有可能成为超音速战机的适配燃料。

由煤焦油深度转化得到的喷气燃料，与常规石油基油品相比，具有大比重、高热安定性、高等容热容、高体积热值、低凝点、低硫、低氮、低芳烃等特点。高密度特征使得煤基燃料具有更大的体积热值[20]，在飞行器燃油箱容积一定的情况下，能够有效地增加自身携带的能量，降低发动机油耗比，满足飞行器高航速和远航程的要求。同时，高环烷烃的特点使煤焦油基喷气燃料具有更高的热安定性和等容热容，经馏分切割后的喷气燃料各理化性能完全满足《高闪点喷气燃料规范》(GJB 560A—1997)、《大比重喷气燃料规范》(GJB 1603—1993)要求，5 号喷气燃料可用于海军舰载机使用，6 号喷气燃料将解决我国大比重喷气燃料有标准无油品的困境，对于拓展军用燃料来源，保障军事能源战略具有重要意义。

燃料是产生飞行器推动力的动力能源，随着世界各国军事竞争愈演愈烈，新型高性能战机、高马赫数飞行器等新一代设备的问世，需要燃料具有更大的等容热容，吸收发动机运转过程中产生的热量，以避免高温对飞行器在大气层中以高马赫数飞行时的结构完整性和可靠性造成影响。现有石油基燃料的开发已经接近其本身极限，难以出现大幅度的性能跨越，具备高等容热容、高热安定性、高热值、低凝点等优异品质的新型燃料有望争得一席之地[20]。对于煤基燃料来说，充分发挥其独特品质，开展煤基军用、航空航天领域特种燃料的研究与应用，有利于减轻我国对石油资源的依赖，保障战略能源安全，具有较高的应用前景。

7.2.4　技术水平和推广前景

1. 主要技术性能指标

首次以中低温煤焦油为原料，成功开发了煤焦油全馏分加氢生产环烷基特种油品成套技术与装备，建成了 50 万 $t\cdot a^{-1}$ 煤焦油全馏分加氢装置及 51 万 $t\cdot a^{-1}$ 环烷基油加氢装置，可实现一套多能产品加工新途径，推动了 FTH 工业化示范向规模化、集约化发展，通过分子炼油技术生产煤基精细化工产品，同时可实现航天、航空、军工等煤基特种基础燃料生产能力，具有军民融合示范意义。建立了以煤基原料生产环烷基特种油品技术、催化、工艺、产品等标准体系，形成了完整的产业链，成套技术及主要设备国产化率 100%，具有较强的示范引领作用。

本书介绍的成套技术可有效解决煤焦油中沥青质加氢转化的难题，能源利用率大大高于其他现有装置，基本实现煤焦油完全利用。LPG 收率计算在内，装置液体产品总收率达 98.3%，高于其他装置 20% 以上。产品分布好，其中中油收率达 85% 以上，产品销售收入高于其他装置 20% 以上，产品价值更高。石脑油加氢精馏技术，主要包括高效芳烃饱和催化体系和工艺体系，该体系具有流程短、能耗低等特点；通过分子炼油技术，将精制后的石脑油分离为环己烷、甲基环己烷、C₈环己烷、石油醚Ⅱ类、石油醚Ⅲ类、烯烃裂解料等多种产品，液体产品收率达 99.9%。环烷基油加氢采用加氢精制改质＋异构重排降凝＋低温补充加氢稳定技术各种产品的指标达到或优于相关国军标及国家标准，液体产品收率达99.3%。本项目主要产品包括：化工产品、轻质白油、工业白油、变压器油、冷冻机油、橡胶增塑剂环烷基矿物油、特种煤基燃料油等 7 大系列，产品用途涉及精细化工、材料加工、电气、橡胶加工等行业。精化工产品包括环己烷、甲基环己烷、C₈环己烷、石油醚Ⅱ类、石油醚Ⅲ类、烯烃裂解料等 6 种。

轻质白油产品包括 W2-TA、W2-40、W2-60、W2-70、W2-80、W2-100、W2-110、W2-140 等 8 种轻质白油系列产品。工业白油包括工业白油(Ⅱ)7 号、工业白油(Ⅱ)22 号等 2 种工业白油系列产品。橡胶增塑剂环烷基矿物油包括 N4006、N4010 等 2 种橡胶增塑剂系列产品。特种煤基燃料油包括煤基航天煤油、军用柴油、高闪点喷气燃料等 3 种特种煤基燃料油产品，产品及主要技术性能指标如表 7.15 所示。

表 7.15　产品及主要技术性能指标

产品	主要技术性能指标	是否符合	备注
环己烷	《工业用环己烷》(SH/T 1673—1999)	符合	纯度达到优等品
甲基环己烷	《工业用甲基环己烷》(T/CPCIF 0117—2021)	符合	纯度达到优级品
C₈环己烷	《C₈环己烷》(Q610881FY17—2022)	符合	纯度达到 80% 以上
石油醚	《化学试剂 石油醚》(GB/T 15894—2008)	符合	产品质量达到石油醚Ⅱ类、石油醚Ⅲ类质量要求
轻质白油	《轻质白油》(NB/SH/T 9013—2015)	符合	产品质量达到轻质白油(Ⅱ)类的要求
工业白油	《工业白油》(NB/SH/T 0006—2017)	符合	产品质量达到工业白油(Ⅱ)类的要求
橡胶增塑剂环烷基矿物油	《橡胶增塑剂环烷基矿物油》(HG/T 5085—2016)	符合	产品质量达到 N4006、N4010 的要求
煤基航天煤油	《液体火箭发动机用煤油规范》(GJB 9629—2019)	符合	—
军用柴油	《军用柴油规范》(GJB 3075—1997)	符合	产品质量达到–50 号的要求
高闪点喷气燃料	《高闪点喷气燃料规范》(GJB 560A—1997)	符合	—

2. 技术推广与应用前景

中低温煤焦油全馏分加氢多产中高馏分油成套工业化技术(FTH)是我国自主

开发的新型实用工业技术,打破了对煤焦油中的沥青质难以转化的传统认识,填补了煤焦油全馏分加氢技术的国际空白,将煤焦油加氢引向更深层的理论研究和应用领域。在煤焦油加氢生产轻质化燃料油领域推广 FTH,因为同其他现有工业装置相比具有流程短、配置合理、煤焦油损失少、液体产品收率高等特点,可直接使投资节约20%,液体产物收率提高20%,且其产品分布好,适宜精细化工产业延伸,能进一步提高产品附加值,提高企业的社会效益和经济效益。

我国具有丰富的煤炭资源,年煤炭消耗量达 40 亿 t,煤炭利用过程中产生大量的煤焦油资源。由于技术等限制,煤焦油综合利用率远远低于发达国家,大多以燃料、化工、去馏分加氢利用,只有少量的精制工艺,且集中垄断在国外。采用 FTH 在煤制天然气、焦化、中低温热解及煤气化等煤化工领域,实现循环经济产业链,提高煤焦油综合利用率,提高企业经济效益,具有很强的推广价值。

以煤焦油为原料加氢生产环烷基特种油品成套工业化技术,开辟了一条煤制环烷基特种油品新路径,延伸和拓展了煤焦油加氢制燃料油品向煤基特种燃料和高端化、多元化、低碳化产品的生产方向和路线,构建了煤炭–石油–清洁燃料–化工产品为一体的新发展模式,对于促进我国煤炭资源清洁、分质、高效利用,提高资源综合利用率、保障能源安全具有重要的现实意义。

参 考 文 献

[1] 李寿生. 全面开创煤化工高端多元低碳新局面: 学习习近平榆林讲话体会[J]. 中国石油和化工产业观察, 2021, (11): 5-9.

[2] 张巍, 张帆, 张军, 等. 与新能源耦合发展推动现代煤化工绿色低碳转型的思考与建议[J]. 中国煤炭, 2021, 47(11): 56-60.

[3] 陈阳, 杨芊. "双碳"背景下现代煤化工高质量发展研究[J]. 煤炭加工与综合利用, 2022, (1): 50-54.

[4] 陈毅进, 马俊虎. 国能集团: 沿着总书记的足迹向美而行[J]. 中国石油和化工, 2022, (8): 65-68.

[5] 宋秉懋, 周广林. "双碳"目标下我国现代煤化工产业高质量发展研究[J]. 中国煤炭, 2022, 48(3): 56-61.

[6] 方晓雯. 如何做好大型煤化工项目 EPC 承包商考核工作探析[J]. 石油化工设计, 2022, 39(2): 60-62, 6.

[7] 尚建选, 张喻, 闫楠, 等. 陕西煤业化工集团煤化工产业高质量发展研究[J]. 中国煤炭, 2022, 48(8): 14-19.

[8] 刘芳, 王林, 杨卫兰, 等. 中低温煤焦油深加工技术及市场前景分析[J]. 现代化工, 2012, 32(7): 7-11.

[9] 尚建选, 张喻, 刘燕. 陕煤集团低阶煤分质利用绿色低碳发展研究[J]. 中国煤炭, 2022, 48(8): 39-47.

[10] 富油科技: 树立绿色低碳标杆 打造新型煤化工企业[J]. 中国环境监察, 2022, (12): 103-106.

[11] 梁永建, 屈桂洋, 曹菊, 等. 煤焦油全馏分加氢技术现状与发展趋势[J]. 广东化工, 2023, 50(3): 104-105, 103.

[12] 榆树林油田微生物吞吐技术增油 7530t[J]. 石油化工腐蚀与防护, 2013, 30(3): 22.

[13] 李军善. 《河西堡化工循环经济产业园总体规划》通过评审[N]. 金昌日报, 2010-01-29(001).

[14] 魏文, 刘明辉, 钟湘生. 汽轮机轴轴承温度异常升高分析及对策[J]. 石油石化绿色低碳, 2022, 7(5): 65-69.

[15] 首创焦油全馏分加氢成套技术—为煤代油战略开辟经济可行新途径[J]. 石油石化节能与减排, 2013, 3(3): 30.

[16] 国家发展改革委, 国家能源局. 能源技术革命创新行动计划(2016—2030 年)[EB/OL]. (2016-04-07) [2022-04-

05]. https://www.ndrc.gov.cn/xxgk/zcfb/tz/201606/W020190905517012835441.pdf.

[17] 国家能源局. 煤炭深加工产业示范"十三五"规划[EB/OL]. (2017-08-09) [2022-04-05]. http://zfxxgk.nea.gov.
　　 cn/auto83/201703/W020170303357509200744.pdf.

[18] 陕西省发展和改革委员会. 陕西省 2019 年省级重点建设项目(续建)[EB/OL]. (2019-03-28) [2022-04-05].
　　 http://www.shaanxi.gov.cn/zfxxgk/fdzdgknr/zdxm/202007/P020200721695592615417.pdf.

[19] 孙进法, 张景伟, 朱国银, 等. 节能技术在润滑油高压加氢装置上的应用[J]. 石油石化节能与减排, 2012, 2(1):
　　 20-24.

[20] 贾振斌, 刘永. 煤直接液化产品的组成、特性及应用[J]. 中国煤炭, 2020, 46(5): 81-86.

[21] 郭云飞. 煤制油现状及高质量发展途径研究: 煤直接液化技术高质量发展研究[J]. 内蒙古石油化工, 2021,
　　 47(9): 4-8.